国外名校最新教材精选

Introduction to Autonomous Mobile Robots

自主移动机器人导论

（第 2 版）

R·西格沃特
〔美〕 I·R·诺巴克什　著
D·斯卡拉穆扎

Roland Siegwart
Swiss Federal Institute of Technology, Zurich

Illah R. Nourbakhsh
Carnegie Mellon University

Davide Scaramuzza
Swiss Federal Institute of Technology, Zurich

李人厚　宋青松　译

西安交通大学出版社
Xi´an Jiaotong University Press

Roland Siegwart，Illah R.Nourbakhsh and Davide Scaramuzza
Introduction to Autonomous Mobile Robots，2nd
ISBN：978－0－262－01535－6

陕西省版权局著作权合同登记号图字 25－2012－062 号

图书在版编目(CIP)数据

自主移动机器人导论：第 2 版 ／(美)西格沃特(Siegwart，R.)，(美)诺巴克什
(Nourbakhsh，I.R.)，(美)斯卡拉穆扎(Scaramuzza，D.)著；李人厚，宋青松译.
—西安：西安交通大学出版社，2013.5(2023.1 重印)
书名原文：Introduction to Autonomous Mobile Robots，2nd
ISBN 978－7－5605－4548－6

Ⅰ.①自… Ⅱ.①西…②诺…③斯…④李…⑤宋… Ⅲ.①移动式机器人
Ⅳ.①TP242

中国版本图书馆 CIP 数据核字(2012)第 210129 号

书　　名　自主移动机器人导论(第 2 版)
著　　者　(美)R·西格沃特　I·R·诺巴克什　D·斯卡拉穆扎
译　　者　李人厚　宋青松
出版发行　西安交通大学出版社
地　　址　(西安市兴庆南路 1 号　邮政编码 710048)
电　　话　(029)82668357　82667874(市场营销中心)
　　　　　(029)82668315(总编办)
电子邮件　xjtupress@163.com
印　　刷　陕西天意印务有限责任公司

开　　本　787mm×1092mm　　1/16　　印张 21.625
印　　数　6999～7998　　　　　　　字数 424 千字
版次印次　2013 年 5 月第 1 版　　2023 年 1 月第 7 次印刷
书　　号　ISBN 978－7－5605－4548－6
定　　价　98.00 元

读者购书、书店添货，如发现印装质量问题，请与本社市场营销中心联系、调换。
订购热线：(029)82665248　(029)82667874
投稿热线：(029)82665397
读者信箱：banquan1809@126.com

序　言

　　移动机器人学是一个年轻的领域。它的基础包括了许多工程和科学学科,从机械、电气和电子工程到计算机、认知和社会科学。这些主要领域,各有它们介绍性的教科书部分,用以激励和鼓舞新的学生,为他们以后的高级课程和研究做准备。著述本书的目的是给移动机器人学提供预备性的指导。

　　本书对移动机器人学的基础进行了介绍,其范围包括构成本领域的机械、电机、传感器、感知和认知等各个方面。专题学术讨论会的论文集和期刊发表的论文,可以向新学生提供移动机器人学所有方面的技术发展水平的简单印象。但在这里,我们的目的是提供基础知识——该领域的正式介绍。由于移动机器人学的分支学科迅速进步,我们正处在技术发展的前沿且向前推进的时刻,书中的形式描述和分析,会证明是有用的。

　　本书第 2 版大大扩充了第 1 版的内容。特别是第 2、4、5 和 6 章的内容已极大地扩展,涵盖了计算机视觉和机器人学方面最新技术发展水平的知识。尤其是在第 2 章中,我们加入了运动、腿式和微型飞行机器人的最新和最普及的实例。在第 4 章里,我们加入了对新的传感器,诸如 3D 激光测距仪、飞行时间摄像机、IMU(惯性测量单元)和全向摄像机,与工具诸如图像滤波、摄像机标定、立体结构、运动结构、可视里程表、摄像机最普及的特征检测器(Harris、FAST、SURF 和 SIFT)和激光图像,以及最后,位置辨识和图像检索的特征包方法的描述。在第 5 章中,我们加入了对概率论的介绍,并用更好的形式描述方法和更多的例子,改进并扩充了对马尔可夫和卡尔曼滤波器定位的阐述。而且,我们还加入了对同时定位和制图(SLAM)问题的叙述,随后说明了求解该问题的最普通的方法,如扩展卡尔曼滤波器 SLAM、基于图形的 SLAM、粒子滤波器 SLAM,以及最新的单目可视的SLAM。最后在第 6 章里,我们补充了对路径规划的图像-搜索算法的描绘诸如宽度优先、深度优先、Dijkstra、A*、D*,以及快速探索随机树。除了这些诸多新加内容外,我们还提供了技术发展的参考文献和在线资源以及可下载的软件(见本书网站:http:www.mobilerobots.org)。

　　我们希望,本书能为机器人学的本科和研究生提供基础知识和分析工具。在

— 3 —

他们的整个职业生涯中,当评估甚至评审移动机器人的方案和产品时会非常需要这些知识和工具。总体而言,本教科书作为概论性的移动机器人学的课本,既适合于本科生,也适合于研究生。其中的个别章节,如感知或运动学,在机器人学的特殊子领域更深入的课程中可以用作综述。

本书的起源横跨大西洋。作者在美国斯坦福大学、瑞士苏黎士联邦理工学院(ETH)、美国卡内基梅隆大学和瑞士洛桑联邦理工学院(EPFL)为本科生和研究生教授过移动机器人学课程。这些课程资料和讲义笔记的组合,形成了本书最初的版本。我们已组合了各自的笔记,提出了总的架构,并且决定在2004年出第一版之前用此教材试教了2年,然后对目前出版的书又另用了6年。

本书组织的纵览和各章概要请参阅1.2节。

最后,对教师和学生而言,我们希望,本书对移动机器人学众多的专业人员来说,如果被证明是一个具有富有成果的起始点,那将是对我们最大的褒奖了。

致　　谢

　　本书是瑞士苏黎世联邦理工学院（ETH）和洛桑联邦理工学院（EPFL）、匹兹堡卡内基美隆大学（CMU）机器人研究所，以及全球许多其他地方的众多研究者和学生的启迪与贡献的结晶。

　　我们要感谢移动机器人学的所有研究人员，通过他们与学界共享目标和愿景，使这个领域变得如此丰富和鼓舞人心。正是他们的著作，使我们能够为本书搜集到丰富的资料。

　　为本书再版最有价值和提供直接支持与贡献的是来自我们当前 ETH 的合作群体。我们要感谢 Friedrich Fraundorfer 对位置辨识这一节的贡献；感谢 Samir Bouabdallah 对飞行机器人这一节的贡献；感谢 Christain David Remy 对动力学考虑这一节的贡献；感谢 Martin Rufli 对路径规划的贡献；感谢 Agostino Mrtinelli 对某些方程式细致的核对；感谢 Deon Sabatta 和 Jonathan Classens 对某些章节的仔细的评阅和他们富有成果的讨论；也感谢 Sarah Bulliard 的有用的建议。进而，我们要再次强调我们对本书第一版做出贡献的人们的感谢。特别要感谢 Kai Arras 对不确定性表示和卡尔曼滤波器定位的贡献；感谢 Matt Mason 对运动学的贡献；感谢 Al Rizzi 对反馈控制方面导航的贡献；感谢 Roland Philippsen 和 Jan Persson 对避障的贡献；感谢 Gilles Caprari 和 Yves Pigue 对移动控制输入和建议的贡献；感谢 Marco Lauria 对某些图示奉献了她的天赋；感谢 Marti Louw 对封面设计所作的努力；还要感谢 Nicoola Tomatis、Remy Blank 和 Maric-Jo Pellaud。

　　本书也受其他课程的启发，特别是受到瑞士联邦理工学院（不论是在苏黎世还是在洛桑）有关移动机器人学讲义的启发。自 1997 年以来，本书的素材一直被用作 EPFL、ETH 和 CMU 的教程。我们要感谢数以百计的学生，他们继承了教程，并通过校正和评论为本书做出了贡献。

　　我们与本书的出版者 MIT 出版社一直合作愉快。感谢 Gregory McNamee 对本书细致和宝贵的文字编辑；感谢 MIT 出版社的 Ads Brunstein、Katherine Almeida、Abby Streeter Roake、Marc Lowenthal 和 Susan Clark 在本书编辑和最后定稿中的帮助。

与本书有关的丰富教学资源可查阅以下网址：
http://www.mobilerobots.org

目　　录

第 1 章 引 言

1.1 引 言

至今,在工业制造中,机器人学已取得了最伟大的成功。机器人手臂或**机械手**,构成了 20 亿美元的工业产值。在装配线中,把机器人的肩膀用螺栓固定在特定位置上,机器人的手臂可以极快速度和极高精度移动,完成重复性任务,如点焊和喷漆等(图 1.1)。在电子工业中,机械手以超人的精度安放装在表面的元件,可制造便携式电话和笔记本电脑。

© KUKA Inc.　　　　© SIG Demaurex SA

图 1.1　在巧克力包装时,自动装配的焊接机器人 KUKA 和 SIG Demaurex SA(EPFL[305]制作)的平行机器人 Delta 的照片

但是,对于所有的这些成功应用,商用机器人存在着一个根本的缺点:缺乏机动性。固定的机械手被插销在固定地方,其运动范围是有限的。相反,移动机器人能够行走,穿过整个制造工厂,灵活地在它最有效的地方施展它的才能。

本书着重于研究机动性技术:移动机器人如何能够无监督地移动,穿过现实世界环境完成它的任务? 第一个挑战的问题是运动本身,机器人应该怎样运动? 它的特殊运动机构究竟是什么,该机构为什么优于别的运动机构?

恶劣环境,诸如在金星,引发了更为不寻常的运动机构(图 1.2)。在危险和荒凉的环境中,甚至在地球上,这种远距离操纵系统已经得到普及(图 1.3~1.6)。在这些情况下,低复杂度的机器人常常使人类操作员不可能直接控制它的运动。人执行定位和认知活动,但依靠机器人的控制方案提供运动控制。

图 1.2　1997 年夏季,在探险者探索金星期间所使用的 Sojourner(旅居者)机器人。它几乎完全由地面遥控,但某些机载传感器考虑了障碍检测(http://ranier.oact.hq.nasa.gov/telerobotics_page/telerobotics.shtm)。ⓒ NASA/JPL

　　例如,Plustech 的行走机器人提供腿的自动协调,而人类操作员选择行走的总体方向(图 1.3)。图 1.6 描述的是水下车辆,它控制3 个推进器,不管水下的湍流和水流如何,都能自主地稳定机器人潜水艇,而操作员要做的只是选择潜水艇要达到的目标位置。

图 1.3　Plustech 开发的第一个面向应用的行走机器人。它专门移动砍伐森林的木材。其腿的协调是自动的,但导航依旧由机器人上的人类操作员进行(http://www.plustech.fi)。ⓒ Plustech

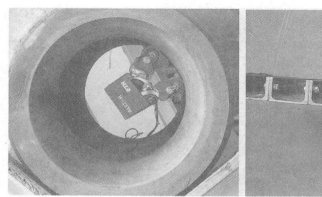

图 1.4 由 ASL(苏黎世 ETH)和 ALSTOM 开发的磁控车健身车(MagneBike)。它是磁轮机器人,有高度的移动性,用于检测复杂的形状结构,如铁磁管道和透平机(http://www.asl.ethz.ch/)。ALSTOM/ETH Zurich

图 1.5 先锋号图片,在切尔诺贝利专门探索石棺的机器人。© Wide World Photos

图 1.6　自主水下车辆（AUV）Sirius，在完成国外 RV Southern Surveyor 任务后收藏。
ⒸRobin Beaman James Cook University

其他商业机器人不是在人类不能去的地方运行，而是在人类环境中与人共享空间（图 1.7）。这些机器人之所以引人注目不是因为它们的机动性，而是因为**自主性**。所以，它们在无人干预的情况下，保持对位置的感觉和导航能力是极为重要的。

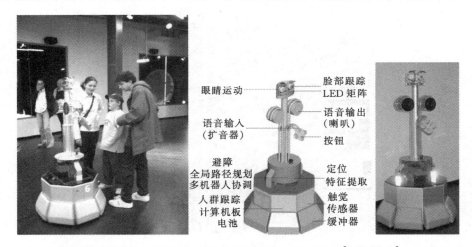

图 1.7　导游机器人能够以教育的方式在展览会上做介绍和交流[85,251,288,310]。10 个机器人已经在为期 5 个月的瑞士展览会 EXPO.02 上会见无数参观者。机器人由 EPFL[288]（http://robotics.epfl.ch）开发，由 BlueBotics(http://www.bluebotics.com)商品化

例如，AGV(autonomous guided vehicle，自主导向车)机器人（图 1.8），可通过跟踪安装在地面的专用导线（图 1.8(a)），或用机载激光器在一个用户专用地图范围内定位，来自主地在不同装配站之间分发零件。

Helpmate 服务机器人跟踪天花板上灯的位置走遍医院,传送食物和药品,天花板的灯被设计指向机器人的前方(图 1.9)。好几个公司已开发了自主清洁机器人,主要用于大型楼宇的清洗(图 1.10)。这样的机器人正用在巴黎地铁中。其他专门的清洁机器人利用超市过道正规的几何图式,帮助完成定位和导航任务。

(a) (b)

图 1.8 (a)由 SWISSLOG 制造的自主导向车(AGV),用于从一个装配站到另一个装配站传送电机部件。它受装在地板的电线引导。在工业、仓库甚至医院中由成千上万 AGV 传送产品。© Swisslog (b)装备由 BlueBotics 和 Paquito 提供的自主导航工艺技术,由 Esatroll 生产的铲车,不依靠电线、磁标或反射器,而是用机载的激光器来相对于环境形状定位。图片由 Blue-Botics 提供(http://bluebotics.com)

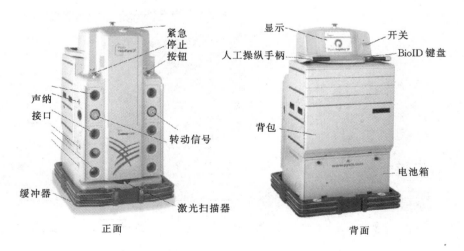

正面 背面

图 1.9 HELPMATE 是用于医院传送任务的移动机器人。它有各种走廊中自主导航、机装的传感器,定位的主传感器是朝向天花板看的摄像机。它可以以天花板的灯或路标作参考(http://www.pyxis.com)。© Pyxis Corp

（a）　　　　　　　　　　　　　　　　　（b）

图 1.10　（a）由 Cleanfix 公司开发和出售的 Robo 40 是一个用户机器人，用于清洁大型健身房。
Robo 40 的导航系统是基于复杂的声纳和红外系统（http://www.cleanfix.com ©clean-
fix）；（b）RoboCleaner RC 3000 内含特定的驱动策略，可工作于严重污染的区域，直到其能
真正清洁干净。光学传感器测量所吸入空气的污染程度（http://www.karcher.de）。©
Alfred kärcher GmbH&Co.

　　利用标准的适合于实验室环境的研究机器人平台，可以深入研究机器人认知、定
位和导航等高层次问题。这是移动机器人当今最大的市场之一。根据尺寸和地形可
能性分类，现在有各种各样可编程的移动机器人平台。最普遍的研究机器人是 Pio-
neer、BIBA 和 e-puck（图 1.11～1.13），以及很小型的机器人，如 EPFL（洛桑的瑞士
联邦理工大学）的 Alice（图 1.14）。

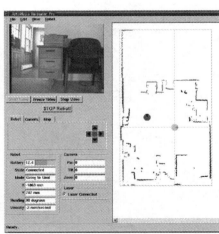

图 1.11　PIONEER（先锋）是一个模块移动机器人。它提供各种选择，如一个钳子或一台
机载的摄像机等。它装备了由加利福尼亚斯坦福 SRI 开发的精密复杂的导航数
据库。图片由 ActivMedia Robotics 提供。（http://www.MobileRobots.com）

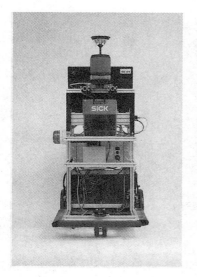

图 1.12 BIBA 是一个供研究使用的非常精密复杂移动机器人,由 blueBotics 制造(http://www.bluebotics.com/)。它具有为高性能导航任务提供的众多类型的传感器

图 1.13 由 EPFL[226] 开发的 e-puck 是教育用的台式移动机器人,直径只有大约 70 mm。除了基本功能,还扩充了各种模块,已经开发了如附加的传感器、执行器或计算幂次。在此图中,展示了两种扩充实例:一个全景摄像机(中图)和一个红外距离扫描仪(右图)(http://www.e-puck.org/)©Ecole Polytechnique Fédérale de LauSanne(EPFL)

图 1. 14   Alice 是最小的全自主机器人之一,体积约为 2 cm×2 cm×2 cm,它具有约 8 小时的
自主能力,并使用红外测距传感器、触觉触须线,甚至有导航的小摄像机[93]

　　如上所述,虽然移动机器人有广阔的应用范畴和市场,但真正非常成功的移动机
器人都有一个千真万确的事实:它的设计是许多不同知识体系的集成。了不起的是,
这使移动机器人学成为一个交叉学科领域。为了解决运动问题,移动机器人专家必
须了解机械机构、运动学、动力学和控制理论。为了建立鲁棒的感知系统,移动机器
人专家必须沟通信号分析领域和专门的知识体系,如计算机视觉等,以便适当地使用
众多的传感器工艺技术。定位和导航则需要计算机算法、信息论、人工智能和概率论
方面的知识。

　　图 1.15 表示了贯穿本书要用到的移动机器人系统的抽象控制方案。该图确认
了与移动机器人相关的许多知识主体。

　　本书对移动机器人学的所有方面作了介绍,包括软件和硬件设计考虑、有关的工
艺和算法技术。预期的读者是广泛的,包括学习移动机器人学导论课程的本科生和
研究生,同样还包括热衷于该领域的个体。虽然没有硬性要求,但熟悉矩阵代数、微
积分、概率论和计算机编程,将会极大地增强读者的体验。

　　移动机器人学是一个很大的领域,本书并不着重于一般性机器人学,也不把重点
放在移动机器人的应用上,而是更关注移动性本身。从机构和感知到定位和导航,本
书重点介绍能使机器人鲁棒**移动**的技术和工艺学。

　　显然,一个有用且商业上可行的移动机器人完成的不只是移动。它可以擦亮超
市地板,在工厂守卫,打扫高尔夫球场,在博物馆做导游,或在超市提供导购服务。有
抱负的移动机器人研究者将从本书开始,但很快地会过渡到课程论文和研究针对期
望的应用,把从完全不同领域来的技术,诸如人机(机器人)交互、计算机视觉和语言
理解集成起来。

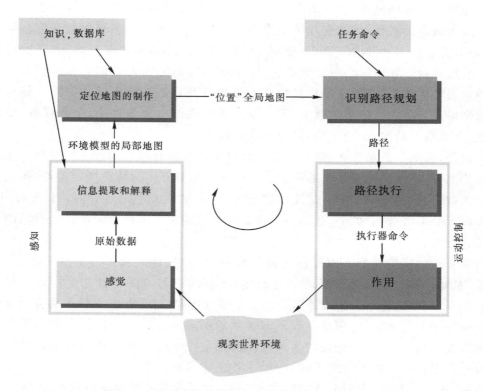

图 1.15 贯穿本书所用的移动机器人参考控制方案

1.2 本书综述

本书按模块介绍机器人的不同方面,模块很像图 1.15 所示。第 2 章和第 3 章着重于介绍机器人低层次的**运动能力**。第 4 章对**感知**提出深入的看法。然后,第 5 和第 6 章将我们领入较高层次的**定位和地图构建**难题,以及更高层次的**认知研究**,特别是**鲁棒导航的能力**。各章建立在前一章的基础上,所以我们鼓励读者从头开始学习,即使他们的兴趣主要是在高层次上。机器人学的特别之处在于:高层次难题的解决只有在坚实了解系统低层次细节的背景下才有重要的意义。

第 2 章"运动",以使机器人运动的最普通机构——轮子、腿和飞行器的综述开始。无数的机器人例子展示了各运动形式的特殊能力。但是,设计一个机器人的运动系统,要求有定量评估它全部运动功能的能力。第 3 章"移动机器人运动学",将运动学原理用于整个机器人,从各个轮子对运动的贡献开始,逐渐进入到分析各移动机构所赋予的机器人的机动性。

在常规的移动机器人中,最大的一个缺陷无疑是感知:移动机器人可以跨越地球上许多人造表面而行走,但它几乎不能像人和其他动物一样感知附近环境。第 4 章"感知",通过提出一种清晰语言,描述移动机器人传感器和性能包络,来开始讨论这个挑战性难题。利用这个现成的语言,第 4 章向移动机器人工作者提出许多不用定制的可用的传感器,描述它们操作的基本原理以及它们性能指标的限制。移动机器人未来最有希望的传感器是视觉,第 4 章综述了摄像机成像理论、全景视觉、摄像机标定、立体视觉结构、运动结构,以及视觉测程法。

但是,感知不止是感觉,感知也是用有意义的方法对被感知数据的**解释**。第 4 章的后半部分,描述了在移动机器人学应用中一直是最有用的特征提取策略,包括从测距感知数据提取几何式样,以及从摄像机图像抽取点特征(诸如,Harris、SIFT、SURF、FAST 等等)。此外,还阐述了开始在位置识别与图像检索中得到普及应用的特征包方法。

备有运动机构并配有感知的硬件和软件,移动机器人就可以运动和感知环境。首先,机动性和感觉必须满足的是它的定位:移动机器人需要经常保持对位置的感知。第 5 章"移动机器人的定位",描述了不需直接定位的方法。然后,研究成功的定位策略的基本组成部分:信任度表示方法和地图表示方法。实例研究展示了不同的定位方案,包括马尔可夫定位和卡尔曼滤波器定位。第 5 章的最后部分描述了同步定位和映射问题,随之描述了解决此问题的最常用的方法,如扩展的卡尔曼滤波SLAM、基于图形的 SLAM、粒子滤波 SLAM,以及最近的单目镜视觉 SLAM。

移动机器人是一个如此年轻的学科,以至缺乏标准化的结构体系,而且还没有建立机器人的操作系统。但是,当人们强调移动机器人更高层次的能力时,体系结构问题是极其重要的:机器人如何始终如一地从一处到另一处进行鲁棒导航、解释数据、定位和控制它的运动呢? 这个机器人的最高水平的能力,我们称为**导航能力**,有许多显示特别结构策略的移动机器人。第 6 章"规划和导航",综述了机器人导航的目前技术发展,指出当前不同的技术是十分相似的,主要差别在于机器人控制问题的**分解**方式。但是,第 6 章首先强调,有能力的导航机器人通常必须展示的两个技巧:避障和路径规划。

关于移动机器人的交叉学科领域,需要知道的远远比本书所包含的多得多。我们希望,本书广泛的介绍虽然将会置读者于移动机器人学集体智慧的背景中,但这仅仅是个开始。幸运的话,人们会对你编程或制作的第一个机器人交口称赞的。

第 2 章 运 动

2.1 引言

移动机器人需要运动机构,它能够使机器人在它的环境中无约束地运动。但是运动有众多不同的可能途径,因此机器人运动方法的选择是移动机器人设计的一个重要方面。在实验室中,已经有能够行走、跳跃、跑动、滑动、溜冰、游泳、飞翔和滚动的研究机器人。这些运动机构中的大部分一直受到它们生物学上的对应物的启示(图 2.1)。

运动类型		运动阻力	运动的基本运动学	
渠中的流动	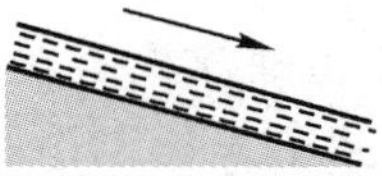	液体动力	漩涡运动	
爬行	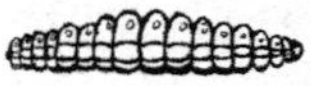	摩擦力	纵向振动	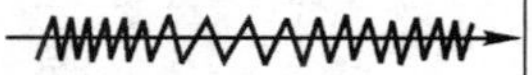
滑行	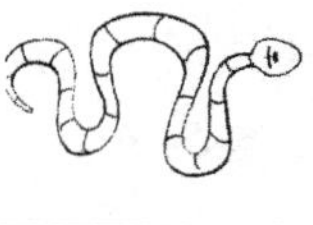	摩擦力	横向振动	
跑动		动能消耗	多节摆的摆动	
行走		万有引力	多边形的滚动 (图 2.2)	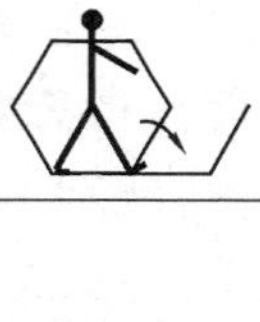

图 2.1 用于生物系统的运动机构

然而有一个例外:有源动力轮是人类发明的,它在平地上达到极高的效率。这一机构对生物系统而言,不完全是外来的。我们的两足行走系统可由一个滚动的、边长为 d(相当于步伐跨距)的多边形来近似(图 2.2)。随着步距的减小,多边形就逼近为一个圆或轮。但是在自然界中,没有创造出完全旋转、有源动力的关节,而这正是轮式运动所需的技术。

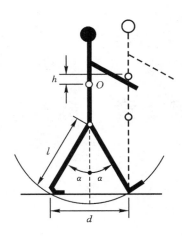

图 2.2　一个两足的行走系统近似于一个滚动的多边形,多边形的边长为 d,等于步伐的跨距。随着步距的减小,多边形接近于半径为 l 的圆或轮子

　　生物系统在穿越各类崎岖不平环境的运动中取得成功,因此期望去模拟它们,对运动机构作选择。但是,由于若干原因,在这方面复制自然界是极其困难的。首先,在生物系统中,通过结构的复制可以容易地实现机械的复杂性。结合专业化知识,细胞分割技术可以很容易地制造出一个有几百条腿和成千上万根感知纤毛的千足虫。在人造结构中,各部分必须单个地制作,因此不存在那种规模经济。此外,细胞是能极小化的微观组件,用于微小的尺寸和重量,昆虫达到了人类制造技术还一直不能做到的稳健水平。最后,大型动物和昆虫所用的生物能量存储系统、肌肉及液压激励系统,其产生的转矩、响应时间和转换效率远远超过了同等规模的人造系统。

　　由于这些限制因素,一般移动机器人运动,要么使用轮式的机构——一种众所周知的车辆人造工艺技术;要么使用数目不多的有关节的腿——一种生物运动方法的最简单形式(图 2.2)。

　　一般来说,和轮式运动相比,腿式运动要求更高的自由度,因此有更大的机械复杂性。除了简单以外,轮子非常适合于平地。如图 2.3 所示,在平坦的表面,轮式运动比腿式运动效率高出 1～2 个数量级。铁道就是一种理想的轮式运动的工程,因为坚硬和平坦的钢铁表面使滚动摩擦减至极小。但是,如果表面很软,轮式运动也会因滚动摩擦而变得无效。腿式运动中,由于腿与地面只是点接触,遭受的摩擦就较小。在图 2.3 中,展示了轮胎在软地面上效率急剧损失的情况。

　　实际上,轮式运动的效率主要依赖于周围环境的质量,尤其是地面的平整度与硬度;而腿式运动的效率则依赖于腿和身体的质量,在有腿的步态不同点上,机器人必须支撑这两方面。

　　可以理解,自然界偏爱腿式运动,因为在自然界运动系统必须在粗糙和非结构地形中运行。例如,森林中的昆虫,地面高度的垂直变化常常比昆虫总高度大一个数量级。出于同样的原因,人类环境,不论是室内还是室外,经常由修建过的平整表面组

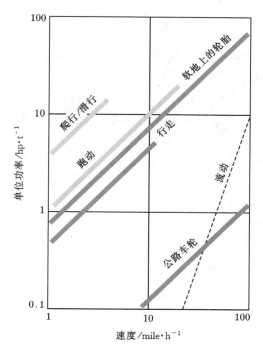

图 2.3 特定功率和各种运动机构所能获得的速度的对照[52]

（注：1 英里（mile）=1609.344m　1 英马力（hp）=745.700W）

成。因此，同样可以理解，所有移动机器人的工业应用实质上都利用了某种形式的轮式运动。最近，对较自然的室外环境，在面向混合和腿式工业机器人方面已获得某些进展，如图 2.4 所示的树林机器人。

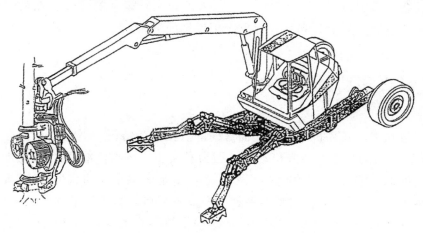

图 2.4 RoboTrac，用于粗糙地形的腿-轮混合的车辆[282]

在 2.1.1 节，我们提出有关移动机器人运动的所有方面的一般考虑。接着，在 2.2 和 2.3 节中我们将综述移动机器人腿式运动和轮式运动的技术。

2.1.1 运动的关键问题

运动是操纵的补充。在操纵中,机器人手臂是固定的,但是对物体施加力,物体就在工作空间运动。在运动中,环境是固定的,给环境施加力,机器人就移动。在这两种情况下,科学的基础就是研究产生相互作用力的执行器,以及实现期望运动学与动力学特性的机构。因此,运动和操纵都有稳定性、接触特征和环境类型等相同的核心问题:

- 稳定性
  - ——接触点的数目和几何形状
  - ——重心
  - ——静态/动态稳定性
  - ——地形的倾斜
- 接触特征
  - ——接触点/路径的尺寸和形状
  - ——接触角度
  - ——摩擦
- 环境类型
  - ——结构
  - ——媒介(如水、空气、软或硬的地面)

对运动的理论分析可从机械学和物理学开始。从这点出发,我们可以正式地定义和分析移动机器人运动系统的所有方式。但是,本书重点在于移动机器人的**导航**问题,特别强调感知、定位和认知。因此,我们不深入钻研运动的物理基础。不过,本章节的其余 3 节给出了腿式运动[52]、轮式运动和飞行运动的综述。然后,在第 3 章,对轮式移动机器人运动学和控制提出了更详细的分析。

2.2 腿式移动机器人

腿式运动以一系列机器人和地面之间的点接触为特征。其主要优点包括在粗糙地形上(图 2.5)的自适应性和机动性。因为只需要一组点接触,所以只要机器人能够保持适当的地面整洁度,这些点之间的地面质量是无关紧要的。另外,只要行走机器人的步距大于洞穴的宽度,它就能跨越洞穴或者裂口。腿式运动的最后一个优点是,能用高度的技巧来操纵环境中的物体。举一个精彩的昆虫例子,即甲壳虫,它用灵巧的前肢在运动的同时能够滚动一个球。

腿式运动的最主要的缺点包括动力和机械的复杂性。腿,可能包括几个自由度,必须能够支撑机器人部分总重量,而且在许多机器人中,腿必须能够抬高和放低机器人。另外,如果腿有足够数目的自由度,在许多不同的方向给予力,机器人就能实现高度的机动性。

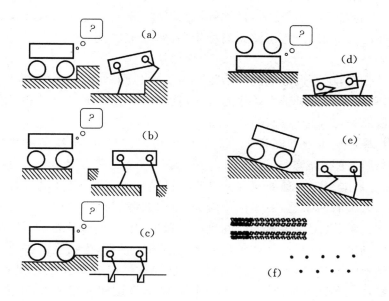

图 2.5 腿式移动机器人特别适合于粗糙地形,在这种地形上,它们能够横越轮式系统不能通过的障碍,如(a)台阶,(b)裂隙,或(c)沙斑。另外,当机器人跌倒时,高数目的自由度容许机器人站起来(d)并保持负重平衡(e)。由于腿式系统不需要支撑的连续路经,它们可以依靠少数几个所选的立脚点,从而减少对环境的影响(f)。图片由 D. Remy 提供

2.2.1 腿的构造与稳定性

因为腿式机器人的发明是受到生物学上的启发,所以检验一下生物学上成功的有腿系统是有益的。许多不同的腿的构造已经在各种各样的生物体中成功地存在(图2.6)。大型动物,如哺乳动物和爬行动物有 4 条腿,而昆虫有 6 条腿或更多。某些哺乳动物,仅靠 2 条腿行走的能力已经很完美。尤其是人类,平衡能力已经进展到甚至可用单腿进行跳跃的水平[①]。这种异常的机动性是以很高代价得来的:为保持平衡而使用更复杂的主动控制。

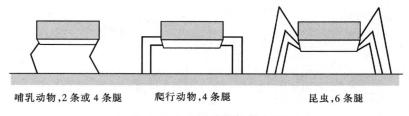

哺乳动物,2条或4条腿　　　爬行动物,4条腿　　　昆虫,6条腿

图 2.6　各种动物的腿的配置

---

① 在儿童的生长过程中,用于确定孩子是否获得高级运动技能的测试之一就是单腿跳跃能力。

相反,3 条腿的动物假定它能保证其重心处在地面接触的三脚区内,它就能够展示静止、稳定的姿态。如 3 条腿的凳子所展现那样,静止稳定性意味着不需要运动而保持平衡。在没有倾覆力时,稍微偏离稳定(比如轻轻推凳子)会被动地予以校正而趋向稳定的姿态。

但是为了行走,机器人必须能够抬腿。为了能达到静态行走,机器人至少要有 4 条腿,一次移动一个。而对于 6 条腿的情况,就有可能设计出一种步态,按此,腿的静态稳定三脚区总是与地面接触(图 2.9)。

昆虫和蜘蛛一出生立即能行走。对它们来说,行走时的平衡问题比较简单。哺乳动物有 4 条腿,能够静态行走,然而由于重心高,会比爬行动物行走稳定性要差。例如,幼鹿在它们能行走之前要花几分钟来尝试站走来,然后又要花好几分钟学习行走而不摔倒。人类有两条腿,由于他们脚大,也可以静态地稳定站立。幼儿需要几个月才能站立和行走,甚至需要更长时间来学习跳跃、跑步和单腿站立。

在各单腿的复杂性中,也存在种类繁多的潜力。再者,生物世界提供了丰富的处于两个极端的例子。例如,毛虫利用液压,通过构建体腔和增加压力使各腿伸展,而且通过释放液压使各腿纵向地回收,然后刺激单个可拉伸的肌肉,牵引腿靠向身体。各条腿只有 1 个自由度,它沿着腿纵向地定方向。前向运动依赖于体内的液压,它能伸张两腿间的距离。所以,毛虫的腿在机械上来看很简单,即利用最少数目的外表肌肉,完成了复杂的整体运动。

在另一极端,连同脚趾的深层刺激,人腿有 7 个以上的主自由度,15 个以上的肌肉群,激励 8 个复杂的关节。

在腿式移动机器人情况下,通常要求至少 2 个自由度,通过提起腿和将腿摆动向前,使腿向前运动。更普通的是对更复杂的移动,如图 2.6 所示,附加了第 3 个自由度。在创造两足行走机器人中,最新产品已在踝关节处增加了第 4 个自由度。通过刺激脚底板的姿态,足踝能使机器人移动地面接触的合成力向量。

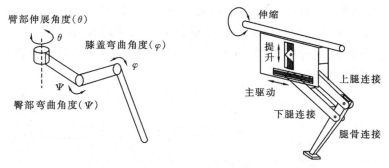

图 2.7 具有 3 个自由度的腿的两个例子

总之,增加机器人腿的自由度提高了机器人的机动性,既扩大了机器人能行走的地形范围,又增强了机器人以各种步态行走的能力。当然,附加关节和激励器的主要缺点是带来动力、控制和质量方面的问题。附加的激励器需要能量和控制,它们也把质量加到腿上,从而进一步增加了对现有激励器的功率和负载的要求。

对于多腿移动机器人,存在运动时腿的协调或步态控制问题。可能的步态数目依赖于腿的数目[52]。对单条腿而言,步态是抬起与放下事件的序列。对一个有 k 条腿的移动机器人,步行机器可能事件的总数 N 为

$$N = (2k-1)! \tag{2.1}$$

对于 2 条腿的步行器,$k=2$ 腿,可能事件的总数 N 为

$$N = (2k-1)! = 3! = 3 \cdot 2 \cdot 1 = 6 \tag{2.2}$$

6 个不同事件序列如下(它们也可以被组合成更为复杂的序列):

1. 2 腿下—右下/左上—2 腿下;
2. 2 腿下—右腿上/左腿下—2 腿下;
3. 2 腿下—2 腿上—2 腿下;
4. 右腿下/左腿上—右腿上/左腿下—右腿下/左腿上;
5. 右腿下/左腿上—2 腿上—右腿下/左腿上;
6. 右腿上/左腿下—2 腿上—右腿上/左腿下。

当然,理论上该事件迅速地增长得很大。例如,一个 6 条腿的机器人,步态远远超过:

$$N = 11! = 39916800 \tag{2.3}$$

理论上可能的步态更大于此数目。

图 2.8 与 2.9 描述了几个 4 腿的步态和静态的 6 腿三脚架式的步态。

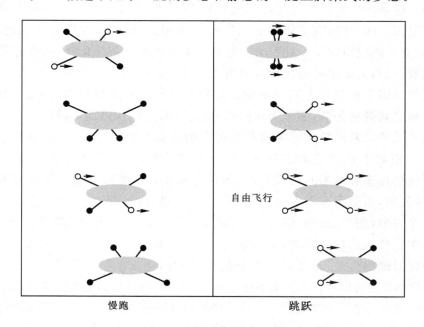

慢跑　　　　　　　跳跃

图 2.8 4 条腿的两种步态

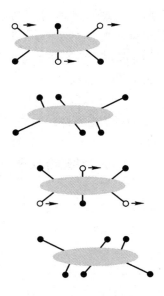

图 2.9 6 条腿的静态行走。3 条腿形成的三脚架一直存在

2.2.2 动力学考虑

运输代价(cost of transportation)表达了一个机器人行走一定距离要消耗多少能量。为了更好地比较不同尺寸的系统,该值通常用机器人的重量予以规格化,表达成 J/(N·m),这是一个无量纲的量,J 代表焦耳,N 为牛顿,m 为米。当一个机器人以恒速在一个平面上运动时,它的势能和动能保持不变。理论上,为保持其运动,不需要物理功,就有可能使得它从一处到另一处而无运输代价。但实际上,这个过程常常消耗某些能量,机器人必须备有执行器和电池以补偿其损失。对于轮式机器人来说,该损失的主要原因是在驱动车辆和车轮在地面上滚动阻力所造成的磨擦。同样,磨擦也出现在腿式系统的关节,能量消耗由脚-地交互而产生。然而,这些因素不能说明,为什么腿式系统通常比轮式对手消耗大得多的能量? 实际上,很大部分能量损失来源于腿——相对于轮子或履带——不是进行连续的运动,而是周期性地前后移动。关节必须经受加速和减速的交叉阶段,而我们只有非常有限的能力来恢复减速的负功,在这过程中,能量不可再生地损失掉。因为腿是分段式结构,因此,甚至可能发生能量从一个关节(例如,膝盖)馈入,而同时又在另一个关节(例如,髋关节)消耗掉,不在脚上产生任何纯的功。所以,执行器相互对立地作功[180]。

解决该问题的方法,是更好地发掘机械结构的动力。摆和弹簧——如果设计得好——的自然振荡可以自动产生周期性运动。例如,一条摇摆的腿的运动,可以由一个简单的双摆的动力来控制,如果腿节的长度和惯性性质正确地予以选择,这样的摆会自动地向前摇摆,清理地面,在主体前伸腿,触及地面。另一方面,如果脚站在地面上,而腿保持僵直,那么,倒摆的运动会有效地推动主体向前。在跑步期间,这些倒立摆的动力,被弹簧额外地增强,它在着地期间,存储能量,容许主体在下一个飞行期间起飞(图2.10)。

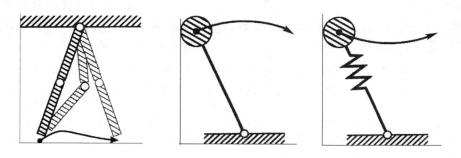

图2.10 能量有效行走中所发掘的动力元件。包括适用于摆腿的双摆,适用于行走始发姿态的倒立摆,以及适用于奔跑步态的弹簧腿

事实上,用这种方法,我们有可能构建没有任何类型激励的腿式机器人。这种无源的动态步行机[211,344]可走下微弱的斜面(为补偿磨擦损失),但是由于没有激励,不作负功,消除了由制动引起的能量损失。除了构建周期性的运动之外,这种步行机的动力必须设计得保证动态稳定。机械结构必须顺从地去除小的扰动,否则久而久之,扰动会累积起来,最终使机器人倒下。按这些原则构建的受激励的机器人,可以以极高的效率行走[104],其中之一的康奈尔漫游者(Cornell Ranger),最近保持了自主腿式机器人[345]的距离记录(图 2.11)。

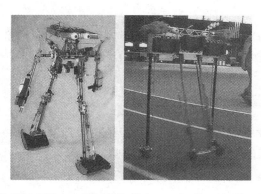

图2.11 康奈尔有源2腿和4腿双足机器人。2008年4月,该4腿双足机器人在无人碰触情况下行走了9.07km

无源的动态步行机和人类体型与运动模式也有突出的相似性。在进化期间,人类和动物已经变成十分有效的步行机,看一下肌电图记录就会发现,在行走期间我们的肌肉远不如我们所期待的那样有活力,对一个任务,我们的肢体绝大部分处于恒速运动。在某种程度上,人类是无源的动态步行机。

显然,机械动力学的这种发掘只在特定速度上运作。当运动速度改变时,特征性质,诸如步幅长度或跨步的频率就会发生变化。而且,由于这些特征必须与机械结构的弹簧和摆的振荡相匹配,所以需要更多的控制力,迫使关节跟踪它们所需的轨迹。

对于人类步行,最优的步行速度大约为 1 m/s,这也是客观上感觉最舒适的速度范围。不论是较高或较低速度,运输的代价将会增加,需要更多的能量行走相同的距离。为此,人类会改变他们的步态,当他们要以更高速度行走时,就从步行变为跑步,这比只是更快地执行相同的运动更有效。改变步态,允许我们使用自然动力学的一组不同的集合,更好地匹配更高速度所需要的跨步频率和步幅。同样,动物中范围广泛的步态可以用动态元件的不同集合来表达,以使运输所需能量最小(图 2.12)。

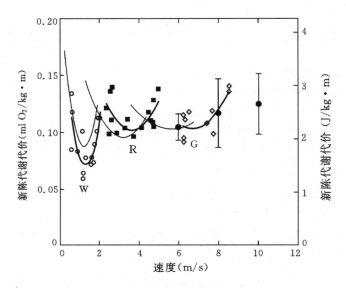

图 2.12　马匹行走(W)、慢跑(R)和急驰(G)三种步态下的运输代谢价格(此处被身体质量规一
　　　　化)。每一种步态具有一个最小化能量花费的特定速度。这解释了动物与人类以不同速
　　　　度移动时改变步态的原因

2.2.3　腿式机器人运动的例子

　　尽管迄今为止还没有大量的工业应用,但是腿式运动仍是一个长期研究的重要领域。下面给出几个令人感兴趣的设计,从 1 条腿的机器人开始并以 6 条腿机器人结束。

2.2.3.1　单腿机器人

　　腿式机器人腿的数目最少当然是 1。有几个理由说明,使腿的数目尽量少是有益的。身体的质量对行走机器是极其重要的,而 1 条腿使累加的腿的质量最小。当机器人有多条腿时,就要求腿之间须协调,1 条腿就不需要这种协调了。也许最重要的是,单腿机器人使腿式运动的基本优点最大化:在全跟踪的场合,如轮子一样,腿与地面只有一个接触点。单腿机器人只需要一系列的单点接触,就能经受最粗糙的地形。而且,取一个跑步的起点,跳跃机器人可动态地跨过比它的步幅大的沟隙。而多腿不能跑的行走机器人,只限于跨过与它的跨距一样大小的沟隙。

　　制造单腿机器人的主要困难是保持平衡。1 条腿的机器人不仅不可能静态行走,而且当平稳不可能时,静态稳定也不可能。机器人必须主动地自我平衡,或者改变它的重心,或者给出校正力。因此,成功的单腿机器人必须能动态地稳定。

图 2.13 表示的是 Raibert 跳跃机[42,264],它是已制作的最有名的单腿跳跃机器人之一。这个机器人通过调节相对于身体的腿角,不断地修正身体姿态和机器人速度。激励是液压的,包括在立姿向空中跳跃期间腿的高性能纵向伸展。激励虽然是强有力的,但这些激励器需要一个随时连接到机器人的大型的、外装的液压泵。

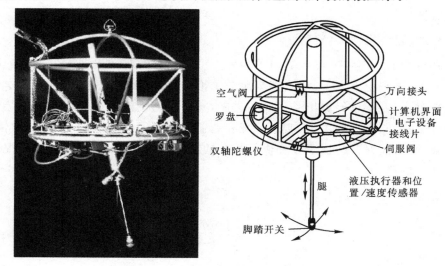

空气阀
罗盘
双轴陀螺仪

万向接头
计算机界面电子设备
接线片
伺服阀
液压执行器和位置/速度传感器
腿
脚踏开关

图 2.13 Raibert 跳跃机[42,264]。图片由 LegLab 和 Marc Raibert 提供。© 1983

图 2.14 表示的是最近研制开发的更高效能的结构[83],它利用了设计良好的机械动力学[83]。它不用外装的液压泵供给能量,而是设计了弓腿跳跃机,当它着地时,利用一根有效的弓形弹簧腿来获得机器人的动能。这个弹簧返回了几乎 85% 的能量,这就意味着每次只需要添加所需能量的 15% 即可稳定跳跃。这个机器人用支架沿轴受到约束,用装在机器人上的一组电池,已经展示能连续跳跃 20 min。和 Raibert 跳跃机一样,弓腿跳跃机通过在髋关节改变相对于身体的腿角来控制速度。

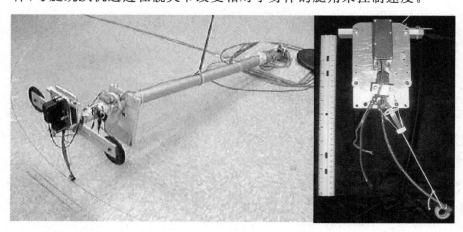

图 2.14 一个简单的二维弓腿跳跃机[83]。图片由 CMU 的 H. Benjamin Brown 和 Garth Zeglin 提供

　　Ringrose 的论文[266]揭示了应用于单腿跳跃机的有关机械学和控制的非常重要的对偶性。通常,精巧的机械设计与复杂的控制电路一样,可以执行相同的操作。在该机器人中,其脚的物理形状正好是合适的曲线,因此当机器人非完全垂直着地时,由碰撞产生合适的校正力,使机器人在下次落地时垂直。该机器人是动态稳定的,而且是无源的。机器人与其环境之间的物理交互提供了校正,不用计算机或环路中的任何有源控制。

2.2.3.2　双腿机器人(双脚)

　　在过去的 10 年中,已经展示了各种类型的成功的双腿机器人。已经证明双腿机器人能跑、跳和上下楼梯行走,甚至玩空中把戏,如翻筋斗。在商业部门,本田和索尼公司在过去 10 年已经做出了重大的进展,并对双脚机器人赋予很高的功能。两个公司设计了小型、有源的关节,实现了现有商业伺服机闻所未闻的功率/重量性能指标。这些新的“智能”伺服机,不仅提供了强大的激励,而且用转矩感知和闭环控制方法提供了适从的激励。

规格:

重量:　　　　 7 kg
高度:　　　　 58 cm
颈自由度:　　 4
身体自由度: 2
臂自由度:　 2×5
腿自由度:　 2×6

五指手

图 2.15　索尼 SDR - 4X II © 2003 Sony Corporation

　　索尼梦想机器人,即 SDR - 4X II 模型,如图 2.15 所示。这个流行的模型是 1997年开始的研究结果,它以运动表演和交际娱乐(如跳舞和唱歌)为基本目的。这个具有 38 个自由度的机器人,为了声音的精细定向、基于图像的人员识别、单板微型立体景深图的重构以及有限的语音识别,装有 7 个麦克风。给定了流媒体和娱乐运动的目标,索尼公司花费了巨大的精力设计了运动的原型应用系统,它能使他们的工程师以简捷的方式编排舞蹈。要注意的是,SDR - 4X II 比较小,站立 58cm,重量仅6.5kg。

　　本田公司的拟人机器人项目有着值得注意的发展经历。但是此外,它还抓住了激励的非常重要的工程挑战。图 2.16 展示了模型 P2,它是最新模型 Asimo(在发明移动性中有超前步伐)最直接的先驱。注意,最新的本田 Asimo 模型仍然比 SDR -4X II 大得多,高 120 cm,重 52 kg。这可在保持不危险尺寸和姿势的同时,能在有楼梯和台阶的人类环境中具有实用的机动性。也许这是展示仿生的双脚上下楼梯的第一个机器人。这些本田拟人系列的机器人不是专门为娱乐目的而设计,而是作为整个社会的人类帮手而设计。例如,本田公司把 Asimo 的高度当作机器人能对人类环境进行管理操作(如控制灯开关)的最小高度。

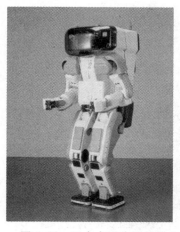
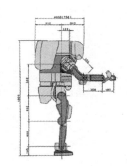

规格:
最大速度: 2 km/h
自由度: 15 min
重量: 210 kg
高度: 1.82 m
腿自由度: 2×6
臂自由度: 2×7

图 2.16 日本本田公司的拟人机器人 P2。© Honda Motor Corporation

双脚机器人一个重要的特征是它们具有类似人的外形。它们可以被制造成和人相近似的尺寸,这使得它们在人机交互的研究中成为出色的运载工具。日本早稻田大学制造的 WABIAN - 2R(图2.17)正是作这种研究的[255]。WABIAN - 2R 被设计成能够模仿人的运动,并甚至设计成能够像人一样跳舞。

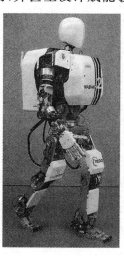

规格:
重量:64 kg(包括电池)
高度:1.55 m
自由度:
腿: 6×2
脚: 1×2(无源)
腰: 2
躯干:2
臂: 7×2
手: 3×2
颈: 3

图 2.17 日本早稻田大学开发的拟人机器人 WABIAN-2R[255](http://www.takanishi. mech. waseda. ac. jp/)。© Atsuo Takanishi Lab,Waseda University

双脚机器人只能在某些限制内静态地稳定。因此,像 P2 和 WABIAN - 2R这样的机器人即使站着不动,通常也必须连续地进行伺服平衡校正。而且,各条腿都必须有足够的容量以支撑机器人全部重量。在四腿机器人情况下,平衡问题随各条腿上的负荷需求而变得容易解决。双腿机器人的一个一流设计是麻省理工学院设计的 Spring Flamingo(图 2.18)。这个机器人与腿激励器相连,插入了弹簧,实现更有弹性的步态。通过与限制膝盖关节角度的"膝盖骨"相结合,Flamingo 实现了惊人的仿生运动。

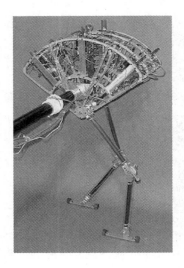

图 2.18　麻省理工学院设计的 Spring Flamingo[262]。图片由 MIT leg 实验室的 Jerry Pratt 提供

2.2.3.3　四腿机器人(四脚)

尽管四腿站立不动是无源稳定的,但要行走仍具有挑战性。因为在步行期间,为了保持稳定,机器人的重心必须主动地偏移。最近,索尼投资数百万美元开发一个叫作 AIBO 的四腿机器人(图2.19)。为了制作这个机器人,索尼开发了近实时的新的机器人操作系统和新的啮合伺服电机。它具有足够大的力矩以支持机器人,还是可后向驱动的以保证安全。除了开发专用的电机和软件之外,索尼公司还插入了一个彩色视觉系统,使 AIBO 能够追逐一个色彩鲜艳的球。在需要再充电之前,机器人至多能工作一个小时。该机器人初期销量曾经很旺,第一年就卖了60 000多台。可是,这台机器狗所用的电机的数量和技术投资,使得它的售价高达约1500美元。

四腿机器人在人机交互研究中,具有当作有效人造产品的潜能(图2.20)。比如,人类可以像对待宠物一样对待这个索尼机器人,并可以像人和狗那样发展感情联系。此外,索尼已设计了 AIBO 的行走款式,以及模仿学习和熟化的一般行为,即随时产生动态行为,这对可以追踪行为变化的物主来说会更加感兴趣。在解决了高能存储和电机工艺难题后,四脚机器人可能比 AIBO 有更强的功能,它会在全人类环境中得以普及。

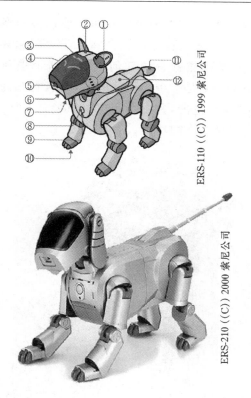

ERS-110 ((C)) 1999 索尼公司

ERS-210 ((C)) 2000 索尼公司

① 立体声话筒:允许 AIBO 拾取周围声音

② 头部传感器:感知有人在头部拍打 AIBO

③ 模式指示器:指示 AIBO 的操作模式

④ 眼灯:亮成蓝绿或红色,指示 AIBO 的情绪

⑤ 彩色摄像机:通过颜色和动作,允许 AIBO 搜索
对象,并用颜色和运动认识他们

⑥ 喇叭:发出各种音调和声音效果

⑦ 下巴传感器:感知有人触摸下巴

⑧ 暂停按钮:按下激活或暂停 AIBO

⑨ 胸灯:给出有关机器人状态的信息

⑩ 脚爪传感器:装在各爪的底部

⑪ 尾灯:亮蓝色或是橙色,指示 AIBO 的情绪状态

⑫ 背部传感器:感知有人触摸 AIBO 的背部

图 2.19 日本索尼公司制造的人造狗 AIBO

规格:
重量: 9 kg
高度: 0.25 m
自由度:4×3

图 2.20 东京理工大学开发的四腿机器人 Titan Ⅷ。(http://mozu. mes. titech. ac. sp/research/walk/) © Tokyo Institute of Technology

　　BigDog 和 LittleDog(图 2.21)是四脚机器人的最新例子,它们是受美国国防先进研究项目局(DARPA)委托,由波士顿动力研究所开发的机器人。BigDog 是一个

粗糙地形的机器人,能够走、跑、爬,并运载重负荷。它由一个发动机和驱动液压激励系统提供动力。它的腿像动物一样与适从元件相连,吸收振动,并在二步之间循环能量。该项目的目的,是使机器人能够去人和动物能够去的任何地方。这个项目由DARPA 的战术技术办公室资助。相反,LittleDog 是一个小尺寸的机器人,它是为研究学习运动而设计的。它的每条腿具有大的运动范围,并由 3 个电机供能量。所以,这个机器人在爬行和动态运动步态方面,具有足够强的功能。

图 2.21 四脚机器人 LittleDog 和 BigDog,由波士顿动力研究所开发。图片由波士顿动力研究所提供。(http://www.bostondynamics.com)

另一个四腿机器人的例子是 ALoF,该机器人是在 ASL(苏黎世瑞士联邦理工大学)开发的(图 2.22)。它被当作一个平台,研究能量-效率运动。这是通过发掘无源动力学来进行的,其方法如同 2.2.2 节所阐述的一样,它在双脚机器人中被证明是有效的。

图 2.22 四腿机器人 ALoF 是在 ASL 开发的,通过发掘无源动力学来进行能量-效率运动研究(http://www.asl.ethz.ch/)。© ASL-ETH Zurich

2.2.3.4 六腿机器人(六脚)

由于行走期间的静态稳定性,六腿结构在移动机器人学中已经很流行(图 2.23 和图 1.3),因而降低了控制的复杂性。在大多数情况下,各条腿有 3 个自由度,包括

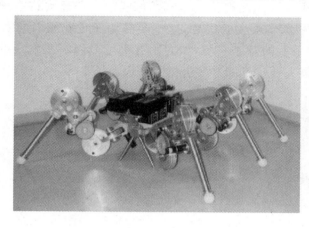

规格:

最大速度:	0.5 m/s
重量:	6 kg
高度:	0.3 m
长度:	0.7 m
腿的数目:	6
自由度总数:	6×3
功耗:	10 W

图 2.23 德国 Karlsruhe 大学开发的六腿平台 Lauron Ⅱ 。 © University of karlsruhe

臀部弯曲、膝盖弯曲和臀部外展(图 2.7)。Genghis 是一个商业上已可用的有 6 条腿的业余机器人,各腿有业余伺服电机所提供的 2 个自由度(图 2.24)。这样的机器人仅由臀部弯曲和臀部外展组成,在粗糙的地形中机动性较差,但在平地上则表现很好。因为它是由直腿和伺服电机简捷装配而成,所以机器人业余爱好者可以很容易地制作这种机器人。

图 2.24 Genghis 是 MIT 制作的最有名的行走机器人之一,它用业余伺服电机作激励器 (http://www.ai.mit.edu/projects/genghis)。 © MIT AI Lab

昆虫被证明是地球上最成功的运动生物。它们擅长于用六腿穿越所有形式的地形,甚至可以倒着行走。目前,人造六腿机器人与六腿昆虫之间的功能差距仍然很大。有趣的是,这并不由于机器人缺乏足够数目的自由度,而是因为昆虫把为数不多

的主动自由度与无源结构结合起来。绪如细微倒毛和质地粗糙的肉趾,极大地增强了各腿的抓力。机器人学对这种无源末端结构的深入研究才刚刚开始。例如,有一个研究小组正在试图再造蟑螂腿的完整的机械功能[124]。

从上述例子可以明白,腿式机器人与其生物同类可匹敌之前还有许多地方需要改进。不过,要最近已取得了意义重大的成果,这主要是由于电机设计方面有所进展。创造一个具有动物肌肉效率的激励系统,如同用有机生命组织所发现的能量密度进行能量存储一样,离机器人学已有的水平仍相距甚远。

2.3 轮式移动机器人

迄今为止,轮子一般是移动机器人学和人造车辆中最流行的运动机构。它可达到很高的效率,如图 2.3 所示,而且用比较简单的机械就可实现它的制作。

另外,在轮式机器人设计中,平衡通常不是一个研究问题。因为在所有时间里,轮式机器人一般都被设计成所有轮子均与地接触。因而,3 个轮子就足以保证稳定平衡。虽然我们将在下面看到,两轮机器人也可以稳定。如果使用的轮子多于 3 个,当机器人碰到崎岖不平的地形时,就需要一个悬挂系统以容许所有轮子都保持与地接触。

轮式机器人研究不是忧虑平衡,而是倾向于把重点放在牵引、稳定性、机动性及控制问题:为覆盖所有期望的地形,机器人的轮子能否提供足够的牵引力和稳定性?机器人的轮子结构能对机器人的速度进行充分控制吗?

2.3.1 轮式运动:设计空间

正如将要看到的,当我们考虑移动机器人运动的可能技术时,可能的轮子结构有很大的空间。因为有很多数目不同的轮子类型,各有其特定的优点和缺点,故我们从详细讨论轮子开始,然后来检验为移动机器人传送特定运动形式的完整的轮子构造。

2.3.1.1 轮子的设计

有四种主要的轮子类型,如图 2.25 所示。在运动学方面,它们差别很大。因此轮子类型的选择对移动机器人的整个运动学有很大的影响。标准轮和小脚轮有一个旋转主轴,因而是高度有向的。在不同的方向运动,必须首先沿着垂直轴操纵轮子。这两种轮的主要差别在于标准轮可以完成操纵而无副作用,因为旋转中心经过接触片着地;而小脚轮绕偏心轴旋转,在操纵期间会引起一个力,加到机器人的底盘。

瑞典轮和球形轮二者的设计比传统的标准轮受方向性的约束少一些。瑞典轮的功能与标准轮一样,但它在另一方向产生低的阻力,它有时垂直于常规方向,如瑞典 90°轮;有时在中间角度,如瑞典 45°轮。装在轮子周围的辊子是无源的,轮的主轴用作唯一主动地产生动力的连接。这个设计的主要优点在于:虽然仅沿主轴给轮子旋

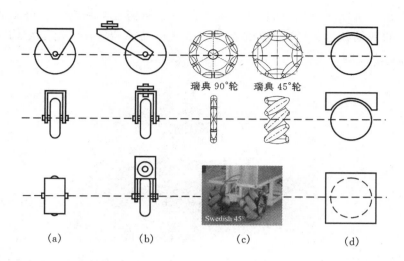

图 2.25 四种基本的轮子类型:(a)标准轮:2 个自由度,围绕轮轴(电动的)和接触点转动;
(b)小脚轮:2 个自由度,围绕偏移的操纵接合点旋转;(c)瑞典轮:3 个自由度,围绕
轮轴(电动的)、辊子和接触点旋转;(d)球体或球形轮:技术上实现困难

转提供动力(通过轮轴),轮子以很小的摩擦,可以沿许多可能的轨迹按运动学原理移动,而不仅仅是向前或者向后。

球形轮是一种真正的全向轮,经常被设计成可以沿任何方向主动地受动力而旋转。实现这种球形构造的一种机构模仿了计算机鼠标,备有主动提供动力的辊子,这些辊子安置在球的顶部表面,并给予旋转的力。

无论用什么轮,在为所有地形环境设计的机器人和具有 3 个以上轮子的机器人中,正常情况下需要一个悬挂系统以保持轮子与地面的接触。一种最简单的悬挂方法是轮子本身设计成柔性的。例如,在某些使用小脚轮的四轮室内机器人情况下,制造厂家已经把软橡胶的可变形轮胎用在轮上,制作一个主悬挂体。当然,这种有限的解决方案不能与应用中错综复杂的悬挂系统相比拟。在应用中,对明显的非平坦地形,机器人需要更动态的悬挂系统。

2.3.1.2 轮子几何特征

移动机器人轮子类型的选择与轮子装配或轮子几何特征的选择紧密相关。移动机器人的设计者在设计轮式机器人的运动机构时,必须同时考虑这两个问题。为何轮子的类型和轮子的几何特征如此重要?因为机器人的三个基本特征受这些选择所支配:机动性、可控性和稳定性。

汽车大都为高度标准化的环境(道路网)而设计,与其不同的是,移动机器人则是为应用在种类繁多的环境而设计。汽车全部共享相同的轮子结构,因为在设计空间中存在一个区域,使得它们对标准化环境(铺好的公路)的机动性、可控性和稳定性最大。可是,不同的移动机器人面临各种不同环境,没有单独一个轮子结构可以使这些品质最大化。所以,你会看到移动机器人的轮子结构种类繁多。实际上,除了为道路系统设计的移动机器人外,很少机器人使用汽车的 Ackerman 轮子结构,因为它的机动性较差(图 2.26)。

图 2.26　在 CMU 开发的 Tartan Racing 自驾驶车辆。赢得 2007 年 DARPA 城市挑战杯胜利。图片由 Tartan Racing 小组提供(http://www. Tartanracing.org)

　　表 2.1 给出了轮子结构的概貌,按轮子数目排序。表中描述了特殊轮子类型的选择和机器人底盘上它们的几何结构这两个方面。我们注意到,所示的某些轮子结构在移动机器人的应用中很少用到。例如,两轮自行车装配,其机动性中等,可控性差。再像单腿跳跃机,它根本不能静止地站着。不过,表中提供了在运动机器人设计中可能用到的许多种类轮子结构的说明。

　　表 2.1 中种类的数目是很多的。不过,这里列出了重要的趋向和分组,它可帮助理解各结构的优点和缺点。下面,根据以前确认的三个问题:稳定性、机动性和可控性,我们来确认一下某些关键性的折衷。

2.3.1.3　稳定性

　　令人惊奇的是,静态稳定所要求的最小轮子数目是 2 个。如上所述,如果质心在轮轴下面,一个两轮差动驱动的机器人可以实现静态稳定。Cye 就是使用这种轮子结构的商业移动机器人(图 2.27)。

图 2.27　Cye 是家用机器人,它可以在家里做真空吸尘和传递员

表 2.1 滚动车辆的轮子的结构

轮子数目	结构装配	描述	典型例子
2		前端一个操纵轮,后端一个牵引轮	自行车,摩托车
		两轮差动驱动,质心(COM)在转轴下面	Cye 个人机器人
3		带有第 3 个接触点的,两轮居中的差动驱动	Nomad Scout,smartRob EPFL
		在后/前端有 2 个独立驱动轮,在前/后端有 1 个全向的无动力轮	许多室内机器人,包括 EPFL 机器人 Pygmalion 和 Alice
		后端有 2 个相连的牵引轮(差动),前端有 1 个可操纵的自由轮	Piaggio 微型卡车
		后端有 2 个自由轮,前端有 1 个可操纵的牵引轮	Neptune(卡内基梅隆大学),英雄-1
		3 个动力瑞典轮或球型轮排列成三角形,可以全向运动	斯坦福轮 Tribolo EPFL,掌上导航机器人包(CMU)
		3 个同步的动力和可操纵轮,方向是不可控的	"同步驱动"Denning MRV-2,乔治理工大学,I-Robot B24,Nomad 200
4		后端有 2 个动力轮,前端有两个可操纵轮;两轮操纵必须不同,避免滑动/打滑	后轮驱动的小车

	前端有 2 个可操纵的动力轮，后端有 2 个自由轮；两轮操纵必须不同，避免滑动/打滑	前轮驱动的小车
	4 个可操纵的动力轮	四轮驱动，四轮操纵 Hyperion(CMU)
	后/前端 2 个牵引轮（差动），前/后端 2 个全向轮	Charlie（DMT – EPFL）
	4 个全向轮	卡内基梅隆大学 天王星
	具有附加接触点的两轮差动驱动	EPFL Khepera, Hyperbot Chip
	4 个动力和可操纵的小脚轮	Nomad XR4000
6	排列在中央的 2 个动力和可操纵轮，四角各有一个全向轮	首次出现
	中央有 2 个牵引轮（差动），四角各有一个全向轮	Terregator（卡内基梅隆大学）

各种轮子类型的图标如下：

○	非动力全向轮（球形轮、回旋轮和瑞典轮）
▨	动力瑞典轮（斯坦福轮）
▭	非动力标准轮

 ▭	动力标准轮
 ▭○	可操纵的动力小脚轮
 中	可操纵的标准轮
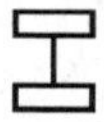 王	连接轮

可是,在普通的环境下,这种解决方案要求轮子的直径大得不切实际。动力学也可引起两轮机器人以接触的第 3 个点撞击地面,例如,从静止开始要有足够大的电机转矩。常规情况下,静态稳定要求至少有 3 个轮子,且需要警告的是:重心必须被包含在由轮子地面接触点构成的三角形内。增加更多的轮子可以进一步改善稳定性,虽然一旦接触点超过 3 个后,几何学的超静态性质会要求在崎岖不平的地形上有某种形式的灵活悬挂系统。

2.3.1.4 机动性

一些机器人是全向的,这意味着它们可以在任何时候沿着地平面(x,y)向任意方向运动,而不管机器人围绕它垂直轴的方向。这一层次的机动性需要能朝一个以上方向运动的轮子。所以,全向机器人经常使用有动力的瑞典轮或球形轮。天王星(Uranus)是个很好的例子,如图 2.30 所示。这个机器人使用 4 个瑞典轮,能独立地旋转和平移且不受限制。

一般来说,由于构造全向轮的机械上约束,带有瑞典轮和球形轮的机器人其地面清洁度是受某些限制的。在解决这种地面清洁度问题的同时,一个令人感兴趣的最新解决全向导航的方案是四小脚轮结构。在这种结构中,各小脚轮有源地被操纵,并主动地平移。在这种配置中,机器人是真正全向的。因为,即使小脚轮面向一个垂直于行走的期望方向,通过操纵这些轮子,机器人仍能向期望的方向移动。因为垂直轴偏离了地面接触路径,这个操纵运动的结果就是机器人的运动。

在研究领域中,可实现高度机动性的其他类型的移动机器人是很普遍的,它只比全向结构的机器人稍微差一点。这种类型的机器人,在特定方向上的运动,可能一开始需要一个旋转运动。机器人的中央有一个圆底盘和转动轴,使得这种机器人可以旋转而不改变它的地面脚印。这种机器人中最普遍的是两轮差动驱动的机器人,在那里 2 个轮子围绕机器人的中心点转动。为了稳定,根据应用的特点,也许要用 1~2 个附加的地面接触点。

与上面的结构相反的是,我们在汽车中常见的 Ackerman 操纵结构。这种车辆典型的地方是有一个比小汽车大的旋转直径。而且它运动在小路上时,需要一个停车调动,向前和向后重复改变方向。尽管如此,Ackerman 操纵几何结构在业余爱好的机器人市场中仍一直特别地流行。这里,开始用一个遥控的赛车工具包,然后把感知和自主性加到现有的机械机构上,就可以制作机器人了。另外,Ackerman 操纵的有限机动性有一个重要的优点:它的定向性和操纵的几何结构,向它提供了在高速旋转中非常好的横向稳定性。

2.3.1.5 可控性

一般来说,可控性和机动性之间存在逆相关性。例如,诸如四小轮的全向结构,需要重大的处理,把所需的转动和平移速度转换成单个轮子的指令。而且,这种全向装置经常在轮子上有更高的自由度。例如,瑞典轮沿着轮周有一组自由的滚轮。这些自由度造成滑动的累积,趋向于减小航位推算的准确度,增加结构的复杂性。

对一个特定的行走方向,控制全向机器人也比较困难,而且当它与较小机动性机构比较时,往往准确度较低。例如,一个 Ackerman 操纵车辆,通过锁住可操纵轮和驱动它的驱动轮就可以简单地走直线。在差动驱动的车辆中,装在轮上的 2 个电机必须精确地沿同样的速度分布函数受驱动。考虑到轮子间和电机间的差异以及环境的差异,这可能是具挑战性的难题。对于具有四轮的全向驱动,如 Uranus(天王星)机器人,它有 4 个瑞典轮,问题更为困难。因为对在理想直线上行走的机器人,必须精确地按相同速度驱动所有的 4 个轮子。

总之,没有"理想"的驱动结构可以同时使稳定性、机动性和可控性最大化。各移动机器人的应用对机器人设计问题加上唯一的约束,而设计者的任务就是在这个可能的折衷空间中,选择最合适的驱动结构。

2.3.2 轮式运动:实例研究

为了展示上面讨论的概念是如何具体应用于为现实世界活动所制造的机器人中,下面我们描述四个特定的轮子结构。

2.3.2.1 同步驱动

在室内移动机器人应用中,同步驱动结构(图 2.28)是一种流行的轮子装配,也是一个令人很感兴趣的结构。因为它虽然有 3 个驱动和操纵轮,可是总共只用了 2 个电机。一个平移电机设置 3 个轮子一起的速度;一个操纵电机,使所有轮子绕着它们各自的垂直操纵轴一起旋转。但要注意的是,轮子是相对于机器人的底盘受操纵的,所以,没有直接方法重新设定机器人底盘的方向。实际上,由于凹凸不平轮胎的滑动,在整个时间里底盘方向一定会漂移,造成旋转的航位测定误差。

在追求全向性的情况下,同步驱动特别有好处。只要各垂直的操纵轴与各轮胎的接触路径排列一致,机器人就可以经常对其轮子重新定向,并沿着新轨迹运动而不改变它的脚印。当然,如果机器人的底盘有定向功能,并且设计者有意地打算重新定向底盘,那么当它与一个装在轮子底盘上的独立旋转的转盘结合时,同步驱动则是唯一合适的。商业上的研究机器人,如 Nomadics150 或 RWI B21r,都以这种结构出售(图 1.12)。

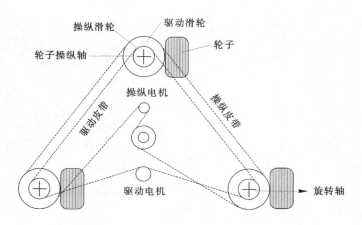

图 2.28 同步驱动：机器人可在任意方向上移动，但是底盘的方向是不可控的

根据航位测定，同步驱动系统一般优于真正的全向结构，但劣于差动驱动和 Ackerman 操纵系统。对此有两个主要的原因：首先，平移电机一般用单根传送带驱动 3 个轮子。因为驱动链中的泥浆和反冲存在，所以不论何时，当驱动电机参与时，最近的轮子在最远的轮子之前开始旋转，从而引起底盘方向小的改变。连同电机速度的附加改变，这些小角度偏移会积累，在航位测定期间产生大的方向误差。其次，移动机器人底盘的方向无直接控制。根据底盘的方向，轮子的推力可以是高度不对称的，2 个轮子在一边，第 3 个轮子在单独一边；如果对称，则一边 1 个轮子，另外 1 个轮子在前头或后面，如图 2.22 所示。当轮胎-地面滑动时，不对称的情况会产生各种类型的误差，再次在机器人方向的航位测定中造成误差。

2.3.2.2 全向驱动

正如我们在后面的 3.4.2 节将看到的，全向运动对整个机动性是很有利的。能在任何时候、任何方向上 (x, y, θ) 移动的全向机器人也是完整的（见 3.4.2 节）。它们可以用球形轮、小脚轮或瑞典轮予以实现。下面给出这种完整的机器人的三个例子。

具有 3 个球形轮的全向运动　图 2.29 所描述的全向机器人是基于 3 个球形轮子的，它们各由 1 个电机激励。在这种设计中，3 个接触点将球形轮悬挂起来，其中 2 个点由球形轴承给出，另 1 个由连接到电机轴的轮子给出。这种概念提供了极好的机动性，且设计简单。然而它只限于平坦的路面和轻负载，制造摩擦系数大的圆形轮子是十分困难的。

具有 4 个瑞典轮的全向运动　图 2.30 描述的全向装配已成功地用于几个研究的机器人，包括卡内基梅隆的 Uranus。这种结构包括 4 个 45° 的瑞典轮，各由单独的电机驱动。改变 4 个轮子的转动方向和相对速度，机器人可以沿着平面上的任意轨迹移动。更令人印象深刻的是，机器人甚至可同时绕着它的垂直轴转动。

例如，当所有 4 个轮子"向前"或者"向后"旋转时，机器人作为一个整体分别向前或向后在直线上移动。然而，当对角的一对轮子以相同方向旋转，而另一对角轮对以

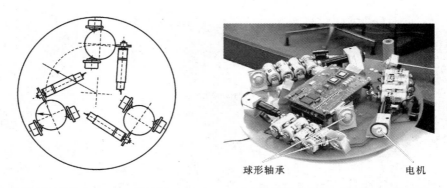

图 2.29 瑞士联邦理工大学(EPFL)设计的 Tribolo。左图:球形轴承和电机的装配(底视图);
右图:无球形轮的机器人图片(底视图)

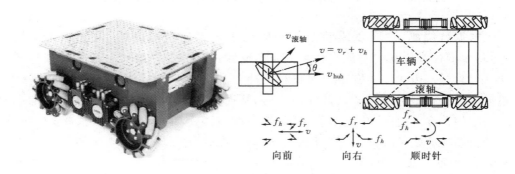

图 2.30 卡内基梅隆的 Uranus 机器人,一个具有 4 个带动力的瑞典 45°轮的全向机器人

相反方向旋转时,机器人就横向移动。

这个四轮配置的瑞典轮,从控制电机数量来看不是最少的。因为它们在平面上只有 3 个自由度。人们可以利用 3 个瑞典 90°轮制造一个三轮的全向机器人的底盘,如表 2.1 所示。然而现有的例子,如 Uranus,出于功能和稳定性考虑已经用四轮进行设计。

这种全向构造特别得心应手的一个应用是移动操作。在这种情况下,希望利用针对全域运动的移动机器人的底盘运动,减少操作臂的自由度,节省臂的重量。对于人类来说,如果底盘能全向移动,而不很大地影响操纵器顶端的位置,这会是理想的。而像 Uranus 那样的底盘就可精确地提供这种能力。

具有 4 个小脚轮和 8 个电机的全向运动   全向性的另一种解决方法是使用小脚轮。Nomadic 科技公司(图 2.31)的 Nomad XR4000 就是这样做的,使它有极好的机动性。遗憾的是,Nomadic 已停止生产移动机器人了。

上面的三个例子取自表 2.1,但该表并不是所有的轮式运动技术穷举的列表。腿式和轮式运动相结合,或者轨式和轮式运动相结合的混合方法,也可提供特别的优点。下面是为特殊应用而创造的两个独特的构造。

图 2.31 Nomadic 科技公司的 Nomad XR4000 有一个针对完整运动的四个小脚轮的装配
结构。可驱动和操纵所有小脚轮,因此要求精确的同步和协调,以获得 x,y 和 θ
方向的精确运动

2.3.2.3 轨式滑动/制动运动

在前面讨论的轮子结构中,我们已经作了假定:轮子是不容许对地面打滑的。操
纵的另一个选择形式叫做滑动/制动,利用面向不同速度同一方向或相反方向旋转轮
子,来重新定向机器人。军用坦克用的就是这个方法。Nanokhod(图 2.32)是基于相
同概念的移动机器人的一个例子。

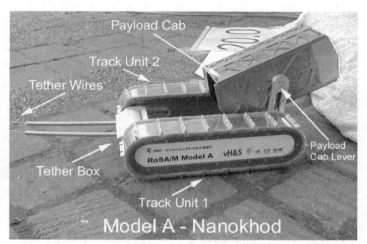

Payload Cab:仪表舱   Payload Cab Lever:仪表舱拉杆   Track Unit1:导轨单元 1

Track Unit2:导轨单元 2   Tether Wires:绳索导线   Tether Box:绳索箱

Model A – Nanokhod:模型 A – Nanokhod

图 2.32 微型漫游者 Nanokhod,由美因兹 von Hoerner & Sulger GmbH 和 the Max Planck 研究所
为欧洲航天局 (ESA) 开发,可能送到火星上[302,327]

使用轮胎面的机器人具有大得多的地面接触面,相比于常规的轮子设计,这可以大幅度地改善在松散地形中的机动性。然而,由于这个大的地面接触面,改变机器人方向通常要求滑动转弯,由此,轨迹的大部分必定会相对于地形打滑。

这种结构的缺点与滑动/制动操纵相关。因为转弯中大量打滑,很难预测机器人的准确旋转中心。而且,位置和方向的确切变化也依赖于地面摩擦的变化。所以对这种机器人,航位测定是很不精确的。回过来,要在极好的机动性和粗糙松软地形上的牵引力之间做出折衷。而且在摩擦力很大的表面上,滑动/制动方法可以很快制胜所用电机的力矩容量。按功效,这种方法在松散地形上是合理有效的;但是在其他情况下是极无效的。

2.3.2.4　行走轮

行走机器人在粗糙的地形中可提供最好的机动性。然而,它在平地上效率差,并且需要复杂的控制。混合的解决方案是将腿的自适应性和轮子的效率相结合,提供了一个令人感兴趣的折衷。无源地适应地形的解决方案,对野外的和空间的机器人特别有意义。NASA/JPL 的旅居者(Sojourner)机器人(图 1.2)代表了这样一种混合的解决方式,它能越过高至轮子尺寸的物体。为了相似的应用,最近 EPFL 已生产了一个更新的移动机器人(图 2.33)。这个机器人叫小虾(Shrimp),有 6 个动力轮,能够爬过高到其轮子直径 2 倍的物体[184,289]。这能使它攀登有规则的楼梯,虽然机器人甚至比 Sojourner 更小。利用一个菱形结构,Shrimp 在前端和后端各有 1 个操纵轮,2个轮子安装在各侧的转向架上,前轮有个弹簧悬架,以保证在任何时刻所有轮子都有最优的地面接触。对漫游者的操纵是通过将前后轮子的操纵同步和转向架轮子的速度差来实现的。它考虑了高精度的机动性,并以 4 个中心轮最小的滑动/制动实现就地转动。它还使用前轮和转向架的并行连接,在轮轴水平面产生一个虚拟的旋转中

图 2.33　Shrimp 是具有卓越被动爬行能力的全地形机器人(EPFL[184,289])

心。即使轮和地面间摩擦系数很低,也能保证最大的稳定性和爬行能力。

与大多数相似机械复杂性的机器人相比,Shrimp 的爬行能力是不同凡响的,这多半由于其特殊的几何特征以及由此产生的机器人质心(COM)可随时相对于轮子移动的方式。相反,个人漫游者展示了攀登台阶的主动的 COM 的移动,该台阶也几倍于它轮子的直径,如图2.28所示。旋转杆的上端承受了个人漫游者的大部分重量。为了推进爬阶梯,一个专门的电机驱动旋转杆以改变前/后重量的分布。因为这个COM 移动模式是主动的,所以在爬行现场,控制环路必须明确地决定如何移动杆子。在这种情况下,根据当前到各独立驱动轮[125]的行走量的测量,通过推断地形,个人漫游者完成该闭环控制。

图 2.34 个人漫游者,展示用主动的质心移动爬台阶

随着移动机器人研究的成熟,我们发现我们自己能设计更复杂的机械系统。同时,现在可方便地解决逆运动学和逆动力学的控制问题,使得这些复杂的机械学问题通常可以被控制。因此,在不远的将来,我们期望看到许多独特的、混合的移动机器人。这些机器人能把本章已讨论过的几个基本运动机制的优点结合在一起。它们在工业技术上的表现令人印象深刻,并对特殊的环境小生境,各会设计出专家机器人。

2.4 飞行移动机器人

2.4.1 引言

飞行物体对人类来说已极具魅力,鼓舞着所有类型的研究和开发。这个引言写在机器人学团体正对微飞行器(MAV)的开发展示日益增长兴趣的时刻。其主旨是:MAV 设计、控制和在杂乱环境中的导航仍存在科学性挑战,且缺乏现成的解决方案。另一方面,在军事和民用这两个广泛的应用领域中,正鼓励资助 MAV 有关的项目。然而,由于几个开放性的挑战难题仍然存在,这任务并非轻而易举。

在传感器领域,工业界最近可以提供新一代集成微惯性测量单元(IMU,参考 4.1.7节),它一般由微型机电系统(MEMS)工艺技术、惯性和磁阻传感器组成。在高密度功率存储的最新技术方面,提供约 230Wh/kg(锂离子工艺,2009 年),特别对微飞行机器人而言,这是一个真正的跳跃。这个技术原是为手持设备应用而开发的,现在广泛地用于飞行机器人。这种系统价格和尺寸的降低,使它对民用市场很有兴趣。同时,价格和尺寸的降低隐含着性能指标的限制,因而有更具挑战性的控制问题。而且,惯性传感器的微型化迫使应用 MEMS 技术,由于噪声和漂移的影响,它依然比传

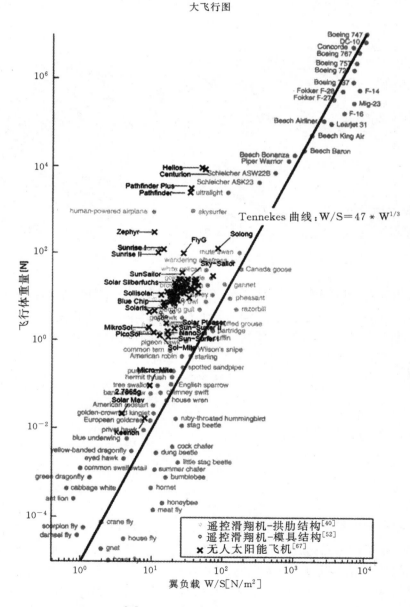

图 2.35　Tenneke 的大飞行图[50],加添了遥控滑翔机无人太阳能飞机。图片由 A. Noth[248] 提供

统传感器的准确度要低得多。使用廉价的 IMU 要求低效能低数据处理,从而除对漂移抵抗弱之外,方向数据预测也会差。另一方面,尽管在微型激励器方面有最新进展,但标度规则仍不适宜,人们必须面对激励器饱和问题。这就是说,尽管微飞行机器人的设计是可能的,但控制依旧是一个具有挑战的目标。

研究飞行体尺寸和重量之间的关系后,我们得到了某些有趣的结果。Tenneke 的大飞行图[50](图 2.35)画出了所有大小飞行体的重量与翼负载的关系,包括昆虫、鸟、滑翔机直到波音 747。它阐明了基本的简化假说:重量 W 与翼展 b 的三次方(b^3)成比例,而翼面积 S 可以看成与 b^2 成比例。图 2.35 表示了 Tenneke 的大飞行图,加添了某些无人太阳能飞机和无线电控制的飞机[248],它们相当于机器人的无人飞行系统。曲线 W/S 代表所显示数据的平均值。注意到,不同的结构依旧得到不同的结果:例如,NASA 的极轻量的太阳能滑翔机 Helios,其翼展为 75m,面积为 $184m^2$,近似地有与鹈鹕相同的翼负载,但比它重 1000 倍,当然,也更大得多。

2.4.2 飞行器结构

一般来说,飞行器可以被分成两类:轻于空气(LTA)和重于空气(HTA)。图 2.36 提出了根据飞行原理和推进模式来对飞行器作一般性分类。表 2.2 给出了按微型化观点,不同飞行原理之间的非穷举的比较。从这表中可以容易地得出结论,垂直起飞和着落(VTOL)的系统,如直升飞机或小型飞船,比其他的概念有毋庸置疑的优点。这优越性在于它们垂直平稳的独特能力,以及可以低速飞行。小型飞船的主要优点是自动上升和控制的简单性,这对危急情况的应用,可能是根本性的,例如空中侦察和空间开发。然而不同结构的 VTOL 运载工具,从微型化来看,代表了今天最有希望的飞行概念之一。图 2.37 列出了普遍用于研究和工业的 MAV 不同结构。

表 2.2 飞行原理比较(1=不好,3=好)

	飞机	直升飞机	鸟	旋翼飞机	小型飞船
功率消耗	2	1	2	2	3
控制消耗	2	1	1	2	3
负荷/容量	3	2	2	2	1
机动性	2	3	3	2	1
平稳飞行	1	3	2	1	3
低速飞行	1	3	2	2	3
脆弱性	2	2	2	2	2
垂直起降	1	3	2	1	3
耐久性	2	1	2	1	3
微型化	2	3	3	2	1
室内使用	1	3	2	1	2
总体性能	19	25	24	18	25

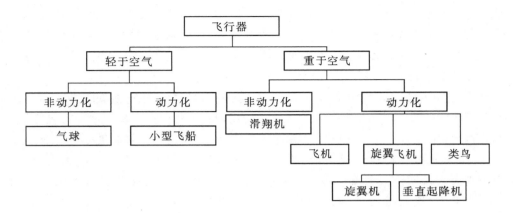

图 2.36 飞行器的一般分类

2.4.3 自主 VTOL 最新技术水平

在最近几年里,MAV 研究的发展技术水平有着巨大的变化。处理这个问题的项目数目突然极大的增加。到 2006 年,主要的研究问题是关于 MAV 的稳定性,特别是对微型四旋翼飞行器。从 2007 年以来,研究团体把兴趣移向自主导航,先是室外,最近也涉及室内。

组合,例如	优点	缺点	图
固定翼 (Aero Vironment 公司)	结构简单 无声的操作	无盘旋	
转子 A. V de Rostyne 公司	可控性好 机动性好	结构复杂 转子大 长尾梁	
有轴转子 (马里兰大学)	结构简单 紧密	飞行动力学复杂	
共轴转子 (EPSON)	结构简单 紧密	飞行动力学复杂	
串联的转子 (法国贡比涅技术大学 Heudiasyc 实验室)	可控性好 飞行动力学简单	结构复杂 尺寸大	

组合,例如	优点	缺点	图
四转子 (瑞士洛桑理工大学-苏黎世联邦理工学院)	机动性好 结构简单 负荷增加	高能量消耗 尺寸大	
小型飞船 (苏黎世联邦理工学院)	低功率 长飞行运作 自动提升	大尺寸 机动性差	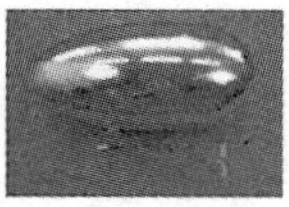
混合式四转子 小型飞船 (MIT)	机动性好 长寿命	大尺寸 机动性差	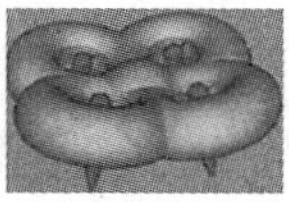
类鸟 (加州理工学院)	机动性好 紧密	结构复杂 控制复杂	
类昆虫 (UC Berkeley)	机动性好 紧密	结构复杂 控制复杂	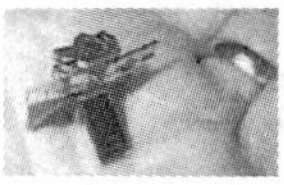
类鱼 (美国海军实验室)	多模 移动性 有效的飞行动力学	控制复杂 机动性差	

图 2.37 普通的 MAV 结构

在禁 GPS 的环境中,根据 MAV 导航,MIT 的 CSAIL(计算机科学和人工智能实验实)是领先者之一。用在 2009 年版本的 AUVSI 竞赛中的四旋翼飞行器,使用了激光扫描器,可在建筑物内定位和自主导航。Freiburg(弗雷堡)的四旋翼飞行器也装备有激光扫描器,它用粒子滤波器和基于图形的 SLAM 算法,实现了全局定位(两个算法会在 5.8.2 节探讨)。因而能够在室内自主地导航和避障。斯坦福大学的 STAR-MAC,用 GPS 演示约 1kg、户外、四旋翼飞行器的多代理控制。苏黎世瑞士联邦理工大学用不同的项目也参加了这个尝试。欧洲项目 sFly(www.sfly.org)使用单目镜的视觉作为主传感器(无激光,无 GPS),以一群小型四旋翼飞行器的户外自主导航为目标。据我们所知,最小的现有自主直升飞机是 muFly,它在欧洲项目 muFly(www.mufly.org)内,由瑞士联邦理工大学开发,重量 80 g,总跨度为 17.5cm。除了一个 IMU 之外,muFly 装备了一个 360 度的激光扫描器、一个下视的微型摄像机,以及一个重量小于 5g 的微型全向摄像机。这些项目列于图 2.38。

项目	大学	现状	图片
MIT-MAV	MIT	结束	
Freiburg MAV	德国 佛雷堡大学	进行中	
Starmac	美国斯坦福大学	进行中	
sFly	苏黎世 瑞士联邦理工大学	进行中	
muFly	苏黎世 瑞士联邦理工大学	结束	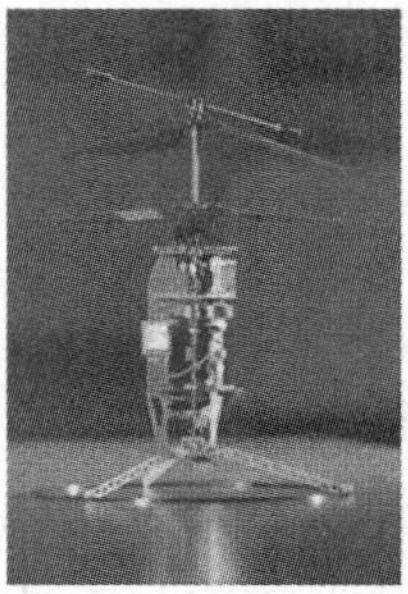

图 2.38 自主 VTOL 的进展

2.5 习题

1. 考虑一个八腿行走的机器人。如本章所述，根据升/放事件来考虑步态。（a）对这样一个八腿机器人，存在多少可能的事件？（b）利用图 2.8 的符号，制定两种不同的静态稳定的行走步态。

2. 描述两种能全向运动,且不同于 2.3.2.2 节的 2 轮结构。注意,在这两种结构中,你可以用任何类型的轮子。请用表 2.1 的符号,画出结构。

3. 假如你希望只用一个轮子构建一个动态稳定的机器人。考虑书中提到的四种基本轮子类型,阐明在这样一个机器人中是否可用?

4. 难题

四腿机器人通常不是静态稳定的。设计一个静态稳定的四腿运动机器。将它画出来,并描述所用的步态。

第 3 章   移动机器人运动学

3.1   引言

运动学是对机械系统如何运行的最基本的研究。在移动机器人学中,我们必须了解机器人的机械行为以正确地设计特定任务的移动机器人,并针对一个移动机器人的硬件实例,学会如何创建控制软件。

当然,移动机器人并非是第一个要求这种分析的复杂的机械系统。30 多年来,机器人的操作手一直是集中研究的主题。在某些方面,机器人操作手比早期的移动机器人要复杂得多:一个标准的焊接操作手也许有 5 个甚至更多的关节,而早期的移动机器人只不过是差动驱动的机器。近些年来,机器人学界对机器人操作手的运动学,甚至是动力学(即关于力和质量)已经了解得相当全面了[13,46]。

如同机械人操作手的团体一样,移动机器人学界提出许多相同的运动学难题。操作手的工作空间是至关重要的,因为它定义了可以由其终端执行器实现的可能位置的范围,它涉及固定装置,直至环境。移动机器人的工作空间同样是重要的,因为它定义了在移动机器人的环境中,能达到的可能姿态的范围。机器人手臂的能控性定义了一种方式,按该方式,可以利用电机的主动参与,在工作空间中一个姿态接一个姿态地运动。相似地,移动机器人的能控性定义了在它的工作空间中可能的路径和轨迹。由于要考虑质量和力,机器人的动力学在工作空间和轨迹上安置了附加约束。移动机器人也受动力学限制,例如,因为有翻滚的危险,高的重心限制了一个高速的、拟汽车机器人的实际转弯半径。

但是移动机器人和机械操作手臂的重要差别,也引入了一个**位置估计**的重大挑战。操作手有一个确定于环境的终端,测量手臂终端执行器的位置只不过是了解机器人的运动学和测量所有中间关节的位置而已。因此,操作手的位置,通过查看当前传感器数据,常常是能计算的。但是移动机器人是一个独立自动化系统。它能相对于它的环境整体地移动,没有一个直接的方法可以瞬时地测量移动机器人的位置,反而必须随时整合机器人的运动。此外,由于滑动,**运动估计**不准确,因而精确地测量移动机器人的位置显然是一个极具挑战性的任务。

　　了解机器人的运动过程,以描述各轮对运动所作贡献的过程开始。在使整个机器人运动中,各轮都有作用。相似地,各轮也在机器人的运动中加上约束,例如拒绝横向刹车。在以下章节中,我们将介绍可表达全局参考框架和机器人局部参考框架的标记。然后用这标记,我们展示简单的前向运动学的运动模型,描述机器人作为一个整体运动,如何成为它的几何特征和单个轮子行为的函数。接下来,我们从形式上描述单个轮子的运动学约束,然后把这些约束组合起来表述整个机器人的运动学约束。用这些工具,人们可以计算机器人机动性的路径和轨迹。

3.2　运动学模型和约束

　　为整个机器人运动推导一个模型,是一个由低向上的过程。各单个轮子对机器人的运动作贡献,同时又对机器人运动施加约束。根据机器人底盘的几何特性,多个轮子是连在一起的。所以它们的约束组合起来,形成对机器人底盘整个运动的约束。但是,我们必须用相对清晰和一致的参考框架来表达各轮的力和约束。在移动机器人学中,由于它独立性和移动的本质,这一点特别重要。它需要在全局和局部参考框架之间有一个清楚的映射。我们从形式上定义这些参考框架开始,然后用最后得到的公式来注释单独轮子和整个机器人的运动学。在这个过程中,我们广泛地引用文献[90]中所提出的标记和术语。

3.2.1　表示机器人的位置

　　在整个分析过程中,我们把机器人建模成轮子上的一个刚体,运行在水平面上。在平面上,该机器人底盘的总的维数是3个:2个为平面中的位置;1个为沿垂直轴的方向,它与平面正交。当然,由于存在轮轴、轮的操纵关节和小脚轮关节,还会有附加的自由度和灵活性。然而就机器人**底盘**而言,我们只把它看作是机器人的刚体,忽略机器人和它的轮子间内在的关联和自由度。

　　为了确定机器人在平面中的位置,如图 3.1,我们建立了平面全局参考框架和机器人局部参考框架之间的关系。轴 X_I 和 Y_I 将平面上任意一个惯性基定义为从某原点 $O:\{X_I,Y_I\}$ 开始的全局参考框架。为了确定机器人的位置,选择机器人底盘上一个点 P 作为它的位置参考点。基于 $\{X_R,Y_R\}$ 定义了机器人底盘上相对于 P 的两个轴,从而定义了机器人的局部参考框架。在全局参考框架上,P 的位置由坐标 x 和 y 确定,全局和局部参考框架之间的角度差由 θ 给定。我们可以将机器人的姿态描述为具有这 3 个元素的向量。注意,使用下标 I 是为阐明该姿态的基是全局参考框架:

$$\xi_I = \begin{bmatrix} x \\ y \\ \theta \end{bmatrix} \qquad (3.1)$$

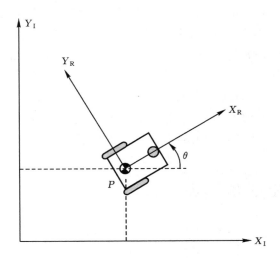

图 3.1   全局参考框架和局部参考框架

为了根据分量的运动描述机器人的运动,就需要把沿全局参考框架的运动映射成沿机器人局部参考框架轴的运动。当然,该映射的是机器人当前位置的函数。映射用**正交旋转矩阵**来完成:

$$R(\theta) = \begin{bmatrix} \cos\theta & \sin\theta & 0 \\ -\sin\theta & \cos\theta & 0 \\ 0 & 0 & 1 \end{bmatrix} \tag{3.2}$$

可以用该矩阵将全局参考框架 $\{X_I, Y_I\}$ 中的运动映射到局部参考框架 $\{X_R, Y_R\}$ 中的运动。这个运算由 $R(\theta)\xi_I$ 标记,因为该运算依赖于 θ 的值:

$$\dot{\xi}_R = R(\frac{\pi}{2}) \dot{\xi}_I \tag{3.3}$$

例如,考虑图 3.2 中的机器人。对该机器人,因为 $\theta = \frac{\pi}{2}$,我们可以容易计算出瞬时的旋转矩阵 R:

$$R(\frac{\pi}{2}) = \begin{bmatrix} 0 & 1 & 0 \\ -1 & 0 & 0 \\ 0 & 0 & 1 \end{bmatrix} \tag{3.4}$$

给定在全局参考框架中某个速度 $(\dot{x}, \dot{y}, \dot{\theta})$,我们可以计算沿机器人局部轴 X_R 和 Y_R 的运动分量。在这种情况下,由于机器人的特定角度,沿 X_R 的运动等于 $\dot{y}$,沿 Y_R 的运动是 $-\dot{x}$:

$$\dot{\xi}_R = R(\frac{\pi}{2}) \dot{\xi}_I = \begin{bmatrix} 0 & 1 & 0 \\ -1 & 0 & 0 \\ 0 & 0 & 1 \end{bmatrix} \begin{bmatrix} \dot{x} \\ \dot{y} \\ \dot{\theta} \end{bmatrix} = \begin{bmatrix} \dot{y} \\ -\dot{x} \\ \dot{\theta} \end{bmatrix} \tag{3.5}$$

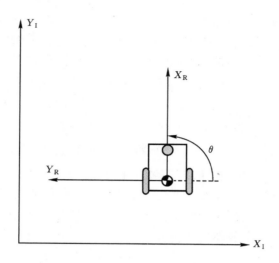

图 3.2 与全局轴并排的机器人

3.2.2 前向运动学模型

在最简单的情况下,由方程(3.3)所描述的映射足以产生一个获取移动机器人前向运动学的公式:给定机器人的几何特征和它的轮子速度,机器人如何运动呢?更正式地,我们考虑图 3.3 所示的例子。

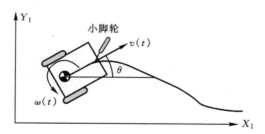

图 3.3 在全局参考框架中差动驱动的机器人

这个差动驱动的机器人有 2 个轮子,各具直径 r。给定中心处在两轮之间的一个点 P,各轮距 P 的距离为 l。给定 r,l,θ 和各轮的转速 $\dot{\varphi}_1$ 和 $\dot{\varphi}_2$,前向运动学模型会预测全局参考框架中机器人的总速度:

$$\dot{\xi}_{\mathrm{I}} = \begin{bmatrix} \dot{x} \\ \dot{y} \\ \dot{\theta} \end{bmatrix} = f(l,r,\theta,\dot{\varphi}_1,\dot{\varphi}_2) \tag{3.6}$$

从方程(3.3)我们知道,可以从机器人在局部参考框架中的运动计算它在全局参考框架中的运动: $\dot{\xi}_{\mathrm{I}} = R(\theta)^{-1}\dot{\xi}_{\mathrm{R}}$。所以,其策略将是首先计算在局部参考框架中各轮的贡献: $\dot{\xi}_{\mathrm{R}}$。对差动驱动的底盘而言,这个问题是直截了当的。

如图 3.1 所示,假定机器人的局部参考框架,排列得使机器人沿＋X_R 向前运动。首先,我们考虑＋X_R 方向上各轮的转动速度对点 P 的平移速度的贡献。如果一个轮旋,而另一轮无贡献且是不动的,则因为 P 处在两轮的中间,它将瞬时地以半速移动:$\dot{x}_{r1} = (1/2) r \dot{\varphi}_1$ 和 $\dot{x}_{r2} = (1/2) r \dot{\varphi}_2$。在差动驱动的机器人中,这两个贡献可以简单地相加来计算 $\dot{\xi}_R$ 的 $\dot{x}_R$ 分量。例如,考虑一个差动机器人,其中各轮以等速但反向转动,其结果是一个不动的旋转机器人。如我们所料,在该情况下 $\dot{x}_R$ 将是零。$\dot{y}_R$ 的值计算更为简单。因为在机器人参考框架中,没有一个轮子可以提供侧向运动,所以 $\dot{y}_R$ 总是零。最后,我们必须计算 $\dot{\xi}_R$ 的 $\dot{\theta}_R$ 分量。再次,可以独立地计算各轮的贡献,且只要相加即可。考虑右轮(我们称此为轮 1),该轮向前旋转,在点 P 产生**逆时针**旋转。记得,如果轮 1 单独转动,机器人的枢轴围绕轮 2,可以在点 P 计算旋转速度 ω_1,因为轮子瞬时地沿着半径为 $2l$ 的圆的圆弧移动:

$$\omega_1 = \frac{r \dot{\varphi}_1}{2l} \tag{3.7}$$

同样的计算施加于左轮,除了向前旋转在点 P 产生**顺时针**转动之外:

$$\omega_2 = \frac{- r \dot{\varphi}_2}{2l} \tag{3.8}$$

联合这两个方程,得到差动驱动实例机器人的运动学模型:

$$\dot{\xi}_I = R(\theta)^{-1} \begin{bmatrix} \dfrac{r \dot{\varphi}_1}{2} + \dfrac{r \dot{\varphi}_2}{2} \\ 0 \\ \dfrac{r \dot{\varphi}_1}{2l} + \dfrac{- r \dot{\varphi}_2}{2l} \end{bmatrix} \tag{3.9}$$

现在我们可以在一个例子中使用该运动学模型。但我们必须首先计算 $R(\theta)^{-1}$。一般而言,计算矩阵逆可能是难题。然而在这个例子中,因为这是简单的从 $\dot{\xi}_R$ 到 $\dot{\xi}_I$ 的变换而不是相反,所以是容易的:

$$R(\theta)^{-1} = \begin{bmatrix} \cos\theta & -\sin\theta & 0 \\ \sin\theta & \cos\theta & 0 \\ 0 & 0 & 1 \end{bmatrix} \tag{3.10}$$

假定机器人位于 $\theta = \pi/2$,$r = 1$ 和 $l = 1$。如果机器人不平衡地啮合它的轮子,速度 $\dot{\varphi}_1 = 4$,$\dot{\varphi}_2 = 2$,我们可以计算它在全局参考框架中的速度:

$$\dot{\xi}_I = \begin{bmatrix} \dot{x} \\ \dot{y} \\ \dot{\theta} \end{bmatrix} = \begin{bmatrix} 0 & -1 & 0 \\ 1 & 0 & 0 \\ 0 & 0 & 1 \end{bmatrix} \begin{bmatrix} 3 \\ 0 \\ 1 \end{bmatrix} = \begin{bmatrix} 0 \\ 3 \\ 1 \end{bmatrix} \tag{3.11}$$

所以这个机器人会沿着全局参考框架的 y 轴,以速度 1 旋转的同时以速度 3 瞬时地移动。在简单的情况下,给定机器人的组成轮的速度,用这个运动学建模的方法可以提供有关机器人移动的信息。然而我们希望,对各机器人底盘结构,要确定可能运动的空间。为此,我们必须更进一步正式地描述各轮加到机器人运动上的约束。

3.2.3节通过描述各种不同类型轮子的约束,开始了这个过程。在本章的其余部分,为给出这些约束,我们提供了分析机器人特征和工作空间的工具。

3.2.3 轮子运动学约束

机器人运动学模型的第一步是表达加在单独轮子上的约束。正如在3.2.2节中所示那样,单独轮子的运动以后可以被组合起来计算整个机器人的运动。如在第2章所讨论那样,有四种基本的轮子类型,它们各具变化广泛的运动学参数。所以,我们一开始就要提出对各轮子类型特定的约束集合。

不过,有几个重要的假设会简化上述的陈述。我们假定轮子的平面总是保持垂直,且在所有的情况下,在轮子与地平面之间只是单点接触。此外,我们假定在该单独的接触点无滑动。也就是说,轮子只在纯滚动和通过接触点绕垂直轴转动的条件下进行运动。对运动学更深入的处理,包括滑动接触,请参阅参考文献[25]。

在这些假定下,对每一个轮子类型,我们提出两个约束。第一个约束遵守滚动接触的概念,即当运动在适当方向发生时,轮子必须滚动。第二个约束遵守无横向滑动的概念,即在正交于轮子的平面,轮子必须无滑动。

3.2.3.1 固定式标准轮

固定式标准轮没有可操纵的垂直转动轴。因此,它相对于底盘的角度是固定的,因而限制了沿轮子平面前后运动,以及围绕与地平面接触点的转动。图3.4刻画了一个固定标准轮A,并说明了它相对于机器人局部参考框架$\{X_R, Y_R\}$的位置姿态。A的位置用极坐标中的距离l和角度α表示。轮子平面相对于底盘的角度用β表示,因为固定式标准轮是不可操纵的,所以β是固定的。具有半径r的轮子可随时转动,所以围绕它的水平轴转动的位置是时间t的函数:$\varphi(t)$。

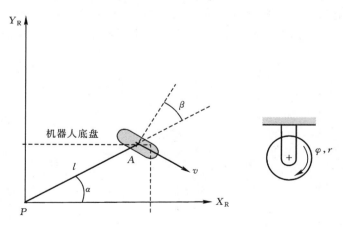

图3.4 固定式标准轮和它的参数

对该轮的滚动约束迫使所有沿轮子平面方向的运动必定伴随着适量的轮子转动，使得在接触点存在纯的滚动：

$$[\sin(\alpha+\beta) \quad -\cos(\alpha+\beta) \quad (-l)\cos\beta]R(\theta)\,\dot{\xi}_\mathrm{I}-r\dot{\varphi}=0 \qquad (3.12)$$

和的第一项表示了沿轮子平面总的运动。左边向量的三个元素代表了沿着轮子平面的运动从各个 $\dot{x},\dot{y},\dot{\theta}$ 到它们贡献的映射。注意，如举例方程式（3.5）所示，我们用 $R(\theta)\dot{\xi}_\mathrm{I}$ 项将处在全局参考框架 $\{X_\mathrm{I},Y_\mathrm{I}\}$ 中的参数 $\dot{\xi}_\mathrm{I}$ 变换到处在局部参考框架 $\{X_\mathrm{R},Y_\mathrm{R}\}$ 内的运动参数 $\dot{\xi}_\mathrm{R}$。这是必须的，因为所有在方程中的其他参数 α,β,l 都是依据机器人的局部参考框架。根据这个约束，沿着轮子平面的运动，必须等于由旋转轮子完成的运动，$r\dot{\varphi}$。

对该轮子的滑动约束，迫使正交于轮子平面的轮子运动分量必须为零：

$$[\cos(\alpha+\beta) \quad \sin(\alpha+\beta) \quad l\sin\beta]R(\theta)\,\dot{\xi}_\mathrm{I}=0 \qquad (3.13)$$

例如，假定轮 A 处在一个位置，使 $\{\alpha=0,\beta=0\}$，这会把接触点放在 X_I 上，轮平面平行于 Y_I。如果 $\theta=0$，那么滑动约束（方程（3.13））简化为：

$$[1 \quad 0 \quad 0]\begin{bmatrix}1&0&0\\0&1&0\\0&0&1\end{bmatrix}\begin{bmatrix}\dot{x}\\\dot{y}\\\dot{\theta}\end{bmatrix}=[1 \quad 0 \quad 0]\begin{bmatrix}\dot{x}\\\dot{y}\\\dot{\theta}\end{bmatrix}=0 \qquad (3.14)$$

这里限定沿 X_I 的运动分量为零，而且因为 X_I 和 X_R 在本例中是平行的，所以如期待的那样，轮子不会滑动。

3.2.3.2　受操纵的标准轮

受操纵的标准轮与固定式标准差别只在于前者有一个附加的自由度：轮子通过轮的中心和地面接触点，围绕垂直轴转动。受操纵的标准轮的位置方程（图3.5），除了一个例外，其他与图3.4所示的固定式标准轮是一样的。轮子对机器人底盘的方向不再是一个单独的固定值 β，而是随时间而变的函数 $\beta(t)$。滚动和滑动的约束为

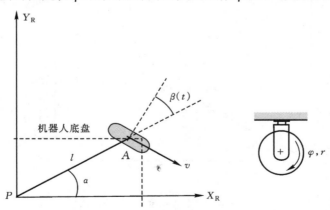

图 3.5　受操纵的标准轮和它的参数

$$\left[\sin(\alpha+\beta)\quad-\cos(\alpha+\beta)\quad(-l)\cos\beta\right]R(\theta)\,\dot{\xi}_{\mathrm{I}}-r\dot{\varphi}=0 \qquad (3.15)$$

$$\left[\cos(\alpha+\beta)\quad\sin(\alpha+\beta)\quad l\sin\beta\right]R(\theta)\,\dot{\xi}_{\mathrm{I}}=0 \qquad (3.16)$$

这些约束与固定标准轮的约束是相同的,不像$\dot{\varphi}$,$\dot{\beta}$对机器人瞬时运动的限制没有直接的影响。仅仅通过随时整合,操纵角的变化影响车辆的移动性。这也许是微妙的,但在操纵位置β的变化和轮子旋转$\dot{\varphi}$的变化之间,这是个很重要的区别。

3.2.3.3 小脚轮

小脚轮能绕垂直轴操纵。但与受操纵的标准轮不一样的是,小脚轮绕垂直轴转动不通过地面接触点。图 3.6 表示了一个小脚轮,说明小脚轮位置的正式指标需要一个附加的参数。

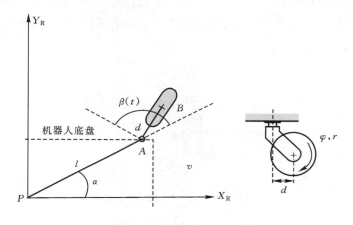

图 3.6 小脚轮和它的参数

现在轮子的接触点在位置 B,它被固定长度 d 的刚性杆 AB 连接到点 A,从而固定了垂直轴的位置,B 围绕该轴进行操纵。如图 3.6 所示,点 A 在机器人的参考框架中有一个特定的位置,我们假定在所有的时间里,轮子平面与 AB 一致。与受操纵的标准轮相似,小脚轮有两个随时间改变的参数,$\varphi(t)$ 如前表示了轮子随时间的转动,$\beta(t)$ 表示了 AB 随时间的操纵角度和方向。

对小脚轮而言,滚动约束与方程(3.15)相同,因为在与轮子平面一致的运动期间,偏移轴不起作用:

$$\left[\sin(\alpha+\beta)\quad-\cos(\alpha+\beta)\quad(-l)\cos\beta\right]R(\theta)\,\dot{\xi}_{\mathrm{I}}-r\dot{\varphi}=0 \qquad (3.17)$$

然而,小脚轮的几何特征,确实对滑动约束有重大影响。关键性的问题是在点 A 发生对轮子的横向力,因为这是轮子对底盘的连接点。由于相对于 A 点的偏移地面接触点,零横向运动的约束是错误的,此约束反而很像是一个滚动约束。由此,必定产生垂直轴的适当转动:

$$\left[\cos(\alpha+\beta)\quad\sin(\alpha+\beta)\quad d+l\sin\beta\right]R(\theta)\,\dot{\xi}_{\mathrm{I}}+d\dot{\beta}=0 \qquad (3.18)$$

在方程(3.18)中,任何正交于轮子平面的运动必须被一个等效的且相反的小脚轮操纵运动的总量所平衡。这个结果对小脚轮的成功是至关重要的,因为通过设置$\dot{\beta}$

值,任何任意的横向运动是可以被接受的。在一个受操纵的标准轮中,操纵动作本身,不会引起机器人底盘的运动。但是在小脚轮中,由于地面接触点和垂直旋转轴之间的偏移,其本身的操纵动作会使机器人底盘移动。

　　更简明地说,从方程(3.17)和(3.18)可以猜测,给定**任何**机器人底盘的运动 $\dot{\xi}_1$,存在旋转速度 $\dot{\varphi}$ 和操纵速度 $\dot{\beta}$ 的某个值,使得约束被满足。所以,只带有小脚轮的机器人可按任意的速度在可能的机器人运动空间中运动。我们称此系统为**全向的**。

　　这种系统的一个现实例子是图 3.7 所示的 5 个小脚轮的办公室椅子。假定所有关节能够自由地运动,你可以在平面上用手推它为椅子选择任意的运动向量。它的小脚轮将按需要旋转和操纵,实现运动而无接触点滑动。相似地,如果椅子小脚轮各装上两个电机,一个作旋转,另一个作操纵,那么控制系统就有能力使椅子沿着平面中的轨迹运动。因此,虽然小脚轮的运动学有些复杂,但这种轮子不在机器人底盘上加任何实际约束。

图 3.7　有 5 个小脚轮的办公椅

3.2.3.4　瑞典轮

　　瑞典轮没有垂直旋转轴,但能像小脚轮一样地**全向**运动。在固定式标准轮上加自由度是可能的。瑞典轮由带滚柱的固定式标准轮所组成,滚柱放在带轴的轮子周界上,该轴反向平行于固定轮组成部分的主轴。滚柱和主轴之间的准确角度是可以变化,如图 3.8 所示。

　　例如,给定一个 45°的瑞典轮,如图 3.8,可以画出主轴和滚柱轴的运动向量。因为各轴可以顺时针或逆时针转动,人们可以将沿一个轴的任何向量与沿另一轴的任何向量联合起来。这两个轴不必独立(除了 90°瑞典轮情况外),但在视觉上看得清楚,任何期望的运动方向,通过选择合适的两个向量是可以实现的。

　　瑞典轮的姿态准确地被表示成和固定式标准轮一样,但带有附加项 γ,它表示主轮平面和小圆周的滚柱旋转轴之间的角度。这表示在图 3.8 中机器人参考框架内。

　　对瑞典轮建立约束方程需要有某些技巧。瞬时的约束是由于小滚柱的特定方向形成的。这些滚柱围绕而转动的轴,在接触点上是速度的一个零分量,即在不转动主

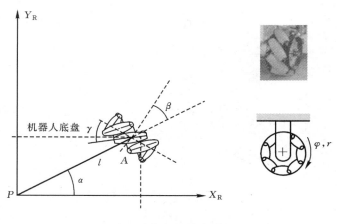

图 3.8 瑞典轮及其参数

轴的那个特定方向移动,不滑动是不可能的。推导出来的运动约束看起来与方程(3.12)中固定标准轮的滚动约束一样,除了加上 γ 修改了方程,使得滚动约束成立的有效方向是沿着这个零分量,而不是沿着轮子的平面:

$$[\sin(\alpha+\beta+\gamma) \quad -\cos(\alpha+\beta+\gamma) \quad (-l)\cos(\beta+\gamma)]R(\theta)\,\dot{\xi}_\mathrm{I} - r\dot{\varphi}\cos\gamma = 0$$

$$(3.19)$$

由于小滚柱的自由转动 $\dot{\varphi}_\mathrm{sw}$,正交于该运动方向不受约束。

$$[\cos(\alpha+\beta+\gamma) \quad \sin(\alpha+\beta+\gamma) \quad l\sin(\beta+\gamma)]R(\theta)\,\dot{\xi}_\mathrm{I} - r\dot{\varphi}\sin\gamma - r_\mathrm{sw}\,\dot{\varphi}_\mathrm{sw} = 0$$

$$(3.20)$$

这个约束以及由此涉及的瑞典轮的行为特征将随 γ 值变化而激烈改变。考虑 $\gamma=0$,这代表 90°的瑞典轮。在这个情况下,速度的零分量与轮子平面一致,所以方程(3.19)正好简化为方程(3.12),即固定式标准轮的滚动约束。但由于滚柱,正交于轮子平面没有滑动约束(见方程(3.20))。改变 $\dot{\varphi}$ 的值,可以产生任何期望的运动向量以满足方程(3.19),所以轮子是全向的。事实上,瑞典轮结构的这个特殊情况,产生了全去耦的运动,使得滚柱和主轮提供了正交的运动方向。

在另一极端,看看 $\gamma=\pi/2$。在这种情况下,滚柱有一个平行于主轮旋转轴的转动轴。有趣的是,如果该值取代方程(3.19)中的 γ,结果就是固定式标准轮的滑动约束,即方程(3.13)。换句话说,根据运动的横向运动自由度,滚柱没有提供好处,因为它们简单地与主轮方向一致。然而,在这个情况下,主轮决不需要旋转,所以滚动约束消失。这是瑞典轮的退化形式,所以在本章的其余部分,我们都假定 $\gamma\neq\pi/2$。

3.2.3.5 球形轮

最后的一个轮子类型是球或球形轮,它不对运动加约束(图 3.9)。这种机械结构没有转动主轴,所以不存在合适的滚动和滑动约束。如同小脚轮和瑞典轮,球形轮显然是全向的,对机器人的底盘运动学不加约束。所以方程(3.21)简单地描述了在机器人点 A 的运动方向 v_A,球的滚动速率。

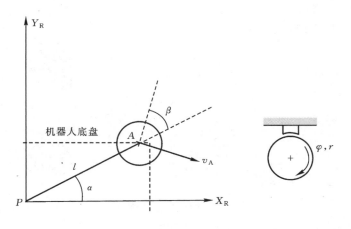

图 3.9 球形轮及其参数

$$[\sin(\alpha+\beta) \quad -\cos(\alpha+\beta) \quad (-l)\cos\beta]R(\theta)\dot{\xi}_{\mathrm{I}} - r\dot{\varphi} = 0 \qquad (3.21)$$

根据定义,正交于该方向的轮子转动是零。

$$[\cos(\alpha+\beta) \quad \sin(\alpha+\beta) \quad l\sin\beta]R(\theta)\dot{\xi}_{\mathrm{I}} = 0 \qquad (3.22)$$

正如我们所见,球形轮的方程式与固定标准轮完全一样。然而,对方程(3.22)的解释是不同的。全向的球形轮可以有任何的运动方向。这里,由 β 给出的运动方向是从方程(3.22)演绎出来的一个自由变量。考虑在 Y_R 方向上机器人是纯平移的情况,这时方程(3.22)简化为 $\sin(\alpha+\beta)=0$。因此,$\alpha=-\beta$,它对该特殊情况有意义。

3.2.4 机器人运动学约束

给定一个具有 M 个轮子的机器人,现在我们可以计算机器人底盘的运动学的约束。关键的思想是各轮子对机器人的运动加上零或更多的约束,所以过程只不过是根据机器人底盘上那些轮子的配置,将所有轮子引起的全部运动学约束适当地组合起来。

我们已经把全部的轮子分类成五种类别:(1)固定式标准轮,(2)受操纵的标准轮,(3)小脚轮,(4)瑞典轮,(5)球形轮。但是,从方程(3.17)、(3.18)和(3.19)中的轮子运动学的约束里,注意到小脚轮、瑞典轮和球形轮在机器人底盘上**没有**加运动学的约束,因为由于内部的轮子的自由度,$\dot{\xi}_{\mathrm{I}}$ 在所有这些情况中可自由地设定。

所以,只有固定式的标准轮和受操纵的标准轮对机器人底盘的运动学有影响。因而,当计算机器人运动学的约束时,需要予以考虑。假定机器人总共有 N 个标准轮,它由 N_{f} 个固定的标准轮和 N_{s} 个受操纵的标准轮组成。我们用 $\beta_{\mathrm{s}}(t)$ 表示 N_{s} 个受操纵标准轮的可变操纵角;相反,如在图 3.4 所示,β_{f} 当作 N_{f} 个固定标准轮的方向。在轮子旋转的情况下,固定的和受操纵的轮子二者都有围绕水平轴的转动位置,该轴按时间函数而变动。我们把固定和受操纵情况分别表示成 $\varphi_{\mathrm{f}}(t)$ 和 $\varphi_{\mathrm{s}}(t)$,并用 $\varphi(t)$ 表示联合二者值的集结矩阵。

$$\varphi(t) = \begin{bmatrix} \varphi_f(t) \\ \varphi_s(t) \end{bmatrix} \tag{3.23}$$

所有轮子的滚动约束现在可以被集合成一个单独表达式：

$$J_1(\beta_s) R(\theta) \dot{\xi}_I - J_2 \dot{\varphi} = 0 \tag{3.24}$$

这个表达式对单独轮子的滚动约束具有强的相似性。但是，矩阵替代了单个值，因此把全部的轮子都考虑进去了。J_2 是一个常对角 $N \times N$ 矩阵，它的实体是全部标准轮子的半径 r。$J_1(\beta_s)$ 表示一个具有投影的矩阵，对所有轮子，投影沿它们各自的轮子平面，投射到它们的运动上。

$$J_1(\beta_s) = \begin{bmatrix} J_{1f} \\ J_{1s}(\beta_s) \end{bmatrix} \tag{3.25}$$

注意，$J_1(\beta_s)$ 只是 β_s 的函数，不是 β_f 的函数。这是因为受操纵标准轮的方向作为时间的函数而变动，而固定式标准轮的方向是恒定的。所以对所有固定式标准轮，$J_1(\beta_s)$ 是一个恒定的投影矩阵，它的大小为 $N_f \times 3$。对各固定式标准轮，各行由方程（3.12）的 3 项矩阵中三个项所组成；$J_1(\beta_s)$ 是一个大小为 $N_s \times 3$ 的矩阵，对各受操纵标准轮，各行由方程（3.15）的 3 项矩阵中三个项所组成。

总之，方程（3.24）表示了约束，即所有标准轮必须沿着轮子平面，根据它们的运动，围着它们的水平轴旋转适当量，使得滚动发生在地面接触点。

我们用同样的技术，把所有标准轮的滑动约束汇集成一个单独表达式，它与方程（3.13）和（3.16）具有相同的结构：

$$C_1(\beta_s) R(\theta) \dot{\xi}_I = 0 \tag{3.26}$$

$$C_1(\beta_s) = \begin{bmatrix} C_{1f} \\ C_{1s}(\beta_s) \end{bmatrix} \tag{3.27}$$

C_{1f} 和 C_{1s} 分别是 $N_f \times 3$ 和 $N_s \times 3$ 的矩阵，对所有固定式标准轮和受操纵的标准轮，它们的行是方程（3.13）和（3.16）中 3 项矩阵中的三个项。因此，方程（3.26）是对所有的标准轮的一个约束，即正交于它们轮子平面的运动分量必定为零。这个对所有标准轮的滑动约束，如下节所述，对确定机器人底盘的总体机动性有最重大的影响。

3.2.5　举例：机器人运动学模型和约束

在 3.2.2 节中简单的差动驱动机器人的情况下，通过组合各轮对机器人运动的贡献，我们提出了 $\dot{\xi}_I$ 的前向运动学解答。现在我们可以利用上面提出的工具，直接应用每一种轮子类型的滚动约束，构建相同的运动学表达式。我们继续把此技术再用到差动驱动的机器人中，当与 3.2.2 节结果比较时，就能够验证该方法。然后，我们向三轮全向机器人迈进。

3.2.5.1　一个差动驱动机器人的实例

首先，参考方程（3.24）和（3.26），这些方程将机器人运动和滚动与滑动的约束

$J_1(\beta_s)$ 和 $C_1(\beta_s)$，以及机器人轮子转速 $\dot\varphi$ 关联起来。把这两个方程融合,我们得到以下表达式:

$$\begin{bmatrix} J_1(\beta_s) \\ C_1(\beta_s) \end{bmatrix} R(\theta)\,\dot\xi_I = \begin{bmatrix} J_2\dot\varphi \\ 0 \end{bmatrix} \tag{3.28}$$

我们再次考虑图 3.3 中差动驱动机器人,我们将直接从各轮的滚动约束构造 $J_1(\beta_s)$ 和 $C_1(\beta_s)$。小脚轮是无动力的并可在任何方向自由运动,所以我们完全忽略其第三接触点。其余两个驱动轮是不可操纵的,因此,$J_1(\beta_s)$ 和 $C_1(\beta_s)$ 分别简化为 J_{1f} 和 C_{1f}。为使用固定标准轮的滚动约束方程(3.12),我们必须首先辨识各轮的 α 和 β 的值。假定,如图 3.1 所示,机器人的局部参考框架被调整得使机器人沿着 $+X_R$ 运动。在这种情况下,右轮 $\alpha=-\pi/2,\beta=\pi$;左轮 $\alpha=\pi/2,\beta=0$。注意到,对右轮 β 的值,必须保证正转产生在 $+X_R$ 方向的运动(图 3.4)。现在我们可以利用方程(3.12)和(3.13)的矩阵项计算 J_{1f} 和 C_{1f} 矩阵。因为两个固定标准轮是平行的,方程(3.13)只产生一个独立方程,而方程(3.28)给出

$$\begin{bmatrix} \begin{bmatrix} 1 & 0 & l \\ 1 & 0 & -l \end{bmatrix} \\ \begin{bmatrix} 0 & 1 & 0 \end{bmatrix} \end{bmatrix} R(\theta)\,\dot\xi_I = \begin{bmatrix} J_2\dot\varphi \\ 0 \end{bmatrix} \tag{3.29}$$

将方程(3.29)求逆,得到特定于差动驱动机器人的运动学方程:

$$\dot\xi_I = R(\theta)^{-1} \begin{bmatrix} 1 & 0 & l \\ 1 & 0 & -l \\ 0 & 1 & 0 \end{bmatrix}^{-1} \begin{bmatrix} J_2\dot\varphi \\ 0 \end{bmatrix} = R(\theta)^{-1} \begin{bmatrix} \dfrac{1}{2} & \dfrac{1}{2} & 0 \\ 0 & 0 & 1 \\ \dfrac{1}{2l} & -\dfrac{1}{2l} & 0 \end{bmatrix} \begin{bmatrix} J_2\dot\varphi \\ 0 \end{bmatrix} \tag{3.30}$$

对简单的差动驱动情况,根据 3.2.2 节的手工计算,这展示了轮子滚动和滑动约束的组合,描述了运动学的行为。

3.2.5.2　一个全向机器人的实例

考虑图 3.10 所示的全向轮机器人。该机器人有 3 个 90°瑞典轮,被径向对称地安装,滚柱垂直于各主轮。

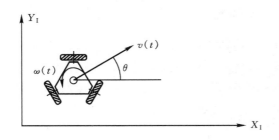

图 3.10　卡内基梅隆大学开发的三轮全向驱动机器人(www.cs.cmu.edu/~pprk)

首先,我们必须在机器人上加上特定的局部参考框架。我们通过在机器人中心选择点 P,然后将机器人与局部参考框架对准,使 X_R 与轮 2 的轴重合。图3.11表示了以这种方式安排的机器人和它的局部参考框架。

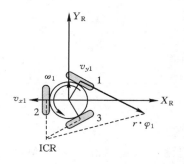

图 3.11 轮 1 的局部参考框架和详细参数

我们假定,各轮和点 P 之间的距离为 l,且所有 3 个轮子具有相同的半径 r。再次,$\dot{\xi}_I$ 的值,如在方程(3.28)一样,可以被计算为机器人 3 个全向轮的滚动约束的组合。如同差动驱动机器人,因为这种机器人无可操纵轮,$J_1(\beta_s)$ 简化为 J_{1f}:

$$\dot{\xi}_I = R(\theta)^{-1} J_{1f}^{-1} J_2 \dot{\varphi} \tag{3.31}$$

我们利用由方程(3.19)给出的瑞典轮滚动约束的矩阵元素计算 J_{1f}。但是为了使用这些值,我们必须对各轮建立 α,β,γ 的值。参见图3.8,我们可以看到,对 90°瑞典轮,$\gamma=0$。注意到,这立刻将方程(3.19)简化成方程(3.12),即固定标准轮的滚动约束。给定局部参考框架的特别位置,对各轮计算 α 的值:$(\alpha_1=\pi/3)$,$(\alpha_2=\pi)$,$(\alpha_3=-\pi/3)$,而且对所有轮子 $\beta=0$,因为轮子都与机器人的圆形体相切。用方程(3.12)构造并简化 J_{1f},得到:

$$J_{1f} = \begin{bmatrix} \sin\dfrac{\pi}{3} & -\cos\dfrac{\pi}{3} & -l \\ 0 & -\cos\pi & -l \\ \sin-\dfrac{\pi}{3} & -\cos-\dfrac{\pi}{3} & l \end{bmatrix} = \begin{bmatrix} \dfrac{\sqrt{3}}{2} & -\dfrac{1}{2} & -l \\ 0 & 1 & -l \\ -\dfrac{\sqrt{3}}{2} & -\dfrac{1}{2} & -l \end{bmatrix} \tag{3.32}$$

再次,如方程(3.31)所需,计算 $\dot{\xi}_I$ 要求计算逆:J_{1f}^{-1}。计算 3×3 逆方阵的一种方法是用生搬硬套的办法;第二种方法,如3.2.2节所述,是计算各瑞典轮对底盘运动的贡献。我们把此过程留作学习爱好者的习题。一旦得到逆矩阵,$\dot{\xi}_I$ 可以被隔离:

$$\dot{\xi}_I = R(\theta)^{-1} \begin{bmatrix} \dfrac{1}{\sqrt{3}} & 0 & -\dfrac{1}{\sqrt{3}} \\ -\dfrac{1}{3} & \dfrac{2}{3} & -\dfrac{1}{3} \\ -\dfrac{1}{3l} & -\dfrac{1}{3l} & -\dfrac{1}{3l} \end{bmatrix} J_2 \dot{\varphi} \tag{3.33}$$

考虑一个特别的全向驱动的底盘,对所有的轮子,$l=1$ 和 $r=1$。机器人的局部参考框架和全局参考框架被对准,所以 $\theta=0$。如果轮 1,2,3 分别以速度($\varphi_1=4$),($\varphi_2=1$),($\varphi_3=2$)旋转,那么整个机器人的最终运动会是什么样呢?利用以上方程,可以容易地计算出答案:

$$\dot{\xi}_{\mathrm{I}} = \begin{bmatrix} \dot{x} \\ \dot{y} \\ \dot{\theta} \end{bmatrix} = \begin{bmatrix} 1 & 0 & 0 \\ 0 & 1 & 0 \\ 0 & 0 & 1 \end{bmatrix} \begin{bmatrix} \dfrac{1}{\sqrt{3}} & 0 & -\dfrac{1}{\sqrt{3}} \\ -\dfrac{1}{3} & \dfrac{2}{3} & -\dfrac{1}{3} \\ -\dfrac{1}{3} & -\dfrac{1}{3} & -\dfrac{1}{3} \end{bmatrix} \begin{bmatrix} 1 & 0 & 0 \\ 0 & 1 & 0 \\ 0 & 0 & 1 \end{bmatrix} \begin{bmatrix} 4 \\ 1 \\ 2 \end{bmatrix} = \begin{bmatrix} \dfrac{2}{\sqrt{3}} \\ -\dfrac{4}{3} \\ -\dfrac{7}{3} \end{bmatrix} \quad (3.34)$$

所以,该机器人将瞬时地以正的速度沿 x 轴运动,以负的速度沿 y 轴运动,同时顺时针转动。从上面的例子我们可以看到,通过组合单个轮子的滚动约束,可以预测机器人的运动。

我们甚至可以更进一步,利用包含 $C_1(\beta_\mathrm{s})$ 的滑动约束,它使我们能计算机器人的机动性和工作空间,而不是仅仅预测它的运动。下面,我们检验使用滑动约束,有时与滚动约束结合的方法,以对机器人的机动性产生强有力的分析。

3.3　移动机器人的机动性

机器人底盘运动学的移动性是指它在环境中直接移动的能力。限制移动性的基本约束是,每一轮子必须满足它的滑动约束的规则。所以,我们可从方程(3.26)正式地推导机器人的移动性。

除了瞬时的运动学运动之外,移动机器人通过操纵可操纵的轮子,能够随时进一步操纵它的位置,像我们将在 3.3.3 节看到那样,机器人的整个机动性就是根据标准轮运动学的滑动约束,可用的移动性的组合,加上附加的自由度。该自由度是由操纵和转动可操纵的标准轮所提供。

3.3.1　移动性的程度

方程(3.26)施加了每一个轮子必须避免任何横向滑动的约束。当然,这约束对各个和每一个轮子分别地成立。所以,对固定的和可操纵的标准轮,有可能分别地指定该约束:

$$C_{1\mathrm{f}}R(\theta)\,\dot{\xi}_{\mathrm{I}} = 0 \quad (3.35)$$

$$C_{1\mathrm{s}}(\beta_\mathrm{s})R(\theta)\,\dot{\xi}_{\mathrm{I}} = 0 \quad (3.36)$$

为满足这两个约束,运动向量 $R(\theta)\dot{\xi}_{\mathrm{I}}$ 必须属于投影矩阵 $C_1(\beta_\mathrm{s})$ 的**零空间**,它是 $C_{1\mathrm{f}}$ 和 $C_{1\mathrm{s}}$ 的简单组合。在数学上,$C_1(\beta_\mathrm{s})$ 的零空间是空间 N,使得对任何 N 中向量 n,

$C_1(\beta_s)n=0$。如果遵守运动学的约束,则机器人的运动必定总是在该空间 N 内。利用机器人**转动的瞬时中心**(instantaneous center of rotation,ICR)的概念,也可以从几何上展示运动学的约束(方程(3.36))。

考虑一个单独的标准轮,它迫于滑动的约束没有横向运动。从几何上,可以经过它的水平轴,垂直于轮子平面,画一条**零运动直线**(图 3.12)予以表示。

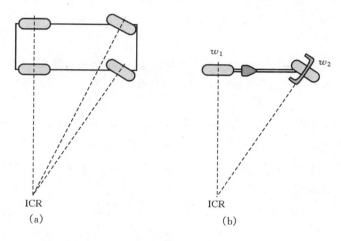

图 3.12 (a)具有拟汽车操纵的四轮;(b)自行车

在任何给定时刻,沿着零运动直线的轮子运动必为零。换句话说,轮子必沿着半径为 R 的某个圆瞬时地运动,使得那个圆的中心处在零运动直线上。该中心点称为转动的瞬时中心,可以位于沿零运动直线的任何地方。当 R 为无限时,轮子按直线运动。

像图 3.12(a)中 Ackerman 车辆那样的机器人可以有好几个轮子,但必须总是有一个单独的 ICR,因为所有它的零运动直线在一个单独点相交,将 ICR 放在该交点,机器人运动就有一个单独的解。

这个 ICR 的几何结构,显示了机器人的移动性如何是机器人运动上约束数目的函数,而不是轮子数目的函数。在图 3.12(b)中,所示的自行车有两个轮子,w_1 和 w_2,各轮提供一个约束,或一个零运动线。合在一起,两个约束产生一个单独的点,当作 ICR 唯一的剩余解。这是因为两个约束是独立的,因此各约束更限制了整个机器人的运动。

但是在图 3.13(b)差动驱动的机器人情况下,两个轮子沿相同的水平轴排列,所以,ICR 被限制处在一条直线上,而不是在一个特定的点上。事实上,第二个轮子在机器人运动上没有加附加的运动学约束,因为它的零运动线是与第一个轮子一样的。这样,虽然自行车和差动驱动的底盘有同样数目的非全向轮,前者有两个独立的运动学约束,而后者只有一个。

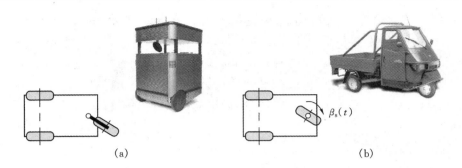

图 3.13   (a)具有两个各自动力化轮子和一个小脚轮的差动驱动机器人,例如 EPFL 的 Pygmalion
机器人;(b)具有两个固定轮和一个可操纵轮的三轮车,如 Piaggio 的机械手

图 3.12(a)的 Ackerman 车辆展示了另一种方法,在那里,轮子对机器人的运动
学也许不能提供一个独立的约束。该车辆有两个可操纵的标准轮。只给定其中一个
可操纵轮的瞬时位置和固定的后轮的位置,只存在 ICR 的一个单独解。第二个可操
纵轮的位置绝对地受 ICR 限制。所以,它对机器人的运动不提供独立的约束。

所以,机器人的底盘运动学是由所有标准轮引起的**独立**约束集合的函数。独立
的数学上的解释涉及到矩阵的**秩**(rank)。记得,一个矩阵的秩就是独立的行或列的
最少数目。方程(3.26)代表了由移动机器人的轮子所施所加的全部滑动约束。所
以,$[C_1(\beta_s)]$ 的秩就是独立约束的数目。

独立约束的数目越多,$[C_1(\beta_s)]$ 的秩就越大,机器人的移动性就越受约束。例
如,考虑一个具有单个固定式标准轮的机器人,记住,我们只考虑标准轮。该机器人
可以是单轮的,或者它可以有几个瑞典轮,然而它确有一个固定式标准轮。轮子所处
位置由相对于机器人局部参考框架的参数 α, β, l 指定。$C_1(\beta_s)$ 包含 C_{1f} 和 C_{1s}。然而,
因为没有可操纵的标准轮,C_{1s} 是空的,故 $C_1(\beta_s)$ 只包含 C_{1f}。由于没有固定标准轮,这
个矩阵的秩为 1,所以该机器人在移动性上有一个单独的独立约束:

$$C_1(\beta_s) = C_{1f} = [\cos(\alpha+\beta) \quad \sin(\alpha+\beta) \quad l\sin\beta] \tag{3.37}$$

现在让我们加一个附加的固定标准轮来构建一个差动驱动的机器人,它把第二
轮子像原始轮子一样,限制成与同一的水平轴对准。一般来说,我们可以把 P 点放到
两个轮子中心之间的中点。对轮 w_1,给定 α_1, β_1, l_1;对轮 w_2,给定 α_2, β_2, l_2。几何
上,$\{(l_1=l_2), (\beta_1=\beta_2=0), (\alpha_1+\pi=\alpha_2)\}$ 成立。所以,在这种情况下,矩阵 $C_1(\beta_s)$ 有两个
约束,而秩为 1:

$$C_1(\beta_s) = C_{1f} = \begin{bmatrix} \cos(\alpha_1) & \sin(\alpha_1) & 0 \\ \cos(\alpha_1+\pi) & \sin(\alpha_1+\pi) & 0 \end{bmatrix} \tag{3.38}$$

换一种方法,考虑将 w_2 放到 w_1 的轮平面但具有相同方向的情况,如同在前向位
置操纵被锁定的自行车一样。我们再次把点 P 放在两轮中心的中点,且把轮子定向,
使它们位于轴 x_1。这个几何特征意味着 $\{(l_1=l_2), (\beta_1=\beta_2=\pi/2), (\alpha_1=0), (\alpha_2=\pi)\}$,所以,矩阵 $C_1(\beta_s)$ 持两个约束,且秩为 2:

$$C_1(\beta_s) = C_{1f} = \begin{bmatrix} \cos(\pi/2) & \sin(\pi/2) & l_1\sin(\pi/2) \\ \cos(3\pi/2) & \sin(3\pi/2) & l_1\sin(\pi/2) \end{bmatrix} = \begin{bmatrix} 0 & 1 & l_1 \\ 0 & -1 & l_1 \end{bmatrix}$$

$$(3.39)$$

一般而言,如果$[C_{1f}]$的秩大于 1,则在最好情况下,车辆只能沿着一个圆或一条直线行走。这种结构意味着,由于固定标准轮不共享相同的旋转水平轴,机器人有两个或更多的独立约束。因为这种结构在平面中只有移动性的退化形式,在本章的其余部分我们不考虑它们。然而,请注意某些退化结构,如四轮滑动/制动操纵系统在某种环境中是有用的,如在松散泥土和沙地上,即使它们不满足滑动约束。不必惊奇,对这种破坏滑动约束必须付出的代价是:基于里程的航位推测,准确度降低,并大大降低了动力效率。

一般机器人会有零个或多个固定标准轮和零个或多个可操纵标准轮。所以我们对任何机器人辨识秩值的可能范围是:$0 \leqslant rank[C_1(\beta_s)] \leqslant 3$。考虑 $rank[C_1(\beta_s)] = 0$ 的情况。这只可能发生在 $C_1(\beta_s)$ 中有零个独立运动学约束。在该情况下,在机器人框架上既不装固定的也不装可操纵的标准轮:$N_f = N_s = 0$。

考虑另外极端,$rank[C_1(\beta_s)] = 3$。这是最大可能的秩,因为沿着 3 个自由度指定了运动学约束(即约束矩阵为 3 列宽)。所以,不存在 3 个以上的独立约束。事实上,当 $rank[C_1(\beta_s)] = 3$ 时,机器人在任何方向是完全受约束的,所以是退化的,因为它完全不可能在平面中运动。

现在我们准备好从形式上定义机器人的**移动性程度** δ_m:

$$\delta_m = dimN[C_1(\beta_s)] = 3 - rank[C_1(\beta_s)]$$

$$(3.40)$$

矩阵 $C_1(\beta_s)$ 零空间的维数($dimN$)是机器人底盘的自由度数目的一个度量。它通过改变轮子的速度,可以立即地予以操纵。所以,从逻辑上讲,δ_m 必在 0~3 之间变化。

让我们考虑一个普通的差动驱动的底盘。在这样一个机器人上,有两个共享公共水平轴的两个固定标准轮。如上述讨论那样,第二个轮子对系统不加独立的运动学约束。所以,$rank[C_1(\beta_s)] = 1$ 和 $\delta_m = 2$。这与直觉一致:**简单地通过操纵轮子的速度**,一个差动驱动的机器人既可以控制方向的变化速率,又可以控制它的向前/向后的速度。换句话说,它的 ICR 被限制在位于从它的轮子水平轴扩展的无限直线上。

相反,考虑一个自行车的底盘,这个结构由一个固定标准轮和一个可操纵的标准轮所组成。在这种情况下,各轮对 $C_1(\beta_s)$ 提供一个独立的滑动约束。所以,$\delta_m = 1$。注意,自行车拥有的非全向轮的总数和差动驱动的底盘相同,而且其中一个轮子确实是可操纵的,但它的移动性程度少 1。从反应来看,这是合适的。通过直接对轮子速度的操纵,自行车只能对它的向前/向后速度进行控制;只有通过操纵自行车才能改变它的 ICR。

正如猜想的那样,根据方程(3.40),只有由全向轮诸如瑞典轮或球形轮所组成的任何机器人,会有最大的移动性程度 $\delta_m = 3$。这种机器人可以直接操纵所有的 3 个自由度。

3.3.2   可操纵度

上面定义的移动性程度,根据轮子速度变化将可控的自由度进行了量化。操纵也可以对机器人底盘的姿态 ξ 产生最终的影响,虽然影响是间接的。因为改变可操纵标准轮的角度后,机器人必须因操纵角度的变化而运动,从而影响姿态。

如移动性一样,当定义**可操纵度** δ_s 时,我们关心有关独立地可控的操纵参数的数目:

$$\delta_s = rank[C_{1s}(\beta_s)] \qquad (3.41)$$

回忆一下,在移动性情况下,增加 $C_1(\beta_s)$ 的秩,意味着更多的约束,从而成为较少移动的系统。在可操纵性的情况下,增加 $C_1(\beta_s)$ 的秩,意味着更多的操纵自由度,从而有更大的最终机动性。因为 $C_1(\beta_s)$ 包含 $C_{1s}(\beta_s)$,这意指可操纵的标准轮可以既减少移动性又增加可操纵性。在任何时刻,它的特殊方位施加了一个运动学约束,但它改变那个方位的能力,可以导致附加的轨迹。

可以指定 δ_s 的范围为: $0 \leqslant \delta_s \leqslant 2$。$\delta_s = 0$ 的情况说明机器人没有可操纵的标准轮,$N_s = 0$。当机器人的结构包含一个或多个可操纵标准轮时,$\delta_s = 1$ 的情况是最普通的。

例如,考虑一辆普通汽车,在该情况下,$N_f = 2$ 和 $N_s = 2$。但固定轮共享一个公共轴,所以 $rank[C_{1f}] = 1$。固定轮和任何一个可操纵轮,限制 ICR 成为沿着从后轴延伸的直线的一个点。所以,第二个可操纵轮不能再加任何独立的运动学约束,故 $rank[C_{1s}(\beta_s)] = 1$,在此情况下,$\delta_m = 1$ 和 $\delta_s = 1$。

$\delta_s = 2$ 的情况只在机器人无固定标准轮时出现,即 $N_f = 0$,才可能。在这些环境下,有可能制作具有两个独立可操纵轮的底盘,像一个似自行车(或双操纵)。这里两个轮子都是可操纵的。因此,调整一个轮子的方向就把 ICR 限制为一条直线,而第二个轮子可以把 ICR 限制在沿着那条直线的任何点。有趣的是,这意味着 $\delta_s = 2$ 时,说明机器人可以把 ICR 放到地平面上的任何地方。

3.3.3   机器人的机动性

机器人可以操纵的总的自由度,称为**机动程度** δ_M,它可以根据移动性和可操纵性很容易地予以定义:

$$\delta_M = \delta_m + \delta_s \qquad (3.42)$$

所以,机动性包括通过轮子的速度、机器人直接操纵的自由度,也包括通过改变操纵的结构和运动和间接操纵的自由度。根据前面几节的研究,人们可画出轮子结构的基本类型,如图 3.14 所示。

注意,具有相同 δ_M 的两个机器人不必是等同的。例如,差动驱动和三轮几何特征(图 3.13)的机器人具有相等的机动性 $\delta_M = 2$。在差动驱动中,所有的机动性是直接的移动性的结果,因为 $\delta_m = 2$ 和 $\delta_s = 0$。在三轮情况下,机动性也由操纵引起: $\delta_m =$

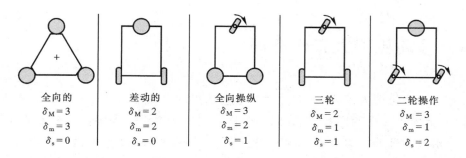

图 3.14 三轮配置的五个基本类型。球形轮可以由小脚轮或瑞典轮代替而不影响机动性。在第 2 章有具有不同数目轮子的更多的结构

1 和 $\delta_s = 1$。这些结构不论哪一个都不允许 ICR 放在平面的任何地方。在这两种情况下，ICR 必须相对于机器人参考框架，处于预定的直线上。在差动驱动的情况下，该直线从两个固定标准轮的公共轴延伸，具有差动轮的速度，ICR 点设置在该直线上。在三轮情况下，该直线从固定轮的共享公共轴延伸，具有可操纵轮，沿该直线设置 ICR。

更一般地，对任何 $\delta_M = 2$ 的机器人，ICR 总是被限制在处于一条直线上，而对 $\delta_M = 3$ 的机器人，ICR 可以被设置在平面上的任何点。

最后一个例子将展示我们在这里已开发的工具的使用。供室内移动机器人学研究的一个普通机器人的结构是**同步驱动**结构（图 2.28）。这种机器人有 2 个电机和 3 个锁定在一起的轮子。一个电机为转动所有 3 个轮子提供动力，而第二个电机为操纵所有 3 个轮子提供动力。在三轮同步系统机器人中，$N_f = 0$ 和 $N_s = 3$。所以，可以用 $rank[C_{1s}(\beta_s)]$ 来确定 δ_m 和 δ_s。3 个轮子并不共享一个公共轴，其中 2 个提供独立的滑动约束。为了使运动成为可能，第三个必须依赖于这 2 个的约束。因此，$rank[C_{1s}(\beta_s)] = 2$ 和 $\delta_m = 1$。这在直觉上是正确的。具有禁止操纵的同步驱动机器人，只操纵一个自由度，它在一条直线上构成了前后行走。

然而，当考虑 δ_s 时，它产生了一个有趣的含义。根据方程（3.41），机器人应该有 $\delta_s = 2$。的确，对于具有同步驱动几何结构的三轮操纵机器人，这是正确的。但是我们还有附加的信息：在一个同步驱动结构中，单个电机用皮带操纵所有 3 个轮子。所以，虽然是理想的，如果轮子都是独立可操纵的，则系统会实现 $\delta_s = 2$。在同步驱动的情况下，驱动系统进一步限制了运动学，使得在现实中 $\delta_s = 1$。最后，我们可以根据这些数值计算机动性：对同步驱动的机器人而言 $\delta_M = 2$。

这个结果说明，一个同步驱动的机器人总共只能操纵 2 个自由度。事实上，如果读者仔细考虑同步驱动机器人的轮子结构，就会清楚，这里没有方法改变底盘的方向。只有底盘的 $x—y$ 位置可以被操纵。所以，同步驱动机器人确实只有 2 个自由度，它与我们数学上的结论一致。

3.4　移动机器人工作空间

对于一个机器人来说,机动性等效于它的控制自由度。但是,机器人是处于某种环境的,因而下一个问题是:把我们的分析放到环境之中。我们关心机器人用它可控制的自由度在环境中本身定位的方法。例如,考虑 Ackerman 车辆或汽车,对这种车辆而言,控制的自由度总数是 $\delta_M = 2$。一个为操纵;另一个为驱动轮的激励。但在它的环境中,车辆总的自由度是什么呢? 事实上,它是 3 个。汽车可以在平面上将它自己定位于任何点 x, y,并具有角度 θ。

因此,辨识可能配置的机器人的空间是重要的。因为,令人惊奇的是,它可以超过 δ_M。除了**工作空间**,我们关心有关机器人如何能在不同配置之间进行运动? 它可以跟踪的路径类型是什么样的? 进一步,穿过这个配置空间,它的可能轨迹是什么样的? 在这种讨论的其余部分,我们把重点从内部的运动学细节,如轮子、转向机器人底盘的姿态和底盘的自由度。记住这一点,现在让我们把机器人放到它的工作空间的背景中。

3.4.1　自由度

在定义机器人的工作空间时,首先检验**可容许的速度空间**是有好处的。给定机器人的运动学约束,它的速度空间描述了机器人可以控制的机器人运动的独立分量。例如,独轮车的速度空间可以用两个轴来表示:一个表示独轮车的瞬时前向速度;另一个表示独轮车瞬时方向变化 $\dot{\theta}$。

在机器人的速度空间中,维数就是独立地可达到的速度的数目。这也被称为**微分的自由度**(differentiable degrees of freedom,DDOF)。机器人的 DDOF 常常等于移动性程度 δ_m。例如,自行车具有以下的机动性:$\delta_M = \delta_m + \delta_s = 1 + 1 = 2$。自行车的 DDOF 却为 1。

与自行车相反,我们考虑一个全向机器人,即具有 3 个瑞典轮的机器人。我们知道,在这情况下存在零个标准轮,故 $\delta_M = \delta_m + \delta_s = 3 + 0 = 3$。所以,全向机器人有 3 个微分自由度。这是合适的,因为这种机器人没有运动学运动的约束,它能够独立地设置全部 3 个姿态变量:$\dot{x}, \dot{y}, \dot{\theta}$。

给定自行车和全向机器人之间在 DDOF 中的差别,我们考虑在各配置的工作空间中总的自由度。全向机器人在它的环境中可以获得任何姿态 (x, y, θ),这通过同时地直接获得所有 3 个轴的目标位置是可以做到的,因为 DDOF = 3。显然,它有一个 DOF = 3 的工作空间。

自行车能否在它的环境中获得任何姿态 (x, y, θ)? 它可以做到,但是达到某些目标点也许需要比等效的全向机器人更多的时间和能量。例如,如果自行车结构必须横向移动 1 m,最简单的成功调动类似于汽车的**平行停车**,会涉及到螺旋式或前后式运动。尽管如此,自行车可以到达任何(x,y,θ),所以自行车的工作空间同样有 DOF $=3$。

显然,在工作中存在一个不等式关系:$\text{DDOF} \leqslant \delta_M \leqslant \text{DOF}$。虽然机器人的工作空间是一个重要的属性,从上面的例子中可以明白,可利用的特殊路径,对机器人也是事关重要的。正如工作空间 DOF 支配机器人的能力,以得不同姿态一样,机器人的DDOF 也支配它的能力以获得不同的路径。

3.4.2 完整机器人

在机器人学学界中,当描述移动机器人的路径空间时,通常使用"**完整**"这一概念。术语**完整**对几个数学领域有广泛的可用性,包括微分方程、函数和约束表达式。在移动机器人学中,该术语特别关系到机器人底盘的运动学约束。一个**完整机器人**是一个具有非完整运动学约束的机器人;相反,一个非完整机器人是一个具有一个或多个非完整运动学约束的机器人。

完整的运动学约束可以被表示为只是位置变量的显函数。例如,在具有单个固定标准轮的移动机器人的情况下,完整的运动学约束只用 $\alpha_1,\beta_1,l_1,r_1,\varphi_1,x,y,\theta$ 就可以表达。这种约束不用这些变量的微分,诸如$\dot\varphi$或$\dot\xi$。**非完整运动学约束**需要微分关系,如位置变量的微分。而且,它不能只根据位置变量来积分以提供约束。根据后者的观点,非完整系统常常被称为**非可积**系统。

考虑固定标准轮的滑动约束:

$$[\cos(\alpha+\beta) \quad \sin(\alpha+\beta) \quad l\sin\beta]R(\theta)\,\dot\xi_1 = 0 \tag{3.43}$$

这个约束必须用机器人的移动$\dot\xi$,而不是姿态ξ。因为其特点是,垂直于轮子平面的机器人的移动被限制为零。这个约束是不可积分的,它明显地依赖于机器人的运动。所以,滑动约束是一个非完整约束。考虑具有一个固定标准轮和一个可操纵标准轮的自行车结构,因为对这种机器人,固定轮的滑动约束将是强制的。我们可以得出结论,自行车是一个非完整的机器人。

但如果有人把自行车操纵系统锁定,使得它变成两个固定轮,各具独立但平行的轴。我们知道,对这样系统,$\delta_M=1$。它是非完整的吗?由于滑动和滚动约束,虽然它也许不表露出来,但锁定的自行车实际上是完整的。考虑这个受锁定的自行车的工作空间,它由一条单独的无限直线组成,沿着此直线自行车可以运动(假定操纵被禁止笔直向前)。为方程简单起见,假定该无限直线与全局参考框架中 X_I 相一致,且$\{\beta_{1,2}=\pi/2,\alpha_1=0,\alpha_2=\pi\}$。在这种情况下,两个轮子的滑动约束可以用一个机器人姿态上相等的约束全集:$\{y=0,\theta=0\}$来替代。这就消去了两个非完整约束,相当于两个轮子的滑动约束。

唯一留下的非完整运动学约束是各轮的滚动约束:

$$[-\sin(\alpha+\beta) \quad \cos(\alpha+\beta) \quad l\cos\beta]R(\theta)\,\dot\xi_1 + r\dot\varphi = 0 \tag{3.44}$$

对各轮,要求约束将轮子旋转的速度和沿着轮子平面投影的运动速度建立关系。但在我们锁定自行车的情况下,给定原点的轮子初始的转动位置 φ_0,我们可以用一个量代替这个约束,该量把直线上的位置 x 直接与轮子的转动角度 φ 关联起来:$\varphi=(x/r)+\varphi_0$。

锁定的自行车是第一种类型的完整机器人的一个例子——这里确实存在约束,但都是完整的运动学约束。对所有 $\delta_M<3$ 的完整机器人,都是这样的情况。当没有运动学约束时,即 $N_f=0$ 和 $N_s=0$,就存在第二种类型的完整机器人。因为没有运动学约束,故也没有非完整的运动学约束,所有这种机器人总是完整的。对所有 $\delta_M=3$ 的完整机器人都是这样的情况。

另一种描述完整机器人的方法是基于机器人的微分自由度和它的工作空间自由度之间的关系:**一个机器人是完整的,当且仅当 DDOF＝DOF**。直觉上,这是因为只有通过非完整约束(由可操纵或固定标准轮所加),机器人才能获得一个自由度超过微分自由度的工作空间,DOF＞DDOF。例子包括差动驱动和二轮/三轮结构。

在移动机器人中,有用的底盘通常必须在维数为 3 的工作空间中完成姿态。所以一般地,对底盘我们需要 DOF＝3。但是,围绕障碍物调动而不影响方向的“完整”能力,以及在跟踪任意路径时的跟踪目标的能力,都是重要的附加考虑。为了这些缘故,对移动机器人学最有关系的完整的特殊形式是 DDOF＝DOF＝3。我们将这类机器人结构定义为全向的:**全向的机器人**是一个 DDOF＝3 的完整机器人。

3.4.3　路径和轨迹的考虑

在移动机器人学中,我们不仅关心有关机器人达到所需的最后配置空间的能力,也关心它是**如何**到达那里的。现在考虑机器人跟踪路径的能力问题:在最佳的情况下,机器人应该能够跟踪任何路径,穿越它的姿态空间。显然地,任何全向机器人能够这样做是因为它在三维工作空间是完整的。遗憾的是,全向机器人必须使用无约束轮,轮子的选择仅限于瑞典轮、小脚轮和球形轮。这些轮子还未被具体用在结构设计中,以准许数量巨大的地面清理和防震。虽然从路径空间的观点看,它们是强有力的,但是它们比固定式和可操纵轮更少普及,主要是因为它们的设计和制作多少有点复杂和昂贵。

另外,非完整约束可大大改善运动的稳定性。考虑一个在恒定直径曲线上高速驱动的全向车辆,在这样运动时,车辆易受到不可忽略的向心力,这个将车辆推出曲线的横向力必须被全向轮的电机转矩所抵消。在电机或控制失误的情况下,车辆会被甩出曲线外。然而对一个具有运动学约束的拟汽车的机器人来说,横向力通过滑动约束无源地被抵消,减轻了对电机转矩的要求。

回忆一下利用标准轮的一个高机动性的前述例子:自行车上两个轮子都是可操纵的,通常称作**双操纵**。这个车辆获得可操纵性的自由度为 2,产生高度的机动性:$\delta_M=\delta_m+\delta_s=1+2=3$。有意义的是,该结构是非完整的,但在 DOF＝3 的工作空间中具有高度的机动性。

机动性的结果 $\delta_M = 3$，意味通过适当操纵它的两个轮子，双操纵可以选择任何 ICR。那么如何把它与全向机器人作比较呢？在平面中，操纵它的 ICR 的能力意味着双操纵可以在它的工作空间中跟踪**任何**路径。且一般而言，$\delta_M = 3$ 的任何机器人可以在工作空间中，从它的初始姿态到它的最后姿态，跟踪任何路径。一个全向机器人也可以在它的工作空间中跟踪任何路径，而且，毋用惊奇，因为在全向机器人中 $\delta_m = 3$，它必遵顺 $\delta_M = 3$。

但是，在由操纵所授予的自由度，对比由轮子速度直接控制，它们之间仍有差别。这个差别显然是在**轨迹**背景上而不是在路径上。一个轨迹除了占有一个附加维数——时间外，它与一条路径是一样的。所以，对地面上一个全向机器人而言，路径一般地表示了经过 3D 姿态空间的踪迹；对相同的机器人，轨迹表示了加上时间和经过 4D 姿态空间的踪迹。

例如，考虑一个目标轨迹，在此轨迹中，机器人沿 X_I 轴以 1 m/s 恒速运动 1s，然后也逆时针地改变方向 90°1s，然后平行于 Y_I 轴运动 1s。设计好的 3s 轨迹如图 3.15 所示，它利用了相对于时间的 x, y, θ 图。

全向机器人能实现这个轨迹吗？我们假定机器人的每个轮子能达到某任意的、有限的速度。为了简单起见，我们进一步假定，加速度是无限的，即它可不费时间地达到任意的期望速度。在这些假定下，全向机器人的确可以跟踪图 3.15 的轨迹。例如，第 1s 和第 2s 之间的过渡只涉及轮子速度的改变。

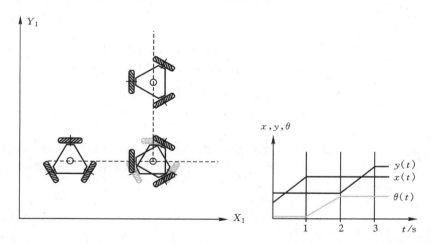

图 3.15 全向机器人的机器人轨迹的例子：沿 X_I 轴以恒速 1 m/s 运动 1s；逆时针改变方向 90° 1s；沿 Y_I 轴以恒速 1 m/s 运动 1s

因为双操纵有 $\delta_M = 3$，它必定能跟踪路径，这是由该轨迹投影到无时间的工作空间造成。然而，它不能跟踪这个 4D 的轨迹，即使操纵速度是有限且任意的。虽然双操纵会有能力瞬时地改变操纵速度，但在开始改变机器人底盘方向之前，必须等待可操纵轮的角度变到期望的位置。简言之，双操纵需要改变成内部的自由度，而且因为这些改变要花时间,任意轨迹是达不到的。图 3.16 表示了双操纵可以达到的最相似的轨迹。与期望的运动的 3 个阶段不同,该轨迹有 5 个阶段。

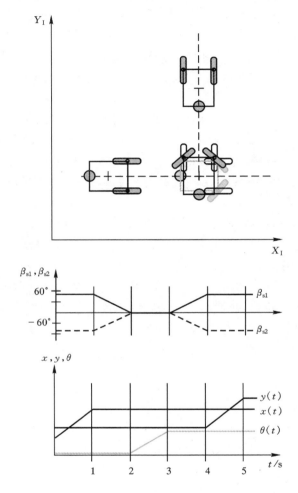

图 3.16 具有操纵轮与图 3.15 相似的机器人轨迹的实例:沿 X_I 轴以恒速 1 m/s 运动 1s;分别旋转操纵轮 $-50°/50°$,逆时针改变方向 90°1s;分别旋转操纵轮 $50°/-50°$,沿 Y_I 轴以恒速 1 m/s 运动 1s

3.5 基本运动学之外

以上移动机器人运动学的讨论只是极其丰富命题的一个介绍。当我们也考虑速度和力时,这在高速移动机器人情况下特别地需要,于是除了运动学约束之外,必须表达动力学约束。而且,许多移动机器人,诸如坦克型底盘和四轮滑动/制动系统,违反了前面的运动学模型。在分析这种系统时,通常需要显式地将机器人和地平面之间的粘摩擦进行建模。

更有重要意义的是,移动机器人的运动学分析提供了关于那种移动机器人理论工作空间的结果。然而,为了在该工作空间中有效地运动,一个移动机器人必须有它的自由度的合适激励。这个问题称为动力化(摩托化),它要求进一步对力进行分析,且必须主动地供力,以实现机器人可用的运动学范围。

除了动力化之外,还存在能控性问题:在什么条件下,移动机器人能在有限的时间里从初始姿态行走到目标姿态? 回答这个问题既需要有机器人运动学的知识,又要有可用于激励移动机器人的控制系统的知识。所以,移动机器人控制回到了设计一个现实世界的控制算法这样的实际问题,算法利用应用领域所要求的轨迹,可以一个姿态一个姿态地驱动机器人。

3.6　运动控制

如上所述,对非完整系统,运动控制(运动学控制)可并不是一个容易的任务。但不同的研究群体已研究了这个问题,例如参考文献[10,60,90,300],而且已经有了移动机器人运动控制的某些合适的解决方案。

3.6.1　开环控制

运动控制器的目标是跟踪一条轨迹,该轨迹由它的位置或速度分布曲线描述成为时间的函数。这常常是通过将轨迹(路径)分割成形状清晰的被定义的运动区段来完成的,例如**直线**或**圆弧**段。因此,控制问题是根据直线和圆弧段,预先计算平滑的轨迹,驱动机器人从初始位置走到最终位置(图 3.17)。这个方法可以被当作开环运动控制(轨迹跟踪),因为所测量的机器人位置不作速度或位置控制而反馈。它有几个缺点:

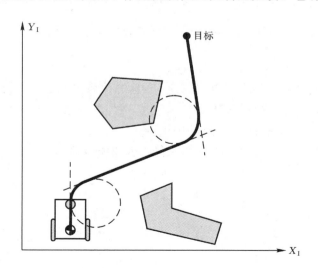

图 3.17　根据直线和圆轨迹段的运动机器人的开环控制

- 如果必须考虑机器人的速度和加速度的所有限制和约束,预先计算一条可行的轨迹根本不是一个容易的任务。
- 如果环境发生动态的改变,机器人不会自动地适应或修正轨迹。
- 最终的轨迹常常不是平滑的。因为对大多数常用的区段(例如,直线和圆的一部分),从一个轨迹段到另一个轨迹段的转变是不平滑的。这意味着在机器人的加速度中,存在不连续性。

3.6.2 反馈控制

在移动机器人的运动控制中,更为适宜的方法是使用一个状态反馈控制器。有了这种控制器,机器人的路径规划任务被简化为:设置处于所要求路径上的中间位置(子目标)。在 3.6.2.1 节中,为稳定的差动驱动移动机器人的反馈控制,提出了一个有用的解决方案。它非常类似于参考文献[61,189]中提出的控制器。其他的方法可在参考文献[10,90,92,300]中找到。

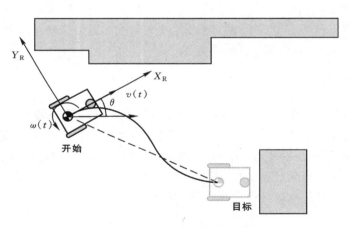

图 3.18 移动机器人反馈控制的典型情况

3.6.2.1 问题陈述

考虑图 3.18 所示的情况,机器人具有任意的位置和方向,以及一个预定的目标位置和方向,在机器人参考框架 $\{X_R, Y_R, \theta\}$ 中,所给定的实际姿态误差向量为 $e = {}^R[x, y, \theta]^T$,x, y 和 θ 是机器人的目标坐标。

控制器设计的任务是寻求一个控制矩阵,如果它存在的话,

$$K = \begin{bmatrix} k_{11} & k_{12} & k_{13} \\ k_{21} & k_{22} & k_{23} \end{bmatrix}; \quad k_{ij} = k(t, e) \tag{3.45}$$

使得 $v(t)$ 和 $w(t)$ 的控制

$$\begin{bmatrix} v(t) \\ \omega(t) \end{bmatrix} = K \cdot e = K \begin{bmatrix} {}^R x \\ y \\ \theta \end{bmatrix} \tag{3.46}$$

驱使误差 e 趋向零①。

$$\lim_{t \to \infty} e(t) = 0 \qquad (3.47)$$

3.6.2.2 运动学模型

一般来说,我们假定目标是在惯性框架的原点(图 3.19)。在下面,位置向量总是被表示在惯性框架中。

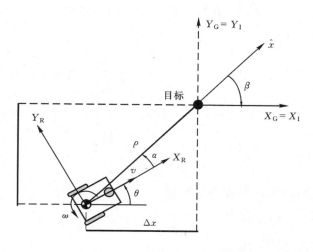

图 3.19 机器人运动学和它感兴趣的框架

在惯性框架 $\{X_I, Y_I, \theta\}$ 中,所描述的差动驱动移动机器人的运动学,给定如下:

$$^I\begin{bmatrix} \dot{x} \\ \dot{y} \\ \dot{\theta} \end{bmatrix} = \begin{bmatrix} \cos\theta & 0 \\ \sin\theta & 0 \\ 0 & 1 \end{bmatrix} \begin{bmatrix} v \\ \omega \end{bmatrix} \qquad (3.48)$$

式中 $\dot{x}$ 和 $\dot{y}$ 是在惯性框架 X_I 和 Y_I 方向中的直线速度。

令 α 表示机器人参考框架 X_R 轴和连接轮子轴中心与最终位置的向量 $\hat{x}$ 之间的角度。如果 $\alpha \in I_I$,这里

$$I_1 = \left(-\frac{\pi}{2}, \frac{\pi}{2} \right] \qquad (3.49)$$

那么考虑坐标转换到原点在目标位置的极坐标

$$\rho = \sqrt{\Delta x^2 + \Delta y^2} \qquad (3.50)$$

$$\alpha = -\theta + \arctan2(\Delta y, \Delta x) \qquad (3.51)$$

$$\beta = -\theta - \alpha \qquad (3.52)$$

这样利用矩阵方程,在新的极坐标中,得到一个系统的描述

---

① 记住,由于非完整的约束,$v(t)$ 总是朝向机器人参考框架的 X_R 方向。

$$
\begin{bmatrix} \dot{\rho} \\ \dot{\alpha} \\ \dot{\beta} \end{bmatrix} = \begin{bmatrix} -\cos\alpha & 0 \\ \dfrac{\sin\alpha}{\rho} & -1 \\ -\dfrac{\sin\alpha}{\rho} & 0 \end{bmatrix} \begin{bmatrix} v \\ \omega \end{bmatrix}
\tag{3.53}
$$

式中 ρ 是机器人轮轴的中心与目标位置之间的距离，θ 表示机器人参考框架 X_R 轴和与最后位置有关的 X_I 轴之间的角度，v 和 ω 分别为切向速度和角速度。

另一方面，如果 $\alpha \in I_2$，式中

$$
I_2 = (-\pi, -\pi/2] \bigcup (\pi/2, \pi]
\tag{3.54}
$$

通过设置 $v = -v$，重新定义机器人的前向方向，我们得到由矩阵形式描述的系统：

$$
\begin{bmatrix} \dot{\rho} \\ \dot{\alpha} \\ \dot{\beta} \end{bmatrix} = \begin{bmatrix} \cos\alpha & 0 \\ -\dfrac{\sin\alpha}{\rho} & 1 \\ \dfrac{\sin\alpha}{\rho} & 0 \end{bmatrix} \begin{bmatrix} v \\ \omega \end{bmatrix}
\tag{3.55}
$$

3.6.2.3　对极坐标中运动学模型的评注

- 坐标变换不是被定义在 $x = y = 0$，因为在这样的点上，变换的雅可比矩阵的行列式是不定的，即是无界的。
- 对 $\alpha \in I_1$，机器人的前向方向指向目标；对 $\alpha \in I_2$，它是相反方向。
- 在它的初始配置中，通过适当地定义机器人的前向方向，常常有可能在 $t = 0$ 时，有 $\alpha \in I_1$。然而，这并不意味对所有时间，α 都保持在 I_1。因此，为了避免在到达目标时机器人改变方向，如果可能，有必要以这样的方式确定控制器：只要 $\alpha(0) \in I_1$，则对所有 t，$\alpha \in I_1$。对反方向，同样可用（见以下稳定性问题）。

3.6.2.4　控制律

现在必须设计控制信号 v 和 ω，以把机器人从它的实际配置，比如 $(\rho_0, \alpha_0, \beta_0)$，驱动到目标位置。显然，方程(3.53)在 $\rho = 0$ 出现不连续，但 Brockett 定理不妨碍平滑稳定性。

如果我们现在考虑线性控制律

$$
v = k_\rho \rho
\tag{3.56}
$$

$$
\omega = k_\alpha \alpha + k_\beta \beta
\tag{3.57}
$$

我们用方程(3.53)得到下式描述的闭环系统

$$
\begin{bmatrix} \dot{\rho} \\ \dot{\alpha} \\ \dot{\beta} \end{bmatrix} = \begin{bmatrix} -k_\rho \rho \cos\alpha \\ k_\rho \sin\alpha - k_\alpha \alpha - k_\beta \beta \\ -k_\rho \sin\alpha \end{bmatrix}
\tag{3.58}
$$

系统在 $\rho = 0$ 没有任何奇异，并在 $(\rho, \alpha, \beta) = (0, 0, 0)$ 有一个唯一的平衡点。因此，它会驱动机器人到该点，这就是目标位置。

- 在笛卡儿坐标系，控制律(方程(3.57))产生了在 $x = y = 0$ 是不定的方程。

- 要知道这样的事实:角度 α 和 β 经常被表达在范围$(-\pi,\pi)$中。
- 观察到控制信号 v,它经常有一个恒定的符号,即只要 $\alpha(0)\in I_1$,它是正的;其他情况它总是负的。这说明机器人执行它的停车任务总是在单个方向,而无逆向运动。

在图 3.20 中,当机器人起初处在 x,y 平面的一个圆上时,可得到最终的路径。所有的运动具有趋向目标在中心的平滑的轨迹。对该仿真,控制参数被设置为

$$k=(k_\rho,k_\alpha,k_\beta)=(3,8,-1.5) \tag{3.59}$$

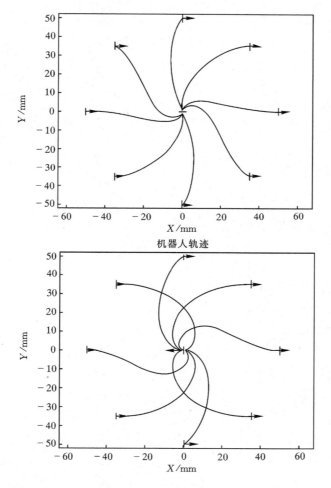

图 3.20　当机器人初始在 x,y 平面单位圆上时的最终路径

3.6.2.5　局部稳定性问题

进一步可以证明,闭环控制系统(方程(3.58))局部指数地稳定的,如果

$$k_\rho>0;\ k_\beta<0;\ k_\alpha-k_\rho>0 \tag{3.60}$$

证明:

围绕平衡点位置$(\cos x=1,\sin x=x)$线性化,方程(3.58)可以被写成:

$$\begin{bmatrix} \dot{\rho} \\ \dot{\alpha} \\ \dot{\beta} \end{bmatrix} = \begin{bmatrix} -k_{\rho} & 0 & 0 \\ 0 & -(k_{\alpha} - k_{\rho}) & -k_{\beta} \\ 0 & -k_{\rho} & 0 \end{bmatrix} \begin{bmatrix} \rho \\ \alpha \\ \beta \end{bmatrix} \tag{3.61}$$

因此,它是局部指数地稳定,如果矩阵 A 的特征值

$$A = \begin{bmatrix} -k_{\rho} & 0 & 0 \\ 0 & -(k_{\alpha} - k_{\rho}) & -k_{\beta} \\ 0 & -k_{\rho} & 0 \end{bmatrix} \tag{3.62}$$

全部有负的实部。矩阵 A 的特征多项式为

$$(\lambda + k_{\rho})(\lambda^2 + \lambda(k_{\alpha} - k_{\rho}) - k_{\rho}k_{\beta}) \tag{3.63}$$

如果

$$k_{\rho} > 0 ; -k_{\beta} > 0 ; k_{\alpha} - k_{\rho} > 0 \tag{3.64}$$

所有的根有负的实部,证毕。

为了对鲁棒位置控制,建议用强的稳定性条件,它保证在机器人到达它的目标时,不改变方向:

$$k_{\rho} > 0 ; k_{\beta} < 0 ; k_{\alpha} + \frac{5}{3}k_{\beta} - \frac{2}{\pi}k_{\rho} > 0 \tag{3.65}$$

这分别说明,只要 $\alpha(0) \in I_1$,对所有 $t, \alpha \in I_1$;只要 $\alpha(0) \in I_2$,对所有 $t, \alpha \in I_2$。这个强稳定性条件在应用中还未被证明。

3.7   习题

1. 假定一个差动驱动机器人有不同直径的两个轮,左轮的直径为 2 m,右轮直径为 3 m,两轮 $l = 5$。机器人处在 $\theta = \pi/4$,当机器人以速度 6 转动两轮,计算机器人在全局参考框架的瞬时速度。确定 $\dot{x}, \dot{y}$,和 $\dot{\theta}$。   .

2. 考虑一个机器人,它有 2 个有源球形轮和一个无源(无动力)小脚轮。为该机器人推导 3.30 和 3.33 形式的运动学方程式。

3. 对以下各情况确定移动性、可操纵性和机动性:(a)自行车;(b)具有单个球形轮的动态平衡的机器人;(c)汽车。

4. 难题

   考虑图 3.10 中的机器人,其大小为 $l = 10$ 和 $r = 1$。假定你希望命令该机器人在它的局部参考框架中有速度 $\dot{x}, \dot{y}$ 和 $\dot{\theta}$。写出一个公式,把所期望的 $\dot{x}, \dot{y}, \dot{\theta}$ 转换成所有 3 个轮的速度。特别请确定 f_1, f_2 和 f_3,使得:

$$\varphi_1 = f_1(\dot{x}, \dot{y}, \dot{\theta})$$
$$\varphi_2 = f_2(\dot{x}, \dot{y}, \dot{\theta})$$
$$\varphi_3 = f_3(\dot{x}, \dot{y}, \dot{\theta})$$

第4章 感　知

任何种类的自主系统,其最重要的任务之一是获取关于其环境的知识。这是用不同的传感器感受测量并从那些测量中提取有意义信息而实现的。

本章我们提出在移动机器人中最常用的传感器,而后讨论从传感器提取信息的策略。许多用于移动机器人的更详细资料,可参阅 H. R. Everett 所著的综合性书籍《移动机器人传感器》[20]。

4.1　移动机器人的传感器

用在移动机器人的传感器种类广泛(图 4.1)。有些传感器只用于测量简单的值,像机器人电子器件内部温度或电机转速。而其他更复杂的传感器可以用来获取关于机器人环境的信息,甚或直接测量机器人的全局位置。本章主要着重于提取有关机器人环境信息的传感器。因为机器人四处移动,它常常碰见未预料的环境特征,所以这种感知特别重要。我们从传感器功能的分类开始,然后,在提出描述传感器特性指标的基本工具之后,对所选的传感器进行详细描述。

4.1.1　传感器分类

我们用两个重要的功能轴:**本体感受的/外感受的和无源/有源**将传感器分类。

本体感受传感器测量系统(机器人)的内部值。例如,电机速度、轮子负载、机器人手臂关节的角度、电池电压等。

外感受传感器从机器人的环境获取信息。如距离测量、亮度、声音幅度等。因此,为了提取有意义的环境特征,机器人要解释外感受传感器的测量。

无源传感器测量进入传感器的周围环境的能量。无源传感器的例子包括温度探测器、话筒、CCD 和 CMOS 摄像机。

有源传感器发射能量到环境,然后测量环境的反应。因为有源传感器可以支配更多的与环境(受控)的交互,它们常常具有卓越的特性指标。然而,有源传感器引入了几个风险:发出的能量可能影响传感器力图测量的真正特征。而且,有源传感器可能在它自己的信号和不受它控制的信号之间遭受干扰。例如,附近其他机器人或同一机器人上相似传感器发射的信号,会影响其最终的测量。有源传感器的例子包括

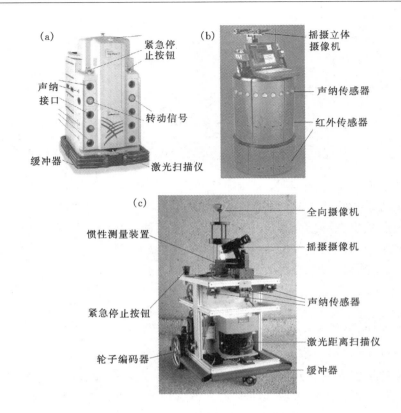

图 4.1 具有多传感器机器人的例子：(a) TRC 公司的 HelpMate；(b) 现实环境接口 B12；(c) BlueBotics SA 的 BIBA 机器人

轮子正交编码器、超声传感器和激光测距仪。

表 4.1 提供了移动机器人应用中最有用的传感器分类,本章讨论其中最有意义的传感器。

表 4.1 中,传感器按复杂性上升次序和技术成熟性下降次序排列。触觉传感器和本体感受式传感器实际上对所有移动机器人都是关键的,而且了解充分,便于实现。例如,可以购买商用正交编码器,把它用在移动机器人中,用作齿轮马达装配的一个零件。在另一极端,利用一个或多个 CCD/CMOS 摄像机的视觉解释,它提供了广泛的潜在机能,从避障和定位到人脸的辨识。然而,提供视觉机能的商用传感器现在刚开始出现[172,346]。

4.1.2 表征传感器的特性指标

本章我们描述的传感器,其特性指标的变化很大。有些传感器在控制良好的实验室环境中,具有极高的准确度,但当现实环境变动时,就免不了有误差。其他一些传感器在种类广泛的环境中,提供狭窄、高精度的数据。为了将这些特性指标的特征定量化,我们首先正式定义传感器特性指标的术语,这对统领本章的其余部分来说是有价值的。

4.1.2.1 基本传感器响应的额定值

在实验室环境中,可以定量地标定许多传感器的特征。当传感器被安置在现实环境的机器人时,这种特性指标额定值必须是处在最佳情况下。虽然如此,但仍是可用的。

表 4.1 移动机器人应用中的传感器分类

一般分类 (典型使用)	传感器 传感器系统	PC 或 EC	A 或 P
触觉传感器 (物理接触或接近检测;安全切换)	接触开关,减震器	EC	P
	光栅栏	EC	A
	非接触逼近传感器	EC	A
轮子/电机传感器 (轮子/电机速度和位置)	刷式编码器	PC	P
	电位计	PC	P
	同步机,分解器	PC	A
	光学编码器	PC	A
	磁性编码器	PC	A
	电感编码器	PC	A
	电容编码器	PC	A
导向传感器 (相对于固定参考框架的机器人方向)	罗盘	EC	P
	陀螺仪	PC	P
	倾角罗盘	EC	A/P
地面信标 (在固定参考框架定位)	GPS	EC	A
	有源光学或 RF 信标	EC	A
	有源超声信标	EC	A
	反射式信标	EC	A
主动测距 (反射、飞越时间和几何三角测量)	反射传感器	EC	A
	超声传感器	EC	A
	激光测距仪	EC	A
	光学三角测量(1D)	EC	A
	结构光(2D)	EC	A
运动/速度传感器 (相对于固定或移动物体的速度)	多普勒雷达	EC	A
	多普勒声音	EC	A
基于视觉传感器 (视觉测距、全像分析、分割、对象辨识)	CCD/CMOS 摄像机	EC	P
	视觉测距包		
	物体跟踪包		

A:有源;P:无源;P/A:无源/有源;PC:本体感受;EC:外感受。

动态范围　在维持正常传感器操作的同时,动态范围用于测量传感器的输入上下限范围。形式上,动态范围是最大输入值与最小可测输入值之比。因为这个原始比率可能不太合适,所以常常用**分贝**计量,它被计算为动态范围的普通对数的 10 倍。然而,在计算分贝时,存在潜在的混淆,它照例应该是测量功率比,诸如瓦特或马力。假如传感器测量电机电流,并且可从最小 1 mA 到 20 mA 取值。这个电流传感器的动态范围定义为:

$$10\log\left[\frac{20}{0.001}\right] = 43 \text{ dB} \tag{4.1}$$

现在假定你有一个测量机器人电池电压的电压传感器,测量 1 mV 到 20 V 任何电压值,电压不是功率的单位,但电压的平方正比于功率,所以我们用 20 而不用 10。

$$20\log\left[\frac{20}{0.001}\right] = 86 \text{ dB} \tag{4.2}$$

在移动机器人应用中,范围也是一个重要的额定值,因为机器人的传感器经常运行在输入值超过它们工作范围的环境中。在这种情况下,关键在于了解传感器将如何响应。例如,光学测距仪有一个最小的操作范围,当物体接近超过该最小值而进行测量时,它会产生虚假数据。

分辨率　分辨率是可以被传感器检测的两个值之间的最小差别。通常,传感器动态范围的下限等于它的分辨率。然而,在数字传感器的情况下,不必如此。例如,假定有一个传感器,它测量电压,执行模-数(A/D)转换,输出线性地相应于 0～5 V 之间的 8 位被转换值。如果传感器是真正线性的,则它有 2^8-1 个总输出值,或 5 V (255)的分辨率为 20 mV。

线性度　当输入信号变化时,线性度是支配传感器输出信号行为的重要测量。一个线性响应说明,如果两个输入 x 和 y 产生两个输出 $f(x)$ 和 $f(y)$,则对任何数值 a 和 b,$f(ax+by) = af(x) + bf(y)$。这意味着传感器输入/输出响应图是简单的直线。

带宽或频率　带宽或频率用于测量速度。按此速度,传感器可以提供读数(数据)流。形式上,每秒测量数目定义为传感器的频率,单位为 Hz。由于穿过环境而运动的动态性,移动机器人通常被障碍检测传感器的带宽限制在最大速度上。因此,增加测距带宽以及基于视觉的传感器已成为机器人学领域高优先级的目标。

4.1.2.2　现场传感器特性指标

在实验室环境中,可以合理地测量上述传感器的特征,并有信心外推到现实环境配置中的特性指标。然而,不深入了解所有环境特征和所考虑传感器之间的复杂交互,就不能可靠地获取许多重要的测量。这与最复杂的传感器关系最密切,包括有源测距传感器和视觉解释传感器。

灵敏度　灵敏度本身是一个期望的特征。这是目标输入信号增量变化引起输出信号变化的一种度量。形式上,灵敏度是输出变化与输入变化之比。然而遗憾的是,外感受传感器的灵敏度常常被不期望的灵敏度和特性指标(与其他环境参数相关)所混淆。

交叉灵敏度 交叉灵敏度是对环境参数灵敏度的技术用语。该环境参数正交于传感器目标参数。例如,磁通闸门罗盘可以对磁北展示高的灵敏度,因而用作移动机器人导航。然而,罗盘也对含铁的建筑材料展示高的灵敏度,以至它的交叉灵敏度常常使传感器在某些室内环境中变得无用。传感器的高交叉灵敏度一般是不希望的,特别当它不能被建模时。

误差 在某指定的运行背景内,误差被定义为传感器输出测量和被测的真实值之间的差。给定真值 v 和测量值 m,我们可以定义误差为误差$=m-v$。

准确度 准确度定义为传感器测量和真值之间的符合程度,通常表达成真值的比例部分(比如,97.5%准确度)。因此,小的误差与高的准确度相关,反之也然:

$$\left(准确度 = 1 - \frac{|误差|}{v}\right) \tag{4.3}$$

当然,获得真正的真值可能是困难的或者是不可能的,所以建立传感器准确度的可信特征可能是有问题的。而且,区分两种不同误差源之间的差别也是重要的。

系统误差 系统误差是由理论上可建模的因素或过程造成的,所以这些误差是确定性的(即可预测的)。激光测距仪不良的标度、走廊地面不可建模的倾斜以及由于以前碰撞引起的弯曲的立体摄像机头,都可能是传感器系统误差的起因。

随机误差 随机误差既不能用复杂的模型预测,也不能用更精密的传感器机构来减小。这些误差只能用概率予以描述(即随机性的)。彩色摄像机的色调、不稳定性、虚假的测距误差以及摄像机黑电平噪声都是随机误差的例证。

精确度 精确度常常和准确度相混淆,现在我们有工具清楚地区分这两个术语。直觉上,高精确度关系到传感器测量结果的重复性。例如,一个获取相同环境状态的多个读数的传感器,如果它产生相同结果,则它具有高的精确度。在另外的例子中,这个接受相同环境状态数据的传感器的多个拷贝(复制品),如果它们的输出一致,则它具有高的精确度。然而,精确度与相对于被测真值的传感器输出准确度没有任何关系。假定传感器的**随机误差**用某平均值 μ 和标准偏差 σ 予以表征,那么精确度形式上的定义是传感器输出范围和标准偏差之比:

$$精确度 = \frac{范围}{\sigma} \tag{4.4}$$

注意,仅仅是 σ,不是 μ 对精确度有影响。相反,平均误差 μ 直接正比于总的传感器误差,并反比于传感器准确度。

4.1.2.3 表征传感器的误差:移动机器人学的挑战

移动机器人严重地依赖于外感受式的传感器。许多这些传感器集中在机器人的中心任务上:获取机器人紧接邻域中物体的信息,使得它可以了解它周围环境。当然,这些围绕机器人的"物体"都是从它局部参考框架的角度检测到的。因为我们所研究的系统是移动的,它们不断移动的位置和它们的运动对整个传感器的行为有重大的影响。在本节中,借助前面讨论过的术语,我们来描述移动机器人的误差与前一节刻画的理想情景是如何地大相径庭。

系统和随机误差的模糊性　　有源测距传感器容易有失效的模式,它很大程度上由传感器和环境目标的特定相对位置所引发。例如,声纳传感器会产生特殊的反射,在平滑石棉水泥墙特定角度上产生很不准确的距离测量。在机器人移动期间,这种相对角度以随机间隔发生。在装有多个声纳环的移动机器人中,尤其如此。在机器人运动时,一个声纳进入该误差模态的机会极高。从移动机器人的观点看,在这个情况下,声纳测量误差是随机误差;但是,如果机器人停止运动,则可能是完全不同的误差模式。如果机器人的静态位置使一个特殊的声纳不能以一种方式工作,则声纳将一直地失误,并将一次又一次精确地返回相同(和不正确!)的读数。所以,一旦机器人静止不动,误差则表现为系统的,且是高精度的。

在这里,工作的基本机制是移动机器人对机器人姿态和机器人-环境动力学的交叉灵敏度。对这种交叉灵敏度的模型,其潜在意义不是真正随机的。然而,这种物理上的相互关系很少被建模,所以从非完整模型的观点看,在运动期间,误差表现为随机的;当机器人静止时,误差是系统性的。

声纳不是遭受系统性和随机误差模式模糊的唯一传感器。通过使用 CCD 摄像机的视觉理解,也很容易受机器人运动和位置的影响,因为摄像机依赖于光的变化、光的镜像性(比如,眩光)和反射。重要的一点是要认识到,系统误差和随机误差在受控的环境中是充分定义的,移动机器人可以呈现误差的特性,它沟通确定性和随机误差机制的差异。

多模误差分布　　通常依据对不同输出值的概率分布来表征传感器随机误差的行为特性。一般,我们对随机误差的因果知之甚少,所以通常使用几个简化的假设。例如,我们可以假定误差是零均的,即它对称地产生正和负的测量误差;我们可以进一步假定概率密度曲线是高斯型的。尽管我们在 4.1.3 节将详细讨论它的数学特征,现在重要的是认识人们经常假定的**对称**和**单模分布**。这意味着测量正确值是最可能的,远离正确值的任何测量比接近正确值的任何测量可能性要小。这是硬性的假定,它使功能强大的数学原理能应用于移动机器人问题上。然而重要的是要了解这些假定通常是多么错误。

例如,我们再次考虑声纳传感器。当测量声音信号反射良好的物体的距离时,声纳会呈现高的准确度,并根据噪声,例如在定时电路中,会引入随机误差。这部分的传感器行为将展现相当对称和单模的误差特性。然而,当声纳传感器贯穿环境而运动,且有时面对引起内在的反射而不是使声音信号返回到声纳传感器的那种材料时,则声纳会粗糙地过估计离物体的距离。在这种情况下,误差是非严格地系统性的,所以我们将此建模成随机误差的概率分布。因此,声纳传感器有两种不同类型的运行模式,第一种是信号确实返回且可能有某些随机误差;第二种是多路反射之后信号返回,且产生粗略的过估计。在这种情况下,至少概率分布容易地成为双模,且因为过估计比低估计更普遍,它也是非对称的。

作为第二个例子,考虑用立体视觉的测距,我们再次可以认识到两个运行模式。如果立体视觉系统正确地将两个图像关联,那么最终的随机误差将由摄像机噪声产生,并限制测量准确度。但是,立体视觉系统也可能将两个图像**不正确地**关联起来,例如,将两个在现实环境中不相同的栅栏柱匹配起来。在这种情况下,立体视觉会出现粗糙的测量误差,人们可以容易想象这个既破坏单模又破坏对称假设的行为。

本节的论点是,在移动机器人中,传感器**也许会**受到多模态的操作,因而在表征传感器误差时,很可能破坏单模性和对称性。但是,正如我们将看到的,许多成功的移动机器人系统,采用了这些简化的假定和带有大量成功经验的有成效的数学技术。

上节已经提出了术语。用此,我们可以表征各种移动机器人传感器的优点和缺点。在下面一节,我们将对现在最常用的移动机器人的传感器的样品,也同样按此进行表征。

4.1.3 表示不确定性

在 4.1.2 节中,为了描述传感器的指标特征,我们给出了一些术语。如前述那样,传感器是带有系统和随机性质误差的非理想装置。特别地,随机误差不能被纠正,所以它们代表了传感器不确定性的极小级别。

但是,当你构建一个移动机器人时,你从许多传感器将信息组合甚至重复使用同一传感器,那么随时间的消逝,你可能要建立一个环境模型。我们如何从表征单个传感器的不确定性,将其扩展到最终的机器人系统的不确定性呢?

通过提出与单个传感器[14]有关的随机误差统计的表示方法,我们开始讨论这个问题。用手中定量化的工具,可以提出和计算标准的高斯不确定性模型。最后,我们为计算结论的不确定性提出了一个框架,该结论是从一组可定量的不确定性测量——误差传播定律(error propagation law)导出的。

4.1.3.1 统计的表示

我们已经把误差定义为传感器测量和真实值之间的差。从统计的观点看,我们希望表征传感器的误差,不只是对一个特定的测量,而是对任何的测量。让我们把感知问题形式化表示为估计问题。传感器已经获得了具有值 ρ_i 的 n 个测量集合。目标是给定这些测量,我们表征真值 $E[X]$ 的估计:

$$E[X] = g(\rho_1, \rho_1, \cdots, \rho_n) \tag{4.5}$$

从这个概念出发,真值由一个随机(但为未知)变量 X 表示。我们用**概率密度函数**来表征 X 值的统计性质。

在图 4.2 中,密度函数为 X 的各可能值 x,沿 y 轴确定了一个概率密度 $f(x)$。曲线下面的面积是 1,说明 X 的全机会具有某个值:

$$\int_{-\infty}^{\infty} f(x)\mathrm{d}x = 1 \tag{4.6}$$

落在两个极限 a 和 b 之间的 X 值的概率,被计算为定积分:

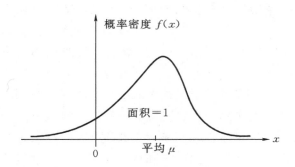

图 4.2 简单的概率密度函数,表示在两个方向上不对称跌落的单概率峰
值(即,单模)

$$p[a < X \leqslant b] = \int_a^b f(x)\,\mathrm{d}x \tag{4.7}$$

概率密度函数是表征 X 可能值的一种有用方法,因为它不仅获取了 X 的范围,
而且获取了 X 不同值的相对概率。利用 $f(x)$ 我们可以定量地定义均值、方差和标准
偏差如下:

如果我们测量 X 无限次,并把全部的最终值平均起来,均值 μ 就等效于期望值
$E[X]$:

$$\mu = E[X] = \int_{-\infty}^{\infty} x f(x)\,\mathrm{d}x \tag{4.8}$$

注意,上面计算 $E[X]$ 的方程,等同于 x 的全部可能值加权平均。相反,均方值就
是简单地将所有 x 值的平方加权平均:

$$E[X^2] = \int_{-\infty}^{\infty} x^2 f(x)\,\mathrm{d}x \tag{4.9}$$

X 可能值的"宽度"特征化是一个关键的统计测量,而且它要求首先定义方差 σ^2:

$$Var(X) = \sigma^2 = \int_{-\infty}^{\infty} (x-\mu)^2 f(x)\,\mathrm{d}x \tag{4.10}$$

最后,**标准偏差** σ 简单地是方差 σ^2 的平方根,且 σ^2 在我们表征单个传感器误差
以及组合多个传感器数据所产生的模型误差中,起到重要作用。

随机变量的独立性 我们常常用上面提出的工具计算具有多个随机变量的系
统。例如,移动机器人的激光测距仪可用于测量机器人右边的特征位置;稍后,测量
机器人左边的另一个特征。在现实环境中,各特征位置可以处理成随机变量 X_1 和
X_2。

如果一个变量的特定值不与另一变量的特定值有关,则两个随机变量 X_1 和 X_2
是**独立的**。在这种情况下,我们可写出有关 X_1 和 X_2 统计行为的几个重要结论。第
一,随机变量乘积的期望值(或均值)等于它们均值的乘积:

$$E[X_1 X_2] = E[X_1]E[X_2] \tag{4.11}$$

第二,它们的和的方差等于它们方差的和:

$$Var(X_1 + X_2) = Var(X_1) + Var(X_2) \qquad (4.12)$$

在移动机器人中,我们常常假定随机变量是独立的。甚至,当该假定不严格地为真时。如第 5 章所述,所做的简化使许多现有移动机器人的作图和导航算法得以成立。在下面的章节中,进一步的简化则是围绕着一个特定的、在误差建模中比任何其他函数用得更多的概率密度函数:高斯分布。

高斯分布　当随机变量需要性能良好的误差模型,而该变量还未发现更恰当的误差模型时,就跨工程学科地使用高斯分布,它也被称为**正态分布**。高斯具有很多特征,这使它在数学上优越于其他特定的概率密度函数。它对称于均值 μ。对大于或小于 μ 的值,无特殊的偏置。当无相反的信息时,这是有意义的。高斯分布也是单模的,有一个在 μ 处达到最大的单峰(对任何对称、单模分布,这是必需的)。该分布也有只渐近地趋向于零的尾部(当 x 趋向 $-\infty$ 和 $+\infty$ 时, $f(x)$ 的值)。这意味,误差的所有结果都是可能的,虽然非常大误差也许几乎不可能。在这个意义上,高斯是保守的。最后,如在高斯概率密度函数公式所看到的一样,分布仅取决于两个参数:

$$f(x) = \frac{1}{\sigma \sqrt{2\pi}} \exp\left(-\frac{(x-\mu)^2}{2\sigma^2}\right) \qquad (4.13)$$

高斯的基本形式决定于该公式的结构,所以,要完全指定一个特殊的高斯仅需要两个参数:均值 μ 和它的标准偏差 σ。图 4.3 表示了 $\mu=0$ 和 $\sigma=1$ 的高斯函数。

假定一个随机变量 X 被建模成一个高斯,如何确定 X 的值是在 μ 的一个标准偏差的范围内的机会呢？实际上,这需要对高斯函数 $f(x)$ 积分,计算曲线下面部分的面积:

$$Area = \int_{-\sigma}^{\sigma} f(x)\,\mathrm{d}x \qquad (4.14)$$

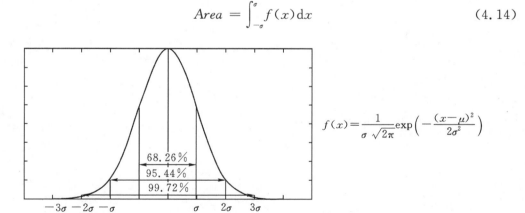

图 4.3　$\mu=0$ 和 $\sigma=1$ 的高斯函数。我们应该把此当作参考高斯。2σ 的值常常当作信号的质量;值的 95.44％ 落在 $\pm 2\sigma$ 范围内

遗憾的是,对方程(4.14)积分不存在闭合形式解。因此公用的技术是利用高斯的**累积概率表**。利用这个表,我们可以对 X 的不同值域计算概率:

$$p[\mu - \sigma < X \leqslant \mu + \sigma] = 0.68$$

$$p[\mu - 2\sigma < X \leqslant \mu + 2\sigma] = 0.95$$
$$p[\mu - 3\sigma < X \leqslant \mu + 3\sigma] = 0.997$$

例如,对 X,其值的 95% 落在它均值的两个标准偏差之内。这适用于任何高斯分布。从以上的进行步骤来看,这是清楚的。在高斯假定下,一旦界定放松到 3σ,则值的整个部分(从而概率)都被包容在内。

4.1.3.2 误差传播:对不确定的测量进行组合

以上的概率机制,可以用来描述与单个传感器欲测的现实环境值相关的误差。但在移动机器人学中,人们往往利用全是不确定的一系列测量,以提取单个环境的度量。例如,可以融合单点的一系列不确定性测量,以提取环境中一条直线(例如,走廊的墙)的位置(图 4.88)。

考虑图 4.4 的系统,图中 X_i 是具有已知概率分布的 n 个输入信号,Y_i 是 m 个输出。有趣的问题是:在已知函数 f_i 的情况下,如果 Y_i 依赖于输入信号,则有关输出信号 Y_i 的概率分布是什么? 作为一个例子,图 4.5 描述了这个误差传播的一维式样。

图 4.4 在具有 n 个输入和 m 个输出的多输入多输出系统中误差的传播

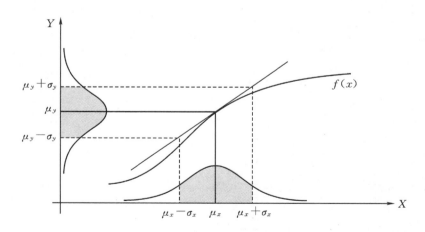

图 4.5 非线性误差传播问题的一维情况

利用 f_i 一阶泰勒展开式我们可以得到通用解。输出的协方差矩阵 C_Y 由误差传播定律给出:

$$C_Y = F_X C_X F_X^{\mathrm{T}} \tag{4.15}$$

式中

C_X＝表示输入不确定性的协方差矩阵；

C_Y＝表示输出传播不确定性的协方差矩阵；

F_x 是雅可比矩阵,定义为：

$$F_X = \nabla f = \begin{bmatrix} \dfrac{\partial f_1}{\partial X_1} & \cdots & \dfrac{\partial f_1}{\partial X_n} \\ \vdots & \cdots & \vdots \\ \dfrac{\partial f_m}{\partial X_1} & \cdots & \dfrac{\partial f_m}{\partial X_n} \end{bmatrix} \tag{4.16}$$

这也是 $f(X)$ 梯度的转置。

这里,我们不提出详细的推导,但我们将利用方程(4.15)求解 4.7.1 节一个实例问题。

上节已经提出了术语。用此,我们可以表征各种移动机器人传感器的优点和缺点。在下面一节,我们对现在最常用的移动机器人的传感器的一个样品,也同样按此进行表征。

4.1.4 轮子/电机传感器

轮子/电机传感器是用于测量移动机器人内部状态和动力学的装置。这些传感器在移动机器人学之外有广泛的应用。因此,移动机器人享受了高质量、低价格的轮子和电机传感器的优点,它们提供了卓越分辨率。在下一节我们只提出一种传感器——光学增量编码器。

4.1.4.1 光学编码器

光学增量编码器已经成为在电机驱动内部、轮轴,或在操纵机构上测量角速度和位置的最普及的装置。在移动机器人学中,用编码器控制位置或轮子的速度,或其他电机驱动的关节。因为这些传感器是**本体感受式**的,在机器人参考框架中,它们的位置估计是最佳的。在用于机器人定位问题时,如在第 5 章讨论那样,需要重大的校正。

光学编码器基本上是一个机械的光振子。它对各轴转动,产生一定数量的正弦或方波脉冲。它由照明源、屏蔽光的固定光栅,以及与轴一起旋转带细光栅的转盘和固定的光检测器组成。当转盘转动时,根据固定的和运动的光栅的排列,穿透光检测器的光量发生变化。在机器人学中,最后得到的正弦波用阈值变换成离散的方波,在**亮和暗**的状态之间作选择。分辨率以**每转周期数**（CPR）度量。最小的角分辨率可以容易地从编码器的 CPR 额定值计算出。在移动机器人学中,典型的编码器可拥有2000 CPR,而光学编码器工业界可容易地制造出具有 10 000 CPR 的编码器。当然,根据所需的带宽,最关键的是编码器必须足够地快,以计算期望的轴转速。工业上的光编码器不对移动机器人的应用提出带宽限制。

通常,在移动机器人学中,使用**正交编码器**。在这种情况下,第二对的照明源和检测器,按转盘被安放在相对于头一对位移 90°的地方。如图 4.6 所示,所产生的一对方波提供了更多有意义的信息。按照哪个方波首先产生一个上升边沿进行排序,就可辨认转动方向。而且,四个可检测的不同状态,在不改变旋转盘情况下,分辨率可提高 4 倍。因此,一个 2000 CPR 正交编码器产生 8000 个计数。通过保留由光学检测器测得的正弦波并进行复杂的插值,有可能进一步改善分辨率。这种方法在移动机器人学中虽然少见,但分辨率却可以改善 1000 倍。

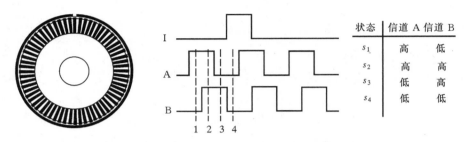

状态	信道 A	信道 B
s_1	高	低
s_2	高	高
s_3	低	高
s_4	低	低

图 4.6   正交光学轮编码器:用所观测到的信道 A 和 B 脉冲链之间的相位关系确定旋转方向。外道的单一槽口产生每转的参考(索引)脉冲

就大多数本体感受式传感器而言,编码器一般处在移动机器人内部结构受控的环境中,所以可以设计去除系统误差和交叉灵敏度。光学编码器的准确度常常被认定为 100%,虽然这并不完全正确。但在光学编码器级别上,任何误差会因电机轴误差在下游而显得微不足道。

4.1.5   导向传感器

导向传感器可以是**本体感受式**的(陀螺仪、倾角罗盘)或外感受式的(罗盘)。它们被用来确定机器人的方向和倾斜度。与适当的速度信息结合在一起,容许我们把运动集成到位置估计。这个过程源于船舶导航,被称为**航位推测法**。

4.1.5.1   罗盘

测量磁场方向的两个最普通的现代传感器是霍尔效应和磁通(量)闸门罗盘。如下所述,它们各有其优缺点。

霍尔效应描述了在出现磁场时半导体中电势的变化。当给横跨半导体的长度施加一个恒定电流时,根据半导体相对于磁通线的方向,则横跨半导体的宽度,在垂直方向就会有一个电压差。另外,电势的符号确定了磁场的方向。因此,单个半导体提供了一维磁通和方向的测量。在移动机器人学中,霍尔效应数字罗盘是普通使用的,且在直角方向包含两个这种半导体来提供磁场轴(起始端)的方向,从而获得 8 个可能之一的罗盘方向。该仪器不贵,但存在许多缺点。数字霍尔效应罗盘的分辨率很低,误差的内部源包括基本传感器的非线性和半导体电平系统性的偏移误差,最终的线路必须进行有效的滤波。这就把霍尔效应罗盘的带宽降低到一个值,对移动机器人而言,这是缓慢的。例如,图 4.7 中所拍摄的霍尔效应罗盘,在 90°转动后,需要经过 2.5 秒才稳定。

图 4.7 数字罗盘:图中所示的为数字/模拟霍尔效应传感器,由 Dinsmore 公司提供 (http://dinsmoregroup.com.dico),能廉价(<15 美元)产生感知磁场

磁通闸门罗盘根据不同的原理运行。两个小线圈绕在铁芯上相互垂直地装配。当交流电激励两个线圈时,根据各线圈的相对排列,磁场引起相移。测量相移,就可以计算二维的磁场方向。磁通闸门罗盘可以准确地测量磁场强度,改善分辨率和准确度;但它比霍尔效应罗盘更大、更复杂。

不管所用罗盘的类型如何,移动机器人使用地球磁场时,其主要的缺点是涉及其他磁性物体和人造结构所产生的磁场干扰,以及电子罗盘带宽的限制和对振动的感受性。特别是在室内环境中,移动机器人的应用常常避免使用罗盘,虽然罗盘可以令人信服地提供有用的室内**局部的**方向信息,甚至出现钢结构时也是如此。

4.1.5.2 陀螺

陀螺仪是导向传感器,它保持相对于固定参考框架的方向。因此它们提供移动系统导向的绝对测量。陀螺仪可以被分成两类:机械陀螺仪和光学陀螺仪。

机械陀螺仪 机械陀螺仪的概念依赖于快速旋转转子的惯性性质。这种有趣的性质被称作陀螺仪的旋进。如果你试图让快速旋转的轮子围绕它垂直轴转动,你就会在水平轴上感觉到有刺激的反应。这是由与转轮相关的角矩引起的,并会保持陀螺轴惯性地稳定。反应力矩 τ,和随惯性框架的跟踪稳定性正比于旋转速度 ω、旋进速度 Ω 以及轮子的惯量 I。

$$\tau = I\omega\Omega \tag{4.17}$$

如图 4.8 所示,通过安装一个旋转轮,从外层轴枢到轮轴不能传输力矩。所以旋转轴是空间稳定(即被固定在惯性参考框架)的。然而,陀螺轴轴承的残余摩擦引入了小的力矩,因而限制了长期的空间稳定性,并在整个时间里产生小的误差。高质量的机械陀螺价格高至 100 000 美元,角度漂移大约为每 6 小时 0.1 度。

为了导航,必须一开始就选择旋转轴。如果旋转轴与南北子午线对准,那么地球的转动对陀螺仪的水平轴无影响。如果它指向东西,则水平轴会觉察到地球的转动。

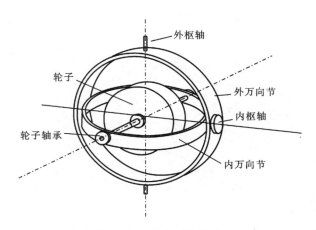

图 4.8 双轴机械陀螺仪

速率陀螺仪具有图 4.8 所示的相同的基本结构,但稍有改动。万向节被一个具有附加阻尼的扭转弹簧所抑制,这使得传感器能测量角速度而不是绝对方向。

光学陀螺仪 光学陀螺仪是一个比较新的创造,于 20 世纪 80 年代初开始用于商业,那时它们首先被安装在飞机中。光学陀螺仪是角速度传感器,它们使用了从同一光源发射出来的两个单色光束或激光,而不是运动的机械部件。它们依据以下原理工作:光速保持不变,而几何特性的改变可以使光获得到达目的地的可变时间量。发射一个激光束,它通过一个光纤顺时针地行进,而另一个逆时针地行进。因为行进在转动方向的激光路径稍短,所以它将有较高频率。两个光束的频率差 Δf 正比于圆柱体的角速度 Ω。基于相同原理的固体光学陀螺仪用微制作技术做成,所以提供了分辨率和带宽远远超过移动机器人应用所需的导向信息。例如,带宽可以容易地大于 100 kHz,而分辨率可小于 0.0001°/h。

4.1.6 加速度计

加速度计是一个装置,用于测量所有作用于它的外力,包括重力。

从概念上看,加速度计是一个弹簧-质量-阻尼器系统(图 4.9(a))。利用某些机制,从中可以测量相对于加速器壳体的检测质量的三维位置。假定一个外力(比如重力)施加于传感器外壳,并有一个力正比于位移的理想弹簧,那么我们可以写出[118]:

$$F_{\text{applied}} = F_{\text{inertial}} + F_{\text{damping}} + F_{\text{spring}} = m\ddot{x} + c\dot{x} + kx \tag{4.18}$$

其中,m 是检测质量,c 是阻尼系数,k 是弹簧常数,x 是平衡情况下的相对位置。通过恰当地选定阻尼材料和质量,在一个静态力作用下,系统能够快速收敛到一个稳定值。当达到稳定值时,$\ddot{x} = 0$,因此可得到施加的加速度:

$$a_{\text{applied}} = \frac{kx}{m} \tag{4.19}$$

这就是机械式加速度计的工作原理。现代的加速度计常常是由具有一个检测质量(又叫地震量)的类似弹簧结构(悬梁)组成。它是一个小的微机电系统(MEMS)。

阻尼源于传感器中密封在装置内的残余气体。在外力的作用下,检测质量从中立位置偏转。根据测量该偏转的物理原理,可以有不同的类型加速度计。电容式加速度计通过测量一个固定结构与检测质量之间的电容,测量偏转。这些加速度计是可靠和廉价的(图 4.9(b)~(c))。另外一种选择是压电式加速度计。它们是基于某些晶体所呈现的性质:当一个机械压力施加于这些晶体时,产生一个电压。一个小的质量安置在晶体上,当施加外力时,该质量就移动,从而诱发可量测的电压。

注意,各加速度计沿着单个轴测量加速度。将三个加速度计彼此正交地安装,就可以得到全向加速度计(即,三轴)。

也可以看到,放在地球表面的加速度计,常常会沿着垂直轴显示1g。为获得惯性加速度(仅由于移动),必须减去重力向量。相反,在自由落体期间,加速度计输出为零。

最后,根据带通频宽,加速度计被分为两类:静态和动态测量的加速度计。第一类是低通加速度计,它可以测量从 0 Hz 直到常用的 500 Hz 的加速度。这类有代表性的是机械式和电容式加速度计。典型的应用是测量重力加速度或移动车的加速度。第二类加速度计是用作测量震动物体的加速度或碰撞时的加速度。在这种情况下,带宽从几 Hz 直到 50 kHz。此类代表性的加速度计是用压电技术实现的那些加速度计。

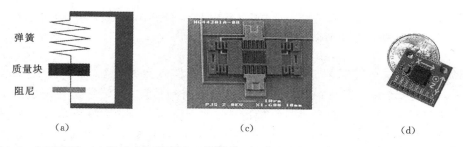

弹簧
质量块
阻尼

(a)　　　　　　　　　　(c)　　　　　　　　　　(d)

图 4.9 加速度计:(a)机械式加速度计工作原理;(b)由 SNL(Sandia National Laboratories)生产的 MEMS 加速度计样品;(c)一个商用 MEMS 加速度计的实例

4.1.7 惯性测量单元

惯性测量单元(IMU)是一个装置,它使用陀螺仪和加速度计估计移动车的相对位置、速度和加速度。IMU 也称作惯性导航系统(INS),已成为飞行器和船只常用的导航组成部分。IMU 估计车辆姿态的 6 个自由度:位置(x,y,z)和方向(翻滚、倾斜、偏转)。然而,像罗盘和陀螺仪那样的导向传感器,只估计方向,往往被不适当地叫做 IMU。

除车辆的 6 自由度姿态之外,商用 IMU 通常也估计速度和加速度。为估计速度,必须知道车辆的初始速度。图 4.10 展示了 IMU 的工作原理。让我们假定,IMU 具有 3 个正交的加速度计和 3 个正交的陀螺仪。将陀螺仪的数据集成,估计车辆的方向;同时,用 3 个加速度计估计车辆的瞬时加速度。然后,通过相对于重力的车辆方向的当前估计,将加速度变换为局部的导航框架。此时,从测量中减去重力向量,如果初始速度和位置预先知道,将得到的加速度积分,得到速度,再次积分得到位置。为避免需要预知初始速度,积分典型地从静止(即,速度等于零)开始。

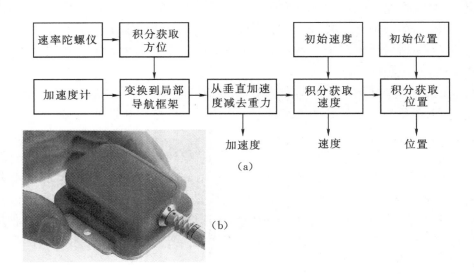

(a)

(b)

图 4.10　(a)IMU 方框图(根据参考文献[118]重画)。(b)Xsens 生产的一个商用 IMU。
图像由 Xsens 提供(http://www.xsens.com)

观察到,IMU 对陀螺和加速度计两者的量测误差极其敏感。例如,陀螺仪中的漂移,不可避免地会损害对相对于重力的车辆方向的估计,这导致重力向量项的错误抵消。还观察到,为获取位置,加速度计数据被积分两次,任何的残留重力向量都会造成位置上的平方误差。因此,并由于任何其它误差是对时间的积分,漂移是 IMU 的一个根本问题。在长时段运作之后,所有的 IMU 都漂移。为消除漂移,需要对某些外部测量作一定的参考。在许多机器人应用中,这已经用摄像机或 GPS 予以实现。特别地,摄像机容许用户每次知道一个给定的环境特征时——在摄像机参考框架中,知道环境的 3D 位置——被再次观测,消除漂移(参见 4.2.6 节或 5.8.5 节)。相似地,如在下节所述,GPS 容许用户每收到一次 GPS 信号,就纠正姿态估计。

4.1.8　基于地面的信标

在移动机器人学中解决定位问题的一个很好的方法是使用有源或无源的信标。利用机载传感器和环境信标的交互,机器人可以精确地识别它的位置。虽然一般的直觉与以前人类导航的信标(如星座、山峰和灯塔)一样,但在规模为几公里的区域内,现代的技术已经能使传感器定位室外的机器人,准确度优于 5 cm。

在下面这一节里,我们将描述一种信标系统,即全球定位系统(GPS),它对室外的地面和飞行机器人极为有效。室内信标系统通常较少成功,其中有许多原因。在室内背景中,环境改造的费用对一个极大的有用区域,例如,像 GPS 情况一样是不合算的。而且,室内环境存在室外碰不到的重大困难,包括多路径和环境动力学。例如,一个基于激光的室内信标系统,必须从墙壁、平滑的地板和门反射出来的可能几十个其他强大的信号中,区分出一个真正的激光信号。令人困惑的是,人类或其他障碍物会经常不断地改变环境。例如,阻塞一条从信标到机器人的真正路径。在商用中,诸如在制造厂,可以慎重地控制环境以保证成功。在非结构的室内环境中,尽管已使用了信标,但问题仍要通过小心地布置信标和使用无源感知的模式予以缓解。

4.1.8.1 全球定位系统

全球定位系统(GPS)最初是为军事应用而开发,现在可免费地用于民用导航。它由总是存在的至少 24 个运行的 GPS 卫星组成。卫星每 12 小时在 20.190 km 高度沿轨道飞行。4 个卫星位于与地球赤道平面倾斜成 55° 的 6 个各自平面中(图4.11)。

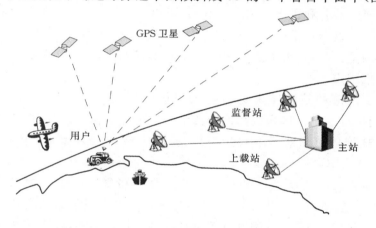

图 4.11 基于 GPS 的位置和方向的计算

各个卫星连续地发送指示其位置和当前时间的数据。所以 GPS 接收器是完全无源、但外感受式的传感器。当一个 GPS 接收器读取两个或两个以上卫星发送的数据时,到达的时间差作为各卫星的相对距离而告知接收器,组合关于到达时间和 4 个卫星瞬时位置的信息,接收器可推算出它自己的位置。理论上,这种三角测量只要求 3 个数据点。然而在 GPS 的应用中,定时是极端重要的,因为被测的时间间隔是纳秒。当然,卫星准确同步是强制的。为此,它们由地面站有规则地被更新,且各卫星都携带机载的定时原子钟。

GPS 的接收器时钟也同样重要,它使我们能准确地测量各卫星发送的行进时间。但 GPS 的接收器只有一个简单的晶体时钟。所以,尽管 3 个卫星可理想地提供 3 个轴的位置,GPS 接收器仍需要 4 个卫星,利用附加信息求解 4 个变量:3 个位置轴和 1 个时间校正。

GPS 接收器必须同时读取 4 个卫星传送的数据,这是一个很大的约束。GPS 卫星传送功率极低,因而成功地读取数据要求与卫星直接进行瞄准(线)通信。在局限的空间里,诸如拥有高层建筑的市区或稠密的森林中,人们不大可能可靠地接收 4 个卫星。当然,大多数室内空间也不能为 GPS 接收器的工作提供足够的天空可见度。由于这些原因,GPS 虽然已成为移动机器人学中一个普通的传感器,但已被归属到涉及开阔空间和自主飞行器的移动机器人行走的工程中。

有许多因素会影响使用 GPS 定位传感器的特性指标。首先,理解下面一点是重要的:由于 GPS 卫星的特定轨道路径在地球不同的地方,其覆盖在几何上是不一样的,因而分辨率是不一致的。特别是在南极和北极,卫星非常接近于地平线,因而在经度和纬度方向分辨率良好,但与更多的赤道位置相比较,高度的分辨率比较差。

其次,GPS 卫星仅仅是一个信息源。为了达到极其不同的定位分辨率水平,可以用不同的策略使用 GPS。GPS 使用的基本策略称为**伪距离**。上面已述,一般分辨率达到 15 m。该方法的扩展是**差分 GPS(DGPS)**,它使用了静态的和处在已知精确位置的第二个接收器。利用这个参考接收器,可以校正许多误差,故分辨率提高到 1 m 数量级或更小。这个技术的一个缺点是必须安装一个平稳的接收器,它的位置必须仔细地予以测量。当然,为了从 DGPS 技术获得好处,移动机器人必须位于这个静态单元几公里范围内。

进一步改进的策略是考虑各接收卫星传送的载波信号的相位。在 19 cm 和 24 cm 有两个载波,所以,当成功地测量多个卫星之间相位差时,精度的大幅度改善是可能的。这种传感器对于点位置可以达到 1 cm 的分辨率;而用多个接收器,如在 DGPS 中,分辨率可达1 cm以下。

移动机器人应用所考虑的最后一个因素是带宽。GPS 一般会有不小于 200～300 ms 的时延,所以可以期待有不高于 5 Hz 的 GPS 更新数据。在一个高速移动机器人或飞行机器人中,这可能意味着,由于 GPS 时延的限制,为了合适的控制需要局部运动的整合。

4.1.9　有源测距

在移动机器人学中,有源测距传感器继续成为最流行的传感器。许多测距传感器价格低廉。最重要的是,所有测距传感器提供易于解释的输出:直接测量机器人到其邻区物体的距离。对于障碍检测和避障,大多数移动机器人严重依赖于有源测距的传感器。但是,由测距传感器提供的局部自由空间的信息,也可以超越机器人当前局部参考框架之外,累积到表示方法中。因此,也可以见到有源测距传感器也常常被当作移动机器人定位和环境建模过程的一部分。但是,随着效果良好的视觉解释能力的缓慢出现,我们相信这类有源传感器在移动机器人专家选择传感器类别时,会逐渐失去其首要地位。

下面我们提出三种**飞行时间**的有源测距传感器:超声传感器、激光测距仪和飞行时间摄像机。然后提出两种几何有源测距传感器:光学三角测量传感器和结构式光传感器。

4.1.9.1 飞行时间的有源测距

飞行时间测距利用了声或电磁波的传播速度。声音或电磁波的行进距离一般由下式给定:

$$d = ct \tag{4.20}$$

式中

d＝行进的距离(通常往返旅行);

c＝波的传播速度;

t＝飞行时间。

指出下面一点是重要的:声音的传播速度 v 近似为 0.3 m/ms,而电磁信号的速度是 0.3 m/ns,比声音快一百万倍。对于一个典型的距离,比如 3 m,超声系统的飞行时间是 10 ms,但对激光测距仪仅为 10 ns。显然,用电磁信号测量飞行时间,计算上更具挑战性。这就说明了为什么激光测距传感器只在最近对移动机器人的应用才变得有力和鲁棒。

飞行时间的测距传感器的质量主要取决于:

- 在确定反射信号精确到达时间中的不确定性;
- 在飞行时间测量中(特别是用激光测距传感器时)的不准确性;
- 发射束的传播圆锥体(主要对超声测距传感器);
- 与目标的交互(例如,表面吸收和特殊反射);
- 传播速度的变化;
- 移动机器人和目标的速度(在动态目标的情况下)。

正如下面所讨论的那样,各类飞行时间的传感器对上列因素的特殊子集是敏感的。

超声传感器(声音飞行时间)　超声传感器的基本原理是发送(超声)压力波包,并测量该波包反射和回到接收器所占用的时间。引起反射的物体距离 d 可以根据声音传播速度 c 和飞行时间 t 进行计算,

$$d = \frac{ct}{2} \tag{4.21}$$

空气中声音的速度 c 由下式给定:

$$c = \sqrt{\gamma R T} \tag{4.22}$$

式中

γ＝指定的热比率;

R＝气体常数;

T＝温度,单位为 K(绝对温度)。

在大气标准压力和 20℃条件下,声速近似为 $c = 343$ m/s。

图 4.12 表示超声传感器不同的信号输出和输入。首先,发射一系列声脉冲,组成**波包**。积分器的数值也开始线性地上升,测量这些声波从发射到回波检测的时间。

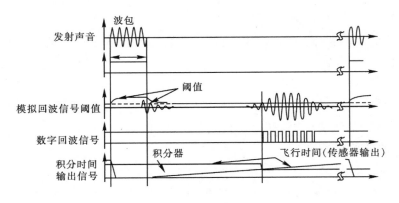

图 4.12 超声传感器的信号

为了把输入声波引发成有效的回波,设置了一个阈值。这个阈值通常随时间下降。因为根据分散过程,当回波行进较长距离时,期望的回波幅度随时间而下降。但在初始脉冲发送期间及发送短暂之后,将阈值设置到很高,以防止因向外发送的声脉冲触发回波检测器。变送器在初始发射之后继续循环,多至几个毫秒,从而控制传感器的**消隐时间**。注意,在消隐时间期间,如果发送的声音遇到距离极近的物体而反射,并返回到超声传感器,则检测可能失败。

然而,一旦消隐间隔通过,系统将检测任何高于阈值的反射声波,触发一个数字信号,并用积分器的值进行距离测量。

超声波典型地具有 40～180 kHz 之间的频率,通常由压电或静电变送器产生。虽然通过使用各别的输入和输出装置可以缩减所需的消隐间隔,但我们常常用相同的单元测量反射信号。当为移动机器人选择合适的超声传感器时,可以用频率来选择有用的范围。较低的频率相当于较长的距离,但有较长的后发送循环的缺点,因而需要较长的消隐间隔。移动机器人所用的大多数超声传感器有效距离大约为 12 cm ～5 m。商用超声传感器公布的准确度在 98%～99.1% 之间变化。在移动机器人应用中,用特定的实现方法,一般可达到近似为 2 cm 的分辨率。

在大多数情况下,为了同样得到关于所碰到物体的精确的方向信息,声束可能需要一个狭小的孔径角。这是一个主要的限制。因为声音以锥形方式(图 4.13)传播,

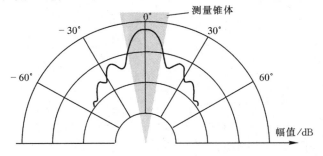

图 4.13 超声传感器的典型强度分布

有大约 20°～40°的孔径角。所以,用超声测距时,人们没有获得深度的数据点,而是恒定深度的整个区域。这意味传感器只告诉我们在测量锥体内,在一定的距离,有一个物体。必须将传感器的数据画成圆弧(3D 为球)的片断,而不是点测量(图 4.14)。但最近研究发展表明,使用复杂回波处理使测量的质量有重大改进[149]。

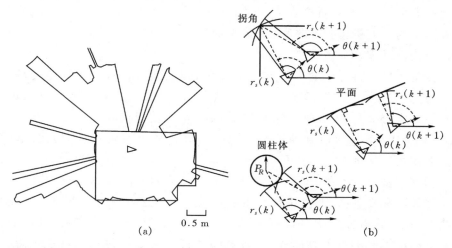

图 4.14 超声系统的典型读数:(a) 360°扫描;(b)不同几何原语得到的结果[35]。图片由 MIT 的 John Leonard 提供

超声传感器有另外几个缺点,即误差区域、带宽和交叉灵敏度。超声学公布的准确度,是基于离开声学上反射物质的声波是成功的、垂直的反射的名义值。这没有找准移动机器人经过环境运动所见到的有效误差的特征。因为超声变送器对被测距物体的角度改变远非垂直,所以正像光线以浅角从光滑表面反射离去一样,声波从传感器相干地反射出去的机会变得良好。在成功回射的情况下,如果充分了解接近真值的误差分布,就知道超声传感器的真正误差行为是复合的;而在相干反射的情况下,则更少了解距离值的集合,它比真值大很多。当然,被测距的物体材料其声学性质直接影响传感器的性能指标。再者,如果我们用一种材料,它可能不会产生单元感知很强的反射,则影响是离散的。例如,泡沫、毛皮和衣服,在不同的环境中,在声学上它们可以吸收声波。

超声测距的最后一个限制关系到带宽。特别是在中等开阔的空间中,单个超声传感器具有较慢的周期时间。例如,测量 3 m 以外物体的距离,这样的传感器需 20 ms,操作速度限制在 50 Hz。但是,如果机器人有一个具有 20 个超声传感器的环,各传感器顺序地激发和测量,使传感器之间的干涉最小,那么环的周期时间变为0.4 s,任何一个传感器总的更新频率只有 2.5 Hz。但用超声进行避障时,对一个引导中等速度运动的机器人,在依然可感知和安全避障的同时,这样的更新速率对最大可能的速度会有一个可测的影响。

　　激光测距仪(飞行时间,电磁式)　激光测距仪是一个飞行时间传感器,由于使用激光而不是声音,相对于超声测距传感器,它得到了重大的改进。这种类型的传感器由发射器和接收器组成,前者用准直射束(即激光)照亮目标;后者能检测光的分量(它与发射光束本质上是同轴的)。激光测距仪通常被称作光学雷达或**激光雷达**(光检测和测距)。这些装置根据光到达目标然后返回所需的时间产生距离估计。一个带有镜子的机械机构扫掠光束,覆盖平面中所需场景,或者甚至在三维情况下,它使用一个旋转且摆动的镜子。

　　测量光束飞行时间的一种方法是使用脉冲激光,然后正像前述的超声解决方案一样,直接测量占用的时间。在这种器件中,需要能解决兆分之一秒的电子技术,所以它们非常昂贵。第二种方法是测量调频连续波(frequency-modulated continuous wave,FMCW)和它接收到的反射之间的差频。另一种更容易的方法是反射光的相移。下面我们详细描述第三种方法。

　　相移测量　近红外光(从光发射二极管(LED)或激光器发出)是从图 4.15 中的发射器校准和发射的,并点击环境中的 P 点。对粗糙度大于入射光波长的表面,会产生漫射,这意味着光几乎各向同性地反射。发射的红外光波长是 824 nm。所以,除了只有高度抛光的反射物体外,大多数物体将是漫射反射器。落在传感器接收孔径的红外光分量,几乎是平行于远程物体所发射的光束而返回。

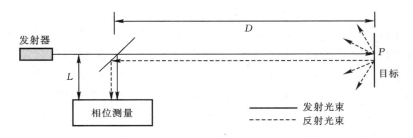

图 4.15　相移测量的激光测距仪的示意图

　　传感器以已知的频率发射 100% 幅度的调制光,并测量发射和反射信号之间的相移。图 4.16 表示了该技术如何可用于测量距离。调制信号的波长服从方程 $c = f \cdot \lambda$,式中 c 是光速,f 是调制频率。对 $f = 5$ MHz(如 AT&T 的传感器),$\lambda = 60$ m,由发

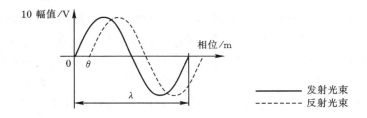

图 4.16　通过测量发送和接收信号之间的相移估计距离

射光覆盖的总距离 D' 为

$$D'=L+2D=L+\frac{\theta}{2\pi}\lambda \tag{4.23}$$

式中 D 和 L 是图 4.15 所定义的距离。光束分离器和目标之间的所需距离 D 由下式给出：

$$D=\frac{\lambda}{4\pi}\theta \tag{4.24}$$

式中 θ 是电子测量的发射和反射光束间的相移差，λ 是已知的调制波长。可以看到，单个频率的调制波在理论上可以产生模糊的距离估计，例如，如果 $\lambda=60\,\text{m}$，一个距离为 5 m 的目标，会给出与距离为 65 m 的目标一样的相移测量，因为各相角相隔 360°。所以我们要定义一个 λ 的"模糊间隔"。但是实际上我们注意到，传感器的距离，由于信号在大气中的衰减，比 λ 低得多。

可以证明，距离的置信度（相位估计）反比于所接收信号幅度的平方，直接影响传感器的准确度。因此，黑暗、远距离的物体不会产生与近距离、光亮物体那样好的距离估计。

在图 4.17 表示了典型的 360°激光距离传感器的示意图和两个实例。图 4.18(a)展示了一个激光距离传感器 360°扫描得到的一个典型的距离图。

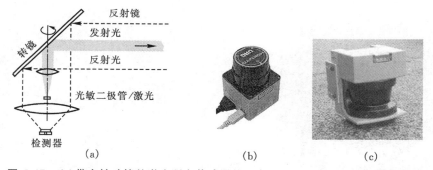

图 4.17 (a)带有转动镜的激光距离传感器的示意图；(b)Hokuyo 公司的 240°激光距离传感器；(c)德国 Sick 公司的工业 180°激光距离传感器

如期待的那样，激光测距仪的角分辨率远远超过超声传感器。图 4.17(c)所示的 Sick LMS 200 激光扫描仪，角分辨率达到 0.25°。根据被测物体的反射率，深度分辨率为 10～15 mm，典型的准确度为 35 mm。总量程从 5 cm～20 m 或更远（最多 80 m）。该装置每秒进行 75 个 180°的扫描，但在垂直方向没有镜子摆动的功能。

作为用在移动机器人一个实例，赢得 2005 年 DARPA 挑战大赛的自主车——Stanley（图 4.18(b)），使用了 5 个激光传感器作短距检测。在一个不同的结构中，由 ASL（ETH Zurich）开发，参与欧洲陆地机器人试验——ELROB 2006——的 Smarter 也使用了 5 个激光传感器。在 Smarter 上，下前方的一个 Sick 激光器用于接近避障，而顶上的两个（图 4.18(d)）略为向两侧倾斜，用于局部导航。最后，另外两个垂直地安装在转台上（图 4.18(d)），用作 3D 制图的一个 3D 距离扫描器。

　　因为用超声测距传感器,一个重要误差模式涉及到能量的相干反射;而用光,这只发生在撞击高度抛光表面的时候。实际上,移动机器人可能以光泽桌面、文件柜或镜子形式碰到这种表面。与超声传感器不同,激光测距仪不能检测光学上透明材料,诸如玻璃的出现。而这可能成为环境的一个重要障碍,例如在博物馆中通常会大量使用玻璃。

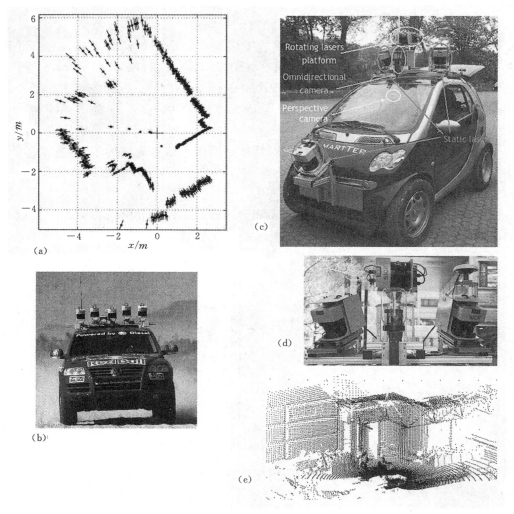

图 4.18　(a)带有转动镜的二维激光距离传感器的典型距离图,经测量点的直线长度,说明了不确定性;(b)斯坦福的自主车——Stanley,赢得 2005 年 Darpa 挑战大赛;(c)ASL(ETH Zurich)开发的自主车——Smarter;(d)用在 Smarter 上的 Sick 近景;(e)由旋转 Sick 构建的一个 3D 激光点云

　　3D 激光测距仪　3D 激光测距仪是一个激光扫描仪,它在一个以上的平面中获取扫描数据。围绕平行于扫描面的轴,以步进或连续的方式上下摆动或旋转一个 2D

扫描仪,典型地构建定制的 3D 扫描仪。在 ASL 为 Smarter 开发了(图 4.18(d))一个定制的 3D 扫描仪样本。这种情况下,安装了两个 Sick 激光器,窥视相反方向。这样,在转台旋转半圈后,即可获得车辆周围环境的一个完整的 3D 扫描。该数据主要用于计算环境一致性的 3D 数字地形模型中(图 4.18(e))。通过降低转台的转速,水平方向的角分辨率可以做得如期望那样小。这样设置的好处是,能够覆盖整个球形视场(360°方位角,90°仰角)。缺点是,根据所期望的分辨率,一个完整的 3D 扫描获取时间可能高达几秒。例如,考虑我们的 Sick 激光扫描仪,每秒获取 75 个垂直面扫描,我们需要 0.25°的方位角分辨率。那么,用两个 Sick 激光器捕获一个球形 3D 扫描,转台旋转半周所需的时间为 $360/0.25/75/2 = 9.6$ s。如果有人满足方位角分辨率为 1°,那么获取时间缩短为 2.4 s。当然,这种结构仅限于使用在静态环境中。事实上,在 ASL(ETH Zurich)开发的 Sick,曾用于以 10 km/h 行使的一辆自主汽车上。在此情形下,需要非常准确的车辆运动估计(高至厘米级),以纠正由汽车运动所导致的 3D 扫描数据的误差。

Velodyne HDL - 64E(图 4.19a)克服了定制的 3D 激光测距器的不足。该传感器是一个激光雷达,它使用 64 个激光发射器,而不是用于 Sick 中的单个发射器。这个装置以 5 到 15 Hz 的频率旋转,每秒传送 130 万以上的数据点。视场是:360°方位角和 26.8°仰角,并且角度的分辨率分别是 0.09°和 0.4°。距离准确度好于 2 cm,测量深度达 50 m 时,具有 10%反射率;测量深度达 120 m 时,反射率为 80%。对所有顶级 DARPA 2007 城市挑战赛小组来说,该传感器是地形图构建和障碍检测的主要工具。然而,Velodyne 至今仍比 Sick 激光距离传感器昂贵得多。

图 4.19 (a)Velodyne HDL - 64E 单元,其特征为 64 个激光束和高达 15 Hz 的转速,以收集数据(图像由 Velodyne 提供——http://www.velodyne.com/lidar)。每秒传送 130 万以上的数据点;(d) Ibeo 的 Alasca XT(c)的工作原理——使用一个四层激光束。CMU 的 Tartan Racing 小组(b)曾使用 Alasca 和 Velodyne。(图像由 Tartan Racing 小组提供)

另一方面,由 Ibeo 生产的激光扫描仪 Alasca XT(图 4.19(c)～(d)),将激光束分为四个垂直层。以 3.2°的孔径角,各层独立地测量距离。该传感器典型地用于汽车的障碍和行人检测。由于多层扫描原理,它允许我们充分地补偿车辆的颠簸(由崎岖地表或刹车和加速等驾驶操作引起)。来自卡耐基梅隆大学的 Tartan Racing 小组在自主车上使用了这个传感器,赢得了 2007 城市大赛。此外,该队还使用了 Velodyne 传感器(图 4.19(b))。

飞行时间摄像机   飞行时间摄像机(TOF 摄像机,如图 4.20)工作与激光雷达相似,它具有以下优点:在同一时间捕获整个 3D 场景,并且没有运动部分。该装置使用一个受调制的红外光源,以确定光子混合器件(PMD)传感器各像素的距离。由于照明光源的安装紧靠镜头(图 4.20),比起激光雷达、立体视觉或三角剖分传感器(见下文),整个系统非常紧凑。在存在背景光源的情况下,图像传感器会接受一个附加的照明信号,干扰距离的度量。为消除信号的背景部分,每关掉照明光源,完成一次信息采集。由于在拍摄中捕获场景,摄像机摄像高达每秒 1000 帧,因此理想地适用于实时应用。

PMD 传感器首次出现在 1997 年,但 TOF 摄像机仅在几年后才流行起来。那时,半导体的处理对这种器件已变得足够快。通常,该传感器覆盖量程从 0.5m 高至 8m,但更大的量程也是可能的。距离分辨率大约 1cm。图像尺寸很小:在图 4.20 所示的两个例子中,MESA(制造企业产品协会)生产的瑞士测距仪 SR3000 有 174×144 像素,而 3DV Systems 的 ZCAM 有 320×240 像素,每个像素有 256 个深度级别。SR3000 已经找到很多机器人应用,包括地图构建、避障和识别[134,330],ZCAM 已用于玩家的运动检测和活动识别的视频游戏操作台中。

(a)   (b)   (c)

图 4.20   (a)以色列 3DV Systems 生产的 ZCAM;(b)瑞士 MESA 公司生产的测距仪瑞士测距仪 SR3000;(c)用飞行时间摄像机捕获的一把椅子的测距图像。(图像由 S. Gachter 提供)

由于 TOF 摄像机可以很容易地获取距离信息,所以 TOF 比立体视觉使用较少的处理功率。立体视觉使用了复杂的关联算法。另外,所抽取的距离信息像在立体视觉碰到的那样,不受物体模式的干扰。

4.1.9.2 三角剖分的有源测距

基于三角剖分的测距传感器利用它们在测量策略中显示的几何性质,对物体确定距离数据。基于三角剖分的距离仪最简单的一类是**有源**的,因为它们把已知的光模式(例如,点、线或纹理)映射到环境。已知模式的反射被接收器捕获,并与已知几何值合在一起,系统可以利用简单的三角剖分建立距离的测量。如果接收器沿着单个轴测量反射的位置,我们称该传感器为 1D 光学三角剖分传感器;如果接收器沿着两个正交轴测量反射的位置,我们称此为结构式光传感器。在下面两节我们将描述这两个类型的传感器。

光学三角剖分(1D 传感器) 如图 4.21 所示,光学三角剖分的原理是直截了当的。向目标发送一个已校准的光束(例如,聚焦的红外 LED、激光束)。反射光被透镜采集,并投影到一个位置敏感器件(position-sensitive device,PSD)或线性摄像机上。给定图 4.21 的几何特征,则距离 D 给出如下:

$$D = f\frac{L}{x} \tag{4.25}$$

距离正比于 $1/x$;所以传感器分辨率近距离最好,远距离就变差。使用基于这个原理的传感器,距离敏感高达 1 或 2 m,但也可用于高精度的工业测量,分辨率远低于 1 μm。

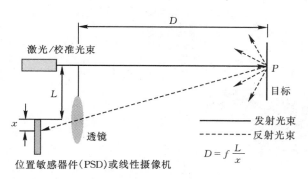

图 4.21 1D 激光三角测量的原理

光学三角剖分装置可以提供比较高的准确度,具有很好的分辨率(对近距离)。但是,这种装置的操作范围因几何特征而十分有限。例如,摄于图 4.22 的光学三角剖分传感器操作在 8~80 cm 的距离范围。它比超声和激光测距传感器都便宜。虽然在距离上比声纳有更多的限制,但光学三角剖分传感器具有高的带宽而且可以免受声域中普遍存在的交叉灵敏度的影响。

结构光(2D 传感器) 如果人们用 2D 接收器,诸如用 CCD 或 CMOS 摄像机替代线性摄像机或光学三角剖分传感器的 PSD,那么就可以对一大群的点而不只一个点测量距离。发射器必须将一个已知的模式或**结构光**投影到环境上。许多系统利用转动的镜子,或者投影光的纹理(图 4.23(b))或者发射已校准的光(可能是激光)。还

图 4.22 商用、低价的光学三角剖分传感器:Sharp GP 系列红外测距仪提供模拟或数字距离测量,价格仅约 15 美元

有另外一种选择,即用棱镜将激光束转变成一个平面,投影一个激光条纹(图 4.23(a))。不管如何建立,被投影的光具有已知的结构,所以由 CCD 或 CMOS 接收器获得的图像可以被滤波以识别模式反射。

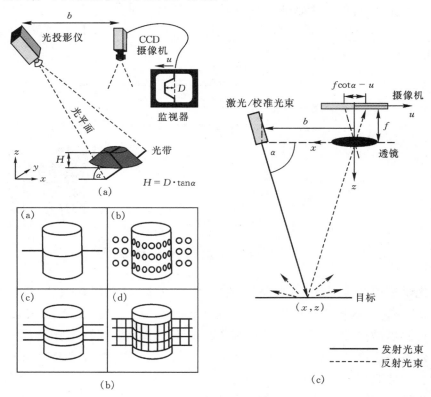

图 4.23 (a) 有源的二维三角测量的原理;(b) 其他可能的光结构;(c) 1D 的原理示意。图片由 Halmstad University 的 Albert-Jan Baerveldt 提供

注意到,在这个情况下,接收深度问题远比无源图像分析简单。在无源图像分析中,如以后我们讨论的那样,必须用环境现有的特征进行**校正**,而现在的方法是将已知的模式投影到环境上,所以完全避免了标准的校正问题。而且,结构光传感器是一个有源装置,所以它会不间断地工作在黑暗环境以及物体无特征(例如,非均匀颜色和无边缘)的环境中。相反,立体视觉在无纹理的环境中会失误。

图 4.23(c)表示了一个 1D 的有源三角测量的几何特征。通过检验图 4.23(c)的几何特征,我们可以检查三角剖分设计中的折衷。系统中被测量值是 α 和 u,u 是图像传感器中原点到被照明点的距离。(注意,这里的图像传感器可以是摄像机或位置敏感器件的光子二极管的阵列。例如,一个 PSD。)

从图 4.23(c)可以看出,简单的几何特征表明,

$$x = \frac{b \cdot u}{f \cot\alpha - u}; \quad z = \frac{b \cdot f}{f \cot\alpha - u} \tag{4.26}$$

式中 f 是棱镜到图像平面的距离,在极限时,图像分辨率与距离分辨率之比被定义为三角剖分增益 G_p,从方程(4.12),G_p 由下式给出:

$$\frac{\partial u}{\partial z} = G_p = \frac{b \cdot f}{z^2} \tag{4.27}$$

这表示,对给定的图像分辨率,测距准确度正比于源/检测器的间距 b 和焦距 f,并随距离 z 的平方而下降。在扫描测距系统中,存在一个由投影角 α 测量造成的对测距准确度的附加影响。从方程(4.12),我们知道,

$$\frac{\partial \alpha}{\partial z} = G_\alpha = \frac{b \sin\alpha^2}{z^2} \tag{4.28}$$

我们可以将参数对传感器准确度的影响归纳如下:

- **基线长度 b**:b 越小,传感器可越紧凑;b 越大,距离分辨率将越好。也要注意,虽然这些传感器没有遇到对应性问题,但不一致问题依然会发生。当基线长度 b 增加时,对近距物体,就会引入意想不到的情况,即照明点也许不在接收器视场内。
- **检测器长度和焦距 f**:较长的检测器长度可以提供或者较大的视场;或者改善的距离分辨率;或者结合二者的部分好处。然而,增加检测器长度也意味着有较大的传感器头和较差的电气特性(增加随机误差和缩减带宽)。同样,短的焦距以准确度为代价给出大的视场;反之亦然。

有一段时间,激光条纹的结构光传感器,在几个移动机器人的基地上曾经是常见的,因为相对于激光测距仪来说它是一个廉价的选择。随着在 20 世纪 90 年代激光测距仪质量的提高,结构光系统主要归到视觉研究,而不是应用于移动机器人学。然而,近来 Kinect 打开了机器人学应用中的新的可能性,它是在微软 Xbox 360 视频游戏控制台内部,2010 年推出的传感器,并由以色列 PrimeSense 公司生产。Kinect 是

一款使用前述的结构光原理,非常廉价的测距摄像机。它使用一个红外线激光发射器,使得反射模式对人类的眼睛不可见[132]。

4.1.10 运动/速度传感器

有些传感器直接测量机器人和它的环境之间的相对运动。因为这种运动传感器检测相对运动,只要物体相对于机器人的参考框架运动,运动就可被检测,且它的速度就可被估计。有许多传感器,它们自然地测量运动或变化的某些方面。例如,热电传感器检测热的变化。当人步行经过传感器的视场时,他或她的运动,触发传感器参考框架中热的变化。在下一节中,我们描述基于多普勒效应的运动检测器的重要类型。这些传感器以几十年普遍的应用为支持,代表了一种著名的技术。对于快速运动的移动机器人,诸如自主的公路车辆和无人飞行器,多普勒运动检测器就是障碍检测传感器的选择。

4.1.10.1 多普勒效应的感知(雷达或声音)

任何人,如果已经注意到当正在到来的消防车经过和后退时所发出的报警音调的变化,则就熟悉了多普勒效应。

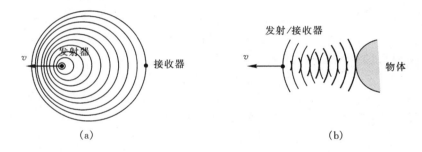

图 4.24 (a) 两个运动物体之间的多普勒效应;(b) 运动和静止物体之间的多普勒效应

一个发射器以频率 f_t 发射电磁波或声波。它或者被接收器(图 4.24(a))接收;或从物体(图 4.24(b))反射。在接收器,按照式(4.29),测量的频率 f_r 是发射器和接收器之间相对速度 v 的函数。如果发射器正在运动,则

$$f_r = f_t \frac{1}{1+v/c} \tag{4.29}$$

如果接收器正在运动,则

$$f_r = f_t(1+v/c) \tag{4.30}$$

在反射波的情况下(图 4.24(b)),引入了因子 2,因为在相对的间距中,x 的任何改变影响往返的路径长度为 $2x$。而且,在这种情形下,通常更方便考虑频率 Δf 的变化,相对于上面**多普勒频率**概念,这被称为**多普勒偏移**。

$$\Delta f = f_t - f_r = \frac{2f_t v \cos\theta}{c} \tag{4.31}$$

$$v = \frac{\Delta f c}{2 f_t \cos\theta} \tag{4.32}$$

式中

Δf＝多普勒频率偏移；

θ＝运动方向和光束轴之间的相对角度。

多普勒效应使用声波和电磁波,它有广泛的应用范围：

- **声波**：例如,工业过程控制、安全、寻鱼、测量地速。
- **电磁波**：例如,振动测量、雷达系统、对象跟踪。

现在的应用领域是自主的和有人的公路车辆两个方面。对这类环境,已经设计了微波和激光雷达的两种系统。这两种系统具有等效的量程,但当视觉信号被环境条件,如下雨、雾等恶化时,激光却可以承受。商业上的微波雷达系统已被安装到公路卡车上。这些系统被称为 VORAD(车载雷达),总距离近似为 150 m,准确度约 97%。这些系统报告,以 0～160 km/h 的测距速率,分辨率为 1 km/h。光束近似为 4 度宽,5 度高。雷达技术的主要限制是它的带宽。现有系统可以近似地以 2 Hz 提供多目标的信息。

4.1.11 视觉传感器

视觉是我们最强的感知,它给我们提供了数量巨大的关于环境的信息。在动态环境中,能进行丰富的和智能的交互。所以不用惊奇,大量的力量都致力于制造一种机器,它具有模拟人类视觉系统的传感器。这个过程的第一步是创造感知器件,它捕获光,并将它转换为一幅数字图像。为了获取突出的信息,诸如深度计算、运动检测、颜色跟踪、特征检测、场景识别等;第二步是数字图像处理。由于视觉传感器在机器人中的应用非常普遍,本章其余部分将致力于阐述计算机视觉和图像处理的基本原理,以及它们在机器人学中的应用。

4.2 计算机视觉的基本原理

4.2.1 引言

图像分析与处理的两个主要领域称作计算机视觉和图像处理。1980 年到 2000 年间,这些领域已经见到了显著的进步与新的理论发现,一些最复杂的计算机视觉和图像处理技术,已经在消费摄像机、摄影术、缺陷检测、监控、视频游戏、电影等方面找到许多工业应用。关于计算机视觉工业更多信息,见参考文献[346]。

本章的其余部分会着重介绍这两个领域。首先,我们介绍数字摄像机、成像传感器、光学和图像形成的工作原理。然后,我们提出深度估计的两种方法,即聚焦深度和立体视觉。接着,将详述图像处理中使用的一些最重要的工具。最后,以提出特征抽取和从数字图像进行位置识别的最先进的算法来结束本章。

为深入研究计算机视觉,推荐读者参阅文献[21,29,36,49,53]中提到的书籍。

4.2.2 数字摄像机

光从一个或多个光源出发,反射在环境中一个或多个表面之外,穿过摄像机的光学器件(透镜),光最终到达成像传感器。到达该传感器的光子如何被转换成我们看数字图像时所观察到的数字(R,G,B)值呢?

通常,落在成像传感器上的光被一个有源的传感区域捕获,对曝光持续时间(通常表征为快门速度,比如 1/125 秒、1/60 秒或 1/30 秒)积分,然后传给一组传感放大器。如今,用在数字静止图像和视频摄像机的两大类传感器是:CCD(电荷耦合器件)和 CMOS(硅互补金属氧化物)。下面我们评述这两类技术的优缺点。

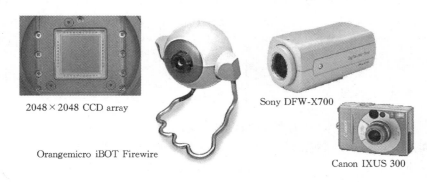

2048×2048 CCD array

Orangemicro iBOT Firewire

Sony DFW-X700

Canon IXUS 300

图 4.25 商业上已可用的 CCD 芯片和 CCD 摄像机。因为该技术比较成熟,
摄像机以变化繁多的形式和价格存在

CCD 摄像机 CCD 芯片(图 4.25)是一个光敏像素元或像素的阵列,通常总数在 20 000 和几百万像素之间。各个像素可以被想象为是一个光敏不充电的电容器,尺寸为 $5\sim25~\mu m$。开始,所有像素的电容器全部充电。然后积分周期开始,当光的光子撞击各像素时,它们释放电子,电子被电场捕获并保留在像素上。随着时间的过去,根据撞击像素的光子总数,各像素累计电荷变化电位。在积分周期完成之后,所有像素的相对电荷需要被冻结和被读取。在 CCD 中,读取过程是在 CCD 芯片的一角进行。像素电荷的底部行被传送到该角落并被读取,然后,上面的行向下移动,过程重复。这意味各电荷必须横越芯片而被传送,且保持数值,这是至关重要的。这需要特别的控制电路和专门的制作工艺,以确保被传送电荷的稳定性。

用在 CCD(以及 CMOS)芯片上的光敏二极管,对所有光频不是同等敏感的。它们对 $400\sim1000$nm 波长之间的光敏感。重要的是记住,光敏二极管对光谱的紫外端(比如,蓝色)敏感低;而对红外部分(比如,热)极为敏感。

CCD 摄像机有几个影响其行为特征的摄像机参数。在某些摄像机中,这些参数是固定的;在另外一些,根据内在的反馈回路,其值是不断地改变的。在更高档的摄像机中,用户可通过软件修改这些参数的值。**光圈位置和快门**速度调节被摄像机所测的光的总量。光圈只是一个机械上的孔径,正像标准的 35mm 照相机一样,它限定进入的光量。快门的速度调节芯片的积分周期。在高档的摄像机中,有效的快门速度可以短至 1/30 000 秒,长至 2 秒。**摄像机的增益**在 A/D 转换之前,控制模拟信号总的放大倍数。然而,非常重要的是要了解,设置高增益之后,虽然图像也许显得更亮,但快门速度和光圈也许根本不改变。因此,增益仅仅放大信号。随着信号的放大,也放大了所有有关的噪声和误差。

CCD 摄像机的主要缺点在于无规则的区域和动态范围。如上所指,许多参数可以改变摄像机创作图像的亮度和颜色。在某种程度上,操纵这些参数以对时间和对环境提供一致性性能。例如,保证一件绿色衬衫,看上去一直是绿的;黑灰色的东西总是黑灰的。这在视觉范畴留下了一个开放性的问题。关于颜色一致性和照明一致性,详细请参考文献[65]。

第二类缺点关系到在极端照明环境中 CCD 芯片的行为特征。在很低照明的情况下,各像素只接收少量数目的光子。最长可能的积分周期(即快门速度)和摄像机的光学特性(即:像素大小、芯片尺寸、镜头的焦距和直径)将决定在信号强于随机误差噪声时光的最低水平。在非常强的照明情况下,像素将使它的陷阱充满自由电子,并当陷阱达到它的极限时,诱捕附加电子的概率降低,所以陷阱中输入光和电子间的线性度退化。这叫做**饱和**,并可以说明有关交叉敏感度更深入的问题。当一个陷阱已达到其极限时,在积分周期的残余时间内,附加的光会造成更多的电荷漏到相邻的像素中,使它们产生不正确的值,或者甚至达到二次饱和。这个效应叫做**爆增**,意味着单独的像素值不是真正独立的。

针对具有特别亮度的环境,可以调整摄像机的参数。但摄像机动态范围受单个像素陷阱容量限制的问题仍然存在。陷阱深度典型地在 20 000～350 000 个电子的范围内。例如,一个高质量的 CCD 会有持有 40 000 电子的像素。为读取陷阱,噪声水平可以是 11 个电子。所以,动态范围将是 40 000∶11,或 3600∶1,即 35dB。

CMOS 摄像机 互补金属氧化半导体芯片与 CCD 有重大区别。它也有像素阵列,但是位于各像素旁的是像素特定的几个晶体管。正像 CCD 芯片一样,在积分周期期间,所有像素累计电荷。在数据收集步骤中,CMOS 采用新的方法:每个像素旁边的像素专用电路测量并放大像素的信号,且它对阵列的每个像素都是平行地进行的。利用从一般半导体芯片来的比较传统的步骤,将最终的像素值带到它们的目的地。

CMOS 具有超过 CCD 技术的几个优点。第一,且是首要的,它不需要 CCD 所要求的特殊时钟驱动器和电路,要将各像素的电荷顺着阵列所有的列进行转移,并遍历所有行。这也意味着,CMOS 不需要专门的半导体生产过程,来制作芯片。所有制作微型芯片的相同生产线同样可以制造廉价的 CMOS(图 4.26)。

CMOS 芯片是如此简单,以至它消耗非常少的功率。令人难以置信的是,它运行的功耗是 CCD 芯片功耗的百分之一。在移动机器人中,功率是稀有的资源,因此,这是一个重要的优点。

图 4. 26 商业上已有的附带镜头的低价 CMOS

传统上,在成像质量敏感的应用中,比如数字单反摄像机,CCD 传感器优于 CMOS,而对于低功耗的应用,CMOS 则更胜一筹。但如今,CMOS 已用于绝大多数的摄像机。

给出了支持 CCD 和 CMOS 芯片机制的上述概要,我们可评价任何基于视觉的机器人的传感器对其环境的灵敏度。如与人眼相比,这些芯片的适应性、交叉灵敏度和动态范围全要差得多。因此,今天的视觉传感器仍然脆弱。只有随着时间的消逝,当成像芯片的基本特性指标改善时,才会有移动机器人可用的、非常鲁棒的基于视觉的传感器。

摄像机输出考虑 虽然数字摄像机本质上具有数字输出,整个 20 世纪 80 年代以及 90 年代初,大多数可提供的视觉模块却产生模拟输出信号,诸如 NTSC(全国电视标准委员会)和 PAL(逐行倒相)。这些摄像机系统包含一个 D/A 转换器,它讽刺地用**帧接收器**削弱计算机的作用。实际上,它将 A/D 转换器板安置在计算机的总线上。D/A 和 A/D 远不是无噪声的,而且在这种摄像机里,模拟信号的颜色深度是对人的视觉优化,而不是对计算机的视觉优化。

更近一些,CCD 和 CMOS 技术二者都提供可以被机器人专家直接可用的数字信号。在最基本层次上,成像芯片提供平行的数字 I/O(输入/输出)引线,它传送离散像素的电平值。某些视觉模块利用这些直接的数字信号。但受成像芯片支配的硬时间约束,必须处理这些数字信号。为了放松实时要求,研究人员常常在成像器输出和计算机数字输入之间放一个**图像缓存器芯片**。这种芯片普遍用在网络摄像机(webcams)中。通常以单独、有序的传递方式,捕获全图像快照,并能非实时地存取像素。

在最高层次,机器人专家可以作另一种选择。他们利用高级数字传输协议,与成像器进行通信。虽然某些较老的成像模块也支持串行口(RS - 232),最普通的是 IEEE 1394(5 线)标准和 USB(和 USB 2.0)标准。为使用任何这种高级协议,人们必须为通信层和成像芯片的特殊实现细节确定或创造驱动码。然而,要注意到,无损数字视频和为人类视觉消费而设计的标准数字视频流之间存在区别。大多数数字视频摄像机提供数字输出,但常常只是压缩形式。对视觉研究人员而言,必须避免这种压缩。因为这不仅丢失了信息,而且甚至引入实际不存在的图像细节,诸如 MPEG(运动图像专家组)的离散化边界。

彩色摄像机 前述的基本的光—测量过程是无颜色的:它仅测量在积分期间击中各像素的光子的总量。创建彩色图像有两种常用的方法:用单芯片或用三个分离的芯片。

单芯片技术使用所谓 Bayer 滤波器。芯片上的像素分成四个(2×2)的组,然后应用红、绿、蓝色彩滤波器,使得各单个像素仅接收一种颜色的光。通常,各 2×2 方块中的两个像素测量绿色,另两个分别测量红色和蓝色的光强(图 4.27)。绿色滤波器是红、蓝滤波器两倍的原因是,亮度信号主要由绿色值决定,且视觉系统对亮度中的高频细节比在色度中的高频细节更敏感。将丢失的色彩值进行插补的过程,使我们拥有和全像素相同的有效的 RGB 值,称之为逆马赛克变换(demosaicing)。当然,这种单芯片技术有一个几何分辨率的缺陷,系统中像素个数已被有效地削减 4 倍,因而,会牺牲摄像机输出的图像分辨率。

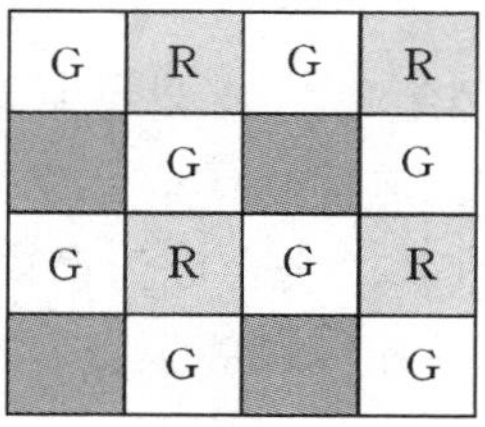

图 4.27 Bayer 颜色滤波器阵列

将进入的光分裂为三个完整的拷贝(较低强度),三芯片彩色摄像机避免了这些问题。三个分离的芯片接收光,对各完整的芯片,具有一个红、绿或蓝色的滤波器。因而,三个芯片并行地测量一种颜色的光强。摄像机必须组合芯片的输出,以创建一个联合的彩色图像。虽然在这种解决方法中,保持了分辨率,但三芯片摄像机,如人们所预料的,明显更为昂贵。因而在移动机器人学中很少使用。

三芯片和单芯片彩色摄像机二者都面临一个事实,即光敏二极管对光谱中近红外端更敏感。这意味着,系统检测蓝光比检测红和绿光差得多。为了补偿,必须提高蓝色通道的增益。这在蓝色上引入比红色和绿色更大的绝对噪声。普遍地假定,在蓝色通道至少有 1 到 2 个比特的额外噪声。尽管至今对这个问题仍没有满意解,但随着时间的推移,用于蓝色检测观测已经被改善。我们期望这个积极的趋势能够继续下去。

在彩色摄像机里,有一个白平衡的附加控制。根据场景的照明源(例如,荧光灯、白炽灯、阳光、水下过滤光等等),定义纯白色光的红、绿和蓝光的相对测量会极大地变化。人类眼睛补偿所有这些效应,还处在未被充分了解的途中。但是,摄像机可以展示光泽的不一致性。在这情况下,同一个桌子,在晚上照相时,在一张相片上看是蓝色;在白天照时,在另一张相片上看是黄色的。为了在变化的背景中,保持更一致的颜色定义,白平衡控制能使用户改变红、绿和蓝的相对增益。

4.2.3 图像形成

在我们能够智能地分析和处理图像之前,我们必须理解产生一幅特定图像的图像形成过程。

4.2.3.1 光学

来自场景中的光一旦到达摄像机,在到达传感器之前它必须穿过透镜。图 4.28 是最基本透镜模型(它是一个薄的透镜)的示意图。该透镜由单片玻璃组成,透镜两边同曲率。根据透镜定理(可使用光线折射简单的几何变量推导出),从物体到镜头的距离 z,和从镜头到焦点的距离 e 具有如下关系:

$$\frac{1}{f} = \frac{1}{z} + \frac{1}{e} \tag{4.33}$$

f 是焦距。如果焦距 f 和成像平面,距透镜的距离 e 已知,则可使用这个公式估计距离 z,这个技术被称为景深(聚焦深度)技术。

如果图像的平面位于距镜头的距离 e,那么对所示的特定物体的三维像素,全部的光将会聚焦在图像平面单独的点上,从而物体的体素会被**聚集**。但是,如果图像平面不在 e,如图 4.28 所示,则从物体体素来的光会成为**模糊的圆**被投射到图像平面上。作为一次近似,假定光全部均匀地分布在该模糊圆上,而圆的半径可以按下式表征:

$$R = \frac{L\delta}{2e} \tag{4.34}$$

L 是透镜或孔径的直径,δ 是距焦点的图像平面的位移。

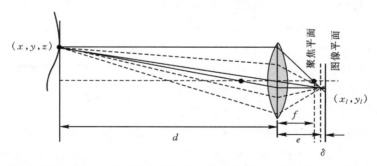

图 4.28 摄像机光学和它对图像的影响的说明。为了得到锐利的图像,图像平面必须与聚焦平面重合,否则,如上图可见,点(x,y,z)的图像会在图像中变得模糊

给定这些公式,几个基本的光学效应就清楚了。例如,如果孔径或透镜缩成一个点,像一个针孔摄像机,则模糊圆圈的半径接近于零。这与事实相符:减少光圈孔径的开度,促使景深增加直至全部物体聚集。当然,这样做的缺点是,我们允许较少的光在图像平面上形成图像。所以,实际上只在亮的环境里是可以的。

从这些光学方程可推论出来的第二个性质关系到模糊的灵敏度,后者是透镜到物体的距离的函数。假定图像平面是在离直径 $L=0.2$ 的透镜 1.2 的固定距离上,焦距 $f=0.5$。我们可以从方程(4.34)看到,模糊圆圈的尺寸 R 的变化正比于图像平面位移 δ。如果物体处在距离 $z=1$,则从方程(4.33)我们可以计算出 $e=1$,所以 $\delta=0.2$。增加物体距离到 $z=2$,结果 $\delta=0.533$。在各种情况下,利用方程(4.33),我们可以分别计算 $R=0.02$ 和 $R=0.08$。这表明当物体接近透镜时,对散焦而言,灵敏度高。

相反,假定物体在 $z=10$。在这种情况下,我们计算 $e=0.526$。但是,物体再移动一个单位,到 $z=11$,则我们计算 $e=0.524$。最后的模糊圆 $R=0.117$ 和 $R=0.129$。当障碍物距透镜的距离是 1/10 时,R(的变化)远小于 4 倍。这个分析展示了景深的限制:当物体远离(给定固定的焦距)时,它们损失了灵敏度。令人感兴趣的是,这个限制实际上会最终加到所有视觉的测距技术上,包括立体深度(第 4.2.5 节)和运动深度(第 4.2.6 节)。

尽管如此,可以对计划中应用的深度范围,专门定制摄像机光学系统。例如,具有很大焦距 f 的变焦透镜能在很大距离中赋予距离分辨率。当然,它以牺牲视场为代价。同样地,大的透镜直径与快速快门相配合会产生大的、更可检测的模糊圆。

给出由上面方程式所概括的物理效应,人们可以想象一个采用多个图像的视觉测距传感器。在这种情况下,摄像机光学系统是变化的(例如,图像平面位移 δ)并捕捉到同一场景(图 4.29)。事实上,这方法不是一个新的创造。人类视觉系统利用了丰富的暗示和技术,而且人类所展现的系统是深景的。人以大约 2Hz 的速率连续地改变他们的焦距。这种为了使成像更清晰而主动改变光学参数的方法,技术上称之为聚焦深度(景深)。相反,散焦深度意味用一系列已被不同摄像机几何特征所拍摄的图像来恢复深度。

图 4.29 用摄像机在两个不同的位置拍摄的同一场景的两个图像。注意近表面和远表面之间纹理锐度的重大改变,场景是室外的水泥台阶

景深方法是最简单视觉测距的技术之一。为了确定离物体的距离,传感器简单地将图像平面(通过聚焦)移动,直到将物体锐度最大化。当锐度被最大化时,图像平面的相应位置直接产生距离。某些自动对焦的摄像机和实际上所有视频摄像机都使用该技术。当然,需要有一个方法来测量图像的锐度或图像内的物体。

参考文献[250]给出了机器人应用景深技术的一个实例,展示了在不同环境中的避障,以及躲避台阶和壁架之类的凹形结构障碍物。

4.2.3.2 针孔摄像机模型

针孔摄像机又称为**暗箱**(camera abscura),在历史上是摄像机的第一个样板。它导致摄影术的发明[27]。针孔摄像机没有透镜,只有单个非常小的孔径。简言之,它是一个不透光箱子,在一侧有一个小孔。从场景来的光穿过这个小孔,在箱子的对面,投射一个倒影(图 4.30)。该摄像机的工作原理远溯至公元前 4 世纪,早已被希腊的亚里士多德、欧几里得和中国的墨子所知。针孔投影模型也被艺术家,如莱昂纳多·达·芬奇(1452—1519),用作素描的助手。

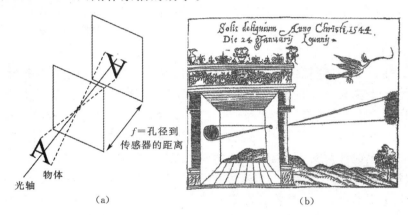

图 4.30 (a)当 $d \gg f$ 并且 $d \gg L$,摄像机可以建模成一个针孔摄像机;(b)数学家 R. 伽玛·弗里西斯(1508—1555)素描的针孔摄像机,他用此图在他的书"*De Radio Astronomica et Geowetrica*"中描述了 1544 年 1 月 24 日在 Louvain 发生的日蚀。这被认为是第一次公开发布的针孔摄像机的图示说明[27]

针孔摄像机的重要性在于,它也已被采用,当做透视摄像机的标准模型。从方程(4.33),可以直接推导出该模型。事实上,当 $z \to \infty$,即调整镜头(移动图像平面),使得在无穷远的物体落到焦点(即 $z \gg f, z \gg L$),我们得到 $e = f$。这就是为什么我们可以认为,焦距为 f 的透镜等同于(一次近似)距焦平面距离为 f 的针孔(图 4.31(a))。

当我们使用针孔摄像机模型时,务必要记住,针孔须对应于透镜的中心。这点也常常被称为**光学中心的投影中心**(图 4.31 中的 C 点)。垂直于图像平面的轴 II,它穿过投影中心,称为**光轴**。

为了方便,常用处于投影中心和场景之间的图像平面,表示针孔摄像机(图 4.31(b))。这样做是为了图像保持与物体相同的方向,即图像不被翻转。光轴与图像平面的交点 O,称为主点。

如图 4.31(b)所示,观察到摄像机不是测量距离,而是测量角度。所以可以被认为是一个方位传感器。

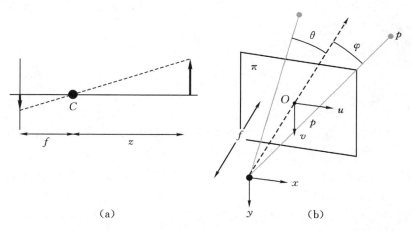

图 4.31 (a)用于表示标准透视摄像机的针孔摄像机的模型。(b)为了使图像与物体保持相同方向,用投影中心和场景之间的图像平面来更普遍地描述针孔摄像机模型

4.2.3.3 透视投影

为了解析地描述由摄像机操作的**透视投影**,我们必须引入一个适当的参考系统,在该系统中,我们能够表达**场景点** P 的 3D 坐标和图像平面中它的投影点 p 的坐标。我们将首先考虑一个简化模型,最后给出一般模型。

简化模型 令 (x,y,z) 为**摄像机参考框架**,原点处于 C,且 z 轴与光轴一致。又假定摄像机参考框架与环境参考框架一致。这意味着场景点 P 的坐标,已经由摄像机框架表达。

让我们再引入图像平面 $\varPi$ 的一个二维参考框架 (u,v),如图 4.31(b),原点处于 O 点,u 和 v 轴分别与 x 和 y 对准。

最后,令 $P=(x,y,z)$,$p=(u,v)$。根据三角相似的简单考虑,可得:

$$\frac{f}{z}=\frac{u}{x}=\frac{v}{y} \tag{4.35}$$

进而有:

$$u=\frac{f}{z}\cdot x \tag{4.36}$$

$$v=\frac{f}{z}\cdot y \tag{4.37}$$

这就是透视投影。从 3D 到 2D 的映射显然是非线性的。然而它使用**齐次坐标**,而不允许我们获得线性方程。令:

$$\tilde{p}=\begin{bmatrix}u\\v\\1\end{bmatrix},\ \tilde{P}=\begin{bmatrix}x\\y\\z\\1\end{bmatrix} \tag{4.38}$$

分别为 p 和 P 的齐次坐标。我们以后用上标 $\sim$ 代表齐次坐标[①]。在这个简化情形下,投影方程可以写成为:

$$\begin{bmatrix} \lambda u \\ \lambda v \\ \lambda \end{bmatrix} = \begin{bmatrix} fx \\ fy \\ z \end{bmatrix} = \begin{bmatrix} f & 0 & 0 & 0 \\ 0 & f & 0 & 0 \\ 0 & 0 & 1 & 0 \end{bmatrix} \begin{bmatrix} x \\ y \\ z \\ 1 \end{bmatrix} \tag{4.39}$$

注意,λ 等于 P 的第 3 坐标,在这个特别的参考框架下,它与点到 xy 平面的距离相一致。注意到,该方程也表明,每一个图像点是所有无穷远 3D 点的投影,这些点位于穿过相同的图像点和投影中心的光线上(图 4.31(b))。因而,使用一个单独的针孔摄像机,不可能估计距一个点的距离,但我们可用两个摄像机(即立体摄像机,见 4.2.5.2 节)。

一般模型 描述从 3D 坐标变换到像素坐标的一个实际的摄像机模型,必须考虑:

- 像素化,也就是 CCD 的形状(大小)以及 CCD 相对于光学中心的位置;
- 摄像机和场景(也就是世界)之间的刚体转换。

像素化考虑了以下事实:

1. 相对于图像的左上角,摄像机光学中心具有像素坐标 (u_0, v_0),该点常被假定为图像坐标系统的原点。注意,光学中心通常不对应于 CCD 的中心。

2. 图像平面中点的坐标以像素度量,因而,我们需引入一个比例因子。

3. 像素的形状一般不假定为完整的方形,因而必需沿水平和垂直方向,分别使用两个不同的比例因子 k_u 和 k_v。

u 和 v 轴可能不是正交的,偏离一个角度 θ,例如,这个模型,事实是透镜也许不与 CCD 平行。

利用光学中心的转换与 u 和 v 轴各自的重缩放,可以解决前 3 个问题:

$$u = k_u \frac{f}{z} \cdot x + u_0 \tag{4.40}$$

$$v = k_v \frac{f}{z} \cdot y + v_0 \tag{4.41}$$

式中 (u_0, v_0) 是主点的坐标。$k_u(k_v)$ 是沿 $u(v)$ 方向有效像素大小的倒数,以 pixel · m^{-1} 度量

更新之后,透视投影方程变成为:

$$\begin{bmatrix} \lambda u \\ \lambda v \\ \lambda \end{bmatrix} = \begin{bmatrix} fk_u & 0 & 0 & 0 \\ 0 & fk_v & v_0 & 0 \\ 0 & 0 & 1 & 0 \end{bmatrix} \begin{bmatrix} x \\ y \\ z \\ 1 \end{bmatrix} \tag{4.42}$$

---

① 齐次坐标中,我们把图像平面中的 2D 点表示成 (x_1, x_2, x_3),$(x_1/x_3, x_2/x_3)$ 为对应的笛卡尔坐标。因而,在笛卡尔坐标和齐次坐标是一对多关系。齐次坐标能够表达欧几里德点和无穷处的点,后者是最后分量等于零的点,没有一个笛卡尔的对应点。

观察到,我们可以摆好姿势,使 $\alpha_u = fk_u$ 和 $\alpha_v = fk_v$,它描述了在水平和垂直像素中,分别所表达的焦距。

考虑到以下事实:通常环境参考系统(x_w, y_w, z_w)和摄像机参考系统(x, y, z)并不一致,我们必须在两个参考框架之间引入刚体转换(图 4.32)。因此,让我们引入一个坐标改变,它由一个旋转R,接着一个平移t组成:

$$\begin{bmatrix} x \\ y \\ z \end{bmatrix} = R \begin{bmatrix} x_w \\ y_w \\ z_w \end{bmatrix} + t \tag{4.43}$$

使用这个变换,方程(4.42)可以被重新写为:

$$\begin{bmatrix} \lambda u \\ \lambda v \\ \lambda \end{bmatrix} = \begin{bmatrix} \alpha_u & 0 & u_0 \\ 0 & \alpha_v & v_0 \\ 0 & 0 & 1 \end{bmatrix} \begin{bmatrix} r_{11} & r_{12} & r_{13} & t_1 \\ r_{21} & r_{22} & r_{23} & t_2 \\ r_{31} & r_{32} & r_{33} & t_3 \end{bmatrix} \begin{bmatrix} x_w \\ y_w \\ z_w \\ 1 \end{bmatrix} \tag{4.44}$$

或者使用齐次坐标(4.38),

$$\lambda \tilde{p} = A[R \mid t]\tilde{P}_w \tag{4.45}$$

式中 A 是内在参数矩阵:

$$A = \begin{bmatrix} \alpha_u & 0 & u_0 \\ 0 & \alpha_v & v_0 \\ 0 & 0 & 1 \end{bmatrix} \tag{4.46}$$

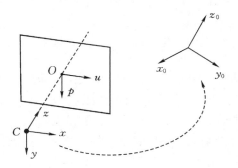

图 4.32 摄像机和环境参考框架之间的坐标改变

如期望的那样,绝大多数通用到模型也考虑 u 和 v 轴非正交,而倾斜一个角度 θ 的可能性。因而,矩阵 A 的最一般形式是:

$$A = \begin{bmatrix} \alpha_u & \alpha_u \cot\theta & u_0 \\ 0 & \alpha_v & v_0 \\ 0 & 0 & 1 \end{bmatrix} \tag{4.47}$$

式中 $\alpha_u \cot\theta$ 可以被吸收成一个参数单 α_c。

α_c、α_u、α_v、u_0 和 v_0 都称为摄像机的**内在参数**。旋转和平移参数 R 和 t 称为**外在**

参数。内在参数和外在参数可以用称之为摄像机标定程序予以估计。这个过程稍后将在 4.2.3.4 节中描述。

　　径向畸变　前述的图像投影模型,假定摄像机服从一个线性投影模型,模型里环境中的直线产生图像中的直线。遗憾的是,许多广角镜具有值得注意的径向畸变,在直线投影中,本身表现为明显的弯曲。因而,摄像机的准确模型也必须考虑到透镜的径向畸变,尤其是对具有短焦距的镜头(即大视场)(图 4.33)。

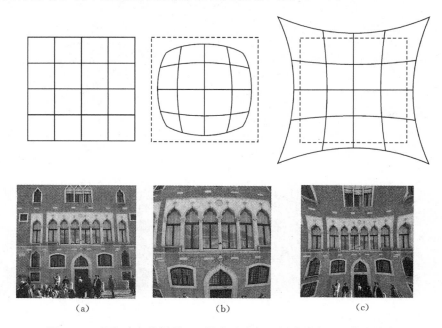

图 4.33　径向畸变的例子:(a)没有畸变;(b)桶形畸变;(c)枕形畸变

　　径向畸变的标准模型,是一个从理想坐标(即,无畸变)(u,v) 到实际可观测坐标(畸变的)(u_d,v_d) 的变换。根据径向畸变的类型,在观测到的图像坐标中,展示为离开(桶形畸变)或趋向(枕形畸变)图像中心。观测到的图像的坐标畸变量是径向距离 r 的非线性函数。对于大多数透镜,一个简单的二次畸变模型产生良好的结果:

$$\begin{bmatrix} u_d \\ v_d \end{bmatrix} = (1 + k_1 r^2) \begin{bmatrix} u - u_0 \\ v - v_0 \end{bmatrix} + \begin{bmatrix} u_0 \\ v_0 \end{bmatrix} \tag{4.48}$$

式中

$$r^2 = (u - u_0)^2 + (v - v_0)^2 \tag{4.49}$$

k_1 是径向畸变参数,它可以由摄像机标定予以估计。径向畸变参数也是摄像机的一个内在参数。

　　有时,上述简化的模型,不能对足够精确的复杂镜头(尤其在很大广角情况下)所产生的真实变形进行建模。更完整的分析模型还包括**切向畸变和法向畸变**[48],但这些内容没有包含在本书中。鱼眼透镜需要一个与径向畸变的传统多项式模型不一样的模型,这将在 4.2.4.2 节中予以介绍。

4.2.3.4　摄像机标定

标定包括准确地测量摄像机模型的内在和外在参数。由于这些参数支配着场景点被映射到它们对应的图像点的方法。其理念是，知道了图像点 $\tilde{p}$ 的像素坐标和对应的场景点 $\tilde{P}$ 的 3D 坐标，那么有可能通过求解透视投影方程(4.45)，计算未知参数 A、R 和 t。

首次和使用最多的摄像机标定技术是由 Tsai 在 1987 年提出的[319]。它的实现需要相应的 3D 点坐标和图像中 2D 像素坐标。它用二阶段技术来计算，首先是位置和方位，其次，是摄像机的内部参数。

然而，在最近十年，Zhang 提出了另一个摄像机标定技术[337]，他不用 3D 标定物体，而用一个平面栅格。最常用平面栅格是一个类似棋盘的模式，由于它易于抽取角点，然后用它做标定(图 4.34)。这个方法叫做**平面栅格标定**，它对专家和非专家用户来说都非常简单和实用。该方法需要用户摄取几幅模式照片，模式以不同的位置和角度显示①。知道了真实模式上角点的 2D 位置和各图像上它们相应角的像素坐标，则通过求解一个最小二乘线性最小化问题，接着进行非线性细化(即，高斯-牛顿法)，就可以同时确定摄像机的内在和外在参数(包括径向和切向畸变)。如 Zhang 所指出的那样，标定的准确度随所用图像的数目而提高。还有重要的一点，图像要尽可能地

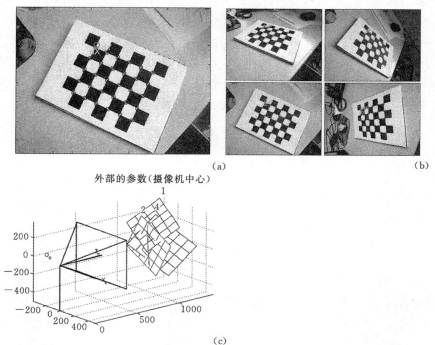

外部的参数(摄像机中心)

(c)

图 4.34　由 J. Y. Bouguet 开发的 Matlab 摄像机标定工具箱的照片；(a)在用抽取角的摄像机标定中，所用的类似检查板的模式；(b)具有不同位置和角度模式的几张照片；(c)标定之后，重建的模式的位置和角度

---

①　注意，在此情形下，对于栅格的各个位置，外在参数的数量是不同的，但内在参数显然是相同的。

多覆盖摄像机的视场,且方位的范围要宽。

在 Matlab(它可以免费下载)的一个非常成功的开源工具箱里,实现了该标定方法[347]。在开源计算机视觉库(OpenCV)中也有可用的 C 语言程序[343]。这个工具箱已有全世界成千上万的用户在使用,被认为是标准透视摄像机最实际和便于使用的摄像机标定软件之一。本节,我们使用了与 Matlab 工具箱相同的模型,它应促使有兴趣的读者的理解和使用。另外,在参考文献[348]中给出了所有可用的摄像机标定软件的完整列表。

4.2.4 全向摄像机

4.2.4.1 引言

在前一节,我们阐述了针孔摄像机的图像形成,它被建模为一个透视投影。然而,存在一些投影系统,由于成像装置引入了非常大的畸变,这些系统不能用普通针孔模型描述其几何特征。其中,就包括全向摄像机。

全向摄像机是提供至少大于 180°的宽视场的摄像机。有多种方式可构建一个全向摄像机。折射摄像机(dioptric cameras)使用定形的镜头(比如,鱼眼镜头,见图 4.35(a))的组合体,且通常可得到略大于 180°的视场。折反射摄像机(catadioptric cameras)将一个标准透镜和一个定形的镜面(像抛物的、双曲面的或者椭圆的)组合起来,以便能够提供在仰角方向远大于 180°和在方位角方向 360°的视场。在图 4.35 (b),你可以看到一个使用双曲面的折反射摄像机。最后,多重折反射摄像机 (polydioptric cameras)使用视场重叠的多个摄像机(如图 4.35(c)),至今为止,这是唯一能够提供真实全向(球形)视角(即,4π 弧度)的摄像机。

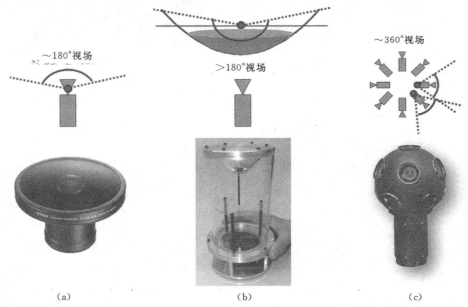

图 4.35 (a)折射摄像机(比如,鱼眼摄像机);(b)折反射摄像机;(c)多重折射摄像机

1990 年 Yagi 和 Kawato 首次将折反射摄像机引入机器人学[333]，他用它们定位机器人。鱼眼摄像机只是在 2000 年才开始流行，这是由于新的制造工艺和精密的工具，导致它们的视场增加到 180°。但只是从 2005 年开始，鱼眼摄像机才被微型化，尺寸小到 1～2cm，它们的视场增加到 190°（图 4.36(a)）。

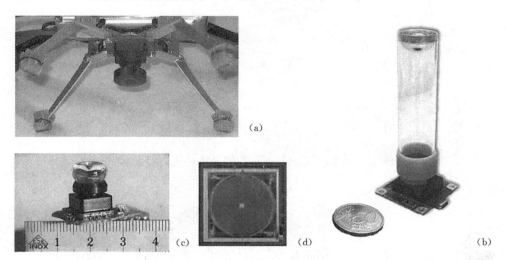

图 4.36 （a）Omnitech 机器人公司（www.omnitech.com）的鱼眼透镜，提供了 190°视场。透镜直径 1.7cm。在 ETH Zurich 研制的 sFly 自主直升飞机使用了这个摄像机（2.4.3 节）[76]。（b）ETH Zurich 研制的一个微型折反射摄像机，它也用于自主飞行。它使用一个球形镜和一个透明的塑料支柱。摄像机尺寸直径 2cm，高度 8cm。（c）由 CSEM 构建的 muFly 摄像机，用在 ETH Zurich 的 muFly 直升机上（2.4.3 节）。这是制造出的最小的折反射摄像机，另外，它使用一个极面 CCD。（d）这里像素按径向布置

由于摄像机的小型化和光学制造工艺的新发展，以及摄像机市场价格的下降，折反射摄像机和折射全向摄像机越来越多地用于不同的研究领域。除改善安全性的声纳外，汽车工业现在使用微型折反射和折射摄像机，给驾驶员提供周围环境的一个全向视野。微型鱼眼摄像机被用在外科手术的内窥镜中；或者，装到微型飞行器上作管道检查，以及辅助救援行动。另外，还在气象学中用作天气观测。

机器人学专家也一直使用全向摄像机，在机器人定位、绘制地图、飞行和地面机器人导航方面，有着非常成功的应用[76,80,107,278,279,307]。全向视觉允许机器人比标准透视摄像机更容易地识别位置[276]。而且，由于全向摄像机能够全方向和更长时间跟踪地标，使得它比标准摄像机以更好的准确度估计运动和构建环境地图。微型全向摄像机用在最新技术的微型飞行器的某些例子，请看图 4.36。多家公司，像 Google 等，正使用全向摄像机，沿着纹理构建逼真的街景和城市的三维重构。图 4.37 展示了两幅全向的图像。

在下面两个小节中，我们将回顾全向摄像机模型及其标定。要深入研究全向视觉，我们建议读者参考文献[4,15,273]。

(a)

(b)

图 4.37 （a）用双曲面镜面的折反射摄像机。图像典型地展开成一幅柱面全景。视场典型地为
100°仰角，360°方位角。（b）尼康鱼眼透镜 FC - E8。该透镜提供半球体视场（180°）

4.2.4.2 中心全向摄像机

当射到被观察物体的光线都交汇在 3D 中叫做投影中心的一个点时，这个视觉系统
就被称为是中心的，或单个**有效视点**（图 4.38）。这个属性称为**单个有效视点性质**。投
影摄像机是中心投影系统的一个例子，因为所有光线交于一点，即摄像机光学中心。

所有现代的鱼眼摄像机都是中心的，因而它们满足单个有效视点性质。相反地，
中心折反射摄像机只能通过适当地选择镜面式样和摄像机于镜面的距离，来进行构
建。正如 Baker 和 Nayar 所证明的[64]，满足单个视点性质的镜面族是旋转（扫掠）锥
形剖面类，即双曲面、抛物线和椭圆镜面。在双曲和椭圆镜面情形下，单个视点性质
是通过保证摄像机中心（即，孔径或透镜中心）与双曲（椭圆）的焦距之一相重合（图
4.39）来实现。在抛物线镜面情况下，在摄像机和镜面之间必须插入一个正交透镜，
这使得由抛物面镜面反射的平行光线会聚于摄像机中心（图 4.39）成为可能。

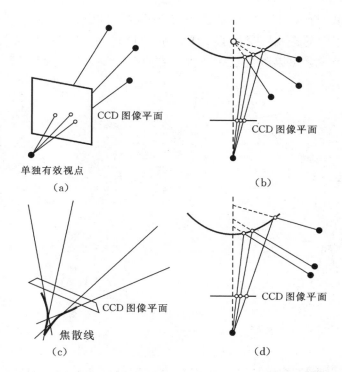

图 4.38 (a)和(b)是中心摄像机的例子:经双曲线镜面的透镜投影和折反射投影。
(c)和(d)是非中心摄像机的例子:光线的包络形成一个焦散线

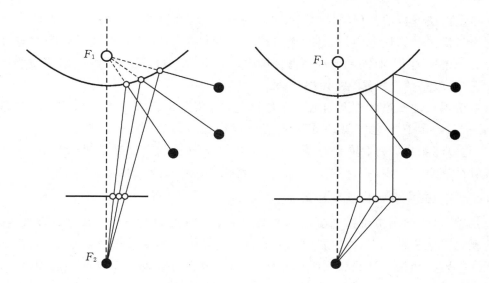

图 4.39 用双曲面和抛物线镜面可以构建中心折反射摄像机。抛物线镜面需要使用一个正交透镜

如此期盼单个有效视点的理由是,它允许我们可以从全向摄像机捕获的相片中,产生几何学上正确的透视图像(图 4.40)。这可能是因为,在单个视点约束下,在所感知的图像中每个像素可以测量在一个特定方向穿过视点的光辐照度。

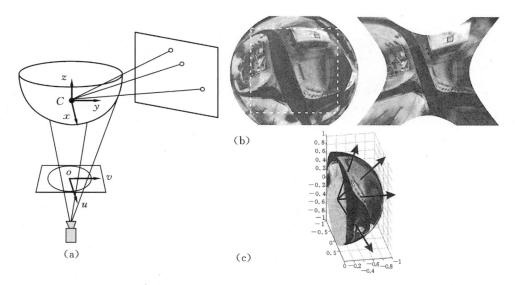

图 4.40 (a)中心摄像机允许我们将全向图像区域再映射成透视图像。这可以通过使光线与用户任意指定的平面相交直接完成;(b)当然,我们不能将整个图像而仅是图像的子区分映射到一个平面;(c)另一类可能的投影是到球面

当全向摄像机的几何特性是已知时,也就是说,当摄像机已被标定时,我们可以事先为各像素计算该方向。因而,由各像素测量的辐照度能够被映射到距视点任意距离的一个平面上,形成一个平面透视图像。另外,图像也可以映射到以视点为中心的球面,这就是球形投影(图 4.40 下图)。

单个视点性质如此重要的另一个原因是,它允许我们应用著名的核面几何学理论(见 4.2.6.1 节),它容易地允许我们可以完成立体结构(4.2.5 节)和运动结构(4.2.6 节)。如我们将会看到的那样,核面几何学对任意中心摄像机,透视的和全向的二者都成立。所以,在这些章节里,我们对摄像机不作任何区分。

4.2.4.3 全向摄像机模型和标定

直觉上,全向摄像机模型要比标准的透视摄像机稍为复杂些。模型的确要考虑,在折反射摄像机情况下,由镜面造成的镜面反射;或者在鱼眼摄像机情况下,由透镜造成的折射。因为在这领域文献十分庞大,我们在此评述两个不同的投影模型,在全向视觉和机器人学中,这两个模型都已成为标准。此外,针对这两个模型已开发出 Matlab 工具箱,全世界专业和非专业人员都使用这两个模型。

第一个模型称作**中心折反射摄像机统一投影模型**。它由 Geyer 和 Daniilidis 在 2000 年提出[137](后由 Barreto 和 Araujo 改进[66])。它的优点是,提出了包括所有三类中心折反射摄像机,即使用双曲面、抛物线或椭圆镜面的摄像机。这个模型是专门为折反射摄像机开发的,对鱼眼摄像机无效。由折反射摄像机近似鱼眼透镜模型,通常是可能的,但仅有有限准确度[335]。

相反地,第二个模型在一个通用模型下,也称为泰勒模型,统一了中心折反射摄像机和鱼眼摄像机。它由 Scaramuzza 等人在 2006 年开发[274,275]。模型的优点是,通过同一模型,即泰勒多项式,既能描述折反射摄像机又能描述折射摄像机。

中心折反射摄像机统一模型 从 2000 年以来,随着他们标志性论文的发表,Geyer 和 Daniilidis 证明,每个折反射(抛物线、双曲面、椭圆)和标准透镜投影都等价于从一个球体投影映射到一个平面,该球体的中心处在单视点,而平面的投影中心处在垂直于平面距球心的距离为 ε 的地方。在图 4.41 将此给以汇总。

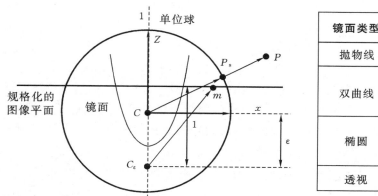

镜面类型	ε
抛物线	1
双曲线	$\dfrac{d}{\sqrt{d^2+4l^2}}$
椭圆	$\dfrac{d}{\sqrt{d^2+4l^2}}$
透视	0

图 4.41 Geyer 和 Daniilidis 的中心折反射摄像机的统一投影模型

如我们为透视摄像机所做一样,我们的目的是,寻找朝向场景点的视野方向与对应的图像像素点坐标之间的关系。Geyer 和 Daniilidis 的投影模型经过一个四步过程得到结果。再次,令 $P=(x,y,z)$ 是处在中心为 C 点的镜面参考框架[①](图 4.41)中的一个场景点。

第一步在于将场景点投影到单位球面,所以:

$$P_s = \frac{P}{\parallel P \parallel} = (x_s, y_s, z_s) \tag{4.50}$$

1. 然后,点坐标被改变到一个新的参考框架,中心在 $C_\varepsilon = (0,0,-\varepsilon)$,故:

$$P_\varepsilon = (x_s, y_s, z_s + \varepsilon) \tag{4.51}$$

观察到,ε 的范围在 0(平面镜)和 1(抛物线镜面)之间。知道了锥焦距与正焦弦[②]1 之间的距离 d,就可得到正确值 ε,如图 4.41 的表所汇总的。

---

① 出于方便,我们假设,对称的镜面轴与摄像机光轴完全对准。我们再假定,摄像机的 $x-y$ 轴与镜面一致。因而,摄像机与镜面参考框架仅沿 z 差一个平移。

② 锥形截面的正焦弦就是穿过焦点与锥形截面准线平行的弦。

2. 接着，P_ε 被投影到规格化的图像平面，距 C_ε 的距离为 1，因而：

$$\widetilde{m} = (x_m, y_m, 1) = \left(\frac{x_s}{z_s + \varepsilon}, \frac{y_s}{z_s + \varepsilon}, 1 \right) = g^{-1}(P_s) \tag{4.52}$$

3. 最后，通过内在参数矩阵 A ，点 $\widetilde{m}$ 被影射到摄像机图像点 $\widetilde{p} = (u, v, 1)$，所以：

$$\widetilde{p} = A \cdot \widetilde{m} \tag{4.53}$$

式中 A 由方程(4.47)给出，也就是

$$A = \begin{bmatrix} \alpha_u & \alpha_u \cot\theta & u_0 \\ 0 & \alpha_v & v_0 \\ 0 & 0 & 1 \end{bmatrix} \tag{4.54}$$

容易证明，函数 g^{-1} 是双射的，它的逆由下式给出[①]：

$$P_s = g(m) \sim \begin{bmatrix} x_m \\ y_m \\ 1 - \varepsilon \dfrac{x_m^2 + y_m^2 + 1}{\varepsilon + \sqrt{1 + (1 - \varepsilon^2)(x_m^2 + y_m^2)}} \end{bmatrix} \tag{4.55}$$

式中符号 $\sim$ 表示 g 正比于右边的量。为得到比例因子，将 $g(m)$ 规格化到单位球就行了。

观察到，方程(4.55)是中心折反射摄像机映射模型的核心。它表达了在规格化图像平面上的点 m，与在镜面参考框架中的单位向量 P_s 之间的关系。注意到，在平面镜情况下，$\varepsilon = 0$，方程(4.55)变成透镜摄像机的投影方程 $P_s \sim (x_m, y_m, 1)$。

这个模型已经被证实，能够准确地描述所有中心折反射摄像机（双曲面、抛物线或椭圆镜面）和标准透视摄像机。2004 年 Ying 和 Hu 提出，将该模型推广到鱼眼透镜。但通过折反射摄像机逼近鱼眼摄像机，只能有有限的准确度工作。主要原因是，三种类型的中心折反射摄像机可以通过一个精确的参数函数（双曲、抛物线和椭圆）来表示，而鱼眼的投射模型各不相同，并依赖于透镜的视角。为了解决这个问题，提出了一个新的统一模型。下节将阐述该模型。

折反射和鱼眼摄像机的统一模型 2006 年 Scaramuzza 等人提出了这个模型[274,275]。与前面模型的主要差异在于函数 g 的选择。为克服对鱼眼摄像机参数化模型的知识缺乏，作者们提出，利用泰勒多项式，通过标定过程，求得它的系数和阶次。相应地，规格化的图像点 $\widetilde{m} = (x_m, y_m, 1)$ 和在鱼眼（镜面）参考框架中的单位向量 P_s 之间的关系，可以写成如下式：

$$P_s = g(m) \sim \begin{bmatrix} x_m \\ y_m \\ a_0 + a_2\rho^2 + \cdots + a_N\rho^N \end{bmatrix} \tag{4.56}$$

式中 $\rho = \sqrt{x_m^2 + y_m^2}$。如你可能已注意到那样，多项式的一阶项（即，$a_1\rho$）丢失了。这可

---

① 将方程(4.52)求逆，并加上约束—— P_s 必须处于单位球面上，因此 $x_s^2 + y_s^2 + z_s^2 = 1$，就可获得方程(4.55)。从这一约束，还可进一步获得 z_s 的表达式，是 ε、x_m 和 y_m 的一个函数。详细可参考文献[66]。

以从观测获知,对于折反射摄像机和鱼眼摄像机二者,在 $\rho = 0$ 处所计算的多项式的一阶导数必须为零(对于折反射摄像机,将方程(4.55)求微分,可以直接验证)。同样观察到,由于多项式的本质,这个表达式可以包括折反射、鱼眼和透镜摄像机。这可选择多项式的阶次予以实现。正如作者们所强调的,3 或 4 阶的多项式,可以非常准确地将市场上可用的所有反折射摄像机和多种类型的鱼眼摄像机进行建模。这模型对范围宽广的商用摄像机的可用性,是它的成功之源。

全向摄像机标定 全向摄像机的标定,与我们在 4.2.3.4 节中已见过的标准透视像机的标定相似。再者,最流行的方法利用了平面栅格,这被处在不同位置和方向的用户所证实。对于全向摄像机,标定的图像取自围绕摄像机的全部,而不仅仅在一边,这是非常重要的。这是为了补偿摄像机和镜面之间可能的位置不准。

值得指出的是,Matlab 目前有可用的三个开放资源的标定工具箱,其主要差异在于所采用的投影模型,以及标定模式的类型。

- Mei 工具箱采用类似棋盘格形的图像,并利用之前讨论过的 Geyer 和 Daniilidis 的投影模型。该工具箱尤其适用于使用双曲面、抛物面、折叠镜面,以及球形镜面的折反射摄像机。Mei 的工具箱可从参考文献[349]下载,其理论细节可在参考文献[212]中获取。

- Barreto 工具箱采用直线图像而不是棋盘格形图像。像前面的工具箱一样,但也使用 Geyer 和 Daniilidis 的投影模型。它特别地适用于抛物线镜面。工具箱可从参考文献[350]下载,而理论细节可从参考文献[67]和[68]获取。

- 最后,Scaramuzza 工具箱使用棋盘格形图像。与前两个工具箱不同,它使用 Scaramuzza 本人开发的折反射和鱼眼摄像机的统一的泰勒模型。它随使用双曲面、抛物面、折叠镜面、球面和椭圆镜面的折反射摄像机一起工作,另外,也随市场上存在的范围宽阔的鱼眼透镜,比如 Nikon、Sigma、Omnitech-Robotics 以及许多其它产品一起工作,视场达 195°。工具箱可从参考文献[351]下载,而理论细节可从参考文献[274]和[275]获取。与前两个工具箱不同,这个工具箱以自动标定过程为特征。事实上,畸变中心和标定点二者被自动检测,不需用户任何干预。

4.2.5 立体结构

4.2.5.1 引言

距离传感在移动机器人学中极为重要,因为它是成功避障的一个基本输入。如在本章前面部分我们已见到的那样,源于具备恢复深度估计的能力,诸多比如超声波、激光测距仪、飞行时间摄像机等传感器在机器人学中颇受欢迎。我们自然期望,用视觉芯片也能完成测距功能。

然而,视觉成像中的一个基本问题导致其测距相对困难。任何视觉芯片都将 3D 世界瓦解成 2D 图像平面,因而丧失了深度信息。如果关于现实世界中物体的尺寸,或者它们的特定的颜色和反射性,人们能够作出强有力的设定,那么就能从直接解释 2D 图像的外貌来恢复深度。但是,在真实环境的移动机器人应用中,这种假定几乎是不可能的;没有这种假定,单幅图片不能提供足够的信息,以恢复空间信息。

　　一般的解决方案是,通过观看场景的多幅图像,获取更多信息以恢复深度,至少,能有希望部分地恢复深度。所用的图像必须是不同的,使得放在一起,它们能提供附加的信息。它们可以在摄像机几何特性上有区别——诸如焦距的位置或光圈——从我们已在 4.2.3.1 节中阐述过的聚焦(或散焦)技术,获得深度。另一种办法是,构建不同的图像,不改变摄像机几何特性,将摄像机视点改变到一个不同的摄像机位置。这就是下节我们将提出的,支持**立体结构**(即立体视觉)和运动结构的基本思想。我们将会看到,立体视觉处理同时拍摄的两幅不同图像,并假定两个摄像机之间的相对姿态已知。相反地,运动结构处理用相同或不同摄像机在不同时刻、从不同的未知位置拍摄的两幅图像。问题在于既恢复视点之间的相对运动,又恢复深度。我们要重建的 3D 场景,通常被称为结构。

4.2.5.2　立体视觉

　　立体视觉是视觉感知的过程,产生深度感知,这是由外部世界两个略为不同的投影映射到两眼视网膜上而形成的。两个视网膜中图像的差别称为水平差异、视网膜差异或双眼差异。差异是由头上眼睛位置不同引起的。正是这个差异,使得我们的大脑融合(感知成单一图像)两个视网膜图像,使我们感知到物体是一个,而且是真实的。为更清楚地理解什么是差异,做一个简单的测试。在你的眼前竖起你的手指,交替地闭上各只眼睛,你会看到,手指从左到右跳动。手指左、右之间出现的距离就是差异。在图 4.48 所示的一对图像中,可以看到同样的现象,图中,前景物体相对于背景左右移动。

　　计算的实体影像或立体视觉是从一对图像中获取深度信息的过程,图像来自从不同位置观看同一个场景的两个摄像机。在立体视觉中,我们可以辨别两个主要问题:

　　1. 对应问题

　　2. 3D 重构

　　对应问题在于两幅图像的匹配(成对)点问题,这两幅图像是场景中相同点的投影。这些匹配点叫做**对应点**或**对应**(图 4.45(a)),以后会将此阐明。要确定对应点,可能基于这样的假设:两幅图像仅略有不同,所以,场景中的一个特征在这两幅图像中仿佛相似。但是,如果仅基于这一个假设,可能会有多个假匹配。如我们将会看到那样,引入一个附加约束,使对应匹配可行,就可以解决这问题。这个约束称作**极线约束**(4.2.6.1节),且说明,一幅图像中一个点的对应位于另一幅图像中的一条直线(**称作极线**)上(图 4.45(b))。因为这个约束,我们会看到对应的搜索,变成一维而不是二维。

　　知道了两幅图像间的对应,知道了两个摄像机的相对方位和位置,并知道了两个摄像机的内在参数,就有可能重构场景点(即,结构)。这个重构过程需要立体摄像机预先标定;也就是说,为估计它们外在参数,我们必须分别地标定两个摄像机,但是我们还必须确定它们的外在参数,即摄像机的相对位置。

立体视觉理论已经被充分理解多年,但创建一个实用的立体视觉传感器的工程难题一直难以解决[21,43,44]。图 4.42 给出了商用立体摄像机的例子。

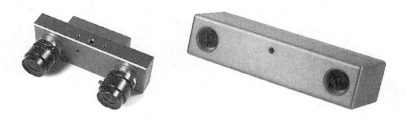

图 4.42 左图为 Videre Design 生产的 STH－MDCS3,使用 CMOS 传感器,基线 9cm,图像分辨率 1280×960(7.5fps)或 640×480(30fps)。右图为 Point Grey 生产的 Bumblebee2,使用 CCD 传感器,基线 12cm,图像分辨率 1024×768(20fps)或 640×480(48fps)

基本情况 首先,我们考虑一个简化的情况。如图 4.43 所示,两个摄像机具有相同的方位,并且它们的光轴安置成平行,间隔(称为**基线**)为 b。

在该图中,物体上一点描述成处在相对于原点的坐标 (x,y,z),而原点位于左边摄像机透镜上。在左和右边图像中的图像坐标分别为 (u_l,v_l) 和 (u_r,v_r)。从图 4.43(a)和方程(4.36)、(4.37)我们可以写出:

$$\frac{f}{z} = \frac{u_l}{x} \tag{4.57}$$

$$\frac{f}{z} = \frac{-u_r}{b-x} \tag{4.58}$$

由此,我们得到

$$z = b\frac{f}{u_l - u_r} \tag{4.59}$$

式中,图像坐标之差 $u_l - u_r$,称为**像差**。这是立体视觉中的一个重要术语,因为只有通过测量像差,才能恢复深度信息。从这个方程,观察如下:

- 距离反比于像差。所以,正如用景深技术一样,测量靠近物体的距离比测量远距离物体更准确。一般对移动机器人学,这是可接受的,因为对导航和避障而言,比较接近的物体更重要。
- 像差正比于 b。对一个给定的像差误差,深度估计的准确度随基线 b 的增大而提高。
- 当 b 增加时,因为摄像机之间物理间隔增加,由于摄像机的视角,某些物体也许在一个摄像机出现,而在另一个没有出现。这是由于摄像机视场的缘故。这种物体按定义将不会有像差,所以不可测距。
- 如果基线 b 未知,只有到一定比例才有可能重构场景点。运动结构就是这种情况(4.2.6 节)。
- 对两个摄像机都可见的场景中的一个点,就产生一对图像点,称为共轭对,或对应对(图 4.44)。给定共轭对的一方,我们就知道,沿着一条称之为极线的直线,位于某地方的共轭对的另一方。在图 4.43(a)所示的情况下,因为摄像机相互理想地对准排列,极线就是水平线(即沿 x 方向)。极线的概念将在本节稍后阐述。

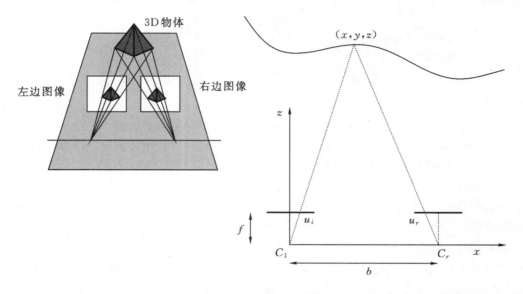

图 4.43 立体视觉理想的摄像机几何特征。假定两个摄像机是相同的(即,相同的焦距和图像分辨率),并且假定它们与水平轴完全平行

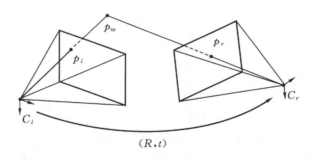

图 4.44 立体视觉:一般情况

一般情况 两个摄像机完全对准这一假设实际中通常并不成立。事实上,即使是市场上最昂贵的立体摄像机也不采用这种模型。的确,事实上并不会存在两个完全相同的摄像机。由于制造工艺不同,焦距总有差别;特别地,即使这种相同摄像机可能存在,我们也决不会肯定它们是完全对准的。事实上,摄像机内部 CCD 方位是未知的,情况就更加复杂。理想情况下,摄像机是对准的,但在实际上,不能认为 CCD 完全对齐。所以,一般的立体视觉模型假定,两个摄像机是有像差的,并且不对齐(图 4.44),但要求两个摄像机的相对位置和方位是已知的。如果相对位置未知,必须按 4.2.3.4 节处理的,要用基于棋盘格形的标定方法标定立体摄像机。幸运的是,前述的标定摄像机内在参数的工具箱[347],也允许用户标定立体摄像机。

所以,让我们假定,两个摄像机以前已被标定。因而,左右两个摄像机的内在参数矩阵 A_l 和 A_r(见方程(4.47)),以及外在参数——即相对于环境坐标系,两个摄像机的旋转 R_l、R_r 和平移 t_l、t_r 也已知。立体视觉中,通常假定环境坐标系的原点处在左边摄像机。因而,我们可以写,$R_l = I, R_r = R$。这允许我们写出两个摄像机的透镜投影方程:

$$\lambda_l \tilde{p}_l = A_l [I \mid 0] \tilde{P}_w \quad \text{(对左边摄像机)} \tag{4.60}$$

$$\lambda_r \tilde{p}_r = A_r [R \mid t] \tilde{P}_w \quad \text{(对右边摄像机)} \tag{4.61}$$

式中 $\tilde{p}_l = [u_l, v_l, 1]^T$、$\tilde{p}_r = [u_r, v_r, 1]^T$ 分别是在左右两个摄像机中,相应于环境点 $\tilde{P}_w = [x, y, z, 1]^T$(用齐次坐标)的图像点(用齐次坐标)。$\lambda_l$、$\lambda_r$ 是深度因子。观察到,方程(4.60)和(4.61)实际上各贡献 3 个方程。所以,我们有一个 6 个方程的联立方程组,5 个未知参数。3 个为环境坐标 $P_w = (x, y, z)$,2 个为深度因子,即 λ_l 和 λ_r。这个联立方程组是过定的,或者线性的,使用最小二乘线性求解,或者非线性的,通过计算 3D 点,使穿过 $\tilde{p}_l$ 和 $\tilde{p}_r$ 的两条光线间的距离最小来求解。这两个方程的求解,留在 4.8 节作读者习题。

图 4.45 一个立体对。对应点是相同场景点的投影。由于极线约束,共轭点可沿极线进行搜索。这极大地减小对应搜索的计算代价:从二维搜索问题转变为一个一维搜索问题

对应问题 使用前面的方程式,要求我们辨认在左右两个摄像机图像中的共轭对 p_l 和 p_r,它们源于相同的场景点 $\tilde{P}_w$(图 4.45(a))。这个基础性难题称为**对应问题**。直觉上,该问题是:给定来自不同透镜的同一场景的两幅图像,我们如何辨识这两幅图像中相同的物体? 对每一个这种被辨识的物体点,我们可以恢复场景中它的 3D 位置。

　　对应搜索基于假设:同一场景的两幅图像差别不太大,也就是说,场景中的一个特征在两幅图像中被认为呈现得非常类似。利用一个适当的图像相似性计量(见 4.3.3 节),在第一幅图像中的一个给定点,可以与第二幅图像中的一点配对。伪对应问题使得对应搜索具有挑战性。当一个点与并不是它真正共轭的点配对时,就发生伪对应。这是因为图像相似性假设并不很好地成立。比如,要是被配对的场景部分,出现在不同的光照或几何条件下。使得对应搜索变得困难的其它问题是:

- **闭塞**:两个摄像机以不同的视角看场景,而因有部分场景仅在其中之一的图像中出现。这意味着,一个图像中的有些点在另一幅图像中没有一个对应。
- **光度测定失真**:场景中有非完全**漫射**的表面,即,其性能是部分地反射的表面,所以对场景中相同的点来说,两个摄像机所观测到的光强度是不同的。随着摄像机远离,像差会增大。
- **投影畸变**:由于投影畸变,场景中的物体有差异地投影到两个图像上,随着摄像机远离,畸变会增加。

为改善对应搜索,可利用一些约束:

- **相似性约束**:图像中的一个特征在其它图像中表现相似。
- **连续性约束**:远离图像边界,场景点的深度沿一个连续表面连续地变化。这个约束明显地限制像差的梯度。
- **唯一性**:第一个图像中的一点仅能与另一幅图像中的一个点配对,反之亦然(出现闭塞、镜面反射和透射时,不成立)。
- **单调次序**:如果左边图像中点 p_l 是右边图像中 p_r 的对应,那么在点 p_l 左(右)的点的对应,仅能在点 p_r 的左(右)找见。这仅对处于不透明物体上的点成立。
- **极线约束**:左边图像中一个点的对应仅能沿着右边图像中的一条线,称作极线(图 4.45(b))找见。事实上,这是最重要的约束,我们将在稍后阐述。

搜索对应的算法可被分为两类:

- **基于区域**:这些算法考虑图像中一个小片(或窗口),用一个适当的相关度量,在第二个图像中搜索最相似的片。对每一个像素进行搜索,使我们获得一个**稠密**重构。但是,在均匀区域——纹理差——这些算法失效。对于立体匹配,存在不同的技术来测量图像片之间的相似性。最常用的是**绝对差和(SAD)**、**平方差和(SSD)**、**规格化的互相关(NCC)**和 **Census** 变换。在 4.3.3 节中,给出了其中某些算法的综述。最后,我们观察到,对应搜索是一个二维搜索:搜索左边图像中一个片的最相似,必须穿越右边图像的所有行和列。如下一节我们将看到的那样,可将搜索缩减至一条线,即极线。因而,搜索的维数从二维缩减成一维(图 4.45(b))。
- **基于特征**:这些算法从图像中抽取显著特征。相对于视点的变化,这些特征可能是稳定的。匹配过程施加于与特征关联的属性上,边、角、直线段、斑点等都是一些可用的特征,它们不必对应于良定的几何实体。第 4.5 节给出了关于特征抽取的一个详尽的综述。基于特征的立体视觉匹配算法比基于区域的算法更快、更鲁棒。但仅提供稀疏的深度图,因而需要插值。

极线(核面)几何 给定图像(譬如说,左边图像)中的一个像素,我们如何计算与另一幅图像中正确像素的对应呢?如前节我们所希望的,一种方法是穿越第二幅图像中所有的像素来进行搜索。但是,在立体匹配情形下,我们有某些可用的信息,即两个摄像机的相对位置和标定参数。这信息使我们将二维搜索缩减为仅一维。图4.46(a)展示了一幅图像中的像素点 p_l,是如何投影到其它图像中一个极(核)线段上的。该片段被界定在:一个端点为 P_∞ 投影(原始观察光线,在无穷远处)的点,另一端点是 C_l 投影到第二个摄像机的点,称之为核点 e_r。将第二幅图像的极(核)线投回第一个图像,我们获得另一条极线,它由其它核点 e_l 界定。注意到,两条对应的极线(图 4.46(b))源于两幅图像平面与极平面的相交,极平面穿过摄像机中心 C_l 和 C_r,以及场景点 P_w。

为计算极(核)线方程,我们必须将穿过 p_l 和 C_l 的光线投影到第二幅图像。这是直截了当的,首先,光线穿过 p_l 和 C_l 的方程可以从透镜投影方程(4.60)获得,方程(4.60)重写如下:

$$\lambda_l \tilde{p}_l = \lambda_l \begin{bmatrix} u_l \\ v_l \\ 1 \end{bmatrix} = A_l [I \mid 0] \tilde{P}_w = A_l P_w = A_l \begin{bmatrix} x \\ y \\ z \end{bmatrix} \tag{4.62}$$

由此,穿过 p_l 和 C_l 的直线,有方程:

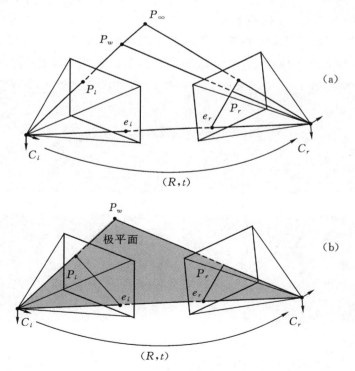

图 4.46 极线(核面)几何:(a)对应于一条光线的极线段;(b)极线的对应组和它们的极平面

$$
\begin{bmatrix} x \\ y \\ z \end{bmatrix} = \lambda_l A_l^{-1} \begin{bmatrix} u_l \\ v_l \\ 1 \end{bmatrix} \tag{4.63}
$$

我们可以重写成更紧凑形式：

$$
P_w = \lambda_l A_l^{-1} \tilde{p}_l \tag{4.64}
$$

最终，为了求得极线方程，我们可以利用透镜投影方程(4.61)，只将该直线投影到第二幅图像即可：

$$
\lambda_r \tilde{p}_r = A_r [R \mid t] \tilde{P}_w = A_r R P_w + A_r t \tag{4.65}
$$

因而，用方程(4.64)，我们得到极线：

$$
\lambda_r \tilde{p}_r = \lambda_l A_r R A_l^{-1} \tilde{p}_l + A_r t \tag{4.66}
$$

式中 $A_r t$ 实际上就是第二幅图像中的核点 e_r，也就是左边摄像机的光学中心 C_l 投影到右边图像。

将方程(4.66)应用到对左边图像中的每个图像点，我们可以计算右边图像中所有极(核)线。左边图像中一点的对应，仅需沿着它的对应核线进行搜索。注意，核线经过所有相同的核点。然而观察到，在计算方程(4.66)时并未考虑到透镜所引入的径向畸变。尽管对于某些窄视场，径向畸变是颇小的，但在计算极线方程时，考虑径向畸变总是适宜的。理由是：如果极线不精确地被确定，那么，沿着一条不准确的极线，对应搜索可能在像差计算以及场景点 P_w 的重构中，引入较大的不确定性。

替代考虑径向畸变，立体视觉中一个常见的统一步骤是，首先将两幅图像去畸变，即，把左边和右边的图像重画成一幅新的无畸变图像，而且，两幅图像可按以下方式重画：在左边和右边图像中，所有极线都是线性对应的和水平的(图 4.47(d))。将

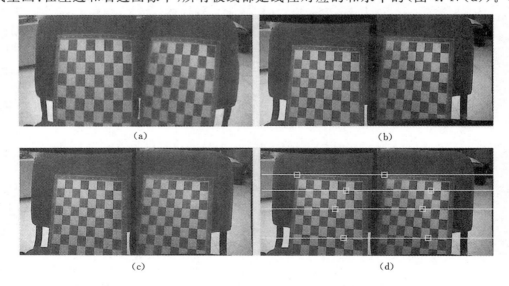

(a)

(b)

(c)

(d)

图 4.47 一个立体对的纠正：(a)原始图像；(b)透镜畸变补偿；(c)旋转和平移补偿；(d)极线纠正后，极线呈现为线性对应和水平

一对立体图像变换为没有径向畸变而有水平极线的一对新图像,这个过程被称为**立体纠正或核线纠正**。下节我们将简要地说明。

极线纠正 给定一对立体图像,极线纠正是各图像平面的一个变换,使得所有对应极线都变成线性对应的,且与一幅图像轴平行,为方便起见,通常称为水平轴。所产生的已纠正图像,可以被想象为通过原摄像机围绕它们的光学中心旋转,一个新的立体摄像机所获得的图像。极线纠正的最大优点是,对应搜索变得更简单、计算上耗费更小。因为搜索沿被纠正图像的水平直线完成。极线纠正算法的步骤在图 4.47 阐明。可见纠正后,左边和右边图像中的所有极线都是线性对应的和水平的(图 4.47 (d))。极线纠正算法的方程超出本书的范畴,但有兴趣的读者可在参考文献[133]中找见易于实现的算法。

像差图 在立体装置标定、极线纠正和对应搜索之后,最终,我们通过求解方程 (4.60)～(4.61)重构三维场景(也见 4.8 节习题)。立体视觉的另一个常见的输出是**像差图**。像差图呈现为灰度图,图中每个像素点的强度正比于左边和右边图像中该点的**像差**:比较靠近摄像机的物体显示较亮,而远离摄像的物体显示较暗。图 4.48 展示了一个像差图的例子。像差图对避障非常有用(图 4.49)。现代的立体摄像机,像 Videre Design 和 Point-Grey 生产的(图 4.42),都能在硬件上直接计算出像差图。

左边图像　　　　　　　　　　　　　　右边图像

像差图

图 4.48 从两个顶图计算得到的像差图。每个像素点正比于在左边和右边图像中该像素的像差。较接近摄像机的物体显示更亮,较远的物体显示较暗。图像由 Martin Humenberger 提供 (http://www.ait.ac.at)

图 4.49　在 ASL 开发的 Shrimp 机器人上,由 Videre Design 生产的立体摄像机

4.2.6　运动结构

在上一节中,我们阐述了如何从相对位置和方位已知的两个不同摄像机所拍摄的场景的两幅图像,来恢复环境结构。本节我们讨论,当摄像机相对姿态为未知时如何恢复结构问题。比如,当两幅图像由同一摄像机、但是在不同的位置和不同的时刻拍摄时[①],或者换一种办法,由不同的摄像机摄拍时,就是这种情况。这意味着,必须同时估计结构和运动。这个问题就称为**运动结构**(SfM)。这问题在计算机视觉范畴内一直研究了很长时间。本节,我们仅提供运动双帧结构问题的解决方案。要深入研究运动结构,推荐读者参考文献[21,22,29,36,53]。

观察到,运动结构中图像不必预先标定。这允许 SfM 在困难情况下工作。譬如,图像由不同的用户使用不同的摄像机拍摄,(例如,图像来自网络)。事实上,SfM自身能够自动估计摄像机内在参数。图 4.50 说明 SfM 的一个提示性结果。图中的场景用几十个图像重构。使用数千个不同视角的图像,SfM 有时能够完成 3D 重构的结果,它在准确度和点密度方面可与激光测距仪(图 4.18)相媲美。但是,这个精度常常以计算功率为代价。

---

①　为简单起见,此处我们假定场景是时不变的(即,静态的)。处理动态场景的一个办法,是把运动物体看成异常值。

图 4.50 一个从运动结构的例子：跨越多帧图像，抽取并匹配突出的图像点（图像特征，见第 4.5 节）。除去错误的数据关联（异常值），确定视图间的相对运动。最后，通过三角剖析重构图像点。建筑物的重构用数十个图像获得，显示了摄像机的姿态。SfM 也允许整个城市的稠密重构和仅用图像纪念馆的重构

4.2.6.1 双视运动结构

让我们再从为立体视觉情况下所推导出的方程（4.60）和（4.61）开始，但现在要记得，R 和 t 表示为第一和第二个摄像机位置之间的相对运动。所以，我们可得出：

$$\lambda_1 \tilde{p}_1 = A_1[I \mid 0]\tilde{P}_w = A_1 P_w \quad \text{（对第一个摄像机位置）} \tag{4.67}$$

$$\lambda_2 \tilde{p}_2 = A_2[R \mid t]\tilde{P}_w \quad \text{（对第二个摄像机位置）} \tag{4.68}$$

为简化问题，让我们假设第一个和第二个位置使用同一个摄像机，且两点之间内在参数不变；因而，$A_1 = A_2 = A$。让我们再假设该摄像机已被标定，所以 A 已知。在这种情况下，用规格化图像坐标工作起来更为方便。令 $\tilde{x}_1$ 与 $\tilde{x}_2$ 分别是 $\tilde{p}_1$ 与 $\tilde{p}_2$ 的规格化坐标：

$$\tilde{x}_1 = A^{-1}\tilde{p}_1, \tilde{x}_2 = A^{-1}\tilde{p}_2 \tag{4.69}$$

且 $\tilde{x}_1 = (x_1, y_1, 1), \tilde{x}_2 = (x_2, y_2, 1)$。进而，方程（4.67）与（4.68）可以重写为：

$$\lambda_1 \tilde{x}_1 = P_w \quad \text{（对第一个摄像机位置）} \tag{4.70}$$

$$\lambda_2 \tilde{x}_2 = [R \mid t]\tilde{P}_w = R P_w + t \quad \text{（对第二个摄像机位置）} \tag{4.71}$$

如同以前计算极线所做的一样，让我们将对应于 x_1 的光线映射到第二个图像。因此，将方程（4.70）代入方程（4.71），得到：

$$\lambda_2 \tilde{x}_2 = \lambda_1 R\tilde{x}_1 + t \tag{4.72}$$

现在，对上式等式两边用 t 作叉乘，可得：

$$\lambda_2[t]\times\tilde{x}_2 = \lambda_1([t]\times R)\cdot\tilde{x}_1 \tag{4.73}$$

其中$[t]\times$是一个反对称矩阵,定义为:

$$[t]\times = \begin{bmatrix} 0 & -t_z & t_y \\ t_z & 0 & -t_x \\ -t_y & t_x & 0 \end{bmatrix} \tag{4.74}$$

现在,用x_2对方程(4.73)两边作点乘,可得:

$$\lambda_2\tilde{x}_2^T\cdot([t]\times\tilde{x}_2) = \lambda_1\tilde{x}_2^T\cdot([t]\times R)\cdot\tilde{x}_1 \tag{4.75}$$

观察到,$\tilde{x}_2^T\cdot([t]\times\tilde{x}_2)=0$。因此,从方程(4.75)我们可得:

$$\tilde{x}_2^T\cdot([t]\times R)\cdot\tilde{x}_1 = 0 \tag{4.76}$$

此方程称为**极线约束**。观察到,极线约束对每个共轭点对都成立。

让我们定义为**本质矩阵** $E=([t]\times R)$,极线约束可读作:

$$\tilde{x}_2^T\cdot E\cdot\tilde{x}_1 = 0 \tag{4.77}$$

可以证明,本质矩阵具有两个相等的奇异值和另一个为零的奇异值[29]。

计算本质矩阵 给定基本关系式(4.77),我们如何能恢复以本质矩阵E编码的摄像机运动呢? 如果我们有N个相应的测量$\{(\tilde{x}_1^i,\tilde{x}_2^i)\}$,那么可以建立9个元素($E=[e_{11},e_{12},e_{13},e_{21},e_{22},e_{23},e_{31},e_{32},e_{33}]^T$)的$N$个齐次方程:

$$\tilde{x}_1^i\tilde{x}_2^i e_{11} + \tilde{y}_1^i\tilde{x}_2^i e_{12} + \tilde{x}_2^i e_{13} + \tilde{x}_1^i\tilde{y}_2^i e_{21} + \tilde{y}_1^i\tilde{y}_2^i e_{22} + \tilde{y}_2^i e_{23} + \tilde{x}_1^i e_{31} + \tilde{y}_1^i e_{32} + e_{33} = 0 \tag{4.78}$$

以紧凑形式可以重写为:

$$D\cdot E = 0 \tag{4.79}$$

给定$N\geqslant 8$这样方程,使用奇异值分解(SVD),我们可以估计(到一定规模)E中的实体。所以,方程(4.79)的解,就是相应于最小特征值D的特征向量。由于需要至少8点对应,该算法被称为8点算法[194],它是计算机视觉领域的里程碑之一。8点算法的主要优点是非常易于实施,并对未标定的摄像机,即它的内在参数未知时也有效。缺点是,对退化的点方位,诸如平面场景,即当所有场景点是共面时,算法无效。

对于已标定的摄像机,至少需要5点对应[178]。Nister提出了至少从5点对应计算本质矩阵的一个有效算法[246]。5点只对已标定的摄像机有效,但实施较为复杂。然而,相对于8点算法,它适用于平面场景。

将 E 分解为 R 与 t 现在让我们假定,我们已经从点对应确定了本质矩阵E,如何确定R与t? 由于完整地推导证明超出本书内容范围,我们将直接给出最终表达式。有兴趣的读者可以在参考文献[29]找到这些方程式的证明。

分解E之前,我们必须服从它的两个奇异值相等、第三个为零这个约束。事实上,由于存在图像噪声,现实中该约束从未被确认。为此,我们计算满足这个约束的最接近的本质矩阵$\hat{E}$[①]。一个常见技术是使用SVD,并强制两个较大的奇异值相等,

---

① 根据 frobenius 范数的最接近。

最小的一个等于零。因而：

$$[U, S, V] = SVD(E) \tag{4.80}$$

式中 $S = \mathrm{diag}([S_{11}, S_{12}, S_{13}]), S_{11} \geqslant S_{12} \geqslant S_{13}$。接着，可给出 Frobenius 范数下最接近的本质矩阵 $\hat{E}$：

$$\hat{E} = U \cdot \mathrm{diag}\left(\left[\frac{S_{11} + S_{22}}{2}, \frac{S_{11} + S_{22}}{2}, 0\right]\right) \cdot V^{\mathrm{T}} \tag{4.81}$$

然后，以 $\hat{E}$ 取代 E。这时，我们可以将 E 分解为 R 与 t。

E 的分解返回 (R, t) 的四个解，R 有两个，t 有两个。让我们定义：

$$B = \begin{bmatrix} 0 & 1 & 0 \\ -1 & 0 & 0 \\ 0 & 0 & 1 \end{bmatrix}, [U, S, V] = SVD(E) \tag{4.82}$$

其中 U、S、V 使得 $U \cdot S \cdot V^{\mathrm{T}} = E$。可以证明（见参考文献[29]）$R$ 的两个解为：

$$R_1 = \det(U \cdot V^{\mathrm{T}}) \cdot U \cdot B \cdot V^{\mathrm{T}} \tag{4.83}$$

$$R_2 = \det(U \cdot V^{\mathrm{T}}) \cdot U \cdot B^{\mathrm{T}} \cdot V^{\mathrm{T}} \tag{4.84}$$

现在我们定义：

$$L = U \cdot \begin{bmatrix} 0 & -1 & 0 \\ 1 & 0 & 0 \\ 0 & 0 & 0 \end{bmatrix} \cdot U^{\mathrm{T}}, M = -U \cdot \begin{bmatrix} 0 & -1 & 0 \\ 1 & 0 & 0 \\ 0 & 0 & 0 \end{bmatrix} \cdot U^{\mathrm{T}} \tag{4.85}$$

则 t 的两个解为：

$$t_1 = \frac{[L_{32} L_{13} L_{21}]^{\mathrm{T}}}{\| [L_{32} L_{13} L_{21}] \|} \tag{4.86}$$

$$t_2 = \frac{[M_{32} M_{13} M_{21}]}{\| [M_{32} M_{13} M_{21}]^{\mathrm{T}} \|} \tag{4.87}$$

使用所谓的**机前约束**可以区分这四个解，机前约束要求重构点的对应位于摄像机的前面。事实上，如果分析 SfM 问题的这四个解，你常常会发现，三个解是这样：重构的点对应至少出现在两个摄像机之一个的后面，而仅有一个保证它们位于两个摄像机之前。因而，测试单点对应，确定它是否被重构在两个摄像机之前，足以辨认四个可能选择的正确解。还有观察到，知道 t 的解为一个规模。事实上，单个摄像机不可能恢复绝对规模。同样的原因，恢复的结构也被知之为一个规模。

在双视 SfM 中，最后一步是场景重构。一旦 R 与 t 已被确定，如同立体摄像机所做的那样，经过特征点的三角剖析，可以计算 3D 结构。

多视 SfM 的免费软件　为结束本节，我们愿向读者指出某些有用的免费软件，用无序的图像集合完成运动结构。最流行的是微软的 Photosynth（http:// photosynth. net），它受 Photo-Tourism[355] 研究工作的启发，基于非常流行的开源软件 Bundler[297,298]（在 http://phototour. cs. washington. edu/bundler 可获取），并阐述在参考文献[297] 和 [298]。

在线处理非常有用,且全开放资源的工具有:平行跟踪和制图 PTAM 工具[358]、Vodoo 摄像机跟踪器[356]以及 ARToolkit[357]。

运动结构有用的 Matlab 工具箱有:

- FIT3D:http://www.fit3d.info
- 由 V. Rabaud 开发的运动结构的工具箱:http://code.google.com/p/vincents-structure-from-motion-matlab-toolbox
- A. Zissermann 开发的多视几何学的 Matlab 函数:http://www.robots.ox.ac.hk/~vgg/hzbook/code
- P. Torr 开发的运动结构工具箱:http://cms.brooks.ac.uk/staff/PhilipTorr/Code/code_page_4.htm
- 使用因数分解,由 L. Torresani 开发的的非刚性运动结构的 Matlab 代码:http://movement.stanford.edu/learning-nr-shape

最后,也可参见 2d3 公司(http://www.2d3.com)和 Vicon 公司(http://www.vicon.com)。

4.2.6.2　视觉里程计

与运动结构直接关联的是视觉里程计,视觉里程计的特点在于单单使用视觉输入,来估计一个机器人或车辆的运动。2004 年 Nister 在其标志性论文中创造了这个名词[245],在这篇文章里,他用单个摄像机或立体摄像机,在不同车辆(路上或越野)上展示了成功的结果。支持视觉里程计的基本原理是我们已在前一节看到的双视运动结构的简单迭代。

使用立体摄像机已经产生了有关视觉里程计的大多数工件,并可追溯到 1980 年 Moravec 的工作[236]。别的地方也报道了类似的工作[160,174,181,244]。而且,从 2004 年早期,立体视觉里程计已被 NASA 成功地应用在火星机器人漫步者[203]。不过,也已生产了单单使用单个摄像机(见参考文献[107,244,278,279,307]),室外应用的视觉里程计的方法[107,244,278,279,307],

与单个摄像机相比,使用立体视觉摄像机的好处是,能够以绝对尺寸直接提供量测。另一方面,当使用单个摄像机时,绝对尺度必须以其它方式进行估计(比如,从场景中一个元件的知识,或摄像机与地平面的距离),或者使用其它传感器,诸如 GPS、IMU、车轮里程计或激光器等。

视觉里程计的目标仅是恢复车辆的轨迹。但也常看到显示环境的 3D 地图,地图通常是从估计的摄像机姿态位置,其特征点的简单三角剖析。图 4.51 展示了使用单个全向摄像机,视觉里程计结果的一个例子。此例中,如在参考文献[277]阐述的那样,尺度是利用车辆的不完备性约束计算而得。在该图中,视觉里程计是在一个 3km 的轨迹上运作。请注意,趋向轨迹的末端可见的漂移。

由于连续姿态之间相对位移的积分,所有的视觉里程计算法都遭受运动漂移,这是不可避免的随时间的累积误差。通常在数百米之后,这个漂移变得明显。根据环

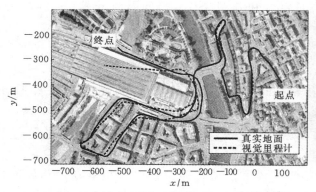

图 4.51 使用安置在机器人顶部的单个全向摄像机(右图),用所得的有关地图(下图),视觉里程计结果(左上图)的一个例子。利用这样事实:轮式车辆被约束在跟踪一个近似环形、局部地围绕其瞬时旋转中心(见第 3.3.1 节中 Ackerman 的操纵原理)行走,自动地计算绝对尺度。这个视觉里程计的结果,是使用在参考文献[287]描述的单点 RANSAC 算法得到。与现代先进技术相比,采用这个算法,视觉里程计运行在 400 帧每秒,而标准方法工作在20~40Hz

境中特征的数量、摄像机的分辨率、人或其它过往车辆等运动物体的出现以及光照条件,结果会不同。记住,如第 5.2.4 节将要所述的那样,车轮里程计也产生漂移。但是,视觉里程计在机器人和汽车领域变得越来越盛行,是因为,如果车辆重访之前已看到过的地方,漂移能够被抵销。相对于其它传感器模块,实行位置识别(或地点辨识)是视觉传感器的主要优点之一。第 4.6 节将阐述最流行的作位置识别的计算机视觉方法。一旦机器人第二次访问之前已看到过的一个位置,通过加上约束——在这两个地方(以前访问过和重访)车辆位置实际上应一致——累计的误差可以被削减。显然,这需要一个算法,它修改("松弛")所有以前机器人的姿态,直到当前和之前访问过的位置间的误差最小。

位置识别问题也称环路检测。因为一个环路,是车辆返回到之前访问过的点的一个闭合轨迹。在环路闭合处的误差最小化问题,被替代称为环路封闭。文献中有几个实施环封闭的算法。其中的一些由计算机视觉界提出,依赖于所谓的**束调整**[①];

---

① 给定以不同的视角,观察一定数目的 3D 点的一组图像,束调整是同时地改善场景几何特征的 3D 坐标、以及相对运动和摄像机内在参数。这可以按照涉及所有点的图像投影的最优化准则来完成。

另外一些由机器人学界在求解同时定位和制图（SLAM）问题时开发（见第 5.8.2 节）。一些最流行的算法可在参考文献[318,352]求得。

4.2.7 运动与光流

从一个固定（或移动）的摄像机记录时变的图像可以恢复大量的信息。首先，我们区分运动场和光流的差别：

- 运动场：将速度向量分配给图像中的每一点。如果环境中一个点以速度 v_0 移动，则这在图像平面引起速度 v_i。可以在数学上确定 v_0 和 v_i 之间的关系。
- 光流：这也是真实的：图像中亮度模式随着促使它们（光源）移动的物体而运动，光流是这些亮度模式的视在运动。

这里，在我们的分析中，我们假定光流模式将对应于运动场。虽然，在实际中并不经常如此。图 4.52(a)说明了该情况。这里，一个球体展示了在球体图像中亮度或阴影的空间变化，因为球体的表面是弯曲的。然而，如果表面运动，这个阴影模式将不动。因此，即使运动场不是零，光流到处是零。在图 4.52(b)，相反的情形发生了。这里我们有一个具有动光源的固定球体。图像中的阴影随光源运动而改变。在这情况下，光流是非零，但运动场是零。如果我们可获取的信息只是光流，且我们依靠它，那么在这两种情况下，我们都会得到不正确的结果。

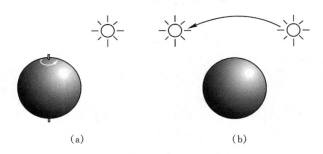

(a)   (b)

图 4.52　图中，球体或光源的运动表明光流不总是同运动场一样

4.2.7.1 光流

想测量光流并由此得到场景的运动场有许多技术。大多数算法利用局部信息，力图在两个相继的图像中寻求局部斑片的运动。在某种情况下，有关平滑度和一致性的全局信息可以帮助进一步消除这种**匹配**过程的歧义。下面我们给出光流约束方程法的细节。关于这方面更详细资料和其他方法，参考文献[69,151,316]。

首先假定，相继快照之间的时间间隔是如此的快，以至我们可以认为同一物体部分的被测强度实际上是恒定的。数学上，令 $I(x,y,t)$ 为在图像点 (x,y) 上，在时刻 t，图像的辐射照度。如果 $u(x,y)$ 和 $v(x,y)$ 是在那点上，光流向量的 x 和 y 分量，则我们需要在时刻 $t+\delta t$，为辐射照度是相同的点，即，点 $(x+\delta t, y+\delta t)$，搜索一个新图像。式中 $\delta x = u\delta t$ 和 $\delta y = v\delta t$。即，对小的时间间隔 δt，

$$I(x + u\delta t, y + v\delta t, t + \delta t) = I(x, y, t) \tag{4.88}$$

通过时间 t,这会获得恒定强度斑片的运动。如果我们进一步假定图像亮度变化平滑,则我们可把方程(4.88)的左边展开成泰勒级数,得到:

$$I(x, y, t) + \delta x \frac{\partial I}{\partial x} + \delta y \frac{\partial I}{\partial y} + \delta t \frac{\partial I}{\partial t} + e = I(x, y, t) \tag{4.89}$$

式中 e 包含 δx 中二阶和更高价的项,等等。在极限情况下,当 δt 趋向零,我们得到

$$\frac{\partial I}{\partial x} \frac{\mathrm{d}x}{\mathrm{d}t} + \frac{\partial I}{\partial y} \frac{\mathrm{d}y}{\mathrm{d}t} + \frac{\partial I}{\partial t} = 0 \tag{4.90}$$

从这式,我们可缩写

$$u = \frac{\mathrm{d}x}{\mathrm{d}t}; v = \frac{\mathrm{d}y}{\mathrm{d}t} \tag{4.91}$$

和

$$I_x = \frac{\partial I}{\partial x}; I_y = \frac{\partial I}{\partial y}; I_t = \frac{\partial I}{\partial t} = 0 \tag{4.92}$$

所以我们得:

$$I_x u + I_y v + I_t = 0 \tag{4.93}$$

导数 I_t 表示强度如何快速地随时间而变化,而导数 I_x 和 I_y 表示强度变化的空间率(跨越图像,强度变化何等快速)。合在一起,方程(4.93)就被称为光流约束方程,且给定相继的图像,对各个像素,可以估计出 3 个导数。

对各像素,我们需要计算 u 和 v 两个量。但是光流约束方程只为每一个像素提供一个方程,所以这是不充分的。当人们考虑许多等强度像素本质上可能是含糊时,其不确定性直觉上是显然的——也许不清楚的是,在先验图像中,对一个等强度的原始像素,哪一个像素是最终结果的位置?

解决这个不确定性需要附加的约束。我们假定,一般而言相邻像素的运动会是相似的,因此全部像素的总光流是平滑的。这约束是有意义的,因为我们知道,它会受到**某种**程度的破坏。为了使光流计算易于处理,我们仍然加强约束。特别地,当场景中不同物体相对于视觉系统按不同方向运动时,该约束将正好地被破坏。当然,这种情况会趋向于包括边缘。所以,这也许引入一个有用的可视提示。

因为我们知道该平滑性约束会有些不正确,我们可以在数学上通过计算以下的公式,定义我们破坏该约束的程度

$$e_s = \iint (u^2 + v^2) \mathrm{d}x \mathrm{d}y \tag{4.94}$$

它是光流梯度幅值平方的积分。我们也可确定光流约束方程中的误差(实际上不会正好是零)。

$$e_c = \iint (I_x u + I_y v + I_t)^2 \mathrm{d}x \mathrm{d}y \tag{4.95}$$

这两个方程应尽可能地小,所以我们要使 $e_s + \lambda e_c$ 最小。式中 λ 是一个参数,它在相对于偏离平滑的图像运动方程中对误差加权。如果亮度测量准确,应使用大的参

数;如果它们是噪声,则用小参数。在实践中,手动地和交互地调整参数 λ,以达到最佳的特性指标。

因此,最后的问题实际上是变分计算,得到欧拉方程:

$$\nabla^2 u = \lambda(I_x u + I_y v + I_t)I_x \qquad (4.96)$$

$$\nabla^2 v = \lambda(I_x u + I_y v + I_t)I_y \qquad (4.97)$$

式中

$$\nabla^2 = \frac{\partial^2}{\partial x^2} + \frac{\partial^2}{\partial y^2} \qquad (4.98)$$

这是拉普拉斯算子。

等式(4.96)和(4.97)组成一对可以被重复求解的椭圆二阶偏微分方程。

哪里发生阻塞(一个物体挡住另一物体),那里就会在光流中产生断续。这当然破坏了平滑性的约束。一个可能性是努力找到预示这种阻挡的边缘,从光流计算中排除这种边缘附近的像素,使得平滑性成为更现实的假设。另一个可能性是随机地利用这些独特的边缘。事实上,拐角可特别容易地跨越后续的图像进行**模式-匹配**,因此凭着它们本身的实力,可以用作光流计算的基准标记。

在联合跨多种算法提示的视觉算法中,光流计算是一个重要的组成部分。只要提供纹理[23,54],使用光流为移动机器人(特别是飞行机器人)避障和导航的控制系统,已经证明是广泛有效的。

4.2.8 颜色跟踪

视觉感知的一个重要方面是,视觉芯片可以提供其他移动机器人感知器不能提供的感知模态和提示。一个这种新感知的模态是在环境中检测和跟踪的颜色。

颜色是一个环境特征,既表示了自然提示,又表示了人工提示,这可向移动机器人提供新的信息。例如,每年 RoboCup 机器人足球赛,为了环境标记和足球定位,广泛使用了颜色(图 4.53)。

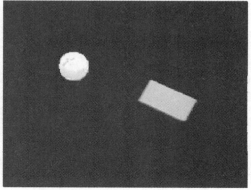

图 4.53 EPFL 的 STeam Engine 足球机器人的顶部的颜色标记,能使颜色跟踪传感器将足球场中机器人和足球定位

颜色感知有两个重要的优点。第一,颜色检测是单个图像的一个简单函数。所以,在这种算法里不需求解对应问题。第二,因为颜色感知提供了新的、独立的环境提示,如果它与现有的提示结合(即,**传感器融合**),诸如,立体视觉或激光测距仪的数据,我们可以期待有重要意义的信息增益。

有效的颜色跟踪传感器在商业上也已存在,比如,卡耐基-梅隆大学的 CMUcam,但它也可使用一个标准摄像机直接地实施。最简单的方法是,采用定常阈值:当且仅当像素点的 RGB 值(r,g,b)同时落入选定的 R、G、B 范围,才选择一个给定的像素点,范围由 6 个阈值($[R_{\min},R_{\max}]$,$[G_{\min},G_{\max}]$,$[B_{\min},B_{\max}]$)确定。因而:

$$R_{\min} < r < R_{\max}、G_{\min} < g < G_{\max}、B_{\min} < b < B_{\max} \tag{4.99}$$

如果我们将 RGB 颜色空间表示为一个三维的欧几里德空间,则上述方法就选择那些像素,其颜色分量从属于由给定阈值所指定的立方体。换一种办法,可使用球体。这种情况下,则将会只选择其 RGB 分量处于 RGB 空间中,离给定点有一定距离的像素。

作为 RGB 的另一种选择,可利用 YUV 颜色空间。R、G、B 编码每种颜色的强度,而 YUV 将颜色度量(**色度**)与光亮度度量(**光度**)分离。Y 代表图像的光度,而 U 与 V 共同捕获图像的色度。因此,在 YUV 空间所表达的限位框,对照明度的变化可能比在 RGB 空间里能够获取更好的稳定性。

图 4.54 自适应的地平面提取的例子。梯形多边形确认地面采样区域

在机器人学中,常用的颜色分割是地面的提取(图 4.54)。在此情况下,使用了比颜色定阈值更复杂的颜色分割技术,像自适应地定阈值、或 k-**均值聚类**[①][18]。地平面的提取是辨识地面可通行部分的一个视觉方法。由于它以各种不同的实现方法使用了边缘(4.3.2 节)和颜色,这种障碍检测系统能在传统测距装置难以完成的情况下,简单地检测障碍。如同所有视觉算法一样,路平面的提取仅在环境满足几个重要

---

① 在统计和机器学习中,k-均值聚类是一种聚类分析方法,目的是将 n 个观测值划分为 k 个簇,在簇中,属于簇的各观测值具有最小均值。k-均值聚类算法常在计算机视觉中,用作图像分割的一种形式。

假设的情况下才成功：

- 障碍物在外表上与地面不一致。
- 地面平坦，且与摄像机的角度已知。
- 无悬空的障碍物。

为了利用外表，从障碍物区分出地面，第一个假设是一个必要条件。有时引出该假设更强的说法，假设地面在外表上是均匀的，并与所有障碍物不同。第二和第三个假设允许路面的提取算法，去估计机器人到被检障碍物的距离。

4.3 图像处理基础

图像处理是信号处理的一种形式。这里，输入信号是一个图像（诸如照片或视频）；输出或是图像，或是与图像关联的一组参数。大多数图像处理技术，将图像处理为一个二维信号 $I(x,y)$。此处，x 与 y 是**空间**的图像坐标。在任意坐标对 (x,y) 的 I 幅度，称作该点图像的**强度**或**灰度**。

图像处理是一个很大的领域，且在许多其他操作中，典型的是：

- 滤波、图像增强、边缘检测。
- 图像恢复与重构。
- 小波与多分辨率处理。
- 图像压缩（例如，JPEG）。
- 欧几里德几何变换，诸如放大、缩小与旋转。
- 颜色校正，诸如亮度与对比度调整、定量化，或颜色变换到一个不同的色彩空间图像配准（两幅或多幅图像的排列）
- 图像对准（二个或二个以上图像的对准）。
- 图像识别（例如，使用某些人脸识别算法从图像中抽取人脸）。
- 图像分割（根据颜色、边缘或其它特征，将图像划分成特征区）。

由于对所有这些技术的综述超越本书的范畴，我们只着重于与机器人学相关的最重要的图像处理操作。特别地，我们阐述图像滤波操作，诸如平滑和边缘检测。然后，为寻找图像之间的对应，我们描述某些图像相似性的度量。在立体结构和运动结构中，这是有用的。至于一般性的图像处理深入研究，建议读者参考文献[26]。

4.3.1 图像滤波

图像滤波是图像处理中的主要工具之一。**滤波器**这词来自频域处理，那里，**滤波**是指接受或拒绝某频率分量。例如，传送低频的滤波器为**低通**滤波器。低通滤波器所产生的效应是模糊（平滑）一个图像，它有减少图像噪声的主效应。反之，传送高频的滤波器称为**高通**滤波器，它典型地用作边缘检测。图像滤波器既可以在频率域实施也可在空间域实施。在后一种情况下,滤波器被称为**掩模**或**核**。在本节,我们将重温空间滤波的基础。

在图 4.55,阐明了空间滤波的基本原理。一个空间滤波器包含:(1)被检验像素的一个邻域(典型地为一个小的矩形);(2)一个预定的运算 T,它在被邻域包围的像素上执行。令 S_{xy} 表示邻域坐标的集合,邻域中心位于图像 I 中任意一点 (x,y)。空间滤波在输出图像 I' 中在相同的坐标产生一个相应的像素,这里像素的值是对 S_{xy} 中像素进行指定的运算而确定的。例如,假设指定的运算是,对中心在 (x,y)、大小为 $m \times n$ 的一个矩形窗口内,计算其所有像素的平均值。图 4.55(a) 和 (b) 图解说明了这个过程。我们可以用方程式表示这个运算:

$$I'(x,y) = \frac{1}{mn} \sum_{(r,c) \in S_{xy}} I(r,c) \tag{4.100}$$

式中,r 与 c 是集合 S_{xy} 中像素的行与列坐标。变动坐标 (x,y) 使得窗口在图像 I 中逐个像素地移动,就创建了新图像 I'。例如,图 4.55(d) 中的图像,就是以这种方式,用一个大小为 21×21 的窗口施加于图 4.55(c) 中的图像而创建的。

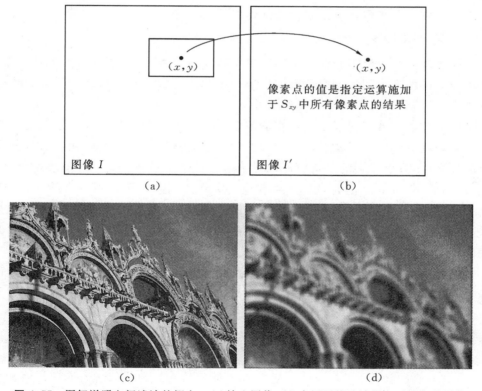

图 4.55 图解说明空间滤波的概念。(c)输入图像;(d)应用平均滤波器之后输出的图像

用于说明上述例子的滤波器称为**平均滤波器**。更一般地,在图像像素上所执行的运算可以是线性的或非线性的。这些情形下,滤波器被称为线性或非线性滤波器。本节,我们关注于线性滤波器。一般地,用大小为 $m \times n$ 的滤波器 w,一个图像的线性

空间滤波可表示为:

$$I'(x,y) = \sum_{s=-a}^{a} \sum_{t=-b}^{b} w(s,t) \cdot I(x+s, y+t) \tag{4.101}$$

式中, $m=2a+1$,且 $n=2b+1$,通常假定 m 和 n 为奇整数。滤波器 w 也被称为**核、掩模**或**窗口**。如在方程(4.101)中所见,线性滤波是一个过程,它在整幅图像上移动滤波器掩模,然后在各位置计算乘积和。在信号处理中,这个运算被称为与核 w **关联**。但是,指出等价的线性滤波运算是**卷积**,是适合时宜的:

$$I'(x,y) = \sum_{s=-a}^{a} \sum_{t=-b}^{b} w(s,t) \cdot I(x-s, y-t) \tag{4.102}$$

这里,与相关的唯一差别是出现减号,这意味必须翻转图像。观察到,对称滤波器,其卷积和关联返回相同的结果,因而这两个术语可交换使用。与核 w 的卷积运算,可以以更紧凑形式重写如下:

$$I'(x,y) = w(x,y) * I(x,y) \tag{4.103}$$

式中 $*$ 表示卷积算子。

产生线性空间滤波器,需要我们指定核的 mn 个系数。根据想让滤波器干什么,选取这些系数。下一节将看到如何选择这些系数。

4.3.1.1　平滑滤波器

平滑滤波器用于模糊和缩减噪声。对于直线或曲线,模糊用在直线和曲线中,去除微小细节或填充小间隙这类任务。用线性或非线性滤波器既可实现模糊也可实现缩减噪声。这里,我们综述某些线性滤波器。

平滑滤波器的输出仅仅是包含在滤波器掩模里像素的加权平均。这些滤波器有时处在**平均滤波器**或**低通滤波器**。如我们以所述,图像中每个像素,由滤波器掩模所限定的邻域中,像素强度的平均值所取代。这过程产生了一个具有缓转变的新图像。于是,图像噪声降低。但是,作为副效应,边缘——通常是图像所希望的一个特征——也产生模糊。通过使得地选择滤波器系数,可以限制这个副效应。最后,观察到,取包含在掩模中像素的**中值**也可以容易地实现**非线性**平均滤波器。中值滤波器对去除**椒盐噪声**特别有用[①]。

在前面一节,我们已经看到恒定平均滤波器(图 4.55),它简单地获得掩模中像素的标准平均。假定一个 3×3 的掩模,滤波器可以被写成:

$$w = \frac{1}{9} \begin{bmatrix} 1 & 1 & 1 \\ 1 & 1 & 1 \\ 1 & 1 & 1 \end{bmatrix} \tag{4.104}$$

式中,所有系数的和为1。如果滤波器所乘的部位是均匀的,那么,为保持与原始图像相同的值,这个规格化是重要的。还要注意到,没有 1/9,滤波器的所有系数全是 1。其理念是,首先将像素求和,然后将结果除以 9。的确,从计算上说,这比各个元素乘

---

① 　椒盐噪声本身代表为随机发生黑和白的像素,是图像噪声的典型形式。

以 1/9 更有效。

许多图像处理算法使用了图像强度的二阶导数。由于这种高阶导算法对基本信号中亮度变化的敏感性,所以重要的是,将信号平滑,使得强度的变化是由场景中物体光度的真正变化而引起,而不是由图像噪声的随机变化而引起。标准方法是使用高斯平均滤波器,它的系数由下式给定:

$$G_\sigma(x, y) = e^{-\frac{x^2+y^2}{2\sigma^2}} \tag{4.105}$$

为了从这个函数产生,譬如,一个 3×3 的滤波器掩模,我们围绕它的中心采样,例如,取 $\sigma = 0.85$,我们得:

$$G = \frac{1}{16} \begin{bmatrix} 1 & 2 & 1 \\ 2 & 4 & 2 \\ 1 & 2 & 1 \end{bmatrix} \tag{4.106}$$

式中,再次,将系数重新调整,使它们的和为 1。还要注意,所有系数都是 2 的幂次,这使得计算极为有效。该滤波器实际中很流行。这样一个低通滤波器有效地消除了高频噪声。从而也使亮度一阶导数,特别是二阶导数更稳定得多。由于梯度和导数对图像处理的重要性,此类高斯平滑预处理,实际上成为所有计算机视觉算法流行的第一个步骤。

4.3.2 边缘检测

图 4.56 表示了一个场景图像,它包含顶灯的一部分以及从该图像提取的边缘。边缘定义了图像平面中发生图像亮度重大变化的区域。如该例所示,边缘检测大大地缩减了图像中的信息总量。所以在图像解释时,是一个有用的潜在特征。假设是,图像中边缘轮廓对应于重要的场景轮廓。如图 4.56(b)表示,这并不完全真实。边缘检测器的输出和理想直线图存在差别。典型地,这里有遗漏的轮廓和噪声轮廓,它们与场景中任何有意义的东西不相对应。

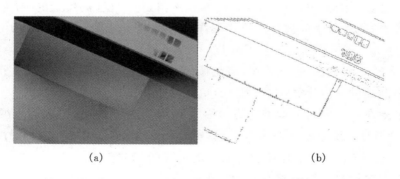

(a)   (b)

图 4.56 (a)天花板灯的照片;(b)从(a)计算的边缘

在图 4.57 可以看到边缘检测的基本困难。图的左上部分表示一个理想边缘的 1D 切面。但由摄像机产生的信号却更像图 4.57(右上)。虽然边缘的位置仍在同一个 x 值处,但高频噪声的显著高度影响了信号的质量。

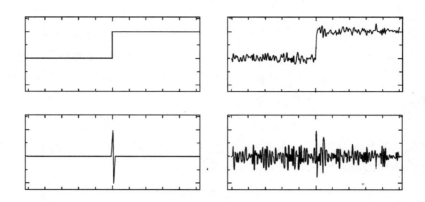

图 4.57   二阶导形状的阶跃函数实例以及噪声的影响

新的边缘检测器将完全不一样。因为根据定义,边缘位于强度有大的变化的地方。如图 4.57(右下)所示,有噪声的摄像机信号的微分产生有副作用的峰值,使边缘检测非常困难。使用上面描述的高斯平滑函数,将摄像机信号进行预处理,完全可以产生更为稳定的导数。下面提出几个通用的边缘检测算法,所有这些算法都是在这个相同的基本原理上操作的,即强度的导数遵循某种形式的平滑构成了基本信号,从中提取边缘特征。

最优边缘检测:Canny 边缘检测器   整个视觉界,当前参考的边缘检测是由 John Canny在 1983 年发明的[91]。该边缘检测器出自一个正规化的方法,在这个方法里,Canny 把边缘检测当作信号处理问题来对待,它有三个明显的目标:

- 信噪比最大化;
- 边缘位置达到最大可能的精确度;
- 与各边缘相关的边缘响应的数目最小化。

Canny 边缘检测器将图像 I 经高斯卷积平滑,然后在(被校正的)导数中求最大值。在实践中,平滑和微分被合成一个操作,因为

$$(G * I)' = G' * I^{①}$$ (4.107)

因此,通过与高斯 G_σ 进行卷积,将图像平滑,然后求导,等效于用 G'_σ 将图像进行卷积,G'_σ 是高斯的一阶导数(图 4.58(b))。

我们希望在任何方向上检测边缘。因为 G' 是有方向的,这要求应用两个正交的滤波器(图 4.59)。我们定义两个滤波器为 $f_V(x,y) = G'_\sigma(x)G_\sigma(y)$ 和 $f_H(x,y) = G'_\sigma(y)G_\sigma(x)$。结果是一个在任意方向检测边缘的基本算法。

在任意方向检测边缘像素的算法如下:

1. 图像 $I(x,y)$ 和 $f_V(x,y)$ 与 $f_H(x,y)$ 进行卷积,分别得到梯度分量 $R_V(x,y)$ 和 $R_H(x,y)$。

---

①   这是卷积的一个已知属性。

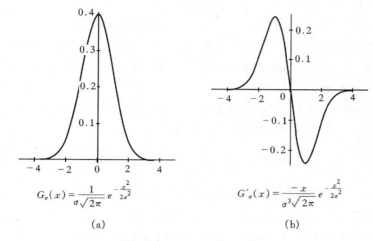

图 4.58 (a)高斯函数;(b)高斯函数的一阶导数

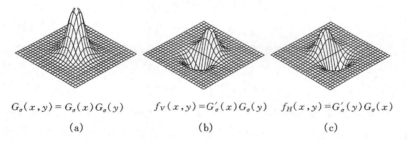

图 4.59 (a)二维高斯函数;(b)垂直滤波器;(c)水平滤波器

2. 定义梯度幅值的平方 $R(x,y)=R_V^2(x,y)+R_H^2(x,y)$。

3. 将那些在 $R(x,y)$ 中高于某预定阈值 T 的峰值作标记。

一旦提取了像素,下一步是构建完整的边缘。在这过程中,通用的下一步骤是**非最大压缩**。利用边缘的方向信息,过程包括重访梯度值并确定它是否是局部最大。如果不是,将该值置为零。这使得只保留最大值,因而减小了单个像素所有边缘的厚度(图 4.60)。

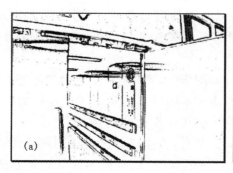

图 4.60 (a)边缘图像的例子;(b)(a)的非最大压缩

最后,我们已经准备好从边缘像素获得整个边缘。第一,寻找相邻(或相连)的边缘集合,并将它们聚合成有序的列表。第二,用阈值消去最弱的边缘。

梯度边缘检测器 在一个移动机器人上,必须使计算时间最少,以保持机器人的实时行为。所以,常用比较简单的离散算子,逼近 Canny 边缘检测器的行为。Roberts 在 1965 年开发了这种早期的算子[43]。他使用了两个 2×2 掩模,在两个对角线方向计算跨边缘的梯度。令 r_1 为从第一个掩模算出来的值,r_2 是从第二个掩模算出来的值。Robert 用以下方程得到梯度幅值 $|G|$:

$$|G| \cong \sqrt{r_1^2 + r_2^2}; \ r_1 = \begin{bmatrix} -1 & 0 \\ 0 & 1 \end{bmatrix}; \ r_2 = \begin{bmatrix} 0 & -1 \\ 1 & 0 \end{bmatrix} \qquad (4.108)$$

Prewitt(1970)[43] 使用两个面向行和列方向的 3×3 掩模。令 p_1 为从第一个掩模计算而得的值,p_2 为从第二个掩码计算而得的值。如下面方程所示,Prewitt 得到梯度幅值 $|G|$ 和相对于列轴,按顺时针的角度所取的梯度方向 θ。

$$|G| \cong \sqrt{p_1^2 + p_2^2};$$
$$\theta \cong \mathrm{atan}\left(\frac{p_1}{p_2}\right); p_1 = \begin{bmatrix} -1 & -1 & -1 \\ 0 & 0 & 0 \\ 1 & 1 & 1 \end{bmatrix}; p_2 = \begin{bmatrix} -1 & 0 & 1 \\ -1 & 0 & 1 \\ -1 & 0 & 1 \end{bmatrix} \qquad (4.109)$$

在同一年,和 Prewitt 一样,Sobel[43] 使用两个面向行和列方向的 3×3 掩模。令 s_1 为从第一个掩模计算而得的值,s_2 为从第二个掩模计算而得的值。Sobel 得到与 Prewitt 相同结果的梯度幅值 $|G|$ 和相对于列轴,按顺时针的角度所取的梯度方向 θ。图 4.61 表示了 Sobel 滤波器应用于一个可视的场景。

$$|G| \cong \sqrt{s_1^2 + s_2^2};$$
$$\theta \cong \mathrm{atan}\left(\frac{s_1}{s_2}\right); s_1 = \begin{bmatrix} -1 & -2 & -1 \\ 0 & 0 & 0 \\ 1 & 2 & 1 \end{bmatrix}; s_2 = \begin{bmatrix} -1 & 0 & 1 \\ -2 & 0 & 2 \\ -1 & 0 & 1 \end{bmatrix} \qquad (4.110)$$

动态设阈值 许多图像处理算法,一般地已在实验室条件或用静态图像数据库做过测试。然而,移动机器人运行在动态实时的背景下,在该背景里,关于最优或甚至稳定的照明并无保证。移动机器人的视觉系统必须适应于变化的照明。所以边缘检测的恒定阈值电平是不合适的。具有不同照明的同一场景,会产生巨大差异的边缘图像。为了使边缘检测动态地适应环境灯光,需要更适应的阈值。有一个方法,即根据被处理图像的统计分析,计算那个阈值。

为此,要计算被处理图像梯度幅值的直方图(图 4.62)。用这个简单的直方图,可简单地只考虑 n 个具有最高幅值的像素,做进一步的计算。从最高梯度幅值开始,向后计数像素。达到 n 的那一点,其梯度幅值将被用作临时的阈值。

这个技术的动机是:具有最高梯度的 n 个像素,希望成为被处理图像最相关的部分。而且,对各图像,考虑相同数目的有关边缘的像素,它与照明无关。重要的是要对以下事实引起注意:由边缘检测器提交的边缘图像中,其像素数目不是 n。因为大多数检测器使用非最大压缩,边缘像素的数目将会被进一步减少。

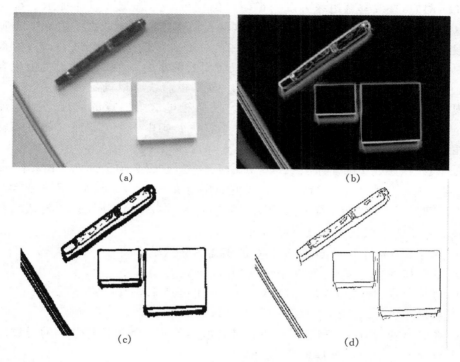

图 **4.61** 用不同的处理步骤,视觉特征提取的实例:(a)原始图像数据;(b)用 Sobel 滤波器的滤波图像;(c)加阈值,边缘像素的选择;(d)非最大压缩

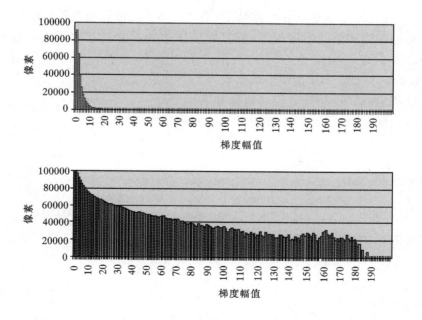

图 **4.62** 在图 4.61(b)图像中,具有特定梯度幅值的像素数目;(b)与(a)一样,但用对数标度

直线边缘提取：霍夫变换　在移动机器人学中，直线边缘常常被提取为一种特定的特征。例如，直线垂直边缘可以用作门口的位置和走廊交叉口的提示。霍夫变换是提取特殊形式边缘的简单工具[21,28]。这里我们阐述它在提取直线边缘中的应用。

假定在图像 I 中的像素 (x_p, y_p) 是边缘的一部分。任何包括点 (x_p, y_p) 的直线边缘必须满足方程 $y_p = m_1 x_p + b_1$。该方程只能用受约束的 m_1 和 b_1 的可能值集合予以满足。换句话说，该方程只能用通过 (x_p, y_p) 经 I 的直线予以满足。

现在考虑在 I 中的第二像素 (x_q, y_q)。任何经过这第二点的直线必须满足方程 $y_q = m_2 x_q + b_2$，如果 $m_1 = m_2$ 和 $b_1 = b_2$ 会怎么样呢？则由两个方程定义的直线就是一个且相同的直线：这是通过 (x_p, y_p) 和 (x_q, y_q) 两点的直线。

更一般地，对经 I 的单条直线部分的所有像素，它们必须全部处于由相同的 m 和 b 值所定义的一条直线上。当然，该直线的通用定义是 $y = mx + b$。霍夫变换利用这基本性质建立了一个机制，使各边缘像素能够对参数 (m, b) 不同的值"投票"。最后，具有最多选票的直线就是直线边缘特征：

- 建立 2D 阵列 A，A 具有 m 和 b 值棋盘格化的轴；
- 阵列初始化为零：对所有 m 和 b 值，$A[m, b] = 0$；
- 对 I 中各边缘像素 (x_p, y_p)，对所有 m 和 b 值循环；
  如果 $y_p = mx_p + b$，则 $A[m, b] += 1$；
- 在 A 中搜索单元，辨识那些具有最大值的单元。各个这种单元的指数 (m, b)，对应于 I 中一个被提取的直线边缘。

4.3.3　计算图像相似性

在本节，我们评述用于求解立体结构（第 4.2.5 节）和运动结构（第 4.2.6 节）的三个最流行的图像相似性的度量，我们打算要描述的都是基于区域的。假设要将图像 I_1 中 $m \times n$ 的斑片，中心在 (u, v)，与图像 I_2 中同样大小的另一斑片，中心在 (u', v')，作比较，我们假定 m, n 是两个奇整数，故 $m = 2a + 1, n = 2b + 1$。然后计算这两个斑片的灰度相似性。一些最流行的判据如下：

绝对差之和（SAD）

$$SAD = \sum_{k=-a}^{a} \sum_{l=-b}^{b} | I_1(u+k, v+l) - I_2(u'+k, v'+l) | \tag{4.111}$$

平方差之和（SSD）

$$SSD = \sum_{k=-a}^{a} \sum_{l=-b}^{b} [I_1(u+k, v+l) - I_2(u'+k, v'+l]^2 \tag{4.112}$$

规格化互相关（NCC）

$$NCC = \cfrac{\sum_{k=-a}^{a} \sum_{l=-b}^{b} [I_1(u+k, v+l) - \mu_1] \cdot [I_2(u'+k, v'+l) - \mu_2]^2}{\sqrt[2]{\sum_{k=-a}^{a} \sum_{l=-b}^{b} [I_1(u+k, v+l) - \mu_1]^2 \sum_{k=-a}^{a} \sum_{l=-b}^{b} [I_2(u'+k, v'+l) - \mu_2]^2}}$$

$$\tag{4.113}$$

式中

$$\mu_1 = \frac{1}{mn}\sum_{k=-a}^{a}\sum_{l=-b}^{b}I_1(u+k,v+l) \tag{4.114}$$

$$\mu_2 = \frac{1}{mn}\sum_{k=-a}^{a}\sum_{l=-b}^{b}I_2(u'+k,v'+l) \tag{4.115}$$

是两个图像斑片的均值。

SAD 是三者中最简单的一个相似性度量。用参考图像 I_1 与目标图像 I_2 之间的像素相减计算 SAD，然后在斑片内将绝对差合并。SSD 比 SAD 具有更高的计算复杂度。因为它涉及多个乘法运算（例如，平方）。注意，如果两图像完全地匹配，则 SAD 和 SSD 的结果将是零。

NCC 比 SAD、SSD 算法更复杂得多，因为它涉及到多个乘、除与平方根运算；但是，它提供比 SSD 与 SAD 更好的区别性，且对仿射强度改变（也见图 4.69）也提供不变性。最后应注意，NCC 值的范围在 -1 和 1 之间，1 对应于两个图像斑片之间的最大相似性。

4.4　特征提取

一个自主移动机器人必须能够用它的传感器进行测量，然后利用这些测量信号确定它与环境的关系。如第 4.1 节所示，有种类繁多的感知技术可以利用。但我们已提供的每一种传感器不是理想的：测量经常有误差，以及与它们相关联的不确定性。但是，尽管测量有不确定性，必须以一种方法使用传感器的输入，使机器人能与它的环境成功地进行交互。

存在两种用不确定的传感器输入引导机器人行为的策略。一种策略是用各传感器的测量作原始的和单个的值。这种原始传感器的值，例如，可以被直接联系到机器人的行为，由此，机器人的动作是它传感器输入的函数；另一种选择是，传感器的原始值可以被用于更新即时模型，这样，被激发的机器人的动作成为模型的函数，而不是单个传感器测量的函数。

图 4.63　感知流程：从传感器模型到知识模型

第二种策略是首先从一个或多个传感器数据中提取信息，产生较高级的感觉，然后用它通知机器人的模型，也可直接地通知机器人的动作。我们称这个过程为**特征提取**。接下去一步，我们现在将讨论在感知解释流程（图 4.63）中一个可选的步骤。

在实际中,移动机器人并不需要对每一个动作使用特征提取和场景解释,代之以根据各特定机能,机器人在可变的范围内解释传感器。例如,为了在面临即时障碍情况下,保证紧急停止,机器人可直接使用原始的正面距离数据,停止它的驱动电机。对局部避障,在占用栅格的模型中,可以组合原始测距传感器的测量,去掉平滑避障的计量。对作图和精确的导航、距离传感器的值,甚至是视觉传感器的测量,可以经历完整的感知流程。它以特征提取为依据,紧随着场景解释,使单个传感器的不确定性对机器人制图和导航技巧的鲁棒性影响最小。因此,出现的模式是:随着人们参与更复杂、长期的感知任务,感知流程的特征提取和场景解释变得十分重要。

特征定义   特征是环境中可认识的元素结构。它们通常可从测量和数学描述中提取出来。良好的特征常常是可感知的,且易于从环境中检测。我们要区分**低级特征**(几何的基本要素)像直线、圆或多边形,以及**高级特征**(物体),诸如边缘、门、桌子或垃圾桶之间的区别。在一个极端,原始传感器提供大容量的数据,但各个体数据量的特殊性少。使用原始数据有潜在的优点,即充分利用了信息的每一位,因而有高的信息保存性。低级特征是原始数据的抽象,照此,提供较小的数据容量,同时增加了各特征的特殊性。当人们整合低级特征时,希望特征过滤掉差的或无用的数据。当然,特征提取过程的结果也可能失去某些有用的信息。高级特征从原始数据中提供最大的抽象性,由此,尽可能地减少数据的容量,同时又提供了独特的最终特征。再次提醒,抽象过程有过滤掉重要信息的危险,潜在地降低了数据的实用性。

虽然特征必须具有某些空间的局域性,但它们的几何区域可广泛地延伸。例如,拐角特征在几何环境中占据一个特定的坐标位置。相反,可视的、辨识办公楼特殊房间的"指印"适用于整个房间,但有在空间上限于特殊房间的一个位置。

在移动机器人学建立环境模型中,特征起着特殊重要的作用。它们能够更精密和鲁棒地描述环境,在制图和定位期间帮助移动机器人。在设计一个移动机器人时,关键的决策是要反复考虑选择合适的特征以供机器人使用。许多因素对决策是实质性的。

目标环境   为了使几何特征有用,目标的几何特性在实际环境中必须易于检测。例如,在办公楼环境中,由于存在大量平直的墙线段,直线特征极其有用;而同样的特征在导航火星时,实际上却是无用的。相反,点特征(角和斑点)在任何纹理化环境中似乎更为常见。作为一个例子,考虑 NASA 火星探索漫步机器人 Spirit 和 Opportunity,它们在视觉里程计[203]使用了角特征(第 4.5 节)。

可用的传感器   显然,机器人的特定的传感器和传感器的不确定性影响着不同特征的适应性。装备激光测距仪,由于激光扫描器高质量的角度和深度分辨率,机器人完全有条件使用几何上详细的特征,诸如角特征。相反,装有声纳的机器人可能没有角特征提取的合适工具。

计算的能力   基于视觉的特征提取可以招致巨大的计算成本。特别是在机器人中,视觉传感器的处理由机器人的主处理器执行。

环境表示   特征提取是朝向场景解释一个重要步骤。由此看来,所提取的特征必须提供与环境模型所用的表示方法相一致的信息。例如,非几何的基于视觉的特征,在纯几何环境模型中很少有价值。但在环境的拓扑模型中有很大价值。图 4.64 表示了用于办公楼走廊建模任务的两种不同的表示方法。这两个方法各有缺点和优点,但是直线和角特征的提取与左边表示方法有更多的关系。为详细观察地图的表示方法和它们相关的折衷,请参考第 5 章 5.5 节。

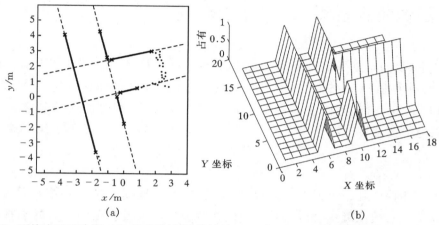

(a)   (b)

图 4.64 环境表示和建模:(a) 基于特征(连续计量);(b)占有格(离散计量)。Sjur Vestli 提供图像

在第 4.5～4.7 节,根据移动机器人学两个最普遍的感知模态:距离感知和视觉,提出特定的特征提取技术。

正如前面所述,完全解决视觉解释是一个极困难问题。过去的几十年里,为了理解基于 2D 图像的场景,重大的研究力量投入到创造算法,并慢慢地产生了富有成果的结论。

在第 4.2 节中,我们看到了商业上已有的、用于移动机器人的视觉测距和颜色跟踪传感器。这些特定的视觉应用,见证了商用解决方案,主要是因为在这两种情况下,比较好地集中了难点,因此所得到的特定问题的算法是直截了当的。但图像包含的远不止明显的深度信息和颜色斑点。我们打算解决,从图像中抽取大量特征类型的更一般性问题。

下节沿着这些线索,提出与移动机器人有关的一些点特征抽取技术。为视觉特征具有移动机器人的相关性,必需满足两个关键性的要求。首先,方法必须实时运行。移动机器人经它们的环境而运动,因而简单地处理不能是离线的。第二,方法必须对实验室之外的真实条件鲁棒。这意味着,精心设计的光照假设和精心涂绘的目标物都是不可接受的要求。

贯穿以下的阐述,牢记,视觉解释主要是有关**缩减信息**的难题。一个声纳单元产生大约每秒 50 比特的信息。与之对比,一个 CCD 摄像机可输出每秒 240 兆比特的信息。声纳产生微小信息量,从这里我们希望提取较为广泛的结论。CCD 芯片产生了过多信息,这过于丰富的信息将有关的和无关的信息随意地混杂在一起。例如,我们也许打算测量一个地标的颜色，CCD 摄像机不仅仅给出地标的颜色，也测量了环境的照明、光照的方向、由光造成的散焦、由具有不同颜色的邻近物体施加的副作用等。因而，视觉特征抽取问题是，从一幅图像中消除大多数无关信息的大部份，其余信息不含糊地描述环境中特定的特征。

4.5   图像特征提取：兴趣点检测器

本节中，我们定义局部特征这一概念，并综述一些最有效的特征提取器。由于在这个领域，计算机视觉文献非常多，我们仅详细阐述两种最流行的特征检测器，即 Harris 和 SIFT。并通过阐述其主要优缺点和应用领域，简要地介绍其它视觉传感器。感兴趣的读者可以在参考文献[320]，找到关于局部特征检测器的综合性综述。

4.5.1   引言

一个局部特征是一个图像模式，其亮度、颜色和纹理都与紧接的邻区不同。局部特征可以是小的图像斑片（譬如，同一颜色的区域）、边缘或者点（譬如，源于直线相交的角）。当代术语中，局部特征也称兴趣点、兴趣区域或关键点。

根据其语义内容，局部特征可分为三个不同的类。第一类是具有语义解释的特征，例如，对应行车道的边或医学图像中对应于血液细胞的斑点。这就是大多数车辆应用、航摄图像和医学图像处理的情况。而且，这也曾是局部特征检测器被提出以来的第一类应用。第二类是不具有语义解释的特征。这里，特征实际地表征了什么关系不大，最要的是，能够随时准确地和鲁棒地确定它们的位置。典型的应用是特征跟踪、摄像机标定、3D 重构、图像拼接和全景缝合。最后在第三类，如果独自地取出来，特征还没有语义解释；如果取在一起，能用于识别一个场景或物体。例如，计算所观测图像与查询图像之间特征匹配的数目，就能够识别场景。这种情形下，特征的位置不重要，仅匹配的数目是有意义的。应用领域包括纹理分析、场景分类、视频挖掘和图像检索（譬如，Google 图像、微软的图像 Bing、Youtube、Tineye.com 等）。这原理是基于视觉词的位置识别的基础，第 4.6 节将予以阐述。

4.5.2   理想的特征检测器属性

本节，我们汇总了一个理想的特征检测器应具备的性质。让我们从数字图像摄影学的一个具体例子开始。如今大多数用户的数字摄像机，自身都带有从多幅照片自动缝合全景的软件，图 4.65 展示了一个例子。用户简单地对场景拍摄几张快照，相邻照片之间略有重叠，软件自动地对准，并融合成一张圆柱形全景照片（图 4.65 (a)）。关键性的难点在于识别重叠图像之间的对应区。如读者可能想到那样，求解该问题的一个办法是从相邻图片中抽取特征点，根据某相似性的度量寻找对应对（图

4.65(b))、计算变换(例如,同形异义性)来将它们对准(图 4.65(c))。第一个问题是,如何在两个图像中独立地检测相同的点。譬如,在图 4.65(d)中,左图中的特征没有在右图中被再次检出。因此,我们需要一个"可重复的"特征检测器。第二个问题是:对于第一个图像中的各点,我们必须在第二个图像中正确地辨识出相应的点。因此,被检测的特征应该是明显不同的(也就是,高度可区别的)。

"可重复性"是一个好的特征检测器的最重要性质。给定从不同视角和光照条件下摄拍的相同场景的两幅图像,我们期望,第一个图像的特征的大部分,可以在第二个图像中被重检测。这要求特征对视角变化,譬如,摄像机旋转或缩放(即,比例)和光照变化是不变的。

第二个重要性质是"区别性"。也就是说,包围特征点的斑片所携带的信息应尽可能地与众不同,使得这些特征能够被区分和匹配。例如,一个棋盘的角不是与众不同的,因为它们不能彼此被区分。如以后我们会看到的,区分性也是 Harris 和 SIFT 特征之间的主要差别。Harris 看重角(例如边缘交叉),而 SIFT 看重具有高度信息内容的图像斑片(即,非角)。

一个好的特征检测器的其它重要性质是:

- 定位准确:被检的特征应该既在图像位置上和又在比例上,被准确地定位。在摄像机标定、图像 3D 重构("运动结构")以及全景缝合,准确度尤其重要。
- 特征的数量:受检特征的理想数量依赖于应用。对于大多数任务,例如物体或场景识别、图像检索,以及 3D 重构,拥有足够多数量的特征是重要的。这是为了提高识别率或重构的准确度。但是,如果特征具有一个语义解释,那么,少量数目的特征就会足以识别一个场景(例如,某些语义的"高水平"特征,可以是单独的一个物体或物体的部件,如桌子、椅子、桌子腿、门等等)。
- 不变性:好的特征对摄像机视角、环境光照以及比例(如缩放或摄像机平移)的改变,应该是不变的。当这些改变能建模成数学变换(见第 4.5.4 节),则在一定范围内实现不变性。最新某些检测器,如 SIFT(第 4.5.5.1 节)已在这个方向上成功地展示了圆满的结果。
- 计算效率:我们还期望特征能够被高效地检出和匹配。在组织 Web 上所有图像的 Google Image 所从事的项目框架下,计算效率成为它数据库的一个关键部分,如今数据库含了十几亿幅图像,每年越来越增长。这对机器人学更加重要,这里,大多数应用需要实时工作。然而,一个特征的检测和匹配的时间严格地与所期望的不变性程度相关:不变性程度越高,越多的图像变换要检测,因而计算时间更长。
- 鲁棒性:受检测的特征,对图像噪声、离散化效应、压缩的人为缺陷、模糊、偏离用于获得不变性的数学模型等,应该是鲁棒的。

4.5.3 角检测器

图像中的角点被定义为两条或多条边缘的交叉。角是具有高度可重复性的特征。

角检测的基本概念 最早角检测器之一是由 Moravec[234,235]发明。他将角定义为,在每个方向存在大的强度变化的一个点。图 4.66 给出了他的角检测算法的一个直观解释。直观上,审视中心在一个像素的小窗口,就可以认识一个角。如果像素位于一个"平坦"区域(即,均匀亮度区),那么相邻窗口会看是相似的。如果像素是沿着一个边缘,那么垂直于边缘方向的相邻窗口会看是不同的,但在平行于边缘方向上的相邻窗口,只产生小的变化。最后,如果像素处在一个角上,那么没有相邻窗口会看是相似的。Moravec 利用平方差之和(SSD,第 4.3.3 节)作为两个斑片之间相似性的度量。低的 SSD 表示更相似;如果该数是局部最大值时,就出现一个角。

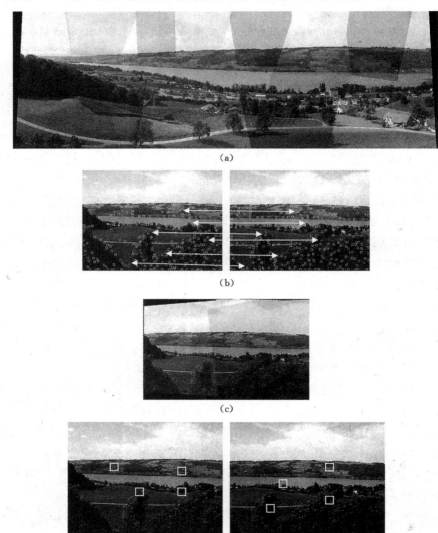

(a)

(b)

(c)

(d) 无匹配机会!

图 4.65 (a)用 Autostitch 软件从多幅重叠图像构建全景图象。(b)第一步:在两个图像中选择显著的特征,并匹配对应的点。(c)第二步:计算两个对应集合间的变换,并对准图像。(d)两个实例的图像,其特征不能被重检,也因此不能将它们匹配

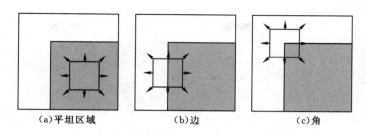

(a)平坦区域　　　　　　(b)边　　　　　　(c)角

图 4.66 (a)"平坦"区域:在所有方向上无变化。(b)"边":沿着边缘方向无变化。(c)"角":在所有方向上显著变化

4.5.3.1 Harris 角检测器

考虑了 SSD 的偏导数而不是用平移窗口,Harris 和 Stephens[146]改善了 Moravec 的角检测器。

令 I 为灰度图像,考虑取一个中心在(u,v)的图像斑片,将此移动(x,y)。这两个斑片之间平方差之和 SSD,给定为:

$$SSD(x,y) = \sum_u \sum_v (I(u,v) - I(u+x,v+y))^2 \tag{4.116}$$

$I(u+x,v+y)$可以由一阶泰勒展开式来近似。令 I_x 和 I_y 是 I 的偏导,使得:

$$I(u+x,v+y) \approx I(u,v) + I_x(u,v)x + I_y(u,v)y \tag{4.117}$$

这产生近似

$$SSD(x,y) \approx \sum_u \sum_v (I_x(u,v)x + I_y(u,v)y)^2 \tag{4.118}$$

上式可写成矩阵形式:

$$SSD(x,y) \approx \begin{bmatrix} x & y \end{bmatrix} M \begin{bmatrix} x \\ y \end{bmatrix} \tag{4.119}$$

式中 M 是二阶矩阵:

$$M = \sum_u \sum_v \begin{bmatrix} I_x^2 & I_x I_y \\ I_x I_y & I_y^2 \end{bmatrix} = \begin{bmatrix} \sum\sum I_x^2 & \sum\sum I_x I_y \\ \sum\sum I_x I_y & \sum\sum I_y^2 \end{bmatrix} \tag{4.120}$$

由于 M 是对称的,可重写为:

$$M = R^{-1} \begin{bmatrix} \lambda_1 & 0 \\ 0 & \lambda_2 \end{bmatrix} R \tag{4.121}$$

式中 λ_1 和 λ_2 是 M 的特征值。

如前所指出那样,角是由向量(x,y)在所有方向的 SSD 的大变动来表征的。Harris 检测器分析 M 的特征值,决定是否存在一个角。在证明数学表达式之前,让我们先给出直观的解释。

利用方程(4.119),我们可想象 M 是以下方程的一个椭圆(图 4.67(a)):

$$\begin{bmatrix} x & y \end{bmatrix} M \begin{bmatrix} x \\ y \end{bmatrix} = \text{常数} \tag{4.122}$$

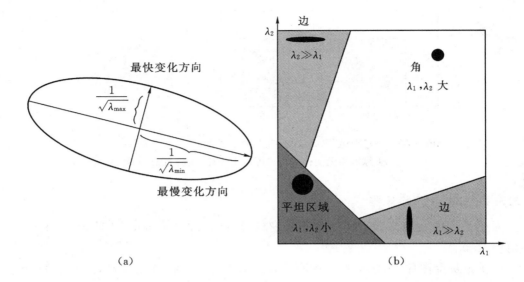

图 4.67 (a)由二阶矩矩阵构建椭圆,并显现最快和最低的强度改变方向。(b)按 Harris 和 Stephens 定义角和边的分类

该椭圆轴的长度由 M 的特征值决定,方向由 R 决定。

根据特征值的幅度,可以基于该参量作出以下推理:

- 如果 λ_1 和 λ_2 二者均小,那么 SSD 在所有方向上几乎恒定(也就是,我们出现了一个平坦区域)。
- 如果 $\lambda_1 \gg \lambda_2$,或者 $\lambda_2 \gg \lambda_1$,我们出现一个边缘:SSD 仅在垂直于该边的方向有大的变化。
- 如果 λ_1 和 λ_2 二者都大,SSD 在所有方向有大的变化,那么我们就出现一个角。

在图 4.67(b)上,图解汇总了上面所指的三种情况。

由于特征值的计算代价大,Harris 和 Stephens 建议实际中使用下面的"角函数"来代替:

$$C = \lambda_1 \lambda_2 - \kappa (\lambda_1 + \lambda_2)^2 = \det(M) - \kappa \cdot \text{trace}^2(M) \tag{4.123}$$

式中 κ 是一个可调整的敏感度参数。这方法不计算 M 的特征值,我们只需计算 M 的行列式和迹。κ 的值必须是按经验确定。文献中,通常报导在 $0.04 \sim 0.15$ 范围内。

Harris 角检测器的最后一步是,用**非最大值抑制**①抽取角函数的局部最大值。最后,仅保留大于给定阈值的局部最大值。图 4.68 阐明了处理的步骤。

图 4.68(c)展示了两例图像所检测的角。注意到,利用旋转和稍微变化的照度,这两个图像是相关的。如可看到那样,左图中检测到的特征的许多方面,在右图像中

---

① 非最大值抑制涉及重访角函数的每个像素,并确定它是否在局部最大,如果不是,则将值置零。使之仅保留最大值。

也被再次检测到。这意味，在旋转和照度小变化的情况下，Harris 检测器的可重复性高。在下一节，我们会指出 Harris 检测器的性质和它的缺点。

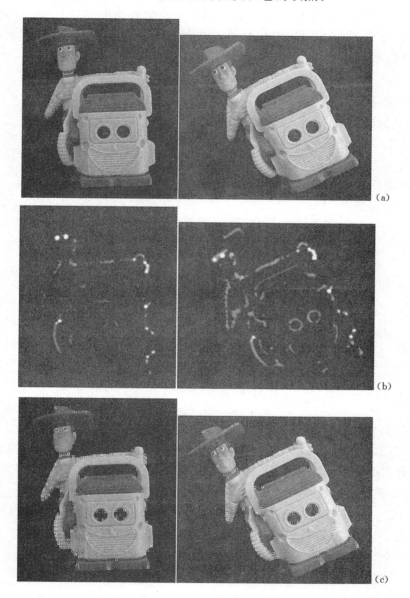

图 **4.68**　Harris 角的提取。(a)原始图像；(b)角函数；(c)Harris 角被辨识为角函数的局部最大值(只有最大值大于给定的阈值才被保留)。展示了同一物体的两个图像，照度和方位角不同

4.5.4 光度测定和几何变化的不变性

如在 4.5.2 所观测到的,一般尽管在图像中几何和光度测定有变化,我们想要被检测的特征:如果我们有同一图像的个变换的型式,则在相应的位置应该检测出特征。图像变换可以影响图像的几何或光度测定的性质。图像变换的统一的模型如下(图 4.69):

- 几何变化:
    - —2D 旋转
    - —比例(均匀重缩放)
    - —仿射
- 光度测定变化:
    - —仿射强度

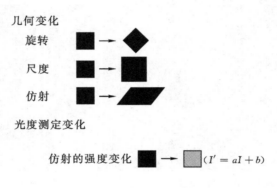

图 4.69 图像变化的模型

观察到,我们没有指出摄像机视角的改变(即,透视畸变)。在这个情形下,仅对平面物体有效的变换会是一个单应矩阵。但是,当视角变化小,且物体是局部地平面时,则仿射变换是单应性的一个良好近似。也观察到,仅当摄像机是完全围绕其光轴旋转时,才发生 2D 旋转。反而,当摄像机缩放(大或小)或沿其光轴方向平移时,出现均衡重缩放,但后者仅对局部地平面物体有效。

作为一个例子,现在让我们检验 Harris 检测器对上述变换的不变性。我们可以看到,Harris 检测器对于 2D 图像旋转是不变的。观察到二阶矩矩阵的特征值在纯粹旋转情况下不变。就可以解释清楚上述结论。的确,椭圆旋转了,但形状(即,特征值)保持不变(图 4.70(a))。事实上,为了使 Harris 检测器各向同性(即,对所有旋转是一致的),二阶矩矩阵应该在一个圆形区域而不是方形区域内计算。这通常用一个圆形对称的高斯函数,对方程(4.120)求平均予以完成。

Harris 检测器对仿射亮度变化也有不变性。这样的情形下,特征值以及角函数被一个常因子重缩放,但角函数的局部最大值的位置保持不变。相反地,Harris 检测器对几何仿射变换或尺度变化是非不变性。直观地,一个仿射变换使沿 x 和 y 方向的特征邻域，发生畸变。相应地，角可能减小或增大其曲率。关于尺度变化，如在图 4.70(b)所见，这是直接了然的。图中大尺度时，角归类为边；在小尺度时，角归类为点。

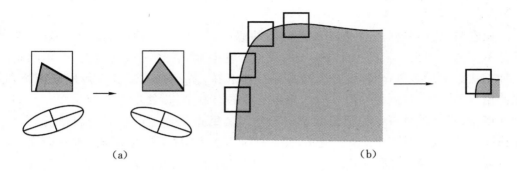

(a)　　　　　　　　　　　(b)

图 4.70　(a)Harris 检测器对图像旋转是不变的：椭圆旋转，但形状（即，特征值）保持相同。(b)　相反地，对图像尺度是非不变性的：在大尺度（左）沿角的所有点，会被分类成边，而在较小尺度情况下（右）下，点被分类成角

根据参考文献[216]中所做的对比研究，图 4.71 展示了 Harris 检测器抗尺度变化的性能。图中，可重复率画成与尺度系数相对。两个图像之间的可重复率被计算为：所找到的对应数目与所有可能对应的数目之比。如所见，将图像重缩放 2 因子，只有 20％的可能的对应被再次检出。

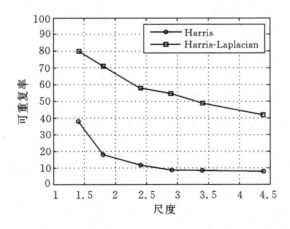

图 4.71　Harris 检测器的可重复率，与 Harris-Laplacian 对比。这图是文献[216]提出的对比研究的结果

尽管对尺度的变化是非不变的，Harris 检测器作为 Harris 和 Stephens 的原创性成就，仍被广泛使用，并可在著名的 Intel 开源计算机视觉数据库（OpenCV[343]）找到。而且，不同的兴趣点检测器的比较研究中，Schmid 等人[285]证实，Harris 角是在最可重复的和最有信息的特征之列。如我们将在下节看到，对原创结果的某些改进，使得 Harris 检测器对尺度和仿射变化也是不变的。另外，Harris 检测器的定位精度可改

善至亚像素精度。这可以通过一个二次函数在局部最大值的邻域,逼近角函数予以实现。

4.5.4.1 尺度-不变检测

在本节,我们将阐述对 Harris 检测器的修改,使 Harris 检测器设计得对尺度变化是不变的。如果我们看一下图 4.72,我们会注意到,在较高尺度情况下,检测角的一种方法是使用多重尺度 Harris 检测器。这意味,同一检测器多次使用于图像,各次使用不同的窗口(圆)尺寸。注意,多重检测的有效实施,使用了所谓尺度—空间的金字塔,而不是改变特征检测器的窗口尺寸。其思想是:,是产生原始图像的向上采样或向下采样的型式(即,金字塔)。使用多重尺度的 Harris 检测器,使我们确信在某一点上,会检测到图像 4.72(a)的角。一旦在两个图像中已检测到点,就碰到一个问题:我们如何选择对应的尺度? 换句话说,如何独立地选择在各图像中的对应圆?

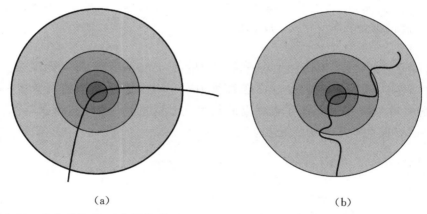

(a)   (b)

图 4.72 为实现尺度-不变的检测,在不同的尺度条件下分析图像。这意味,Harris 检测器多次施加于图像,各次用不同的窗口尺寸

计算机视觉中,正确尺度选择通常由 1998 年 Lindeberg[193] 提出的以下的方法实现:一个局部特征的合适尺度可以被选择为一个范围,对于该范围,一个给定的函数在整个缩放中达到最大值或最小值。让我们给出一个直观的解释。对图 4.72 两个图像中的每一个圆圈,让我们画出圆内像素的平均亮度为圆尺寸的一个函数。对这两个图像,我们会得到图 4.73 所示的两个图形。如期望的那样,这两个函数在 x 轴

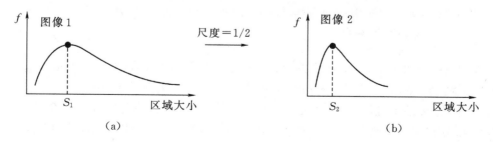

(a)   (b)

图 4.73 平均亮度作为区域大小的函数。(a)原始图像;(b)重缩放的图像

的重缩放看起来是相同的。因而,我们问题的答案就是,对圆的尺寸取作相应的尺度,由此这两个函数达到最大值。根据所选函数,我们可以取最小值而不是最大值。

　　问题是如何设计一个良好的函数。我们要建立的首要规则是,尺度检测的一个"好"函数,应像图 4.74 那样,有单一稳定的尖峰。尽管在我们例子中所使用的平均亮度函数不好,因为它可以回到多峰,甚至根本没有峰。事实上,这产生出以下结果:对于通常的图像,"好"函数是对应于反差的函数,即尖锐的局部亮度变化。高斯-拉普拉斯(Laplaclan of Gaussian,LoG)(图 4.75)是辨识尖锐亮度变化的一个好的算子,且是当前 Harris 角检测器用作尺度选择的函数。在参考文献[216,101]提出的比较研究中,已经表明,相对于其它函数,LoG 算子能给出最好的结果。LoG 对两个图像中特征的响应,如图 4.76 所示。

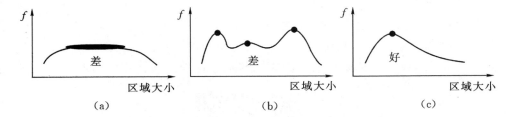

图 4.74　(a)~(b)是不良的尺度不变性函数;(c)良好的函数

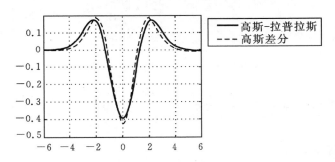

图 4.75　高斯-拉普拉斯和高斯差分的比较

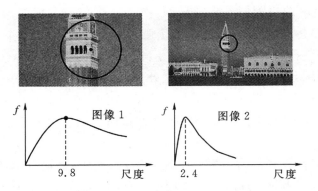

图 4.76　从不同尺度拍摄的两幅图像,对两个对应点,LoG 算子的响应

多重尺度的 Harris 检测器称之为 Harris-Laplacian,已由 Mikolajczyk 和 Schmid[217]实现。标准 Harris 和 Harris-Laplacian 之间在尺度方面的对比,展示在图 4.71。

4.5.4.2　仿射不变检测

如同第 4.5.4 节所提到的,在小的视角变化情形下,仿射变换是对局部平面斑片透视畸变的一个良好近似。在上一节,我们考虑了在均匀再缩放情况下的检测问题。现在问题是,在仿射变换条件下,它可被视为非均匀重缩放,如何检测相同的特征。过程包括以下步骤:

- 首先,使用尺度不变的 Harris-Laplacian 检测器来辨识特征。
- 然后,使用方程(4.120)二阶矩矩阵,辨识出围绕特征的亮度最快和最慢变化的两个方向。
- 从这两个方向,计算一个椭圆,其尺度与 LoG 算子计算的尺度相同。
- 将椭圆内部的区域规格化,成为一个圆形区域。
- 在图 4.77,展示了初始被检出的椭圆和最后得到的规格化的圆形状。

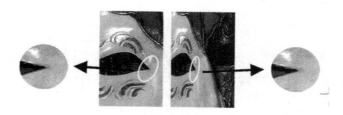

图 4.77　在两个由仿射变换关联的图像中,计算仿射不变的椭圆

仿射不变 Harris 检测器也被称为 Harris-Affine,是由 Mikolajczyk 和 Schmid[218]设计的。

4.5.4.3　其它角检测器

Shi-Tomasi 角检测器　有时也称 Kanade-Tomasi 角检测器[284]。这个检测器强烈地依赖于 Harris 角检测器。作者证明,对要经受仿射变换的图像斑片,$\min(\lambda_1, \lambda_2)$是比角函数 C(方程(4.123))更好的度量。

SUSAN 角检测器　SUSAN 代表最小同值分割吸收核(Univalue Segment Assimilating Nucleus),除了被用于角检测之外,还用于边缘检测和噪声抑制。Smith 和 Brady[296]已经介绍了 SUSAN 角检测器。它的工作原理与 Harris 检测器不同。如我们所见,Harris 是基于局部图像梯度,计算上贵昂。而 SUSAN 是基于形态学的方法,计算上比 Harris 更有效。

SUSAN 的工作原理非常简单(图 4.78(a))。对于图像中的各个像素,SUSAN 考虑固定半径的一个圆形窗口,圆心在中间。然后,根据像素是否与中心像素有"相似"或"不同"的亮度值,窗口内的所有像素被分为两类。由此,在图像的均匀亮度区域内,窗口内大多数像素点具有与中心像素点相似的亮度。边缘附近,具有相似亮度的像素部分下降至 50%,角附近会进一步下降至约 25%。因而,SUSAN 角被辨识为图像的位置,在该位置,局部邻域中具有相似亮度的像素数目达到局部最小,并低于一个设定的阈值。最后,使用非最大值抑制(见 P165 脚注)辨识局部最小。

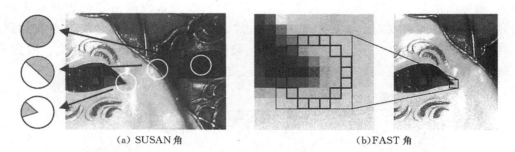

(a) SUSAN 角   (b)FAST 角

图 4.78 (a)SUSAN 检测器在圆圈内比较像素,而(b)FAST 仅在圆上比较像素

SUSAN 角展示了高的可重复性,但是,它们对噪声非常敏感。的确,很多特征常位于边缘上,而不在真实的角上。

FAST 角检测器 FAST(加速分割测试特征)检测器由 Rosten 和 Drummond[267,268] 推出。这个检测器建立在 SUSAN 检测器基础上。如我们所见,SUSAN 计算圆形窗口内的像素部分,它与中心像素具有相似亮度。相反,FAST 仅比较围绕候选点,在圆上的 16 个像素(图 4.78(b))。这就产生一个非常有效的检测器,比 Harris 快,高至 30 倍：FAST 在 2GHz 双核笔记本电脑上仅用 1~2ms,是近来计算上最有效的特征检测器。但同 SUSAN 一样,在高水平噪声中是不鲁棒的。

4.5.4.4 关于角检测器的讨论

Harris 检测器随着它的尺度和仿射不变的扩展,成为提取大量的角的一个方便工具。此外,如在几个评估[28,219,285]中报告的那样,它已被辨认为是最稳定的角检测器。可以交替地使用 SUSAN 或 FAST 检测器。它们会更高效得多,但对噪声更敏感。

根据在多重缩放中对图像分析,Shi-Tomasi、SUSAN 和 FAST 也可以像 Harris—Laplacian 一样,做成尺度不变。但是,由于角的多重缩放的性质,角的尺度估计比斑块(譬如,SIFT、MSER 或 SURF)准确度低：根据定义,角是在边的交点找到,所以在相近尺度上,它的外形变化很小。

最后,重要的是记住,仿射变换模型仅对小视角变化和在局部平面区域情形下才成立。也就是说,假定摄像机离物体比较远。

在下一节,我们将描述 SIFT 检测器。尽管作为一个斑块检测器,SIFT 的特征合并了尺度—仿射—不变 Harris 的所有性质,并对图像噪声、小的光照变化和摄像机视角大的变化,有多得多的特色和鲁棒性。

4.5.5　斑块检测器

　　斑块是一个图像模式,按亮度、颜色和纹理,它与紧邻的邻域不同。它不是边,也不是角。斑块的定置准确度一般地比角要低。但它的尺度和形状更清晰。讲得更清楚些,角可以由单个点(比如两个边的交点)来定位;而斑块仅能由它的边界来定位。在另一方面,角对尺度定位准确度低。因为,我们在前面指出,角在边的交点被找到,所以,在两个相邻的尺度上,外表变化很小。相反,斑块对尺度定位更准确。因为一个斑块的边界,直接定义了它的大小和它的尺度。

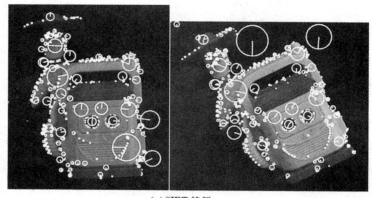

(a)SIFT 特征

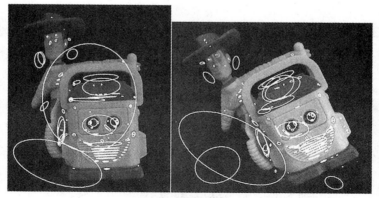

(b) MSER 特征

图 4.79　从用于图 4.68 中的 Harris 检测器的相同的样本图像中,SIFT 和 MSER 特征的抽取。可见,SIFT 和 MSER 二者免去了角。而且,MSER 看重于具有均匀亮度的区域,这两个特征检测器对亮度、尺度和视角的大变化都是鲁棒的

　　利用新的技术,斑块检测器也可被当作感兴趣点算子,或换一种说法,当作感兴趣区算子。在图 4.79 中,展示了类似斑块特征的一些例子。在这图里,我们可以看到两个特征类型:即,我们下节将描述的 SIFT 和 MSER。如我们观察到的 MSER 看重于具有均匀亮度的区域,而 SIFT 则不是。

4.5.5.1　SIFT 特征

SIFT 代表尺度不变特征变换（Scale Invariant Feature Transform），且是检测和匹配关键点的一种方法，是由 Lowe[196,197] 在 1999 年发明。SIFT 的独特性在于，这些特征极具特色，并可以在具有很大差别的光照、旋转、视点和尺度变化的图像之间成功地进行匹配。在极具挑战的条件下，它的高度的可重复性和高匹配率已使得 SIFT 成为迄今为止最佳的特征检测器。它在物体识别、机器人作图和导航、图像缝合（例如，全景图片、镶嵌图案）、3D 建模、手势识别、视觉跟踪与人脸识别等领域获得许多应用。

与所有之前阐述的方法相比，SIFT 特征的主要优势是，从兴趣点围绕兴趣点计算"描述符"它独特地描述特征所携带的信息。如我们将会看得到的，该描述符是一个向量，它表示围绕兴趣点的图像梯度的局部分布。如发明者所证明，正是这个描述符使得 SIFT 对旋转和光照、尺度及视点的小变化是鲁棒的。

在下面，我们分析 SIFT 算法的主要步骤，它们是：

- 关键点的位置和尺度的辨识。
- 方向分配。
- 关键点描述符的产生。

关键点位置和尺度的辨识　SIFT 关键点辨识的第一步，是生成所谓的高斯差分（DoG）图像。首先以不同比例（也就是，以不同的 σ），用高斯滤波器对原始图像模糊化。然后，取相继高斯-模糊图像的差。图 4.80(a) 展示了这个过程：原始图像（上左）用四个具有不同 σ 的高斯滤波器模糊化，对因子为 2 的图像向下采样之后，重复该过程。最终，简单地取相继模糊图像 4.80(b) 之间的差，计算 DoG 图像。

第二步是选择关键点。SIFT 的关键点被识别为，经过缩放的 DoG 图像的局部最大或最小值。特别地，DoG 图像中的各像素点与相同比例的 8 个邻点，加上相近比例的 9 个邻点（图 4.80(c)）进行比较。如果像素是一个局部极小或极大值，就把它选作为候选的关键点。

第三步，通过邻近点插值，在空间和尺度两个方面细化关键点的位置。最后，去除对比度小的或沿边缘的关键点，因为它们可区分性较低，并且对图像噪声不稳定。

注意，生成 DoG 图像的另一个方法，将图像和 DoG 算子进行卷积运算，DoG 算子不算什么，无非是对高斯滤波器之间的差分（图 4.75）。如图 4.75 所示，DoG 函数是高斯-拉普拉斯（LoG）的一个非常好的近似。但是，DoG 图像计算更有效，因而它们取代了 LoG，已被用在 SIFT。至此，有意的读者会认识到，SIFT 的尺度极值的选择，与 Harris—Laplacian 的尺度极值的选择非常相似。的确，与 Harris—Laplacian 的主要区别是关键点位置的辨识。在 Harris 检测器中，关键点被辨识为在图像平面中，角函数的局部极大值；而在 SIFT 中，关键点既在位置又在尺度中，又是 DoG 图像的局部极小或极大。重述一下要点，在 SIFT 中，DoG 算子被用于辨识关键点的位置和尺度二者。

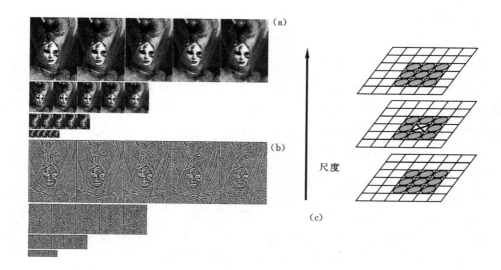

图 4.80　(a)不同尺度的高斯模糊图像；(b)高斯图像的差；(c)关键点选择为，经过相近缩
放的 DoG 图像的局部极小或极大

方向分配　这一步在于，给各关键点赋以一个指定的方向，以使它对图像旋转不变。

为确定关键点方向，在关键点的邻域计算梯度方向直方图。换句话说，对关键点邻域中每个像素，计算亮度梯度（幅值和方向），然后构建方向的直方图，使各像素的贡献按梯度幅值加权。

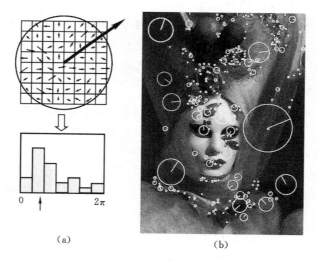

图 4.81　(a)方向分配；(b)具有检测到的方向和尺度的 SIFT 特征

直方图中的尖峰对应于主方向（图 4.81(a)）。一旦填满了直方图，对应于最高峰的方向，就分派给关键点。在最高峰 80% 之内的多峰情况下，对各个附加方向创建一

个附加的关键点,它具有与原关键点相同的位置和尺度。关键点的所有性质,相对于关键点的方向予以测量,这就提供了对旋转的不变性。

图 4.81(b)展示了最终的、具有选定的方向和尺度的关键点。

关键点描述符的生成　前几个步骤中,我们已阐述了在位置和尺度空间中如何检测 SIFT 关键点,以及如何给它们赋以方向。SIFT 算法的最后一个步骤,是对这些关键点计算描述符向量,使得描述符是高度可区分的,且对光照和视点部分地不变。

描述符是基于梯度方向的直方图。为了实现方向不变性,使梯度方向相对于关键点旋转。因此,关键点的邻域被划分为 4×4 个更小的区域,且在这些区的各区内,计算具有 8 个方向窗的梯度直方图。最后,将所有方向直方图的实体堆起来,构建描述符。所以,描述符向量的最终长度是 $16\times8=128$ 元素。为实现部分的光照不变性,描述符最后被归一化,具有单位范数。

观察到,使用更小的区域划分,或更小的直方图窗,可以构建低维数的描述符。但据文献报导,128 元素向量,根据对图像变化的鲁棒性来衡量,这是最好的结果。

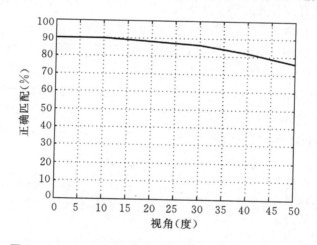

图 4.82　SIFT 关键点的正确匹配部分是视角的一个函数

在参考文献[197],也证明了对于高至 50 度的视角变化,特征匹配准确度大于50%(图 4.82)。所以,SIFT 描述符对于小视角变化是不变的。为评价 SIFT 描述符的辨别性,进行了许多测试:在一个具有关键点数目变化的数据库,计算匹配正确的数目。这些测试表明,对于很大规模数据库,SIFT 描述符的匹配准确度下降很少。这说明 SIFT 特征是高度可辨别的。

由于 SIFT 的高度的辨别性和可重复性,在近十年里,它在范围广泛的应用中已成为最好的特征检测器,尽管在效率上不及 SURF(4.5.5.2 节)。在机器人导航、3D物体识别、位置识别、同时定位与制图(SLAM)、全景拼接、图像检索、以及许多其他应用中,已获得极佳的成果。

4.5.5.2 其它的斑点检测器

MSER 检测器 用于匹配特征的最大稳定极值区域（MSER）法,已由 Matas[210]等人提出,它对大视角变化是鲁棒的。一个最大稳定的极值区域是一个像素连接的组成部分,其像素具有比边界外(图 4.79b)所有的像素或较高或较低的亮度。用一个恰当的亮度阈值并具有几个期望的性质,选择这些极值区域。第一,它们对单调的亮度变化有完全的不变性;第二,对仿射图像变换是不变的。

SURF 检测器 SURF 代表加速鲁棒特征（Speed Up Robust Feature）,已由 Bay等人[71]提出。这个尺度不变特征检测器强烈地受 SIFT 启发,但快多倍。基本上它使用了 Haar 小波①,逼近 DoG 滤波器,用积分图像②作卷积,这使得滤波过程更有效率,但以相对于 SIFT,鲁棒性小为代价。

4.5.5.3 关于特征检测器总结

表 4.2 给出了前几节所阐述的特征检测器的最重要性质的综合。Harris 检测器取得最高可重复性和定位准确度,以及其尺度和仿射不变的型式。SUSAN 和 FAST避免了图像导数的计算,因而比 Harris 更有效;但没有平滑处理,使它们对噪声更敏感。原始的 Harris、Shi-Tomasi、SUSAN 和 FAST 都不是尺度不变的。但有文献论述,关于使用 4.5.4.1 节的方法如何实现尺度不变性。

相对于最初的 Harris,Harris-Laplace 保持尺度不变性;但由于角的多尺度本质,它的尺度估计准确度比 SIFT、MSER 以及 SURF 低。最后,SURF 检测器表现出高的可重复性、尺度和视点不变性;但它是为效率而设计的,因而性能不如 SIFT。

表 4.2 特征检测器比较:性质和性能

	角检测	斑块检测	旋转不变	尺度不变	仿射不变	可重复率	定位准确度	鲁棒性	效率
Harris	×		×			+++	+++	++	++
Shi-Tomasi	×		×			+++	+++	++	++
Harris-Laplacian	×	×	×	×		+++	+++	++	+
Harris-Affine	×	×	×	×	×	+++	+++	++	++
SUSAN	×		×			++	++	++	+++
FAST	×		×			++	++	++	++++
SIFT		×	×	×	×	+++	++	+++	+
MSER		×	×	×	×	+++	+	+++	+++
SURF		×	×	×	×	++	++	++	++

---

① Haar 小波是分段定常函数。
② 积分图像是一个算法,以快速和有效地产生一个栅格的矩形子区域内元素值的和。

GPU 和 FPGA 实现　利用现代图像处理单元（GPUs）和场可编程门阵列（FP-GA）所提供的并行处理，实现了一些特征检测器。在参考文献[150,292]阐述了 SIFT 的 GPU 实现。在参考文献[89]讨论了 Harris-Affine 特征检测器的 FPGA 实现，在参考文献[286]讨论了 SIFT 检测器的实现。对 GPUs 和 FPGA 这些算法可实现性，使得计算机视觉算法能以高帧率工作。

开源软件：Web 资源

本节阐述的大多数特征检测器（Harris、MSER、FAST、SURF 和其它）在 OpenCV 库中都有可用源代码：http：//openvc. willowgarage. com/wiki

- OpenCV：http：//opencv. willowgarage. com/wiki
- SUSAN 源代码：http：//users. fmrib. ox. ac. uk/～steve/susan
- FAST 源代码：http：//mi. eng. cam. ac. uk/～er258/work/fast. html
- David Lowe 的 SIFT 可执行程序：http：//people. cs. ubc. ca/～lowe/keypoints
- Andrea Vedaldi 重新实现了 SIFT、MSER 和其它特征检测器，C 和 Matlab 源代码：http：//www. vlfeat. org
- ETH Zurich 的自主系统实验室开发的基于 SIFT 的 3D 目标识别工具箱：ht-tp：robotics. ethz. ch/～ortk
- ERSP 视觉工具。进化机器人学真实物体识别精彩的演示（用户完成注册后可下载）：http：//www. evolution. com/product/oem/download/？ ch＝Vision
- SURF 预编译软件，（也有 GPU 实现）：
  http：//www. vision. ee. ethz. ch/～surf

4.6　位置识别

4.6.1　引言

位置识别（或地置识别）　描述在环境中命名各别地置的能力。要求是，有可能将环境分立地划分为地置和地置的表象，且具有表象的地置被存贮在数据库。然后，从机器人当前传感器测量中计算表象，并在数据库中搜索被存储的最相似的表象，位置的识别过程就运作。检索到的表象会告诉我们机器人的位置。

如被许多作者[108,131,138,208,214,325]所描述的那样，位置识别是拓扑环境地图中，机器人定位的自然形式。视觉传感器（即，摄像机），在描述上和在辨别力上，完美地适合创建丰富的表象。至今，提出的多数视觉表象可以被分为全局表象和局部表象。全局表象，绝大多数以域变换方式，使用整个摄像机的图像作为位置的一个表象。例如，PCA 变换图像[159]、傅里叶变换图像[213]、图像直方图、图像指印[182]、GIST 描述符[253,254]等等。而局部表象代之以，首先辨识图像的独特区域，而后仅由此创建表象。此类方法很大程度上依赖于使用我们已在 4.5 节见过的兴趣点或兴趣区域检测器对独特区域的检测。随着许多有效的兴趣点检测器的发展,局部方法已经被证明是实用的。今天,已被应用于多个系统。因而,我们将首先阐述这个方法,并将它作为位置识别的优先的方法。在后面两节,我们也将综述最早的、用图像直方图和指印的位置识别法。事实上,尽管这些方法已被基于**视觉词**的局部方法超越,但它们仍用在某些机器人应用中。

4.6.2　从特征包到视觉词

　　仅有一组兴趣点的图像表象通常被称为特征包。对各兴趣点,描述符通常按以下方式计算:它对旋转、缩放、亮度以及视点变化是不变的(4.5.4 节)。流行的方法是使用梯度直方图,例如,SIFT(4.5.5.1 节)或 SURF(4.5.5.2 节)。这组描述符是图像的一个新的表象。因为兴趣点之间的原空间关系被去除、只记住描述符,就被称为特征包。总计公共描述符的数量,就可以计算两组描述符之间的相似度。为此,必须定义一个匹配函数,它允许我们确定两个特征描述符是否相同。这匹配函数通常依赖于特征描述符的类型。但一般而言,一个特征描述符是一个高维向量,用 L_2 范数计算距离,可获得匹配特征。视觉词是高维特征描述符的一维表象,这意味着,一个 128 维 SIFT 描述符的视觉词只是一个单独整数。转换到视觉词,创建了一个视觉词包,而不是特征包。对于这个转换,高维描述符空间被划分成不重叠的单元。这个划分通过 k-均值聚类进行计算[18]。为了聚类,需要大量的特征描述符。计算得到的聚类边界,构成了特征空间的单元划分。现在给各单元分派一个数,该数会被分派到单元内任何特征描述符。这个数被称为视觉词。然后,相似的特征描述符被分类到同一单元,因而获得所分配的相同视觉词。图 4.83 阐明了这过程。这是一个寻找匹配

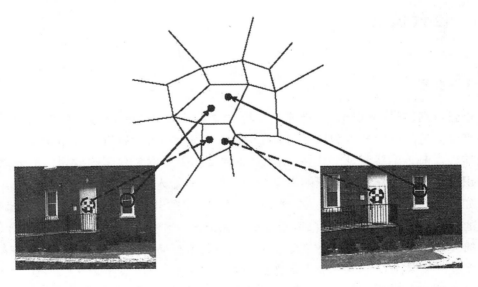

图 4.83　描述符特征空间划分。每个单元子代表一个视觉词。相似的特征描述符被分类到相同单元,所以获得所分配的相同视觉词

特征描述符的一个非常有效的方法。由划分而创建的视觉词被称为**视觉词汇**。

为了**量化**,各单元存储了一个原型向量,它是单元里所有训练描述符的平均描述符向量。为了将一个特征描述符分派给它的单元,它必须与所有原型向量进行比较。对数量众多的单元,这可能是很昂贵的操作。将称之为**词汇树**[243]的特征空间建立一个分层分割,可以加速这个过程。

4.6.3 使用倒排文件的有效位置识别

特征量化成视觉词是高效位置识别的一个关键部分。另一个是,使用数据库的一个倒排文件,以及相似度计算一个投票方案。组织成倒排文件的数据库是由所有可能视觉词的一个列表。表中各个元素指向另一个持有所有图像辨识符的列表,在图像辨识符中出现特定的视觉词。图 4.84 图示说明了此过程,在数据库中寻找与给定一个查询集的最相似的视觉词集,投票方案工作如下:初始化投票阵列,阵列具有的单元数与数据库中的图像一样多;从查询图像中取一个视觉词,处理属于该视觉词的图像辨识符列表。对所有表中图像标识符投一票,就增加投票阵列中相应位置的值,于是,与查询图像最相似的图像有最高的选票。如果描述符向量已被正确地归一化,则这个投票方案可以精确地计算 L_2 范数[243]。

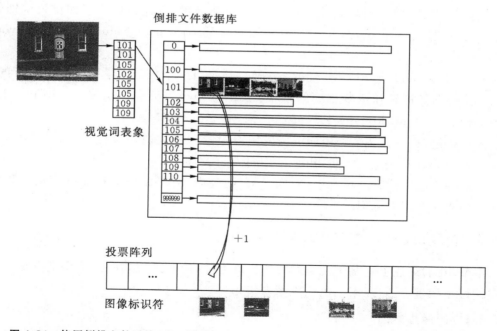

图 4.84 使用倒排文件系统,基于视觉词的位置识别。如果查询图像中出现一个相同的视觉词,则在数据库的图像获得一票

这算法不仅给出数据库中最相似的图像,还建立了数据库中所有图像按相似度的排列顺序而不增加额外计算代价。这可用于鲁棒位置识别。

4.6.4　鲁棒位置识别的几何验证

视觉词组不再包含空间关系,因此具有相同视觉词,但处在不同的空间排列的图像也会有高度的相似性。但是,空间关系可以被最后的几何验证再次强行建立。为此,要测试查询中 k 个最相似的图像的几何一致性。几何一致性测试使用匹配视觉词的 x 与 y 图像的坐标计算几何变换。所用的变换是仿射变换、单应变换、或者图像之间本质矩阵变换(4.2.6 节)。使用 RANSAC[128](4.7.2.4 节),计算是以鲁棒的方式执行,并总计变换内窗层的数目。具有查询图像的内窗层,其数目达到最大的图像,被报告为最终匹配,于是返回地置识别中的期望定位。

4.6.5　应用

位置识别方法在几个应用领域已被成功地应用,在参考文献[131]中它被应用于拓扑定位和制图,它也是 FABMAP 的核心算法[108],该算法已由概率形式化描述所扩展。用该方案的其它方法,在参考文献[56,276]中有阐述。

网络上可用的源代码有:

- F. Fraundorfer 等人[131]开发的基于词汇树的图像搜索。它在机器人学中(在视觉 SLAM 中,对环路检测有用)是非常流行的、图像快速检索和位置识别的一个框架。http://www1. ethz. ch/cvg/people/postgraduate/fraundof/voc-search
- M. Cummins 等人[108]开发的 FABMAP 是另一个机器人学中也非常流行的、快速图像检索和位置识别的框架:http://www. robots. ox. ac. uk/~mobile/wikisite/pmwiki/pmwiki. php? n=Software. FABMAP
- 特征包:它是另一个利用词汇树的图像检索和视觉识别的有力工具。http://www. vlfeat. org/~vedaldi/code/bag/bag. html
  这些算法在同时定位和制图(SLAM)问题中,对环路检测都非常有用。我们会在 5.8 节中见到。

4.6.6　位置识别的其它图像表象

本节,我们综述上述基于视觉词方法出现之前,两类最成功的位置识别方法。第一类使用图像直方图;而第二类使用图像指印。

4.6.6.1　图像直方图

一个单独可视图像提供如此多的关于机器人即时的环境信息,于是搜索图像特殊局部特征的另一个办法是,利用整个图像(即,所有图像的像素点)所捕获的信息来提取**全图像特征或全局图像特征**。全图像特征不是被设计成识别指定的空间结构,诸如障碍物或特定路标的位置,而是把它们用作整个局部区域的精确表象。从机器人定位的观点看,其目标是从与机器人位置密切相关的图像中提取一个或多个特征。

换句话说,机器人位置小的改变应只造成全图像特征小的变化,而机器人位置大的改变应相应地使全图像特征有大的变化。

为此目的,在设计一个视觉传感器时,逻辑上的第一步是使摄像机的视场最大化。当视场增大时,机器人环境中小尺寸的结构占据图像的较小部分,由此就减轻了单独场景物对图像特征的影响。现在,在移动机器人学中,非常普遍的折反射摄像机系统具有极广的视场(4.2.4节)。

折反射的图像是弯曲在 2D 表面上的 360 度图像。因此,根据对小尺寸机器人运动的灵敏度,它具有另一个重要优点。如果把摄像机垂直地装在机器人上,使图像表示围绕机器人的环境(即,它的水平,图 4.37(a)),摄像机和机器人的转动只产生图像的转动。简而言之,折反射摄像机可以对视场旋转不变。

当然,移动机器人仍然改变了图像,即,像素位置将会改变,虽然新的图像只是原图像的转动。但我们打算经直方图提取图像特征。因为直方图编制是像素值集合的函数,不是各像素位置的函数,所以该过程是像素-位置不变的。当与折反射摄像机的视场不变性结合在一起时,我们可以建立一个对机器人转动是不变的系统,且对小尺寸机器人平移不敏感。

彩色摄像机的输出图像,沿多个波段:r、g 和 b 以及色调、饱和度和亮度,通常都包含有用信息。最简单的直方图提取策略是建立表征各波段的、分立的 1D 直方图。给定一幅彩色摄像机图像 G,第一步是建立从 G 到 n 个可用波段各段的映射。我们用 G_i 当作一个阵列,存储 G 中所有像素 在波段 i 中的值。各指定波段的直方图 H_i,计算如下:

- 作为预处理,用高斯平滑算子,平滑 G_i。
- 用 n 个电平初始化 H_i,$H[j]=0$,对 $j=1,\cdots,n$。
- 对 G_i 的每一个像素 (x,y),递增直方图:$H_i\,[G_i(x,y)]^{+=1}$。

给定图 4.37(a)中的图像,图像直方图技术提取 6 个直方图(对各 r、g、b、色调、饱和度和亮度),如图 4.85 所示。为了将这种直方图用作全图像特征,我们需要多种途径比较直方图,对直方图映射到附近机器人位置的似然值,进行量化。定义有用的直方图距离的计量问题,其本身是图像检索领域内一个重要的子领域。作为综述,请参阅文献[127]。在移动机器人定位中碰到的,最成功的距离计量之一是**杰弗里**(Jeffrey)**散度**。给定两个直方图 H 和 K,用 h_i 和 k_i 表示直方图实体,杰弗里散度 $d(H,K)$ 定义为:

$$d(H,K) = \sum \left(h_i \log \frac{2h_i}{h_i+k_i} + k_i \log \frac{2k_i}{h_i+k_i} \right) \tag{4.124}$$

利用诸如杰弗里散度这样尺度,移动机器人已经用全图像直方图特征对以前记录的环境位置的图像数据库,实时辨识它们的位置。利用这个全图像提取方法,机器人可以容易地恢复它所处的特殊走廊或特殊房间[325]。

最后,注意到,在前十年,已设计了另一个全局图像描述符——称之为 GIST。图像由每个颜色波段的一个 320 维向量表示。特征向量相应于可控滤波的平均响应,

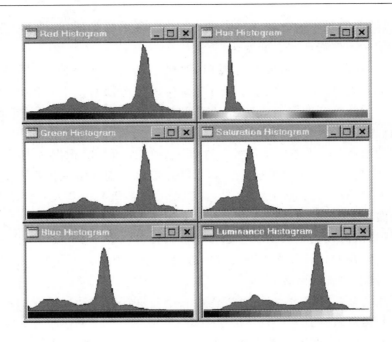

图 4.85 上面图像的 6 个 1D 直方图,在编制直方图之前,5×5 平滑滤
波器与各波段进行卷积

它是以不同尺度和方向对 4×4 子窗口进行计算而得。因为对 GIST 描述符的完整
解释超出本书范围,为深入研究读者可以参阅文献[253,254]和[238]。

4.6.6.2 图像指印

这方法与视觉词方法类似,不同之处在于,使用的特征不是兴趣点而是线与色块
等形态学特征。尽管性能被新颖的基于视觉词的位置识别方法所超越,但该方法对
室内和室外移动机器人的多个应用仍然相当有用。

我们阐述此类方法的一个特殊实现方法,称为图像指印,它首次在参考文献
[182]中被提出。如同以前的算法,系统采用了一个 360 度的全景图像。第一提取层
针对空间定位特征:垂直边缘和颜色的 16 个分立色调,搜索全景图像。垂直边缘检
测器是一个实现水平差分算子的简单的梯度法。如垂直边缘霍夫变换一样,垂直边
缘由各边缘像素"投票表决"而定。可使用自适应阈值以减少边缘数目。假定对各候
选的垂直线,霍夫表的计分具有均值 μ 和标准偏差 σ,则所选阈值就简单地为 $\mu+\sigma$。

大体上以相同的方法辨识垂直的颜色波段,对各颜色的出现确认统计,然后,除
了那些计分大于 $\mu+\sigma$ 之外,筛选出所有颜色的斑纹。图 4.86 表示了两个样本全景
图像和它们相关的指印。注意,各指印被转换成用 ASCII 字符串表示。

正像在图像直方图编制中使用直方图的距离度量一样,我们需要对两个指印之
间的距离有一个可定量的度量。但字符串匹配算法是另一个大的研究领域,今天在
基因[55]领域有特别重要的应用。注意,我们拥有的字符串,不仅单个元素值有差别,

甚至它们整个长度有差别。例如,图 4.87 表示了用上面算法所产生的三个实际序列。头一个字符串应该与 Place 1 相匹配,但我们注意到,在字符串之间存在节删和插入。

图 4.86 两个全景图和它们相关的指印序列[182]

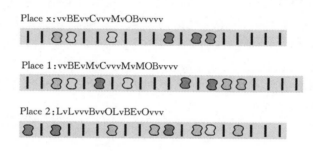

图 4.87 三个实际符号串序列。头两个是在同一位置上由机器人提取的符号串[182]

用于字符串区分的指印法技术被称为**最小能量算法**。借鉴立体视觉界的思想,该基于优化的算法会找到一个序列"转换"成另一个序列而所需的最小能量。结果是一个距离的度量,它对增加或减少个体局部特征相对不敏感,同时在不同的环境中仍能鲁棒地确认正确匹配的字符串。

我们应该对读者说清楚,图像直方图和图像指印位置表象实现方便、直接。因此,这些方法变得非常流行。尽管,对更多种类的应用,基于视觉词的方法已超越它们。

4.7 基于距离数据(激光、超声)的特征提取

今天大多数从测距传感器提取的特征都是几何基本元素,诸如线段或圆。其主要的理由是,对大多数其他几何元素,特征的参数描述太复杂,并且不存在闭式解。

本节,我们把重点放在直线提取。因为直线片段是最简单的特征抽取。如我们会在第 5 章看到那样,为执行像机器人定位或自动地图构建任务,直线被用于匹配激光扫描。

在未知环境中进行直线提取,存在三个主要问题:

- 存在多少条直线?
- 哪一点归属于哪条直线?
- 给出属于一条线的点,如何估计直线模型的参数?

为回答这些问题,我们针对 2D 距离扫描,提出 6 个最普及的直线提取算法。我们的选择是基于在移动机器人学(尤其是特征提取),和计算机视觉两领域中,它们的性能和普遍性。我们仅给出算法的基本型式,虽然在不同的应用和实现中,细节可能有所不同。更多的细节,感兴趣的读者应参考给出的文献。在大多数情况下,我们的实现方法紧接下面描述的伪代码,其它情况会有说明。

在阐述这 6 个算法之前,我们将首先解释直线拟合问题,它回答第三个问题:"给出属于一条线的点,如何估计直线模型的参数?"。在描述直线拟合中,我们将展示 4.1.3 节提出的不确定性模型,如何可以用于组合的多传感器测量。然后,我们从噪声距离测量中,描述直线提取的 6 个算法,回答头两个问题。最后,利用距离数据、角与平面特征,我们将简单地提出其它非常成功的室内移动机器人的特征。并展示如何可以将这些特征组合成单一的表象。

4.7.1　直线提取

几何特征拟合通常是将被测的传感器数据与期望特征的预定描述或模板,进行比较和匹配的过程。通常,传感器测量的数目超过被估计的特征参数的数目,系统是超定的。因为传感器的测量都存在某些误差,故没有理想的一致解,而是一个优化问题。例如,人们可以适配特征,使之与全部传感器所用的测量值之间的差异最小(例如,最小平方估计)。

在本节,我们对从不确定的传感器测量集合中提取直线特征的问题,提出一个基于优化的解决方案。比下述更为详细的描述,请参考文献[17,pp. 15]和[221]。

4.7.1.1　从不确定的距离传感器数据中提取概率直线

我们的目标,如图 4.88 所示,是将一条直线拟合传感器测量的集合。这里存在着与各个带噪声的距离传感器测量有关的不确定性,所以不存在通过集合的单条直线,而是给定某些优化的准则,我们希望选择最佳可能的匹配。

更正式地,假定机器人传感器,在极坐标中,产生 n 个距离测量点 $x_i = (\rho_i, \theta_i)$。我们知道存在与各测量有关的不确定性。所以,我们可以用两个随机变量 $X_i = (P_i, Q_i)$ 对各测量进行建模。在分析中,我们假定相对于实际值 P 和 Q 的不确定性是独立的。根据式(4.11),我们可在形式上阐述为:

$$E[P_i \cdot P_j] = E[P_i]E[P_j], \ \forall \ i,j = 1,\ldots,n \mid i \neq j \qquad (4.125)$$

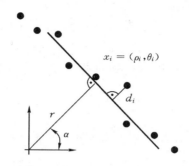

图 4.88　在最小平方意义上估计直线。模型参数 r（垂直长度）和 α（与横坐标的角度）唯一地描述直线

$$E[Q_i \cdot Q_j] = E[Q_i]E[Q_j], \ \forall \ i,j = 1,\dots,n \mid i \neq j \qquad (4.126)$$

$$E[P_i \cdot Q_j] = E[P_i]E[Q_j], \ \forall \ i,j = 1,\dots,n \qquad (4.127)$$

而且，我们假定各个随机变量受高斯概率密度曲线的约束，具有真值平均和某特定的方差：

$$P_i \sim N(\rho_i, \sigma_{\rho_i}^2) \qquad (4.128)$$

$$Q_i \sim N(\theta_i, \sigma_{\theta_i}^2) \qquad (4.129)$$

给定某些测量点 (ρ,θ)，我们可以计算相应的欧氏坐标为 $x = \rho\cos\theta$ 和 $y = \rho\sin\theta$。如果没有误差，我们要寻求一条直线，使全部测量点都在那条直线上：

$$\rho\cos\theta\cos\alpha + \rho\sin\theta\sin\alpha - r = \rho\cos(\theta - \alpha) - r = 0 \qquad (4.130)$$

当然，因为存在测量误差，所以上式不为零。当它非零时，特别地，根据点和直线之间最小的正交距离，这就是测量点 (ρ,θ) 和直线之间误差的度量。了解如何对应该最小化的误差进行测量常常是重要的。例如，许多直线提取技术并不使正交的点—线距离最小，而是使点线之间并行于 y 轴的距离最小。在参考文献[25]中可以看到各种优化准则的很好说明，在该文献里，提出了几个使代数和几何距离最小的拟合圆和椭圆的算法。

对各特定的 (ρ_i, θ_i)，我们可以写出 (ρ_i, θ_i) 和直线之间的正交距离 d_i 为：

$$\rho_i \cos(\theta_i - \alpha) - r = d_i \qquad (4.131)$$

如果我们考虑各测量有相同的不确定性，对全部的测量点，我们可以将所有误差的平方加在一起，对直线和全部测量之间的整个拟合进行量化：

$$S = \sum_i d_i^2 = \sum_i (\rho_i \cos(\theta_i - \alpha) - r)^2 \qquad (4.132)$$

我们的目标是，在选择直线参数 (α, r) 时使 S 最小。通过求解非线性方程组，我们可以做到：

$$\frac{\partial S}{\partial \alpha} = 0 \qquad \frac{\partial S}{\partial r} = 0 \qquad (4.133)$$

上面的公式被认为是**不加权的最小平方解**，因为在测量点之间没有造成差别。

在现实中记录测量时,根据机器人和环境的几何特性,各传感器的测量可能有它自己独特的不确定性。例如,关于基于视觉的立体测距,我们知道它的不确定性,以及方差随机器人和物体之间距离的平方而增加。为了使用特殊传感器测量的关于距离 ρ_i 不确定性建模的方差 σ_i^2,我们用以下公式对各测量计算一个单独的权值:

$$w_i = 1/\sigma_i^2 \tag{4.134}[1]$$

由此,式(4.132)变为

$$S = \sum_i w_i d_i^2 = \sum_i w_i \left(\rho_i \cos(\theta_i - \alpha) - r \right)^2 \tag{4.135}$$

可以证明,在加权最小平方意义上[2],方程(4.133)的解为:

$$\alpha = \frac{1}{2} \text{atan} \left[\frac{\sum w_i \rho_i^2 \sin 2\theta_i - \dfrac{2}{\Sigma w_i} \sum \sum w_i w_j \rho_i \rho_j \cos(\theta_i) \cos(\theta_j)}{\sum w_i \rho_i^2 \cos 2\theta_i - \dfrac{2}{\Sigma w_i} \sum \sum w_i w_j \rho_i \rho_j \cos(\theta_i + \theta_j)} \right] \tag{4.136}$$

$$r = \frac{\sum w_i \rho_i \cos(\theta_i - \alpha)}{\sum w_i} \tag{4.137}$$

实际上,方程(4.136)使用了四次方的反正切(atan2)[3]

表 4.3   测量值

传感器的指示角 $\theta_i / \mathrm{°C}$	距离 ρ_i / m
0	0.5197
5	0.4404
10	0.4850
15	0.4222
20	0.4132
25	0.4371
30	0.3912
35	0.3949
40	0.3919
45	0.4276
50	0.4075
55	0.3956
60	0.4053
65	0.4752
70	0.5032
75	0.5273
80	0.4879

---

①   当 σ_i 给定(也许某些附加信息),确定合适的权值问题一般是复杂的,且超出本书范围,为慎重处理,请参阅文献[11]。

②   这里我们遵循参考文献[17]中的概念,并区分加权最小平方问题,如果 C_X 是对角的(输入误差相互独立)和广义最小平方问题,如果 C_X 是非对角的。

③   (atan2)计算 $\tan(x/y) - 1$,但使用 x 和 y 二者的符号以确定最终角度所在的象限。例如,atan$(-2, -2) = -135°$,而 atan2$(2,2) = 45°$。如用单自变量反正切函数,差别就会被丢失。

　　让我们用一个具体例子说明方程（4.136）和（4.137）。用一个装在移动机器人上的激光距离传感器，已获得了表 4.3 中 17 个测量值（ρ_i, θ_i），图 4.89 展示了这些测量值。通常考虑测量不确定性与测量距离成正比，但为了简化计算，这种情况下，我们假定所有测量的不确定性都相等，我们也假定测量是不相关的，且测量期间机器人是静止的。直接用求解方程，得到由 $\alpha = 37.36$ 和 $r = 0.4$ 限定的直线。该直线代表在最小平方意义上最好的拟合，并表示于图 4.89。

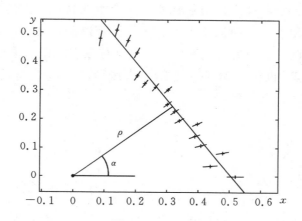

　　图 4.89　从激光距离测量（＋）中提取直线。在各测量点的短线表示测量的不确定性
　　　　　　　　　σ，它正比于测量距离

4.7.1.2　直线提取期间的不确定性传播

　　让我们回到 4.1.3 节的主题，我们想了解特定传感器测量的不确定性如何传播，以支配所提取直线的不确定性。换句话说，在方程（4.136）和（4.137）中 ρ_i 和 θ_i 如何转播以影响 α 和 r 的不确定性？

　　这要求直接应用方程（4.15），式中 A 和 R 分别表示随机输出变量 α 和 r。

　　目标是推导 $2n \times 2n$ 输入协方差矩阵

$$C_{AR} = \begin{bmatrix} \sigma_A^2 & \sigma_{AB} \\ \sigma_{AR} & \sigma_R^2 \end{bmatrix} \tag{4.138}$$

给定 $2n \times 2n$ 输入协方差矩阵

$$C_X = \begin{bmatrix} C_P & \mathbf{0} \\ \mathbf{0} & C_Q \end{bmatrix} = \begin{bmatrix} \mathrm{diag}(\sigma_{\rho_i}^2) & \mathbf{0} \\ \mathbf{0} & \mathrm{diag}(\sigma_{\theta_i}^2) \end{bmatrix} \tag{4.139}$$

和系统关系式（方程（4.136）和（4.137）），然后通过计算雅可比

$$F_{PQ} = \begin{bmatrix} \dfrac{\partial \alpha}{\partial P_1} & \dfrac{\partial \alpha}{\partial P_2} \cdots & \dfrac{\partial \alpha}{\partial P_n} & \dfrac{\partial \alpha}{\partial Q_1} & \dfrac{\partial \alpha}{\partial Q_2} \cdots & \dfrac{\partial \alpha}{\partial Q_n} \\ \dfrac{\partial r}{\partial P_1} & \dfrac{\partial r}{\partial P_2} \cdots & \dfrac{\partial r}{\partial P_n} & \dfrac{\partial r}{\partial Q_1} & \dfrac{\partial r}{\partial Q_2} \cdots & \dfrac{\partial r}{\partial Q_n} \end{bmatrix} \tag{4.140}$$

我们可以示例不确定性转播方程(4.15),得到 C_{AR}:

$$C_{AR} = F_{PQ}C_XF_{PQ}^{T} \tag{4.141}$$

由此,我们根据测量点的概率,已经计算了所提取直线(α,r)的概率 C_{AR}。关于该方法的更详细资料,请参考文献[8,59]。

4.7.2 6 个直线提取算法

前一节描述了给定距离测量的集合如何拟合直线特征。遗憾的是,特征的提取过程要比特征复杂得多。移动机器人确实获取了距离测量的集合,但一般距离测量不是一条直线的全部。而只有距离测量的某些部分在直线提取中起作用。更进一步地说,在测量集合里,也许表示了一个以上直线特征。这个更现实的场景表示于图4.90。

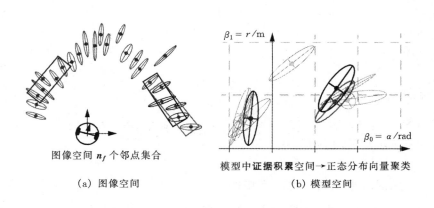

(a) 图像空间   (b) 模型空间

图 4.90 聚类:寻找公共直线的相邻段[59]

把测量集合划分成子集的过程,可以用称为分割的术语予以解释,且是直线提取的一个最重要步骤。下面我们将阐述 6 个流行的直线提取(分割)算法。对评论和这些算法之间的比较,我们推荐读者参考文献[247]。

4.7.2.1 算法 1:分裂-合并法

分裂-合并法是最流行的直线提取算法。该算法源于计算机视觉[257],并已在许多著作[96,121,287,78,336]中被研究和使用。该算法的概述在算法 1 中。

注意,可在第 3 行对该算法稍加修改,以使它对噪声更鲁棒。确实,某些时候,分裂的位置是由一个点造成,该点虽仍属同一条直线,但由于噪声而出现在离这条直线太远的地方。这种情形下,我们扫描分裂的位置,在该位置,两个邻的点 P_1 和 P_2 处于直线的同侧,并且二者距直线的距离都大于阈值。如果仅找到一个这样的点,那么我们将它作为一个噪声点,自动丢弃。

算法 1：分裂-合并法

---

1. 初始化：集合 s_1 由 N 个点组成。将 s_1 放入列表 L

2. 将一条直线拟合到 L 中的下一个集合 s_i

3. 检测距直线最远距离 d_P 的点 P

4. 如果 d_P 小于一个阈值，继续（转到步骤 2）

5. 否则，将在 P 的 s_i 分裂为 s_{i1} 和 s_{i2}，并以 s_{i1} 和 s_{i2} 取代 L 中的 s_i，继续（转到步骤 2）

6. 当 L 中所有集合（直线段）都被检出，合并共线段

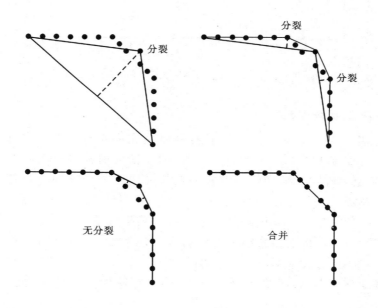

图 4.91 以迭代适应点方式实施的分裂-合并法。在此情况下，直线并不适配这些点，而是由连接第一个点和最后一个点来构建

观察到，在第 2 行中，我们可以利用 4.7.1 节所述的最小二乘法作直线拟合。换一种方法，也可简单地连接第一个和最后一个点来构建直线。这种情形下，该算法称为迭代适应点[19,287,78,336] 算法，是实现分裂-合并法的一个良好的综合方法。在图 4.91图解说明了此过程。

最后，在图 4.92 展示了分裂-合并法用于 2D 激光扫描。

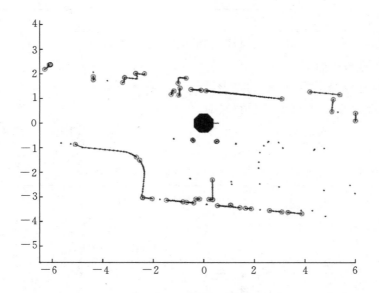

图 4.92 应用于 2D 激光扫描的分裂-合并法。(图像由 B. Jensen 提供)

4.7.2.2 算法 2：直线回归法

文献[59]中提出了该算法。它使用大小为 N_f 的一个滑动窗。在每个时间步上，滑窗内的 N_f 个点被拟合成一条直线。接着，滑动窗向前移动一个点(这就是为什么角滑动窗)，重复直线拟合操作。目的是寻找相邻线段并将它们合并在一起。为此，在每一步，计算最后两个滑动窗间的马氏距离[①]，并存储在一个**保真度**阵列中。当所有的点都被分析时，扫描保真度阵列寻求相继的相似元素。这是利用一个适当聚类算法来实现的。最后，再次用直线回归将聚合的相继直线段合并在一起。这个算法概述在算法 2，而图 4.93 描绘了该算法的主要步骤。

注意，滑动窗大小 N_f 非常依赖于环境，并对算法性能有显著的影响。典型应用中，用 $N_f = 7$。

算法 2：直线回归法

1. 初始化大小为 N_f 滑动窗
2. 每 N_f 个相继的点，拟合成一条直线
3. 计算一个直线保真度阵列。阵列中每个元素含有每三个邻近窗口间的马氏距离和
4. 扫描保真度阵列，寻找小于阈值的相继的元素以构建直线段
5. 将重叠的直线段合并，并对各线段重新计算直线参数

---

① 马氏距离(Mahalanobis distarnce)在 5. 6. 8. 4 节"匹配"一节中有定义。

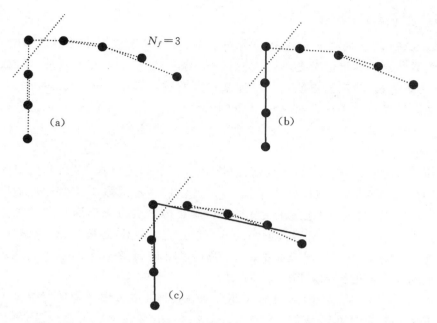

图 4.93 在这个例子中,使用大小为 $N_f = 3$ 的滑动窗。(a)一条直线拟合每 3 个相
继的点。(b)合并相继的相似直线段。(c)再次检查所有直线段,并将其余
的相继的相似段与前面步骤所产生的线段合并在一起

4.7.2.3 算法 3:增量法

这个算法的实施简单明了,已被用于多个应用领域[24,328,308]。在算法 3 中概述了
此算法。开始时,集合包含两个点。接着,另外的点被加入该集合,并构建一条直线。
如果该直线满足一个预定的直线条件,那么将一个新点加入集合,重复这个过程。如
果直线不证实直线条件,则将新点放回原处,并由所有以前访问过的点计算直线。这
时,以两个新的紧随的点开始,再次启动过程。

观察到,为加速这个增量过程,我们也可在各步骤上加入多点而不是仅一个点。
在文献[247]中,各步骤加入 5 个点。当直线不满足预定的直线条件时,将最后加入
的 5 个点放回原处,算法切换返回到一次加入单个点。

算法 3:增量法

---

1. 以最前面两个点开始,构建一条直线

2. 在当前直线模型中,加入下一个点

3. 用直线拟合,重新计算直线参数

4. 如果满足预定义直线条件,继续(转到步骤 2)

5. 否则,放回最后的点;重新计算直线参数,返回直线

6. 用接着的两点,继续转到步骤 2

4.7.2.4　算法 4:RANSAC

RANSAC(**随机抽样一致性**[128])是一个算法,在给定数据出现**异常值**时,它鲁棒地估计模型参数。异常值都是不适配模型的数据。这种异常值可能是由于数据中高噪声、错误测量,或者它们可能更简单地来自我们数学模型不用的物体,例如,室内环境中典型的激光扫描也许含有从围墙来的特殊线条,也可含有来自其它静态和动态物体(譬如,椅子或人)的点。在这个情形下,异常值是一个不属于直线的任意实体(比如,椅子、人等)。

RANSAC 是一个迭代的、不确定性的方法,其不确定性在于:当使用更多的迭代时,发现无异常值直线的概率随之增加。RANSAC 并不局限于从激光数据中提取直线,它可以被广泛地应用于任意问题。这里,其目标是要辨识出满足预定的数学模型的有效数据(围内物)。在机器人学中的典型应用是:从 2D 距离数据(声纳或激光)中提取直线;从 3D 激光点云中提取平面;以及运动结构(4.2.6 节),运动结构的目标是辨识满足刚体变换的图像对应。

让我们看一下,从 2D 激光扫描点,RANSAC 对抽取直线的简单情况是如何工作的。算法从数据集随机选择 2 点样本开始。然后,由这两个点构建一条直线,并计算其它所有各点到该直线的距离。有效数据集包括了到直线的距离在预定阈值 d 之内的所有点。然后,算法存储有效数据集,并通过随机选择另外一个两点最小集,再次启动。过程迭代,直至找到具有最大数目的有效数据集合,它被选择作为问题的解。在算法 4 中概述了此算法。而图 4.94 图示说明算法的工作原理。

算法 4:RANSAC

---

1. 初始化:令 A 是 N 个点的集合

2. **重复**

3. 从 A 中随机选择 2 点的样本

4. 通过这 2 个点,拟合一条直线

5. 计算所有其它的点到该直线的距离

6. 构建有效数据集(即,总计到直线距离小于 d 的点的个数)

7. 存储这些有效数据点

8. **直到**到达最大的迭代次数 k

9. 具有最大数目的有效数据的集合,被选为问题的一个解

因为我们事先并不知道所测的数据集是否包含最大数目的有效点,理想上应是检查这 N 点的集合中所有可能的 2 点组合。组合数目由 $N \cdot (N-1)/2$ 给定。如果 N 太大,就使计算上不可行。例如,在 360 点激光扫描中,我们必须检查所有 $360 \times 359/2 = 64620$ 可能性。

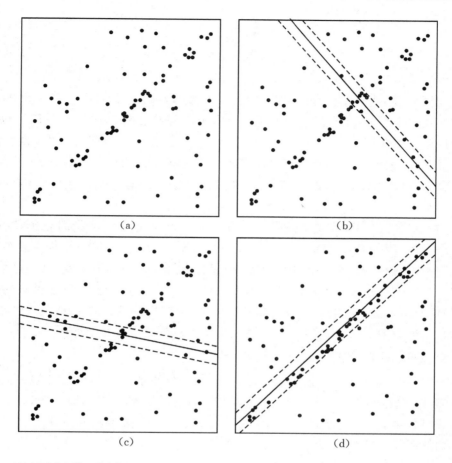

图 4.94 RANSAC 的工作原理。(a)N 点数据集。(b)随机选择两个点,通过它们拟合一条直线,识别到此直线的距离在预定范围内的点。(c)过程重复(迭代)多次。(d)具有最大数目的有效数据点的集合被认为是问题的一个解

　　至此,就提出一个问题:我们是否真的必需检查所有可能性,或者,我们是否可以在 k 次迭代后停止 RANSAC? 答案是,如果在我们的数据集中,对有效点百分比有一个粗略估计,则并不需检查所有的组合,而只需检查它们的一个子集。以概率的方式思考一下,这就可以解决了。

　　令 p 是发现一个无异常值的点集的概率,令 w 是从我们 N 点数据集合中选择一个有效点的概率。因而,w 表达了数据中有效点的份额,即 $w =$ 有效点的数目 $/N$。如果我们假定,估计直线所需的两个点随机选择,则这两个点都是有效点的概率是 w^2,这两个点至少有其中之一是异常点的概率是 $1-w^2$。现在,令 k 为 RANSAC 至今已经执行的迭代次数,那么,$(1-w^2)^k$ 将是 RANSAC 从未选择同为有效点的两个点的概率。这个概率等于 $1-p$,即:

$$1 - p = (1 - w^2)^k \tag{4.142}$$

因而，

$$k = \frac{\log(1-p)}{\log(1-w^2)} \tag{4.143}$$

这个表达式告诉我们，知道有效点的份额 w，在 k 次 RANSAC 迭代之后，我们会有一个概率 p，找到无异常的点集合。例如，如果我们要求成功的概率为 99%，并且知道在数据集中，有效点的百分比为 50%，那么根据方程(4.143)，我们可以在 16 次迭代后停止 RANSAC。它比前面例子中，我们必须检查的所有可能的组合少得多。还观察到，在实际中我们并不必需精确地知道有效点的份数，而只需一个粗略的估计。更先进的 RANSAC 的实施方法，通过逐次迭代自适应改变 w，估计有效点的份额。

RANSAC 的主要优点是，它是一个通用的提取算法。一旦我们有了特征的模型，该方法可以用于多种类型的特征。因此 RANSAC 在计算机视觉中[29]十分普及，也易于实施。另一个优点是与大量有效点(甚至超出 50%)的适配能力。显然，如果要提取多条直线，我们需要多次运行 RANSAC，并顺序地移除至今已提取的直线。RANSAC 的不足是，当达到最大迭代次数 k 时，所获得的解可能不是最优的(即，具有最大数目的有效点)。而且，这个解甚至也不是以最佳方式拟合数据。

4.7.2.5 算法 5：霍夫变换(HT)

这个算法已经在强度图象直边检测中(4.32 节)作了阐述。算法无需任何修改，可应用于 2D 测距图像。在算法 5 中概述了该算法。虽然这算法是在计算机视觉范畴内予以开发的，但已被带到机器人学中，用作从扫描图像中提取直线[158,261]。事实上，2D 扫描图像不算什么，只不过是二值图像。

算法 5：霍夫变换

1. 初始化：令 A 是 N 点的集合
2. 将所有元素置为 0，初始化累计器阵列：
3. 对阵列置值
4. 选择具有最大票数的元素 V_{max}
5. 如果 V_{max} 小于阈值，终止
6. 否则，确定有效点
7. 通过有效点拟合直线，并存储线
8. 从集合中移去有效点，转到步骤 2

霍夫变换的典型缺点是，通常不容易选择合适的栅格大小，且事实是，当估计直线参数时，变换不把噪声和不确定性考虑在内。为克服第二个问题，在算法 5 中的第 7 行，可以采用 4.7.1 节中描述的直线拟合方法，该方法考虑了特征不确定性。

4.7.2.6 算法 6:期望最大化(EM)

期望最大化是一个概率方法,常用于缺失变量问题。在计算机视觉[24]和机器人学中[261]已被用作为直线提取工具。EM算法有一些缺点。首先,它可能落入局部极小。其次,难以选择良好的初值。在算法 6 概述了该算法。针对直线提取,该算法的实施细节,建议读者参考文献[24]。

算法 6:期望最大化

---

1. **初始化**:令 A 是 N 点的集合

2. **重复**

3. 随机产生一条直线的参数

4. 初始化其余点的权重

5. **重复**

6. E **-步骤**:从直线模型计算点的权重

7. M **-步骤**:再次计算直线模型参数

8. **直到**到达最大迭代步骤数,或收敛

9. **直到**到达最大测试次数,或找到一条直线

10. 如果找到,则存储该直线,并移去有效点,然后转到步骤 2

11. 否则,终止

4.7.2.7 实施细节

聚类 在多数情形下,2D激光扫描呈现一些稀疏点的集聚(图 4.92)。这些点可能是由,例如,小的物体或移动的人所引起。这种情况下,通常使用简单的聚类算法进行预处理:将原始的点分成多个靠近点的组群,并将点数量过少的组群丢弃。本质上,该算法扫描相继点的径向差的大的跳跃,在这些位置中施加断点。结果,扫描将被分割成毗连的聚群。具有过少数点的聚群被移去。

合并 由于阻塞,一条直线可能被看做或提取成几段。碰到这种情况,将多条共线段合并为一条单独直线段,可能是有益的。这个合并例程,应该在线段被提取后,施加于以前看到的各算法的输出端。为了确定两个相继线段是否已经合并,在各对线段之间,典型地使用马氏距离①。如果两线段的马氏距离小于预定阈值,则将它们合并。利用直线拟合,最后从构成两个线段的原始扫描点,重新计算新的直线的参数。

4.7.2.8 直线提取算法的比较

这 6 个算法可分为两类:确定性的和非确定性的:

---

① 马氏距离(Mahalanobis distance),如在 5.6.8.4 节所阐述的那样,依赖于各线段参数的协方差矩阵。

1. 确定性的：分裂-合并法、增量法、回归法、霍夫变换（HT）。

2. 非确定性的：RANSAC、期望最大化（EM）。

RANSAC 和 EM 是非确定性的，因为在每次运行中，它们的结果可以是不同的。这是因为这两个算法产生随机的假设。

Nguyen 等人[247] 已经在所有 6 个算法之间作了比较。他们评估了四个质量尺度：复杂度、速度、正确性（假阳性）和精度。研究结论在表 4.4 中给出。表中所用的术语解释如下：

- N：输入扫描中点数（譬如，722）
- S：提取的线段数（例如，依赖于算法，平均取 7）
- N_f：直线回归滑动窗大小（例如，9）
- N_{Trials}：RANSAC 试验次数（例如，1000）
- N_C 和 N_R：分别为霍夫累计器阵列的列、行数（对于 1cm 和 0.9 度的分辨率，$N_C = 401, N_R = 671$）
- N_1 和 N_2：对 EM，分别为试验次数和收敛迭代次数（例如，$N_1 = 50, N_2 = 200$）。

观察到，括号中的值，都是实际实施中所用的典型数值。

如表 4.4 中第 3 列（速度）所示，分裂-合并法、增量法和直线回归法执行比其它算法更快，分裂-合并算法位居第一。这三个算法快得多的理由，主要是因为它们是确定性的，特别是因为它们利用了原始扫描点的顺序排列（不是随机地捕获点，而是按照激光束的旋转方向）。如果这三个算法被用到随机分布的点（例如，普通的二进制图像），它们就不能分割所有的直线，而 RANSAC、EM 和霍夫变换可以做到。的确，这后三种算法，由于它们从二进制图像（显然地呈现大量数目的异常点）中提取直线的能力，使用普遍。

表 4.4 2D 激光数据直线提取算法的比较

	复杂度	速度/Hz	假阳性	精度
分裂-合并法	$N \cdot \log N$	1500	10%	+++
增量法	$S \cdot N^2$	600	6%	+++
直线回归法	$N \cdot N_f$	400	10%	+++
RANSAC	$S \cdot N \cdot N_{\text{Trials}}$	30	30%	++++
霍夫变换	$S \cdot N \cdot N_C + S \cdot N_R \cdot N_C$	10	30%	++++
期望最大化	$S \cdot N_1 \cdot N_2 \cdot N$	1	50%	++++

按正确性来看，增量法似乎表现最好。事实上，它具有非常低的假阳性数，这对定位、制图和 SLAM（5.8 节）是非常重要的。相反地，RANSAC、HT 和 EM 产生很多的假阳性。这源于一个事实：即，它们没有利用扫描点的顺序排列，所以它们常常试图跨扫描图虚假地拟合直线。增加每个线段的最小点数，可以改善它们的行为特

性,但这样的缺点会是遗漏短的线段。

尽管它们的正确性不佳,但在表 4.4 第 4 列所见,RANSAC、HT 和 EM 能够产生比其它算法更精确的直线。这是由于它们有能力去除异常点或噪声大的有效点。例如,用 RANSAC,随迭代次数增多,提取出稳定直线的概率增加;而用 HT,异常点(或噪声大的有效点)会投票给另一栅格单元,而不给代表直线的那个栅格。

总而言之,按正确性和计算效率而言,分裂-合并和增量法是最好的选择。因此,对基于 2D 激光的机器人定位与制图,它们是最好的候选者。但是,正确的选择高度依赖于应用的类型和期望的精度。

4.7.3 距离直方图特征

直方图是组合图像特征元素的一个简单方法。如图 4.95 所示,角度直方图绘制了由两个相邻距离测量所提取的直线的统计。首先,用距离扫描仪取得一个房间 $360°$ 的扫描,且所产生的"点击"被记录在地图中。然后,算法测量任何两个相邻点击之间的相对角度(图 4.95(b))。在补偿读数中噪声(相邻点击间由于位置不准确而引起)之后,就可以制作图 4.95(c)所示的角度直方图。在角度直方图中,主墙一致的方向清楚地可视为峰值。峰值的检测只获得两个主峰:各对平行墙有一个。该算法对于墙中缺口,诸如门、窗或者甚至是嵌在墙内的橱柜,是非常鲁棒的。

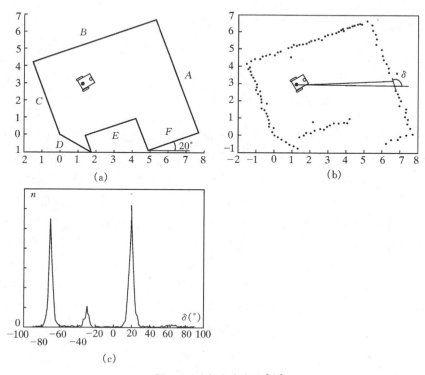

图 4.95 角度直方图[329]

4.7.4　其他几何特征提取

直线特征对运行在人造环境中的移动机器人特别有价值。例如,大楼的墙和走廊的墙通常都是直的。移动机器人一般同时使用多个特征,组成最适合于它运行环境的特征集合。对室内移动机器人,直线特征肯定是最优特征集合的一个成员。

另外,贯穿室内人造的环境总会出现其他的几何特征。**角**特征定义为具有方向的点特征。**台阶间断**定义为垂直于走廊行进方向的台阶变化,由它们的形式(凹或凸)和台阶大小来表征。门口定义为墙中适当的开度,由它们的宽度表征。

由此,标准的分割问题不像从传感器读数到线段确定映射那样简单,而是一个过程。在该过程中,根据可用的传感器数据提取不同类型的特征。连同锯齿形缺口特征(即台阶断续性)和门口在内,图 4.96 表示了室内走廊环境的模型。

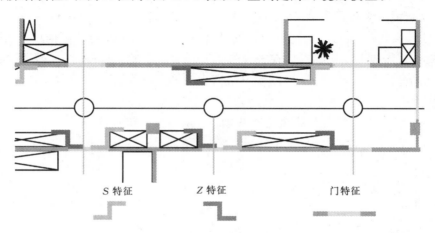

图 4.96　在一个单独的走廊中的多个几何特征,包括门口和走廊宽度的不连续性

注意,不同的特征类型可为移动机器人定位提供定量化的不同信息。例如,直线特征的二度信息:角度和距离。但台阶特征提供了 2D 的相对位置和角度信息。

有用的几何特征集合基本上是无限制的。随着传感器特性指标的改善,我们只能期望在特征提取的水平上有更大的成功。例如,对上述直线特征有意义的改进,关系到成功的视觉测距系统(例如,立体摄像机和飞行时间摄像机)和 3D 激光测距仪的进展。因为这些传感器的模态提供了全 3D 的距离测量的集合,所以除了从最终数据提取直线特征外,我们可以提取平面特征。平面特征在人造环境中,由于我们室内有平坦的墙、地板和天花板,所以是有价值的。因此,对用于作图和定位的移动机器人,平面特征有希望成为另一种有高度信息的特征。在 ASL(苏黎世的瑞士联邦理工大学)[331],使用平面特征已经完成了某些实验。图 4.97 图示说明了平面特征提取过程。

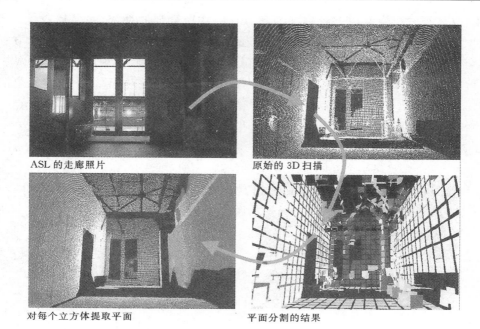

ASL 的走廊照片　　　　　原始的 3D 扫描

对每个立方体提取平面　　　平面分割的结果

图 4.97　平面特征的提取过程:(左上图)原始环境照片;(右上图)原始的 3D 扫描;(右下图)平面特征分割和拟合;(左下图)最终平面分割的结果

4.8　习题

1. 考虑一个全向机器人,它具有一环 8 个 70kHz 的声纳传感器,顺序地发射。机器人能够以 $50cm/s^2$ 加速和减速。机器人在环境中移动,该环境充满声纳可检测的固定(不动的)障碍物,障碍物只能在 5m 和更近距离内可测。给定声纳传感器带宽,计算机器人最大速度,确保无碰撞。

2. 对以下的条件:指定 b,设计一个具有最好可能分辨率的光学三角测量(剖析)系统:

   (a)在 2m 范围内,系统必须具有灵 1cm 敏度。

   (b)PSD 有 0.1mm 灵敏度。

   (c) $f=10cm$。

3. 认定市场上一个指定的基于数字的 CMOS 摄像机。利用该摄像机的产品说明书,收集并计算下面的值,证明你的推导:

   (d)动态范围

   (e)分辨率

   (f)带宽

4. 立体视觉。求解由方程(4.60)和方程(4.61)给定的系统,并寻找最优点 (x, y, z),它使穿过 $\tilde{p}_l$ 和 $\tilde{p}_r$ 的光线之间的距离最小。为此,注意到,这两个方程定义了 3D 空间中截然不同的两条直线。问题在于,将这两个方程重写成为沿这两条直线的 3D 点之间的差分方程。然后,强使相对于 λ_l 和 λ_r 的距离的偏导等于零。由此,可得到沿着这两条直线,彼此之间最小距离的两个点。然后,可以找到最优点 (x, y, z) 为这些点的中点。

5. **难题**

从头开始,实现一个基本的双视运动结构(SfM)算法。

(g)用 Matlab 实现基本的 Harris 角检测器。

(h)以不同的视点,拍摄同一场景的两个图像。

(i)用 SSD 提取和匹配 Harris。

(j)实施 8 点算法,计算本质矩阵。

(k)从本质矩阵,计算到一定尺度的旋转和平移。使用相机前约束消除 4 个解的歧义。

第5章　移动机器人的定位

5.1　引言

导航是对移动机器人所要求的最具挑战性的能力之一。导航的成功需要导航的四个模块的成功：**感知**，机器人必须解释它的传感器信息，提取有意义的数据；**定位**，机器人必须确定它在环境中的位置（图5.1）；**认知**，机器人必须决定如何行动以达到目标；**运动控制**，机器人必须调节它的运动输出，以实现期望的轨迹。

图 5.1　我在哪里？

在这四个模块中（图5.2），定位研究在以往的几十年里受到最大的关注。因此，这方面已取得重大的进展。本章我们阐述最近几年成功的定位方法学。首先，5.2节描述传感器和执行器的不确定性如何造成定位的困难。然后，在5.3节，描述两个极端的方法以处理机器人定位的困难：完全取消定位和履行明显的基于地图的定位。本章的其余部分讨论表示的问题，并利用不同的表示方法，提出定位系统成功的实例，获得移动机器人的定位能力。

5.2　定位的挑战：噪声和混叠

如果有人能够把一个准确的 GPS（全球定位系统）传感器装到一个移动机器人上，许多定位问题就可以排除。GPS 会通知机器人它在室内和室外的准确位置，所以

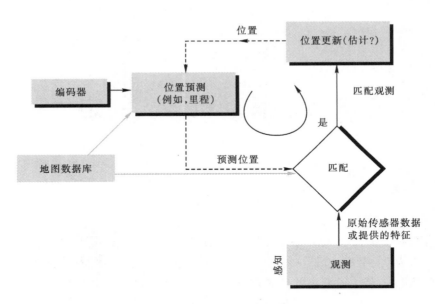

图 5.2   移动机器人的一般框图

常常会立即得到"我在哪里?"的回答。遗憾的是,这样的传感器当前是不切实际的。现有的 GPS 网络提供的准确度在几米之内,这种准确度对定位人一样大小的移动机器人和微型机器人(如台式机器人)以及未来体内驾驶的毫微机器人是不能接受的。而且 GPS 技术不能在室内或者有障碍的区域起作用,因此限制了它的工作空间。

但是,除了 GPS 限制之外,我们可以看出,定位不仅仅意味着要知道在地球参考系中物体的绝对位置。考虑到与人交互的一个机器人,也许需要确认它的绝对位置。但是它相对于目标人物的相对位置也同样重要。它的定位任务包括用它的传感器阵列辨识人类,然后计算它与人的相对位置。而且,在**认知**期间,为了达到目标,机器人会选择一种策略。如果它企图到达一个特定的位置,那定位也许还不够。机器人也许要获取或建立一个环境模型,即一张**地图**,它帮助机器人规划一条达到目标的路径。再者,定位意味着不只是简单地确定空间中一个绝对姿态,它意味构建一张地图,而后确定机器人相对于地图的位置。

显然,在上述形式的定位中,机器人的传感器和执行器扮演了必不可少的角色。这是因为这些传感器和执行器的不准确性和不完备性使得定位面临困难的挑战。本节我们确定该传感器和执行器次优性的几个重要方面。

5.2.1   传感器噪声

传感器是**感知**过程基本的机器人输入。所以,传感器能够区分环境状态的程度是至关重要的。在相同的环境下,**传感器的噪声**引起了对传感器读数一致性的限制,从而限制了各传感器读数有效的可用位的数目。通常,传感器的噪声问题来源于机器人的表示方法没有抓住某些环境的特征,因而被忽略掉。

例如,在办公楼的室内导航视觉系统,可能会使用它的彩色 CCD 摄像机所检测到的颜色值。当太阳被云挡住时,由于窗户遍布大楼,大楼内部的照明发生变化,因此色度不会恒定。如同遭受随机的误差一样,从机器人的视角看,彩色 CCD 摄像机出现噪声。因而从 CCD 摄像机得到的色度值将是无用的,除非机器人在它的表示中能够注意到太阳和云彩的位置。

照明的相关性只是在基于视觉传感器系统中出现噪声的一个例子。图像抖动、信号增益、扩散和模糊都是附加的噪声源,潜在地缩减了彩色视频图像的有用内容。

考虑 4.1.2.3 节所讨论的超声测距传感器(例如声纳)的噪声水平(明显的随机噪声),当声纳变送器向一个比较平滑且有棱角的表面发射声音时,许多信号会相干地反射掉而不产生回波。虽然根据材料的特性,仍会有少量的能量返回。当该能量水平接近声纳传感器的增益阈值时,声纳有时会成功,有时却检测物体失败。从机器人角度看,实际不变的环境状态会产生两种不同的可能读数:一个短,一个长。

声纳传感器弱小的信噪比会被多个声纳发射器之间的干扰而混淆。通常,研究的机器人在一个平台上有 12~48 个声纳。在听觉反射的环境中,一个变送器的声纳发射和另一个变送器回声检测电路之间,有可能存在多路干扰。其结果由于一组巧合的角度,在量程值里可能有巨大的误差(即低估计)。这种误差极少发生,小于时间的 1%,从机器人角度看,实际上是随机的。

总之,传感器噪声减少了传感器读数有用的信息内容。显然,解决的办法是要考虑到多个读数,运用时间融合和多传感器融合,以增加机器人输入的总体信息内容。

5.2.2 传感器混叠

移动机器人传感器的第二个缺点,是使机器人获得少许信息内容,并进一步恶化感知问题,从而加剧了定位问题。该问题,称之为**传感器混叠**,这是人类很少碰见的现象。人类的传感器系统,特别是视觉系统,常常在各唯一的局部状态接收唯一的输入。换句话说,从每一个不同的地方看是不同的。这个唯一映射的能力,只有当一个人在考虑难于把握的情况时才显露出来。让我们考虑一下移动着过一个完全黑暗且不熟悉的大楼,当视觉系统了只能看见一片黑暗时,它的定位系统就很快退化。另一个有用的例子是由高篱笆做成的一个真人一样大小的迷宫,这种迷宫建造已有好几百年,如果没有路标或线索,人们会发现它们极难求解。因为没有视觉的唯一性,人的定位能力也会迅速下降。

在机器人中,传感器读数的非唯一性或**传感器混叠**是正常的,不是例外。考虑一个窄束测距仪,如超声或红外测距仪。该传感器在单方向提供距离信息,没有任何有关材料成分,诸如颜色、纹理和硬度的附加数据。即使在一个阵列上具有几个这种传感器的一个机器人,也总存在各种各样的环境状态,它们会跨阵列地发出相同的传感器值。形式上,这是从环境状态到机器人感知输入多对一的映射。因此,机器人的感知不能区分出这许多状态。基于声纳机器人的典型问题,涉及到室内设置中人和非生命物体的区分。当机器人本身面临一个明显的障碍时,机器人是否应该说"对不起请让一下",因为障碍也许是一个走动的人;或者机器人是否应该回绕物体规划一条路径,因为它可能是一个纸板箱。因为仅有一个声纳,所以这些状态是混叠的,不可能区分开来。

　　传感器混叠给导航带来的问题是:即使用无噪声的传感器,从单个感知读数得来的信息量一般也是不足以识别机器人的位置的。因此,必须通过机器人编程人员运用多种技术,使机器人的定位基于一系列的读数,从而有足够的信息随时恢复机器人的位置。

5.2.3　执行器噪声

　　定位的难题并不只在传感器技术方面。正像机器人的传感器有噪声,从而限制信号的信息内容一样,机器人的执行器也有噪声。特别是当机器人采取单个动作时,会产生几种不同的可能结果。从机器人的观点看,即使在采取动作之前已清楚知道了初始状态,也会如此。

　　简言之,机器人执行器引入了有关未来的不确定性。所以,移动的简单动作常常增加移动机器人的不确定性。当然,这里有例外。利用**认知**,可以仔细地规划运动,以使这个影响降低到最小。实际上有些时候确实使结果更加确定。而且,如果机器人采取的动作和传感器反馈的仔细解释相配合,利用传感器所提供的信息可以补偿由噪声动作引入的不确定性。

　　无论如何,首先要了解影响移动机器人的执行器噪声的实质,这是很重要的。从机器人的观点看,要注意到的是运动的误差被看作是里程表的误差,或者机器人用它的运动学和动力学知识不能随时估计它本身的位置。误差的真正来源一般来说在于环境的不完备模型。例如,机器人没有对地面可能是斜的、轮子会打滑、人可能推机器人这样的事实建模。所有这些不建模的误差来源,造成了机器人的物理运动、机器人意向运动和本体感受传感器运动估计之间的不准确性。

　　在里程表(仅对轮子传感器)和航位推测(也对导向传感器)中,位置的更新是基于**本体感受**的传感器。机器人的运动,用轮子编码器或导向传感器或二者读出的数据,集成在一起计算位置。因为集成了传感器测量误差,所以位置误差随时间累加。为此,位置必须用其他定位机制一次次地予以更新。否则,机器人在长时间运行中不能保持有意义的位置估计。

　　下面,只着重于基于差动驱动机器人的轮子传感器读数的里程表(同样参考[5,99,102])。使用附加的导向传感器(如陀螺仪)可以帮助减少累计误差,但其主要问题仍然一样。

　　里程表的误差从环境因素到分辨率有多种来源:
- 综合期间有限的分辨率(时间增量、测量分辨率等);
- 轮子的不正确对准(确定性的);

- 轮子直径的不确定性,特别是轮子直径不等(确定性的);
- 轮子接触点的变动;
- 不等的地面接触(斜坡、非平面等)。

有些误差可能是**确定性的(系统性的)**,因此可以用系统的适当校正方法予以消除。然而,仍然存在许多**不确定的(随机的)**误差,随时导致位置估计的不确定性。从几何观点看,可将误差分成三种类型:

1. 距离误差:机器人运动的整个路径长度(距离)
   →轮子运动的总和;
2. 转动误差:类似于距离误差,但是因转动产生
   →轮子运动之差;
3. 漂移误差:轮子误差和差异,导致机器人角度方向误差。

经过长的时间周期,转动和漂移误差远远大于距离误差,因为它们对整个位置误差的影响是非线性的。考虑一个其初始位置完全知道的机器人,沿着 x 轴在一条直线上向前移动,移动 d 米后,在 y 位置所引进的误差为 $d\sin\Delta\theta$ 分量。当误差角 $\Delta\theta$ 增大时,这分量可能会很大。整个时间内,当移动机器人在环境周围运动时,其内部参考框架和原始参考框架之间的旋转误差快速地增加。当机器人从这些框架的原点移走,位置的最终线性误差增加很大。所以,为了计程准确,建立误差模型以了解误差在整个时间内如何传播是有好处的。

5.2.4 里程表位置估计的误差模型

一般而言,机器人的姿态(位置)可以用以下向量表示:

$$p = \begin{bmatrix} x \\ y \\ \theta \end{bmatrix} \tag{5.1}$$

对于差动驱动的机器人来说(图 5.3),其位置可以从一个已知位置开始,并将运动进行积分(行走距离的增量求和)予以估计。对具有固定采样间隔 Δt 的离散系统,行走距离的增量($\Delta x;\Delta y;\Delta\theta$)为:

$$\Delta x = \Delta s\cos(\theta + \Delta\theta/2) \tag{5.2}$$

$$\Delta y = \Delta s\sin(\theta + \Delta\theta/2) \tag{5.3}$$

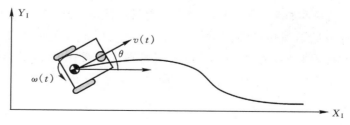

图 5.3 差动驱动机器人的运动

$$\Delta\theta = \frac{\Delta s_r - \Delta s_l}{b} \tag{5.4}$$

$$\Delta s = \frac{\Delta s_r + \Delta s_l}{2} \tag{5.5}$$

式中：$(\Delta x; \Delta y; \Delta\theta)$＝前一次采样间隔走过的路径；

　　$\Delta s_r; \Delta s_l$＝分别为左右轮行走的距离；

　　b＝差动驱动机器人两个轮子之间的距离。

由此，我们得到更新过的位置 p'：

$$p' = \begin{bmatrix} x' \\ y' \\ \theta' \end{bmatrix} = p + \begin{bmatrix} \Delta s\cos(\theta + \Delta\theta/2) \\ \Delta s\sin(\theta + \Delta\theta/2) \\ \Delta\theta \end{bmatrix} = \begin{bmatrix} x \\ y \\ \theta \end{bmatrix} + \begin{bmatrix} \Delta s\cos(\theta + \Delta\theta/2) \\ \Delta s\sin(\theta + \Delta\theta/2) \\ \Delta\theta \end{bmatrix} \tag{5.6}$$

利用方程（5.4）和（5.5）的（$\Delta s; \Delta\theta$）关系，我们进一步得到里程表位置更新的基本方程（对差动驱动机器人）：

$$p' = f(x, y, \theta, \Delta s_r, \Delta s_l) = \begin{bmatrix} x \\ y \\ \theta \end{bmatrix} + \begin{bmatrix} \frac{\Delta s_r + \Delta s_l}{2}\cos\left(\theta + \frac{\Delta s_r - \Delta s_l}{2b}\right) \\ \frac{\Delta s_r + \Delta s_l}{2}\sin\left(\theta + \frac{\Delta s_r - \Delta s_l}{2b}\right) \\ \frac{\Delta s_r - \Delta s_l}{b} \end{bmatrix} \tag{5.7}$$

如我们以前讨论过那样，里程表位置更新只能给出实际位置的一个非常粗略的估计。由于在增量运动（$\Delta s_r; \Delta s_l$）期间，p 的不确定性积分误差和运动误差，基于里程表积分的位置误差随时间而增加。

下一步，我们将建立整体位置 p' 的误差模型，得到里程表位置估计的协方差矩阵 $\Sigma_{p'}$。为此，我们假定在起始点初始协方差矩阵 Σ_p 为已知。对运动增量（$\Delta s_r; \Delta s_l$），我们假定协方差矩阵 Σ_{Δ} 为：

$$\Sigma_{\Delta} = covar(\Delta s_r; \Delta s_l) = \begin{bmatrix} k_r|\Delta s_r| & 0 \\ 0 & k_l|\Delta s_l| \end{bmatrix} \tag{5.8}$$

式中 Δs_r 和 Δs_l 是各轮行走的距离，k_r 和 k_l 是误差常数，代表马达驱动和轮子-地面交互的非确定性参数。可以看到，在方程（5.8）中我们做了以下的假设：

- 各个驱动轮的两个误差是独立的[22]①；
- 误差（左轮和右轮）的方差正比于行走过的距离（$\Delta s_r; \Delta s_l$）的绝对值。

这些假定虽然不理想，但是合适的。因此将被用于误差模型的进一步开发。运动误差是因为轮子变形、滑动、地面不平、编码器误差等造成不精确运动所致。误差常数 k_r 和 k_l 的值取决于机器人和环境，应该通过执行和分析有代表性的运动，实验性地予以确定。

---

①　如果有更多的关于实际机器人的运动学知识，也可以用协方差的相关项。

如果我们假定 p 和 $\Delta_{rl} = (\Delta s_r; \Delta s_l)$ 不相关,f 的微分(方程(5.7))由一阶泰勒展开(线性化)合理地近似,利用误差传播定律(见 4.1.3.2 节),我们得出结论:

$$\Sigma_{p'} = \nabla_p f \Sigma_p \nabla_p f^{\mathrm{T}} + \nabla_{\Delta_u} f \Sigma_\Delta \nabla_{\Delta_u} f^{\mathrm{T}} \tag{5.9}$$

当然,协方差矩阵 Σ_p 常常由前一步 $\Sigma_{p'}$ 给定,因而在指定一个初始值(譬如,0)后,就可以计算。

利用方程(5.7),我们可以计算两个**雅可比**,$F_p = \nabla_p f$ 和 $F_{\nabla rl} = \nabla_{\Delta_u} f$:

$$F_p = \nabla_p f = \nabla_p(f^{\mathrm{T}}) = \begin{bmatrix} \dfrac{\partial f}{\partial x} & \dfrac{\partial f}{\partial y} & \dfrac{\partial f}{\partial \theta} \end{bmatrix} = \begin{bmatrix} 1 & 0 & -\Delta s \sin(\theta + \Delta\theta/2) \\ 0 & 1 & \Delta s \cos(\theta + \Delta\theta/2) \\ 0 & 0 & 1 \end{bmatrix} \tag{5.10}$$

$$F_{\Delta_u} = \begin{bmatrix} \dfrac{1}{2}\cos\left(\theta + \dfrac{\Delta\theta}{2}\right) - \dfrac{\Delta s}{2b}\sin\left(\theta + \dfrac{\Delta\theta}{2}\right), & \dfrac{1}{2}\cos\left(\theta + \dfrac{\Delta\theta}{2}\right) + \dfrac{\Delta s}{2b}\sin\left(\theta + \dfrac{\Delta\theta}{2}\right) \\ \dfrac{1}{2}\sin\left(\theta + \dfrac{\Delta\theta}{2}\right) + \dfrac{\Delta s}{2b}\cos\left(\theta + \dfrac{\Delta\theta}{2}\right), & \dfrac{1}{2}\sin\left(\theta + \dfrac{\Delta\theta}{2}\right) - \dfrac{\Delta s}{2b}\cos\left(\theta + \dfrac{\Delta\theta}{2}\right) \\ \dfrac{1}{b} & -\dfrac{1}{b} \end{bmatrix} \tag{5.11}$$

方程(5.11)的细节是:

$$F_{\Delta_u} = \nabla_{\Delta_u} f = \begin{bmatrix} \dfrac{\partial f}{\partial \Delta s_r} & \dfrac{\partial f}{\partial \Delta s_l} \end{bmatrix} = \cdots \tag{5.12}$$

$$\begin{bmatrix} \dfrac{\partial \Delta s}{\partial \Delta s_r}\cos\left(\theta + \dfrac{\Delta\theta}{2}\right) + \dfrac{\Delta s}{2} - \sin\left(\theta + \dfrac{\Delta\theta}{2}\right)\dfrac{\partial \Delta\theta}{\partial \Delta s_r}, & \dfrac{\partial \Delta s}{\partial \Delta s_l}\cos\left(\theta + \dfrac{\Delta\theta}{2}\right) + \dfrac{\Delta s}{2} - \sin\left(\theta + \dfrac{\Delta\theta}{2}\dfrac{\partial \Delta\theta}{\partial \Delta s_l}\right) \\ \dfrac{\partial \Delta s}{\partial \Delta s_r}\sin\left(\theta + \dfrac{\Delta\theta}{2}\right) + \dfrac{\Delta s}{2}\cos\left(\theta + \dfrac{\Delta\theta}{2}\right)\dfrac{\partial \Delta\theta}{\partial \Delta s_r}, & \dfrac{\partial \Delta s}{\partial \Delta s_l}\sin\left(\theta + \dfrac{\Delta\theta}{2}\right) + \dfrac{\Delta s}{2}\cos\left(\theta + \dfrac{\Delta\theta}{2}\right)\dfrac{\partial \Delta\theta}{\partial \Delta s_l} \\ \dfrac{\partial \Delta\theta}{\partial \Delta s_r} & \dfrac{\partial \Delta\theta}{\partial \Delta s_l} \end{bmatrix} \tag{5.13}$$

用方程(5.14)和(5.15),我们得到方程(5.11)。

$$\Delta s = \frac{\Delta s_r + \Delta s_l}{2}; \quad \Delta\theta = \frac{\Delta s_r - \Delta s_l}{b} \tag{5.14}$$

$$\frac{\partial \Delta s}{\partial \Delta s_r} = \frac{1}{2}; \ \frac{\partial \Delta s}{\partial \Delta s_l} = \frac{1}{2}; \ \frac{\partial \Delta\theta}{\partial \Delta s_r} = \frac{1}{b}; \ \frac{\partial \Delta\theta}{\partial \Delta s_l} = -\frac{1}{b} \tag{5.15}$$

图 5.4 和图 5.5 表示了位置误差如何随时间增加的典型例子。利用上面提出的误差模型计算出了结果。

一旦建立了误差模型,必须指定误差参数。人们可以恰当地校正机器人以补偿确定性误差。然而,指定非确定性误差的参数只能由统计(重复的)测量进行量化。里程表误差的详细讨论,以及确定性和非确定性误差的校正和量化方法参阅文献[6]。在文献[205]提出了一种即时的里程表误差估计方法。

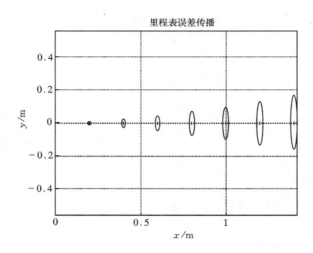

图 5.4　直线运动姿态不确定性的增长:注意到 y 不确定性增长比运动方向更快。这结果
是由于不确定性对机器人方位积分造成的。环绕机器人位置所画的椭圆代表在 x,
y 方向(例如,3σ)的不确定性。图中没有表示 θ 方位的不确定性,虽然它的影响可
以间接观测到

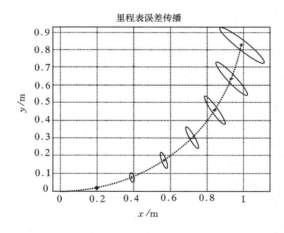

图 5.5　圆周运动($r=$常数)姿态不确定性的增长:再次,垂直于运动的不确定性比运动方
向的增长快得多。注意到不确定性椭圆的主轴与运动方向不保持垂直

5.3　定位或不定位:基于定位的导航与编程求解的对比

图 5.6 描述了移动机器人导航的标准室内环境。假定要讨论的移动机器人必须
在这环境中的两个特定房间 A 和 B 之间传送消息。在建立导航系统中,移动机器人
显然需要传感器和移动控制系统。绝对地要求传感器避免碰撞运动的障碍物,诸如
人,要求某些运动控制系统能使机器人谨慎地移动。

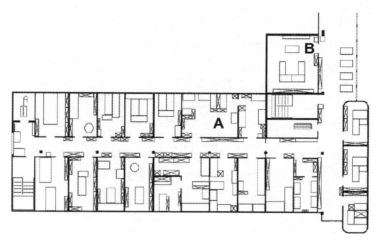

图 5.6 实例环境

然而，该机器人是否会要求一个**定位系统**还缺少证明。为了在两个房间之间成功地导航，定位似乎是强制性的。毕竟，通过在地图上定位，机器人可以期望恢复它的位置，并检测何时到达目标位置。确实，机器人至少必须有一个检测目标位置的方法。然而，参考地图的显式定位，不是胜任目标检测器的仅有策略。

另一种方法受到基于行为的团体的支持，他们认为应避免建立定位的几何地图，因为传感器和执行器有噪声且信息有限。该团体建议设计的行为集合，一起形成期望的机器人运动。从根本上说，该方法回避了对定位和位置的显式推理。因而一般地说，它同样取消了显式的路径规划。

该技术基于一个信念，即对当前的特殊导航问题有一个程序上的解。例如，在图5.6中，从房间 A 到房间 B，行为主义者的导航方法也许是设计一个左墙壁的跟踪行为和一个房间 B 的检测器，该检测器由房间 B 中某种独特的布置所触发，诸如地毯的颜色。然后从事左墙壁跟踪活动，以房间 B 检测器作为程序结束的条件，机器人可以到达房间 B。

对一个特殊的导航问题，该求解方案的体系结构如图 5.7 所示。这个方法的主要优点是：对具目标位置数目少的单独环境，可能很快可以实现。然而它也有某些缺点。首先，这方法不可推广到其他的环境或较大的环境中。通常，导航程序是定位专用的，将机器人移到新的环境需要同样程度的编程和诊断。

其次，基本程序，诸如**左边墙跟踪**，必须仔细设计以产生期望的行为。这任务可能是费时的，而且严重地依赖于特定机器人的硬件和环境特征。

第三，在任何一个时刻，基于行为的系统需有多个主动行为，甚至当调整单个行为优化工作性能时，多个行为之间的融合和快速切换可以使精密的调节无效。各个新增行为的加入，常常迫使机器人的设计者再次全部退回到现有的行为，以保证与新引入的行为的新交互全都稳定。

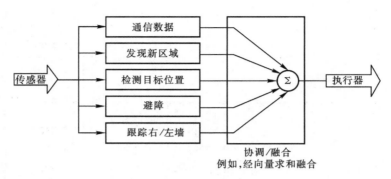

图 5.7 基于行为导航的结构

与基于行为的方法相反,基于地图的方法包括了**定位和认知模块**(图 5.8)。在基于地图的导航中,机器人明确地力图通过收集传感器的数据,随后相对于环境图更新有关它位置的某些信任度进行定位。基于地图的导航方法,其主要优点如下:

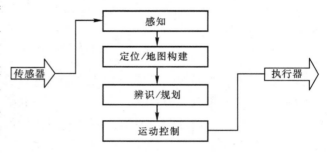

图 5.8 基于地图(基于模型)导航的结构

- 显式的、基于地图的位置概念,使得有关位置的系统信任度对人类操作员透明可用;
- 地图存在的本身代表了人与机器人之间交流的一个媒介:如果机器人走到一个新的环境,人可以简单地给机器人一张新的地图;
- 如果机器人建立了地图,人同样可以利用,达到双用的目的。

基于地图的方法会需要更前沿的开发成果,以创建一个导航移动机器人。希望开发的成果产生可以成功地作图和导航各种不同环境的结构体系。由此,随着时间的推移,分期回报超前的设计成本。

当然,基于地图的方法的主要风险是机器人所构造和**信赖**的内部表示,而不是现实世界本身。如果模型偏离现实(即,地图是错的),即使机器人的原本传感器的值仅仅是瞬时的不正确,那么机器人的行为也会不符合要求。

在本章的其余部分,我们集中讨论基于地图的方法。而且特别集中讨论这些技术的定位部分。给出意义重大的最新成果能使移动机器人导航各种不同环境,从学术研究大楼到工厂车间,到世界各地的博物馆,那么这些方法就特别适合于研究。

5.4 信任度的表示

区分不同的基于地图的定位系统,其最基本的问题是**表示**。有两个特殊的概念,这是机器人必须表达且各有它自己独特的可能解决方案：机器人必须有一个环境的表示方法（一个模型）或一张地图。在地图中包含环境哪些方面？地图以何种保真度表示环境？这些就是**地图表示方法**的设计问题。

　　机器人还必须有一个在地图上有关它位置信任度的方法。机器人是否辨识一个单独的特定位置作为它的当前位置，或它是否根据一组可能的位置描述它的位置？如果以单个信任度完全表达多个可能位置，那如何将这多个位置排序？这些就是**信任度表示方法**的设计问题。

　　沿着这两个设计轴，决策可以形成不同水平的结构复杂性、计算复杂性和整体定位准确度。我们以讨论信任度的表示方法开始。在信任度表示系统的术语中，最重要的分支是区分单假设和多假设信任度系统之间的差别。前者覆盖了机器人假说其唯一位置的解决方案；而后者能使机器人描述有关它位置的不确定度。不同的信任度的样本和地图表示如图 5.9 所示。

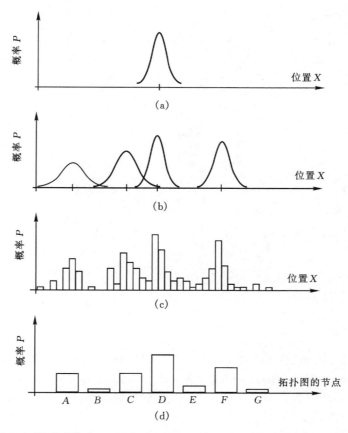

图 5.9　在连续和离散（棋盘栅格）地图中关于机器人位置（1D）信任度表示。（a）具有单假设信任度的连续图，例如中心在单连续值的单个高斯函数；（b）具有多假设信任度的连续图，例如中心在多连续值的多高斯函数；（c）对所有可能的机器人位置，具有概率值离散（分解）栅格图，例如马尔可夫方法；（d）对所有可能节点（拓扑上的机器人的位置），具有概率值的离散拓扑图，例如马尔可夫方法

5.4.1　单假设信任度

　　单假设信任度表示是移动机器人位置最直接可能的假设。给定某个环境地图，机器人关于位置的信任度表示为地图上单个独特的点。在图 5.10 表示了相同环境（图 5.10(a)）中，用三种不同地图表示方法的单假设信任度的三个例子。在图 5.10(b)，单点几何上标注是连续 2D 几何图的机器人位置。在图 5.10(c)，地图是离散棋

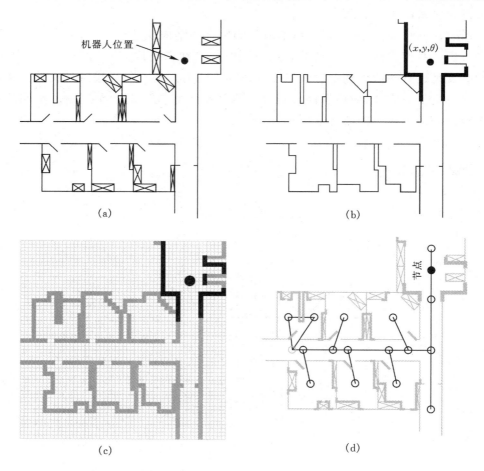

图 5.10　用不同的地图表示方法，位置单个假设的三个例子：(a)具有墙、门和家具的真实地
　　　　　图；(b)基于直线的图→有 2 个参数，约 100 条线；(c)基于占有栅格的地图→栅格
　　　　　单元尺寸为 50 cm×50 cm，约 3000 个栅格；(d)用线特征(Z/S)和门的拓扑图→约
　　　　　50 个特征和 18 个节点

盘栅格图，位置标注成与地图单元尺寸相同的保真度水平上。在图5.10(d)，地图根本不是几何形状，而是抽象和拓扑的。在这种情况下，位置的单个假设，包含将拓扑图中单个节点i认定为机器人的位置。位置的单假设表示方法，其主要优点来自以下

事实:给定唯一的信任度,位置没有任意性。这个表示方法的非任意性本质加速了机器人在认知水平上(例如,路径规划)的决策。机器人可以简单地假定,它的信任度是正确的,然后可以根据它唯一的位置,选择其未来的动作。

正像单个位置假设加速决策过程一样,它也加速更新有关位置的机器人信任度,因为单个位置必须被新的单个位置的定义所更新。这个位置更新方法的困难(它最终成为单个假设表示的主要缺点),是机器人运动常常因执行器和传感器的噪声而引起不确定性。所以,迫使位置更新过程总是产生位置的**单个假设**,是具有挑战性的,且常常是不可能的。

5.4.2　多假设信任度

在关于位置多假设信任度的情况下,机器人跟踪不仅仅是单个可能的位置,而是可能位置的无限集合。

在源于 Jean-Claude-Latombe 工作[32,188]的一个简单例子中,机器人的位置根据定位于 2D 环境图中的凸多边形进行描述。这个多假设的表示方法,在几何上交换一组可能的机器人位置,且对位置没有偏好地排序。图中各点或者简单地包含在多边形中,所以处在机器人信任度集合内;或者在多边形之外,从而被排除。数学上,位置多边形用作分割机器人可能位置的空间。这种多假设信任度的多边形表示方法可用于连续的、环境[35]的几何地图中;或者,作为另一种方法,用于棋盘格形、离散逼近的连续环境中。

然而,注意到某些机器人的位置比其他位置更可能,将可能的机器人位置组合成某种排序,也许是有用的。与可能位置偏好排序结合在一起,表示连续多假设信任状态的策略是:将信任度建模成一个数学分布。例如,参考文献[87,309]中利用 2D 环境中的点$\{X,Y\}$,把机器人位置信任度标记为平均 μ 加上一个标准偏差参数 σ,由此定义了一个高斯分布。意指:各位置的分布代表了分配给机器人在该位置的概率。这个表示方法特别适从于数学上所定义的跟踪函数,诸如卡尔曼滤波器,它被设计成在高斯分布上有效的运算。

另一个表示可能机器人位置集合的办法,不用单个高斯概率密度函数,而是各可能位置的离散标记。在这种情况下,各个可能的机器人位置,各自地与自信度或概率参数结合在一起被标记(图5.11)。在高度棋盘格化的地图中,这可在单信任度状态中,造成成千或几万个可能的机器人位置。

多假设表示方法的主要优点是:机器人可以明确地维持关于它位置的不确定性。如果机器人只从它的传感器和执行器获取部分的关于位置信息,则从概念上该信息可以被合并成为更新后的信任度。这个方法更为稀有的优点是:它是明确地以机器人的能力为中心,测量它自己关于位置不确定性程度的能力为中心。这个优点对一类定位和导航求解是关键的。在这类问题中,机器人不仅对达到特定目标要推理,还要对它自己信任度状态的未来轨迹进行推理。譬如,机器人也许要选择使它的未来

　　机器人路径　　　　　　　　　　　位置 2,3,4 信任度状态

图 5.11　多假设跟踪(取自 W. Burgard[86])的例子。移动到位置 4 以后,大量的分布的信任度状态成为十分确定

位置不确定性最小的路径。该方法的一个例子是参考文献[306]。在该例子中,机器人规划一条从点 A 到点 B 的路径,为了减轻定位困难,它采取一系列与路标接近的路径。这类关于轨迹对定位质量有影响的显式推理,就需要多假设的表示方法。

　　多假设方法的主要缺点之一涉及到决策过程,如果机器人把它的位置表示成一个区域或可能位置的集合,那么它如何决定下一步该做什么? 图 5.11 提供了一个实例。在位置 3,机器人的信任度状态分别分布在 5 个走廊中间,如果机器人的目标是行走到一个特殊走廊,那么给定该信任度状态,机器人应该选什么动作?

　　因为机器人的某些可能位置隐含着一条与其他某些可能位置不一致的运动轨迹,这就发生了难题。我们在下面实例研究中将会看到,为决策起见,有一个方法是假定在机器人的信任度状态中,机器人处在物理上最可能的位置,然后根据当前的位置选择一条路径。但是,这个方法要求各可能位置有一个相关的概率。

　　一般而言,对这种决策问题,正确的方法是根据轨迹进行决策,该轨迹没有明显的模糊性。但这导致多假设方法的第二个主要缺点:在绝大多数情况下,它们在计算上十分昂贵。当一个人在离散可能位置的 3D 空间中推理时,在单假设情况下,可能的信任度状态的数目限制在 3D 世界可能位置数目内。设此数目为 N,当他移动到任意的多假设表示时,那么可能的信任度状态的数目是 N 的幂集,远远大于 2^N。因此,整个时间内关于信任度状态的可能轨迹,其显式推理随着环境规模的增大,很快变得计算上不可容忍。

　　然而,存在许多特殊形式的多假设表示方法,受某些约束。它给出有限类型的多假设信任度,同时可避免计算上的爆炸。例如,如果假定概率的高斯分布的中心处在一个单独位置上,那么表示和信任度跟踪问题变成等效于卡尔曼滤波,即下述的简捷的数学过程。另一种方法,在信任度状态中,与有限的 10 个可能位置相结合的高度棋盘格化的地图表示,形成一个离散的更新循环。它最坏只比单假设信任度更新多十倍计算上的费用。其他与复杂性问题相适配,而又精确和计算便宜的方法是混合度量-拓扑方法[314,317]或多高斯位置估计[57,103,157]。

　　总之,多假设信任度状态的最重要优点是持有对位置敏感的能力,同时明确地标注关于机器人它自己位置的不确定性。这个强有力的表示方法,正如在下面实例研究将看到的那样,已经使机器人能以有限的传感器信息在环境的格局中鲁棒地导航。

5.5　地图表示方法

　　表示机器人移动的环境问题,是表示机器人可能位置或位置的对偶问题。有关环境表示方法所做的决策,会影响到机器人位置表示可用的选择。通常,位置表示的准确性受到地图表示准确性的限制。

　　在选择一个特殊的地图表示方法时,必须了解三个基本关系:
　　(1) 地图的精度必须恰当地匹配机器人需要达到目标的精度;
　　(2) 地图的精度和所表示的特征类型必须匹配机器人传感器所返回的数据类型和精确性;
　　(3) 地图表示的复杂性直接影响有关作图、定位和导航推理的计算复杂性。

　　在以下章节,我们确定和讨论建立地图表示方法中关键的设计选择。各种选择极大地影响上述所列的关系和最终机器人定位的体系结构。我们将会看到,可能的地图表示方法的选择范围是广泛的。选择一个恰当的表示方法,需要了解在该选择中内在的所有折衷,以及了解一个特别的移动机器人必须履行定位的特定背景。一般来说,环境表示和模型可以像第 4 章 4.3 节所提出的那样,粗糙地进行分类。

5.5.1　连续的表示方法

　　连续值的地图是**环境**精确分解的一种方法。环境特征的位置可以在连续空间中精密地予以标记。当前移动机器人的实施只在 2D 表示中使用连续的地图,因为更高的维数会引起计算上的爆炸。

　　一个通用的方法是将连续表示的精确性和**闭环世界假设的紧凑性**结合起来。这意味着,人们设想表示会在地图中指定所有的环境物体,地图中没有物体的任何区域,在相应的环境部分也就没有物体。因此,地图中所需的总存储量正比于环境中物体密度,而稀疏的环境可由低存储的地图来表示。

　　这种表示的一个例子,如图 5.12 所示,是一个 2D 表示方法。这里,多边形表示连续值坐标空间中所有障碍物。这类似于 Latombe[32,87]所用的方法和用于移动机器人路径规划技术的其他环境表示方法。

　　在文献[32,87]中的情况下,事实上大多数的实验无一例外地是在计算机存储器内运行仿真。所以,实际成果没有被推广到用多边形集合去描述真实世界的环境,诸如停车场或办公大楼。

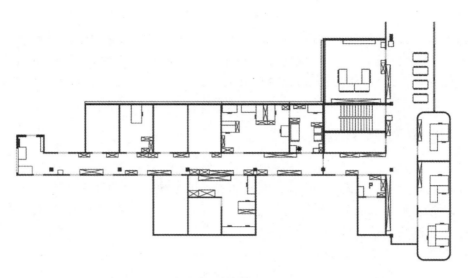

图 5.12   用多边形作环境障碍物的连续表示方法

在必须由地图捕获现实环境的其他研究工作中,人们看到了向选择性和抽象性发展的趋向。为定位起见,人为地图的制作者倾向于只在地图上捕捉能被机器人传感器检测到的对象,而且只是现实世界物体特征的一个子集。

我们立刻应该明白,几何图形有能力表示物体的物理位置,不必提及它们的纹理、颜色、弹性,或任何其他不直接关系到位置和空间的二次特征。除了这个层次的简化之外,通过只捕捉与定位紧密相关的物体几何学方面特征,移动机器人的地图可进一步减少存储器的使用。例如,所有物体可以用非常简单的凸多边形近似。为了保证计算速度,会牺牲地图的巧妙性。

一个精彩的例子涉及直线的提取。许多室内机器人依赖激光测距装置去获得靠近机器人的距离数据,这种机器人可以从成千上万激光测点所提供的密集的量程数据中自动地提取最佳拟合的直线。给定这种直线提取传感器,一个合适的连续作图方法就是用无限的直线集合构造地图。地图连续的本质保证可将直线置于平面中任何位置,任何角度。现实环境物体(诸如墙和交叉口)的抽象过程,只捕捉地图表示中与移动机器人测距传感器所获得的信息类型相匹配的信息。

图 5.13 展示了利用连续直线表示方法的 EPFL 室内环境的地图。注意到地图捕捉唯一的环境特征是直线,诸如在角落和沿墙的直线。这不仅是特征较为丰富的现实世界的样本,而且也是一种简化。对于实际的墙来说,它可以有未被所画直线所捕获的纹理和浮雕。

连续地图表示方法对位置表示的影响基本上是正面的。在单假设位置表示的情况下,位置可以被指定为坐标空间中任意的连续值的点,所以准确度可能极高。在多假设位置表示的情况下,连续地图能有两种类型的多位置表示。

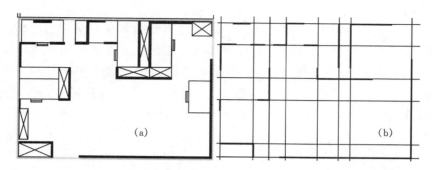

图 5.13 EPFL 连续值直线表示的实例。(a) 实际地图；(b) 用无限直线集合的表示方法

在一种情况下，机器人可能的位置可以被描述为超平面中的一个几何形状，使得我们知道机器人处在该形状的界限内。这展示在图5.33。在该图中，机器人的位置用椭圆限定的区域予以描述。

但是，连续表示方法不是不允许以可能位置离散集合形式表示位置。例如，在参考文献[119]中，机器人位置的信任度状态，在机器人最佳已知位置的附近区域，通过对 9 条连续值位置进行采样而获得。该算法在一个连续空间内，获取对机器人可能位置的离散采样。

总之，连续地图表示方法的主要优点是：对于环境的配置以及该环境内机器人的位置，有高准确性和善于表达的潜能。连续表示方法的危险是地图在计算上可能是昂贵的。但这个危险可以用抽象化和只获取最相关的环境特征来缓解。与使用闭环世界假设相结合，这些技术可以使连续值地图耗费不多，甚至有时比标准的离散表示方法更便宜。

5.5.2 分解策略

在上一节，我们讨论了一个简化方法。在该方法中，连续地图的表示根据环境的 2D 区段，包含了近似于现实世界环境的一个无限直线的集合。从根本上说，这个从现实世界到地图表示的变换是一个滤波器，它滤去了所有的非直线数据，进而将直线段数据扩充成只需少数几个参数的无限直线。

一个更引入注目的简化形式是**抽象化**：环境特征的一般分解和选择。本节我们研究和讨论分解，因为它以更极端的形式应用于地图的表示问题中。

在设计地图表示期间，人们为什么要极力地分解现实环境呢？随分解和抽象化而来的缺点是地图和现实世界之间失去了保真度。既定性地根据总体结构；又定量地根据几何精度，高度抽象的地图总不好与高保真的地图相比。

尽管这是缺点，但如果可以仔细地规划好这个抽象，使得在抛弃所有其他特征的同时获得相关的**有用的**环境特征，分解和抽象还是有用的。这个方法的优点是地图表示可以潜在地被最小化。而且，如果分解是递阶的，例如，在一个回归抽象化的层层升高中，那么相对于地图表示的推理和规划，在计算上可以远远优越于在十分详细的环境模型中进行规划。

　　一种标准、无损失形式的投机取巧分解称之为**精确单元分解**。这个由 Latombe 提出的方法，根据几何的临界性，通过选择离散单元之间的边界实现分解。

　　图 5.14 描述了由多边形障碍物组合成的平面工作空间的精确分解。地图表示方法将空间细化（棋盘格化）成多个自由空间区。这个表示方法可以极其精密，因为这些区域实际上是作为一个单独的节点被存储，在本例中，总共只形成 18 个节点。

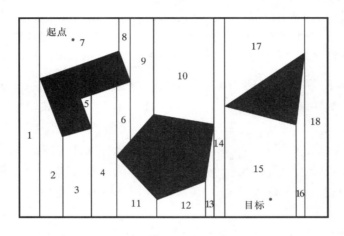

图 5.14　精确单元分解的例子

　　该分解背后的基本假定是在各自由控制区内，机器人的特殊位置是无关紧要的，重要的是机器人从一个自由区到相邻区的行走能力。所以，当用其他表示方法时，我们会看到最终图形保住了地图现场的毗邻区。如果这假定确实有效，机器人并不在意单个区域内它的精确位置，那么这可以是一个有效的表示方法，而且仍然保持了环境的连接性。

　　这种精确的分解并不总是适当的。精确分解是特殊环境障碍物和自由空间的函数，如果信息收集贵昂，甚至不知道，则这个方法是不可行的。

　　另一个方法是**固定分解**。在这里，环境是棋盘格化的。为了地图，将连续的现实环境变换成离散近似。该变换展示在图 5.15。它描述在变换期间，填充的障碍物和自由区发生什么情况。这个方法的重要缺点来源于**不精确**的实质。如图 5.15 所示，在这种变换期间，窄的通道有可能丢失。从形式上来看，这意味着固定分解是合理的，但并不完全，如图 5.16 所示。还有另一个方法，即是自适应的单元分解。

　　在移动机器人中，固定分解的概念很普遍；这大概是当前所用的单个最普通的地图表示技术。固定分解的一个非常流行的型式是所谓**占有栅格**表示方法[233]。在一个占有栅格中，环境被表示成离散栅格。这里，各个单元或者被填满（障碍部分）；或者是空的（自由空间部分）。当机器人装备基于测距传感器时，这特别有价值，因为各传感器的测距值与机器人的绝对位置结合在一起，可以直接被用于更新各单元的填充值或空值。

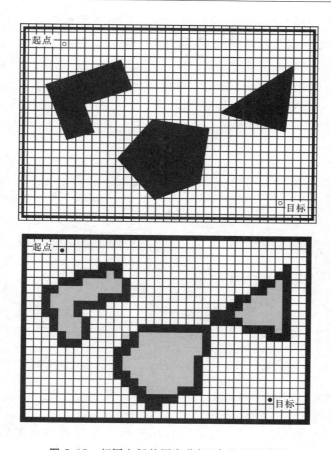

图 5.15 相同空间的固定分解(窄的通道消失)

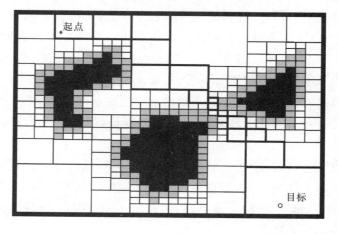

图 5.16 环境自适应(近似的可变单元)分解的例子。包围自由空间的矩形被分解成 4 个相同的矩形。如果一个矩形的内部完全位于自由空间或结构空间障碍物,那它不必再分解,否则,它递归地再分成 4 个矩形,直至得到某种预定的解。白色单元位于障碍物外面,黑色在里面,灰色是双区域部分

在占有栅格中,各单元可能有一个计数器。借此,0 值说明单元还未被任何测距所"击中",所以单元可能是自由空间。当测距点测的数目增加时,单元的值递增超过一定的阈值,单元必定成为障碍物。当测距点击越过单元,点击一个更远单元时,单元的值通常会被打折扣。也就是通过随时将单元的值打折扣,用这个占有栅格的方法,可以表示瞬时障碍物的可能性和滞后现象。图 5.17 描述了栅格表示方法,其中各单元的黑暗度正比于它的计数器的值。使用标准的占有栅格作图和导航的一个商业机器人是机器人 Cye[342]。

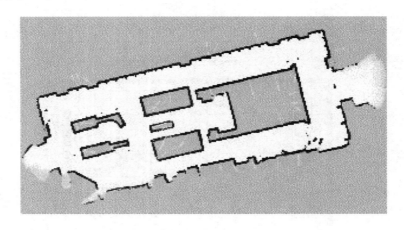

图 5.17　占有栅格地图表示方法。图片由 S. Thrun[314] 提供

占用栅格方法有两个主要缺点。第一,在机器人存储器中地图的尺寸随着环境规模的增长而增大。如果用小的单元尺寸,这个尺寸迅速变得难以办到。占有栅格方法与封环世界假定不相容,后者能使连续表示在大的、稀疏环境中具有潜在的非常小的存储需求。相反,占有栅格必须为矩阵中的每一个单元保留存储器。而且,任何像这样的固定分解,不管环境细节如何,在环境上都要预先加上一个几何栅格。在几何特征并非环境最显著特征的情况下,这可能是不适合的。

由于这些理由,另一种方法在移动机器人中已经成为某种探索的主题,称为**拓扑**分解。拓扑方法避免了对几何环境品质的直接测量,而注重于机器人定位最相关的环境特征。

形式上,拓扑表示是指定两个对象的图形:**节点**和这些节点之间的**连接**。在拓扑表示用于移动机器人的情况下,节点用作表示环境中的区域;圆弧用作表示节点对之间的邻接。当一条圆弧连接两个节点时,则机器人可以从一个节点走到另一个节点而不必经过任何其他中间节点。

显然,如同在单元分解表示的地图中,邻接对现实环境的几何邻接是核心一样,邻接是拓扑方法的核心。然而,拓扑方法在那节点分叉不是固定规模的或对等的自由空间的规定,而是根据任何传感器的判断,节点提供一个区域,使得机器人能认识节点的入口和出口。

图 5.18 表示了在室内环境中,一组走廊和办公室的拓扑表示方法。在这种情况下,假定机器人有一个交叉检测器,例如用声纳和视觉寻找大厅之间和大厅与房间之间的交叉口。注意到,节点占有几何空间,而圆弧在该表示方法中简单地表示为连接。

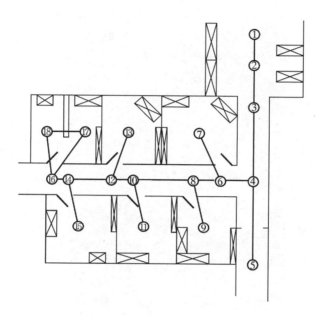

图 5.18 室内办公区的拓扑表示

拓扑表示的另一个例子是 Simhon 和 Dudek 的工作[290],在他们的工作中,目标是制作能获取人类消费区最有兴趣的表象的移动机器人。在他们的表示方法中,节点是可见的引人注目的场所,而不是路径的交叉口。

为了用拓扑图鲁棒地导航,机器人必须满足两个约束:第一,它必须根据拓扑图的节点,有一个检测它当前位置的方法;第二,利用机器人的运动,它必须有一个在节点间行走的方法。节点的规模和特定的维数必须优化,使它与移动机器人硬件的传感器判断能力相匹配。这个针对机器人的特殊传感器,"调节"表示方法的能力,是拓扑方法的重要优点。但是,当地图表示越来越偏离真正的几何图时,对准确地和精密地描述机器人位置,就失去了表示的可表达性。这里存在离散的基于单元的地图表示和拓扑表示的折衷。有趣的是,连续的地图表示方法既有像拓扑表示那样紧凑,又有像所有直接几何表示那样精确的优势。

还有,拓扑方法的主要动机是环境可能包含重要的非几何特征——与测距无关,但有利于定位的特征。在第 4 章我们已描述了这种全图像的基于视觉的特征。

与这些全图像特征提取器相反,通常,在环境中人为地安放空间定位路标,在环境上强加一个特殊的可视拓扑连接。实际上,人造的路标可加上人为的结构。用这个基于路标的策略进行运作的工作系统,其实例也已被证明是成功的。基于

Latombe 的路标的导航研究[188]，已经在现实世界实现了室内移动机器人，它使用天花板上的纸路标作为局部可见的特征。博物馆的机器人 Chips 是另一个用人造路标解决定位问题的机器人。在该情况中，一种光亮的、粉红色正方体用作路标，其所具有的尺寸和颜色标签，在博物馆的环境中是难以随意复制的[251]。图 5.19 表示了这样一种博物馆路标。

图 5.19   在自主对接期间，Chip 所用的人造路标

总之，距离显然不是移动机器人唯一可测和可用的环境值。特别当随着色彩视觉以及激光定位器的进展，它提供了距离信息以外的反射信息时情况更是如此。针对一个特殊移动机器人的需求选择地图的表示方法，首先要了解移动机器人上已有的传感器；其次，要了解移动机器人的功能需求（例如，所要求的目标精度和准确度）。

5.5.3   发展水平：地图表示方法的最新挑战

以上各节阐述了有关地图表示方法选择的主要设计方案。但是，有些基本的现实世界的特征，移动机器人地图表示方法还没有很好地表达。它继续成为开放性研究的课题，下面我们描述几个这种带有挑战性的问题。

现实世界是动态的，当机器人进入与人类相同空间的居住环境时，它们会碰到行走的人、汽车、漫步者以及由人在从事活动时，他们所安放的和移动的瞬时障碍物。当我们考虑到家庭环境，终有一天，家庭机器人需要争用这种环境时，情况确是这样。

一般而言，前述的地图表示，没有专用的工具来识别和区分永久性障碍物（如墙、走廊等）和临时障碍物之间的差别。移动机器人传感器的当前发展水平，部分地归咎于这个缺点。虽然视觉研究正在迅速进步，但是，从**一个移动的参考框架**，还没有可用的区分运动的动物和静止的结构的鲁棒传感器。而且，估计瞬态对象的运动向量仍是一个研究问题。

支持前面地图表示方法的假说,常常是地图上的所有物体实际上都是静态的。通过随时减少所画物体,上述方法可以获得部分成功。例如,通过引入暂时折扣,有效地将瞬时障碍物当作噪声来处理,占用栅格技术对动态设定可以更加鲁棒。地图制作更具挑战性的过程是它对环境的动力学特别地脆弱,大多数的作图技术一般要求在作图过程中没有运动的对象。这种限制的一个例外牵涉拓扑的表示方法。因为精确的几何特征并不重要,瞬时物体对作图或定位过程影响很小。但承受关键性的约束,即瞬时物体必须不改变环境的拓扑连接。尽管如此,占用栅格表示方法和拓扑方法均不把瞬时物体主动辨识和表示成由传感器误差和永久性的地图特征二者所致,而有差异的。

视觉感知提供有关环境中物体的瞬态和运动细节的更鲁棒和更有益的内容。所以,移动机器人专家及时地提出了利用那些信息的表示方法。典型的例子包括人群造成的堵塞。博物馆导游机器人通常承受大量的堵塞。如果机器人的感知装置沿着机器人身体安装,那么当一群参观者完全包围机器人时,机器人实际上成了瞎子。因为它的地图只包含环境特征,这时,由于人墙的影响,机器人的传感器完全感知不到环境特征。在最佳的情况下,机器人应该认知它的堵塞,且不利用这些无效的传感器读数进行定位。在最坏的情况下,机器人会用完全堵塞的数据来定位,并会不正确地更新它的位置。可判断机器人局部条件(例如被人包围)的视觉传感器,可以帮助消除这样的错误模式。

移动机器人定位的第二个开放的挑战性问题涉及开放空间的穿越。现有的定位技术一般依赖于局部的测量,诸如距离。因此,要求稍微密集地充满物体的环境,传感器可以检测和测量。开阔的空间,如停车场、草地和诸如在会议中心见到的户内天井,由于物体比较稀疏,就会对这种系统造成困难。的确,当有人居住时困难加剧,因为任何被映入的物体几乎肯定地要被人挡住视野。

更新近的技术对克服这些缺点再次提供了某些希望。视觉和新近的激光测距装置二者提供了距离远至 100 m 或更多的室外特性指标。当然,GPS 性能更佳。对利用距离特征进行定位的机器人,也许要求有长距离的感知。

这种倾向弄清了绝大多数拓扑地图表示方法潜在的隐含假定。通常,拓扑表示方法就空间的方位作了假定:节点包含了节点内它们本身的物体和特征。因此,地图制作过程包含了制作节点。这些节点以它们独立的方式,依靠节点内所包含物体的性能,是可以识别的。所以,在室内环境中,各室可以是单独的一个节点,这是合理的,因为各室会有一个对该室唯一的布局和一组所属物。

然而,我们考虑一个开阔公园的室外环境。哪里应该是单独节点的终端?下一个节点从哪里开始?回答是不清楚的,因为远离当前节点或位置的物体,可以为定位过程获得信息。例如,一个地平线上丘陵的隆起处、山谷中的河流位置和太阳的轨迹,全都是非局部的特征,它们对推断当前位置的能力影响很大。我们不遵守空间局部性的假定,代之以可视性准则:节点或单元需要有表示物体的机构,该物体是可测和可见的。再次,随着传感器的改善,并在这种情况下随着室外运动机构的改善,将有更大的紧迫性来解决在开阔环境中(使用或不使用 GPS 类型的全局定位传感器)与定位相关的问题。

我们以最后一个挑战性问题结束这一节。这问题代表了一个机器人学基础性学术研究问题:传感器融合。使用现货供应的机器人传感器,包括热、距离、音频和基于光的反射性、颜色、纹理、摩擦等各种不同类型的测量都是可能的。传感器融合是与地图表示方法密切相关的研究课题。正如为了机器人执行定位和推理,地图必须足够详细地具体表达环境一样,传感器融合也要求有环境的表示,这表示要有足够的通用性和表现力,使各种传感器类型能具有它们合适的相关数据,增强了最后合成的感知,很好地超越任何单个传感器的读数。

大概至今为止,传感器融合唯一通用的实现方法是神经网络分类器。利用这个技术,任何数目和任何类型传感器的值都可以在一个网络中共同地被组合。这可用无论什么必需的方法来优化它的分类准确度。对必须使用人类可读的固有的地图表示方法的移动机器人,还没有诞生出同样的通用的传感器融合方案。当传感器融合问题得到解决时,我们有理由期待,完全不同类型的大量数目的传感器的集成,容易形成足够强大的判别能力,为机器人实现现实世界的导航,甚至在开阔和动态环境中(如占满人的公共广场)的导航。

5.6 基于概率地图的定位

5.6.1 引言

如前所述,多假设位置表示方法是有优点的,因为机器人可以明确地跟踪环境中有关它可能位置的自己的信任度。理想情况下,机器人的信任度状态会随着时间而改变,与电机的输出和感知的输入维持一致。前面指出,多假设表示的一个几何方法是通过指定环境表示[187]的多边形,涉及辨识机器人的可能位置。这个方法,在各种可能的机器人位置之间,对其相对机会的选择不提供任何说明。

基于概率地图的定位技术与此不同,因为它明确地辨识了可能的机器人位置的概率。因此,这些方法已成为当前研究的焦点。移动机器人定位的概率方法一直被开发的原因是:从传感器来的数据受测量误差的影响,所以,我们只能计算机器人处在给定方位的概率。这个新的研究领域称为**概率机器人学**[51]。概率机器人学的关键性思想是用概率论来表示不确定性。换句话说,不是给出当前机器人方位的一个单独的最好估计;概率机器人学将机器人方位表示为对所有可能的机器人姿态的一个概率分布。通过这样做,任意性和信任度用概率论微积分予以表示。这个理论能成功应用于机器人定位问题来源于以下事实:在许多现实世界应用中,概率算法胜过别的技术。

在下面几节里,我们将提出两类基于概率地图的定位。第一类是马尔可夫定位,对所有可能的机器人位置,使用一个明确地指定的概率分布;第二个方法是**卡尔曼滤波定位**,使用机器人位置的高斯概率密度的表示。与马尔可夫定位不同,卡尔曼滤波定位在机器人的方位空间中不独立考虑各个可能的姿态。有趣的是,如果机器人位置的不确定性被假定为具有高斯形式,则卡尔曼滤波定位过程由马尔可夫定位的公理产生。

5.6.2 机器人定位问题

在详细讨论各个方法之前,我们提出一般性的机器人定位问题和求解策略。让我们考虑一个运动在已知环境中的移动机器人。当它开始移动时,譬如说,从一个已精确知道的位置开始,利用里程表,它可以保持对其运动的跟踪。由于里程表的不确定性,若干运动之后,机器人对它的位置会变得很不确定(见 5.2.4 节)。为了使位置的不确定性不无限地增长,机器人必须相对于它的环境地图将它自己定位。为了进行定位,机器人会使用它机载的外感受式的传感器(例如,超声、激光、视觉传感器)对环境进行观测。由机器人里程表提供的信息,加上这种外感受的观测所提供的信息,可以被组合起来,使机器人相对于它的地图尽可能好地定位。根据本体感受式传感器的值和外感受式传感器的值,其更新过程常常在逻辑上是分离的,这就产生了机器人位置更新的一般过程,它由二步构成。称之为**预测(或动作)更新**和**感知(或测量,或校正)更新**。

- 在**预测(或动作)更新**期间,机器人利用本体感受式传感器估计它的方位,例如,利用编码器机器人估计它的运动。在这阶段,量程器误差随时间积分,有关机器人方位的不确定性增加。在图 5.20(a)中,我们对一个在一维环境中运动的机器人,阐明了这个过程。
- 在**感知(或测量,或校正)更新**期间,机器人利用外感受式传感器的信息,校正预测阶段所估计的位置。例如,用一个测距仪测量它离墙的距离,并相应地校正在预测阶段所估计的位置。在感知阶段,机器人的方位不确定性缩小。

一般情况下,预测更新增加了关于机器人信任度的不确定性:编码器有误差,所以运动是有某种程度的不确定性。相反,感知更新,一般地改进信任度状态(即,不确定性减小)。传感器的测量,当与机器人环境模型比较时,常常提供有关机器人可能位置的线索。

在下一节中,我们将描述基于概率地图定位的两种不同方法:马尔可夫定位和卡尔曼滤波器定位。在马尔可夫定位情况下,机器人的信任度状态可以用任意的概率密度函数表示。预测和感知阶段更新每一个机器人姿态的概率。在卡尔曼滤波定位的情况下,机器人的信任度状态,相反地用一个单独的高斯概率密度函数表示。因此,相对于地图,关于位置的机器人信任度参数只保留了 μ 和 σ。更新高斯分布的参

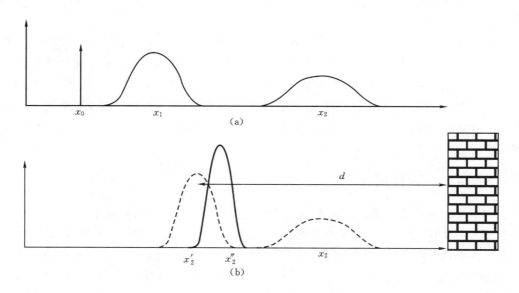

图 5.20 在概率机器人学中,关于机器人方位的信任度表示成概率密度函数。注意,在一般情况下,分布可以是任何函数,不必一定是高斯。只有卡尔曼滤波器假定高斯分布。(a) 预测阶段:起始位置 x_0 假定为已知,所以概率密度函数是狄拉克 δ 函数。当机器人开始移动,由于量程计的误差,它的不确定性增加,并随时间累加。(b) 感知阶段:机器人利用外感受式传感器(例如,测距仪)测量到右墙的距离 d,计算位置 x'_2,它与动作阶段所估计的当前位置 x_2 有冲突。感知更新将新位置校正为 x''_2,结果它的不确定性缩小(实线)

数是完全必需的。这种在信任度状态表示方法的基本差异,如在参考文献[143]中所表述的那样,会导致以下两个方法的优点和缺点:

- 马尔可夫定位考虑了从任何未知位置开始的定位,因此可从任意情况下恢复,因为机器人可以跟踪多个完全迥然不同的可能位置。然而,为了在任何时间,在全状态空间范围内更新所有位置的概率,需要一个空间的离散表示方法,诸如,几何**栅格**或拓扑图形(见 5.5.2 节)。因而,所需的存储器和计算功能可能限制精度和地图尺寸。

- 卡尔曼滤波器定位从一个初始的已知位置跟踪机器人,因此固有地有精度和效率两方面的优点。特别地,卡尔曼滤波器定位可以被用在连续的环境表示中。然而,如果机器人的不确定性太大(例如,由于机器人与物体碰撞),从而不是真正单峰,卡尔曼滤波器就不能捕获大量可能的机器人位置,并可能成为不可恢复的损失。

在最近的研究项目中,性能获得了改善。还有人建议,采用在马尔可夫方法内[86]只更新感兴趣的状态空间,或者用卡尔曼滤波器跟踪多个假说[57,231],或者把两种方法组合起来,创建一个混合的定位系统[143,317]以改善定位性能。在下面几节里,我们会详细评论各种方法,但是首先我们会重提概率论的某些概念。为深入研究概率论,建议读者参考文献[14]。

5.6.3 概率论的基本概念

令 X 表示一个随机变量,x 表示 X 可假说的一个指定值。典型的例子是骰子滚动,这里 X 可以在 1 和 6 之间取任意值。我们用

$$p(X = x) \tag{5.16}$$

表示随机变量 X 取 x 值的概率。例如,骰子滚动的结果由式(5.17)表征:

$$p(X = 1) = p(X = 2) = p(X = 3) = p(X = 4) = p(X = 5) = p(X = 6) = \frac{1}{6}$$

$$\tag{5.17}$$

从现在开始,为了简化符号,我们会省去对随机变量的指明,而代之以简单缩写 $p(x)$。

在连续的空间中,随机变量可以接受值的连续性。在这种情况下,我们会谈及有关**概率密度函数**(PDFs)。

离散和连续概率二者都整合为 1,所以

$$\sum_x p(x) = 1 \quad (\text{对离散概率}) \tag{5.18}$$

$$\int_x p(x)\mathrm{d}x \quad (\text{对连续概率}) \tag{5.19}$$

而且,概率常是非负的,即 $p(x) \geqslant 0$。

高斯分布　如我们已看到的,通用的概率密度函数是高斯分布:

$$p(x) = \frac{1}{\sigma\sqrt{2\pi}} = \exp\left(\frac{(x-\mu)^2}{2\sigma^2}\right) \tag{5.20}$$

也叫正态分布,常常缩写为

$$p(x) = N(x, \sigma^2) \tag{5.21}$$

式中 μ 和 σ^2 指定了随机变量 x 的均值和方差。注意在这情况下,随机变量 x 是标量。然而,当 x 是 k 维向量时,我们有多变量的正态分布,由下面形式的密度函数表征:

$$p(x) = \frac{1}{(2\pi)^{k/2}\det(\sum)^{1/2}}\exp\left(-\frac{1}{2}(x-\mu)^{\mathrm{T}}\sum{}^{-1}(x-\mu)\right) \tag{5.22}$$

式中 μ 为均值向量,$\sum$ 是一个正半定和对称的矩阵,称为协方差矩阵。

联合分布　两个随机变量 X 和 Y 的联合分布由 $p(x, y)$ 给定,它描述了随机变量 X 取 x 值,随机变量 Y 取 y 值的概率。如果 X 和 Y 独立,我们有

$$p(x, y) = p(x)p(y) \tag{5.23}$$

条件概率　条件概率描述随机变量 X 取值 x 的概率,它以确切知道 Y 取值 y 为条件。作为例子,计算骰子滚动结果为 2 的概率,它以下面事实为条件:我们知道结果为偶数的概率为 100%(譬如,我们有一个指定的骰子)。条件概率用 $p(x|y)$ 表示,

如果 $p(y) > 0$,定义为

$$p(x \mid y) = \frac{p(x,y)}{p(y)} \tag{5.24}$$

如果 X 和 Y 都独立,我们有

$$p(x \mid y) = \frac{p(x)p(y)}{p(y)} = p(x) \tag{5.25}$$

换句话说,如果 X 和 Y 都独立,知道 Y 不提供有关 X 值的任何有用信息。

全概率定理   全概率定理源于概率论公理,写做

$$p(x) = \sum_y p(x \mid y)p(y) \quad \text{(对连续概率)} \tag{5.26}$$

$$p(x) = \int_y p(x \mid y)p(y)\mathrm{d}y \quad \text{(对连续概率)} \tag{5.27}$$

如我们在下节会看到的,在预测更新期间,马尔可夫和卡尔曼滤波器定位算法二者都用到全概率定理。

贝叶斯定理   贝叶斯定理将条件概率 $p(x|y)$ 和它的逆 $p(y|x)$ 联系起来。在 $p(y) > 0$ 的条件下,贝叶斯定理写成

$$p(x \mid y) = \frac{p(y \mid x)p(x)}{p(y)} \tag{5.28}$$

如我们在下节会看到的,在测量更新期间,马尔可夫和卡尔曼滤波器定位算法二者都用到贝叶斯定理。

先验和后验概率   一个随机变量 x 的先验概率分布是在纳入数据 y 以前,我们拥有的概率分布 $p(x)$。譬如,在移动机器人学,**先验**可以是,在考虑任何传感器测量之前,对全空间的机器人位置的概率分布。概率 $p(x|y)$ 是在纳入数据之后计算的,称为**后验概率分布**。如方程式(5.28)所示,贝叶斯定理利用"逆"条件概率 $p(y|x)$ 和先验概率 $p(x)$,提供了一个计算后验概率 $p(x|y)$ 的简便方法。利用前面移动机器人学的例子,在读取传感器数据 y 之后,我们想要知道机器人占有指定位置 x 的概率 $p(x|y)$,如果机器人早先在那个位置上,我们只要将观察这些测量的条件概率 $p(y|x)$,乘上在读取传感器数据前,机器人在那里的概率 $p(x)$。结果必须除以某个规格化因子 $p(y)$。先验和后验概率的概念,以及贝叶斯定理的好处,以后无论如何是要弄清楚的。

重要的是,贝叶斯定理的分母 $p(y)$ 不依赖于 x,因此,在贝叶斯定理中,因子 $p(y)^{-1}$ 常写成为规格化因子,一般表示为 η。记得,概率分布的积分常是 1,

η 可以便捷地予以确定。这样,贝叶斯定理可以被写成:

$$p(x \mid y) = \eta p(y \mid x)p(x) \tag{5.29}$$

5.6.4   术语

路径、输入和观测   这里我们介绍整个下一节要用到的术语。术语和符号与参考文献[51]所引用的一致。令 t 表示时间,x_t 表示机器人位置。对平面运动,$x_t =$

$[x, y, \theta]^{\mathrm{T}}$ 是组成机器人位置和方向的 3 维向量。机器人的**路径**给定为：

$$X_T = \{x_0, x_1, x_2, \cdots, x_T\} \tag{5.30}$$

式中 T 也可以是无限的。

令 u_t 表示在时刻 t 本体感受传感器的读数。譬如,这可以是机器人轮子编码器或 IMU(惯性测量单元)的读数,或者给电机(如,速度)[①]的控制输入。如果我们假定机器人及时地在各点正确接受一个数据,那么,本体感受传感器的数据序列可以写成:

$$U_T = (u_0, u_1, u_2, \cdots, u_T) \tag{5.31}$$

在无噪声的情况下,假定机器人的初始位置 x_0 已知,我们显然可以通过对 U_T 积分,恢复所有以往的机器人位置 X_T。然而由于噪声,被积分的路径不可避免地偏离地面实况。所以,需要有别的方法来减小漂移。如在下节,我们会看到,外感受传感器的读数,通过保持它有界来容许我们抵消漂移。

外感受式传感器,诸如摄像机、激光器或超声测距仪,容许机器人感知环境。这些传感器的输出可以直接是传感器参考框架中点、线或平面的 3D 坐标(单位为米)。但是,它们也可以简单地是点特征(像角)或线(像门)的坐标(单位为像素)。不管传感器返回的输出是什么,它们通常都被当做**观测、测量数据**或**外感受传感器读数**。如果我们假定机器人及时在各点准确地获得一个测量,测量的顺序给定为

$$Z_T = \{z_0, z_1, z_2, \cdots, z_T\} \tag{5.32}$$

这里,重要的是察觉到,各观测的坐标被表示在属于机器人的**传感器参考框架**中。

最后,令 M 表示环境的真地图,并让我们假定环境是由 2 维的点路标(或 2D 无限直线)组成。在这种情况下,地图是大小为 $2n$ 的一个向量,这里 n 是环境中特征的数目,所以,

$$M = \{m_0, m_1, m_2, \cdots, m_{n-1}\} \tag{5.33}$$

式中 m_i, $i = 0 \cdots n-1$,是向量,代表在环境参考框架(例如,点的 2D 位置或线的位置和方向)中路标的 2D 坐标。同样的讨论,通过结合点的位置或线和平面的位置和方向,可以扩展到 3D 情况。最后我们假定,环境是静态的,故环境地图 M 是时不变的。

信任度分布 在 5.4 节里,我们已经介绍了信任度表示的概念。这里,我们根据概率,重温这个概念。一般来说,机器人不能直接测量它的真实状态(姿态),甚至不能用 GPS。它能够知道的只是根据它的传感器数据,最佳估计它的姿态(例如,$x_i = [3.0, 5.1, 180°]^{\mathrm{T}}$)。所以,机器人拥有的关于它状态的知识只能由数据推测。有关机器人状态的最好猜测,叫信任度。在概率机器人学中,信任度通过条件概率分布来表示,所以,它们是以可用数据为条件的状态变量后验概率。如果我们把状态变量 x_i 的信任度用 $bel(x_i)$ 来表示,我们可以写:

$$bel(x_t) = p(x_t \mid z_{1 \to t}, u_{1 \to t}) \tag{5.34}$$

---

① 为了方便语言,在其余地方,我们常常把 u_t 当作控制输入,但要记住,一般它也可以代表本体感受传感器的读数。

式中,后验 $p(x_i \mid z_{1 \to t}, u_{1 \to t})$ 表示:给定所有它的后观测 $z_{1 \to t}$ 和所有它的过去控制输入 $u'_{1 \to t}$,机器人处在 x_i 的概率。

在马尔可夫和卡尔曼定位中,我们也常常把所计算的信任度,指的是正好在控制输入 u_t 之后,融入新的观测 z_t 之前。这样一个后验将写为

$$\overline{bel}(x_t) = p(x_t \mid z_{1 \to t}, u_{1 \to t}) \qquad (5.35)$$

这个刚计算的概率分布 $\overline{bel}(x_t)$,包括了新的观测 z_t,常被称作**预测(或动作)**更新,意思是当前机器人的姿态(信任度)只是基于运动控制和以前观测的预测。这也可叫作**动作**,因为在这期间,机器人物理上移动。相反,从 $\overline{bel}(x_t)$ 计算 $bel(x_t)$ 常常叫作**校正**(或感知,或测量)更新,因为在观测之后,机器人的姿态被校正。

5.6.5　基于概率地图定位的组成

为了解决机器人定位问题,需要以下信息。

1. 初始概率分布 $bel(x_0)$　在初始的机器人位置不知道的情况下,初始信任度 $bel(x_i)$ 对整个姿态是均匀分布。相反,如果完全知道位置,初始信任度是狄拉克 δ 函数。如我们会看到的那样,马尔可夫方法容许我们选择任何任意的初始分布,而在卡尔曼滤波方法中,只容许高斯分布。

2. 环境地图　必须知道环境地图 $M = \{m_0, m_1, m_2, \cdots m_n\}$。如果不预先知道地图,那么机器人需要构建一张环境地图。在 5.8 节将阐述自动地图的构建。

3. 数据　为了定位,机器人显然需要使用来自它的本体感受式传感器和外感受式传感器的数据。我们用 z_t 表示从外感受式传感器来的当前读数。z_t 也被称为观测。用 u_t 表示替代的、从本体感受式传感器来的读数或控制输入。对差动驱动的机器人,u_t 可以表示来自右轮和左轮的编码器读数,所以,我们会写 $u_t = [\Delta S_r, \Delta S_l]^{\mathrm{T}}$。

4. 概率运动模型　概率运动模型是从机器人运动学推导而来的。在无噪音情况下,机器人当前的位置 x_t,可以写成前一个位置 x_{t-1} 和编码器读数 u_t 的函数 f,即

$$x_t = f(x_{t-1}, u_t) \qquad (5.36)$$

例如,对一个差动驱动的机器人,f 简单地是测距仪-位置-更新公式(5.7)。

为了推导概率运动模型,我们需要对 x_{t-1} 和 u_t 的误差分布建模,然后利用 f 计算对 x_t 的误差分布。如我们在 5.2.4 节已见的那样,如果 x_{t-1} 和 u_t 二者是正态分布,互不相关,且 f 可以被它的一阶泰勒展开式近似,那么对 x_t 的误差分布可以建模成多变量的高斯函数,具有均值 $f(x_{t-1}, u_t)$ 和由误差传播定律(5.9)所指定协方差矩阵。

5. 概率测量模型　这个模型是直接从外感受式传感器模型推导出来的,譬如激光器、声纳或摄像机的误差模型。如同我们在第 4 章已见到的那样,激光器和声纳提供距离测量,而单个摄像机提供方位测量。由于这些测量总是有噪声,为了表征声纳模型,我们必须定义精确、无噪声的测量函数。测量函数 h 清楚地依赖于环境地图 M 和机器人位置 x_t,所以我们可以写

$$z_t = h(x_t, M) \tag{5.37}$$

测量函数 h 是典型地从环境框架到属于机器人的传感器参考框架的一个坐标变化,例如,在图 5.20 所示的例子中,机器人使用了一个测距仪,测量从右墙的距离 d,这里 d 是观测,所以 $z_t = d$。地图 M 由单个特征 m(即墙)来表示,我们假定墙是在坐标 $m = 10$(我们假定单坐标,因为我们设定机器人在一维环境中移动)。故在这简单的例子下,测量函数是

$$h(x_t, M) = 10 - x_t \tag{5.38}$$

在更一般情况下,h 是从环境框架到属于机器人的传感器参考框架的一个坐标变化。

为了推导概率测量模型,我们只需要在测量函数上加一个噪声项,使得概率分布 $p(z_t | x_t, M)$ 在无噪声值 $h(x_t, M)$ 达到高峰。例如,如果我们假定高斯噪声,我们可以写

$$p(z_t \mid x_t, M) = N(h(x_t, M), R_t) \tag{5.39}$$

通常,式中 N 表示多变量正态分布,均值为 $h(x_t, M)$,噪声协方差矩阵为 R_t。

5.6.6 定位问题的分类

在继续进行马尔可夫和卡尔曼滤波器定位之前,我们必须了解三种类型定位问题之间的区别,它们是:位置跟踪、全局定位和绑架机器人问题。

位置跟踪 在位置跟踪中,机器人的当前位置是根据对它的以前位置(跟踪)的知识而更新的。这说明机器人的初始位置假定为已知的。另外,机器人姿态的不确定性必须小。如果不确定性太大,位置跟踪会使定位机器人失败。在卡尔曼滤波器定位中,这个概念会更详细地研究。因为在位置跟踪中,机器人的信任度通常用单峰分布(诸如正态分布)建模。

全局定位 相反,全局定位假定机器人的初始位置是不知道的。这意味着机器人可以被放在环境中的任何地方,不必有关于环境的知识——能够在环境内全局地定位。在全局定位中,机器人的初始信任度常常是均匀分布。

绑架机器人问题 绑架机器人问题处理机器人被绑架,并被移到其他地方的情况。绑架机器人问题与全局定位问题相似,只要机器人知道已被绑架。其困难来源于,机器人不知道已被移到另一个地方,且它相信它知道它所在的地方,但事实是它不知道。从绑架中恢复的能力,是任何自主机器人运作的一个必要条件,对商业机器人来说更是如此。

5.6.7 马尔可夫定位

马尔可夫定位利用一个任意概率密度函数表示机器人的位置[87,169,249,252],跟踪机器人的信任度状态。实际上,所有已知的马尔可夫定位系统,首先将机器人的方位空间 (x, y, θ) 棋盘栅格化成地图中有限且离散数目的可能机器人姿态,以实现这个通用的信任度表示。在实际应用中,可能姿态的数目,其范围可以从几百个到上百万个的

位置和方向。

　　马尔可夫定位专注于**全局定位问题、位置跟踪问题和绑架机器人问题**。

　　如我们在 5.6.2 节所指出的那样,概率机器人定位过程在于**预测和测量更新**的反复。当新的信息(譬如,编码器值和测量数据)以任意概率密度融入先验信任度状态时,它们计算所产生的信任度状态。如我们将看到的,在马尔可夫和卡尔曼滤波器定位中,预测更新二者**都是基于全概率定理**;而感知更新是基于**贝叶斯定理**。

　　下一节,我们将分别说明马尔可夫定位的这两个步骤。我们先阐述在连续情况下的马尔可夫定位,然后阐述在离散情况下(基于几何**栅格**)的马尔可夫定位。最后,我们用一个拓扑地图,展示马尔可夫定位的一个实例。

5.6.7.1　预测和测量更新

　　预测(动作)更新　让我们回忆一下,在这个阶段,机器人根据对以前位置的知识(即信任度)和里程表的输入,估计它的当前位置(信任度)。用**全概率定理**计算机器人的当前信任度$\overline{bel}(x_t)$,作为以前信任度 $bel(x_{t-1})$ 和本体感受的数据(譬如,编码器测量或控制输入)u_t:

$$\overline{bel}(x_t) = \int p(x_t \mid u_t, x_{t-1}) bel(x_{t-1}) \mathrm{d}x_{t-1} \quad \text{(连续情况)} \tag{5.40}$$

$$\overline{bel}(x_t) = \sum_{x_{t-1}} p(x_t \mid u_t, x_{t-1}) bel(x_{t-1}) \quad \text{(离散情况)} \tag{5.41}$$

如所见,机器人赋给状态 x_t 信任度$\overline{bel}(x_t)$,是由两个分布:先前赋给 x_{t-1} 和控制 u_t 引起从 x_{t-1} 到 x_t 转移的概率的乘积积分(或和)而得到的。

　　让我们试试弄清楚这个积分(和)的理由。为了计算在新信任度状态下位置 x_t 的概率,我们必须按照原先信任度状态所表达的潜在位置,对机器人也许可以到达 x_t 的所有路径进行积分。这是微妙的,但非常重要。用相同的编码器测量 u_t 可以从多个源位置到达同一个位置,因为编码器测量是不确定的。

　　也同样观察到,在公式(5.40)和(5.41),积分(和)必须对所有可能的机器人位置 x_t 进行计算。这意味着在现实情况下,用来表示机器人姿态的单元数目有几百万。计算公式(5.40)和(5.41)变得不切实际,因此妨碍了实时操作。

　　最后,观察到,公式(5.40)和(5.41)可被看作是以前信任度 $bel(x_{t-1})$ 和概率模型 $p(x_t \mid u_t, x_{t-1})$ 之间的卷积①,根据卷积的思路,读者现在应该清楚,为什么预测更新造成机器人定位不确定性增加(图 5.20)。

　　感知(测量)更新　让我们回忆,在这个阶段,通过把握时间将机器人以前的位置和从机器人外感受式传感器(图 5.20)来的信息联合起来,机器人校正它以前的位置(即它以前的信任度)。用贝叶斯定理计算机器人新的信任度状态 $bel(x_t)$,作为它的测量数据 z_t 和它以前的信任度状态$\overline{bel}(x_t)$ 的函数:

$$bel(x_t) = \eta p(z_t \mid x_t, M) \overline{bel}(x_t) \tag{5.42}$$

---

①　注意公式(5.20)不是一个真正的卷积,因为式中两个函数中没有一个符号是反的。

式中 $p(z_t|x_t,M)$ 是概率测量模型，即给定地图 M 和机器人姿态 x_t 的知识，观察测量数据 z_t 的概率。所以，新信任度状态简单的是概率测量模型和以前信任度状态的乘积。观察到，公式(5.42)不仅更新一个姿态，而是所有的机器人姿态 x_t。

马尔可夫定位算法　图 5.21 以伪-算法形式，表示了马尔可夫定位算法[①]。

在马尔可夫定位中，关键性的挑战是计算 $p(z_t|x_t,M)$。给定机器人位置和环境地图，传感器模型必须计算特定感知测量的概率。使用 3 个主要假设来计算该传感器模型：

$$
\begin{aligned}
&\text{for all } x_t \text{ do}\\
&\overline{bel}(x_t)=\int p(x_t|u_t,\ x_{t-1})bel(x_{t-1})\mathrm{d}x_{t-1}　\text{（预测更新）}\\
&bel(x_t)=\eta p(z_t|x_t,M)\overline{bel}(x_t)　\text{（测量更新）}\\
&\text{endfor}\\
&\text{return } bel(x_t)
\end{aligned}
$$

图 5.21　马尔可夫定位的一般算法

1. 如果在地图中的一个物体被（譬如，距离传感器）检测到，其测量误差可以用一个分布描述，该分布在正确读数中有一个均值。所采用的分布一般是高斯。

2. 总是有一个机会，距离传感器会测得任何测量值，即使该测量与环境几何特征很不一致。这意味着，由传感器可返回的在所有可能值的范围内，所采用的分布应经常是非零的。其峰值必居中于正确的传感器读数，而在其他地方，概率应该设置为低值。再次，高斯分布明显地解决了这个问题。

3. 与前一点所述的一般性误差相反，在量程传感器中存在一个特殊的失败模式，由此，信号被吸收或固定地被反射，造成传感器的距离测量最大。所以，在一个距离传感器的最大读数中，在概率密度分布里存在一个局部的峰值。

5.6.7.2　马尔可夫假设

方程式(5.40)和(5.42)形成了马尔可夫定位的基础，并融入了马尔可夫假设。形式上，这意味着它们的输出 x_t 只是机器人以前位置 x_{t-1} 和它的最近动作（量程仪）u_t 和感知 z_t 的函数。在一般情况下，**非马尔可夫情况**中，系统的状态依赖于所有的它的经历。虽然这样，在时刻 t，机器人的传感器的值不真正只依赖于在时刻 t 它的位置。它们在某种程度上，依赖于机器人整个时间的轨迹，确切地说，是依赖于机器人整个经历。例如，机器人近来可以经历一连串碰撞，它已使传感器的行为有偏差。同样，机器人的位置不真正只依赖于在 $t-1$ 时刻的位置和它的量程仪的测量。由于它的运动经历，一个轮子也许会比另一轮子磨损得更厉害，造成整个时间左转偏差，从而影响机器人的当前位置。另外，这里也许还有未建模的环境动力学，例如，运动的人（影响传感器测量）、概率模型和测量模型的不准确性、用于定位机器人的地图误

---

① 注意，因为马尔可夫和卡尔曼滤波器定位二者都使用贝叶斯定理，它们也被称为贝叶斯滤波器。

差,以及影响多个控制的软件变量。

　　所以,马尔可夫假设当然不是一个有效的假设。然而,马尔可夫假设极大地简化了跟踪、推理和规划。所以尽管它是一个近似,但在移动机器人学中它仍将继续极受欢迎。的确,人们已经发现,马尔可夫定位对违反这些假设有惊人的鲁棒性。

5.6.7.3　马尔可夫定位的图解说明

　　在图 5.22 中,我们用图说明在连续情况下,马尔可夫定位的工作原理。为了简单起见,我们环境是个一维的走廊,它有 3 个一样的圆柱子。

　　在这例子中,我们假定,在一开始机器人不知道它的初始位置,所以必须通过搜索来定位。显然,这是一个全局定位问题。依据前述的概率框架,机器人初始信任度 $bel(x_0)$ 是对所有位置一个均匀发布,如在图 5.22(a)所说明。

　　现在,假设机器人用自己的外感受式传感器,感知它是在一个圆柱的旁边。显然,这是马尔可夫定位的**感知更新**。因此,依照贝叶斯定理,它的信任度 $bel(x_0)$,如在公式(5.42)所述,必须乘以 $p(z_t | x_t, M)$。我们如何表征 $p(z_t | x_t, M)$ 呢?

　　因为 3 个圆柱完全一样,机器人不知道正面向哪一个圆柱。所以观测圆柱的 $p(z_t | x_t, M)$ 概率由 3 个峰值来表征,各相应于环境中一个不能区分的圆柱。在图 5.22(b)的上图,看见了 $p(z_t | x_t, M)$。此后,感知更新,机器人仍然不知道它在哪里。的确,现在有 3 个不同的假设,它们是完全一样地似是而非的。还要注意到,在非紧邻一个圆柱的区域概率是非零的。在概率机器人定位中,我们从来没有 100% 的肯定机器人不在某一地方。所以保持低概率假设是重要的。这是获得鲁棒性的根本,例如,要是机器人丢失或被绑架。在图 5.22(b)的下图,我们看到了乘的结果。因为它是从乘一个常函数得到结果,所以结果仍然由 3 个完全一样的峰值表征。

　　现在假定机器人移动到右边。我们现在是在马尔可夫定位的动作更新阶段。图 5.22(c)展示了对机器人的影响。作为机器人的前信任度和移动模型 $p(x_t | u_t, x_{t-1})$ 卷积的结果,新信任度已被移到运动方向,而且也被展平。3 个峰值都较大,它反映了由机器人运动引入的不确定性。

　　图 5.22(d)描绘了在观察到另外圆柱之后的信任度。我们再次在**感知更新**。这里,马尔可夫定位算法再次将当前信任度与感知概率 $p(z_t | x_t, M)$ 相乘。如观察所见,这次乘的结果是一个紧靠一个圆柱,单独的可以区分的峰值,现在机器人十分有信心知道它在何处了。

5.6.7.4　实例研究 1:利用栅格图的马尔可夫定位

　　实际上马尔可夫定位是用栅格-空间表示环境来实现的。通常,使用固定的分解,它在于将状态空间棋盘栅格化成统一大小的细粒度单元(5.5.2 节)。对平面运动,机器人的方位由 3 个参数 (x, y, θ) 表达。这意味,所有可能的机器人方向也必须离散化。所以,最终的状态空间按 3 维阵列存贮在机器人的存储器里(图 5.24)。

　　本节我们用栅格图,图解说明马尔可夫定位的工作原理。为简单起见,我们再次假定环境是 1 维的。对更一般的 2D 环境的考虑,在本节的末尾完成。

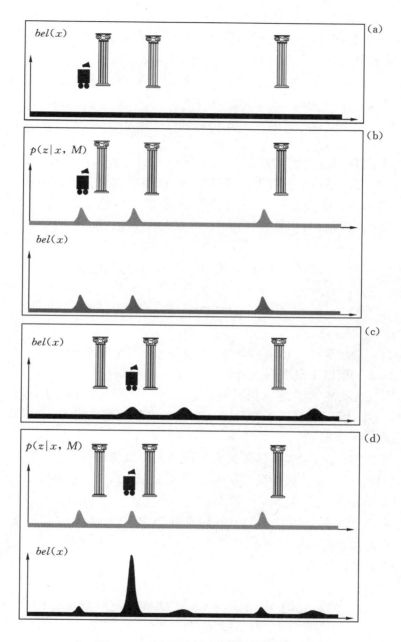

图 5.22 马尔可夫定位算法的图解说明

让我们把环境棋盘栅格化为 10 个相等间隔的单元（图 5.23）。假定机器人的初始信任度 $bel(x_0)$ 是从 0 到 3 的一致分布。如图 5.23(a)所示。观察到所有单元都已归一化，故它们的和为 1。

预测更新 让我们回忆，在这个阶段，机器人控制输入的运动模型来更新它的信任度。因此我们需要概率运动模型（即量程仪的误差模型）。让我们假定，量程仪的

概率运动模型 $p(x_l|u_l,x_0)$ 是图 5.23(b) 所表示的那一个。这个模型必须解释为:在时间 $t=0$ 和 $t=1$ 之间,机器人也许向右已经移动 2 个或 3 个单元。在这例子里,2 个运动都有相同的发生概率。在这运动之后,机器人的信任度是什么呢? 答案也在预测阶段公式(5.41)中,即最终信任度 $\overline{bel}(x_l)$ 是由全概率定理给出,它把初始信任度 $bel(x_0)$ 和运动模型 $p(x_l|u_l,x_0)$ 进行卷积,利用公式(5.41),我们得到:

$$\overline{bel}(x_t) = \sum_{x_0=0}^{3} p(x_1 \mid u_1,x_0)bel(x_0) \tag{5.43}$$

这里,我们想阐明这公式实际是从哪里导出来的。为了计算在新信任度状态下位置 x_l 的概率,人们必须对所有可能路径求和,依照在前信任度状态 x_0 所表示的潜在位置和由 u_l 所表达的潜在输入,在这路径中,机器人可能达到 x_l。观察到,由于 x_0 被限制在 0 和 3 之间,机器人只能到达 2 到 6 之间的状态,所以

$$p(x_1=2) = p(x_0=0)p(u_1=2) = 0.125 \tag{5.44}$$

$$p(x_1=3) = p(x_0=0)p(u_1=3) + p(x_0=1)p(u_1=2) = 0.25 \tag{5.45}$$

$$p(x_1=4) = p(x_0=1)p(u_1=3) + p(x_0=2)p(u_1=2) = 0.25 \tag{5.46}$$

$$p(x_1=5) = p(x_0=2)p(u_1=3) + p(x_0=3)p(u_1=2) = 0.25 \tag{5.47}$$

$$p(x_1=6) = p(x_0=3)p(u_1=3) = 0.125 \tag{5.48}$$

表达式(5.44)是由以下事实得出的结果:状态 $x=2$ 只能随联合 $(x_0=0,u_l=2)$ 而达到。表达式(5.45)由以下事实得到:状态 $x=3$ 只能随联合 $(x_0=0,u_l=3)$ 或 $(x_0=1,u_l=2)$ 而达到。其他表达式遵循相同的方式。现在读者可以验证方程(5.44)～(5.45)没有完成什么,只不过完成了在公式(5.43)阐明的全概率定理(卷积)[①],这个定理的应用结果展示在图 5.23(c) 。

测量更新   现在让我们假定,机器人使用它的机载测距仪,并测量到原点的距离 z。假定距离传感器的统计误差模型展示在图 5.23(d) 。这个图告诉我们,距原点的距离可以均等地分为 5 或 6 单元。这个测量之后,最终的机器人信任度会是多少? 答案依旧在测量-更新方程(5.42)。按照贝叶斯定理,计算最终信任度 $bel(x_l)$,这就是机器人当前信任度 $\overline{bel}(x_l)$ 和测量误差模型 $p(z_l|x_l,M)$ 之间的乘积,在这种情况下,式中图 M 简单地是轴的原点。所以

$$bel(x_1) = \eta p(z_1 \mid x_1,M) \overline{bel}(x_1) \tag{5.49}$$

读者可以验证,我们需要 $\eta=1/0.875\cong5.33$,使结果 $bel(x_l)$ 规格化至 1。最终信任度表示在图 5.23(e) 中。

3D 栅格图   如在本节一开始我们说过的那样,在更一般的平面运动情况下,栅格图是一个 3 维阵列,阵列里每一单元含有机器人处于该单元的概率(图 5.24)。在这种情况下,单元的大小必须仔细地选择。在各预测和测量步骤期间,所有的单元都被更新。如果图中单元数目太大,对实时操作而言,计算可能变得太繁重。显然,3D

---

① 如同以前指出的那样,注意到我们正在当地使用术语卷积。与卷积唯一的差别是,全概率定理对两个自变量函数都不反号。

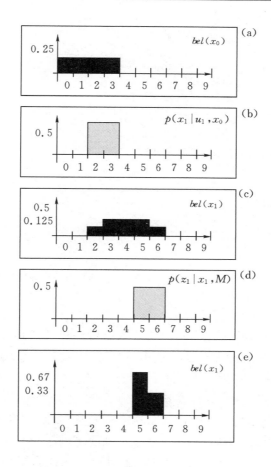

图 5.23 用栅格图的马尔可夫定位

空间中卷积是计算上最昂贵的步骤。作为例子,考虑一个 30m×30m 的环境,单元的大小为 0.1m×0.1m×1°。在这种情况下,各步需要更新的单元数会是 30×30×100 ×360＝32.4 百万单元。

    一个可能的解决办法是以牺牲定位精度为代价,增大单元尺寸。另一种解决办法是由 Burgard 等人提出的[86,87],即用自适应单元分解,而不是固定的单元分解。在这工作中,他们按照机器人在它位置的确定性,采用了动态地自适应的单元尺寸,即,机器人所处较为确定的地方,单元较小;其他地方,单元较大,从而克服了巨大状态空间问题。用这种方法,他们能够用单元数目只有 400 到 3600 之间变动,误差小于 4cm,在一个 30m×30m 的环境中定位机器人。

    Burgard 和他同事制作的机器人定位系统已经成为导航系统的一部分,该系统在德国波恩大学和波恩公众博物馆两处,已获得很大的成功。因为环境的动态性质,这是一个有挑战性的应用。由于人们围着机器人,机器人的传感器常常遭受阻塞。在这种情景中,机器人能力运作很好,是马尔可夫定位方法功能强大的证明。

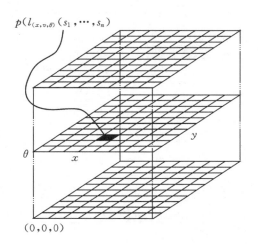

图 5.24   用于马尔可夫定位的信任度状态表示的 3D 阵列(图片由 W. Burgard
和 S. Thrun 提供)

减少计算复杂性:随机采样   有一类技术值得一提,因为它可以极大地缩减用固
定单元的分解表示技术的计算开销。这个基本概念,我们称为**随机采样**,也叫作**粒子
滤波器**算法、浓缩算法或蒙特卡洛算法[129,311]。

若不考虑特殊技术,基本算法在所有这些情况下是一样的。每个可能机器人的
位置,不必通过表示完全和正确的信任度状态;而只表示必须考虑的可能位置全集的
一个子集,以构建一个近似的信任度状态。

例如,在时刻 t,考虑一个具有 10 000 个可能位置的全信任度状态机器人,我们
不必基于新的传感器测量,跟踪和更新所有 10 000 可能位置。机器人可以只选已存
储位置的 10%,且只更新这些位置。用位置的概率值对采样过程加权。人们可以将
系统进行偏置,在概率密度函数的局部峰值处产生更多的样本。所以,最终生成的
1000 个位置将基本上集中在最高概率的位置。这样偏置是所期望的,但只对一个点。

我们还希望保证,能跟踪某些较小可能的位置。否则,如果机器人确实收到不太
可能的传感器测量,定位就会失败。这个采样过程的随机化,譬如,可以通过加上平
坦分布的附加样本,予以实现。这些随机化方法的进一步增强,例如,根据正在进行
中的系统定位的置信度,能使统计样本数目飞快地变化。这进一步减少了平均所需
的样本数目,同时保证在需要时[129]使用大量的样本。

这些采样技术,已经产生了许多机器人,这些机器人与全信任度状态集合的先辈
相比,功能不相上下,但计算上只占用资源的一小部分。当然,这种采样有一个缺陷:
完备性。即,这些采样技术破坏了马尔可夫定位概率上的完备性,因为机器人不能更
新全部非零概率的位置。因而,存在一个危险:由于一个不太可能,但是正确的传感
器读数可能变成真的遗失。当然,正如使用全马尔可夫定位技术一样,恢复一个失败
的状态是合理的。

5.6.7.5 实例研究 2:用拓扑图的马尔可夫定位

当机器人的环境表示方法已经提供合适的分解时,就可以直截了当地应用马尔可夫定位。在环境表示完全是拓扑的表示时,就是这种情况。

考虑一个比赛。在比赛中,各机器人接受环境的拓扑描述。描述会只包括走廊和房间,不指明几何距离。另外,这个所提供的地图是不理想的,包含了几个错误的弧(例如,一个关闭的门)。这正是 1994 年美国人工智能协会(AAAI)全国机器人比赛的情况。在比赛中,各机器人的使命是利用所提供的地图和它自己的传感器,从所选择的开始位置导航到目标室。

图 5.25 Dervish 探索它的环境

这次比赛的优胜者 Dervish 使用了概率的马尔可夫定位,且在整个拓扑环境表示中利用了多假设的信任度状态。我们现在描述 Dervish,把它作为用离散拓扑表示和概率定位算法的机器人实例。

如图 5.25 所示,Dervish 包含了为 1994 年 AAAI 全国机器人比赛专门设计的声纳装置。在这次比赛中,环境由直线式室内办公室空间组成,空间摆满实际办公家具当作障碍物。传统的传感器环绕机器人,按径向安装成一个环。具有这种传感器配置的机器人,既会因低于环的短小物体而绊倒;又会因高于环的高大物体(诸如壁架、架子和装饰板)而被碰倒。

Dervish 解决此困难的办法是:将一对传感器对角地向上安放,以检测壁架和其他悬挂物。另外,这一对的对角传感器也被证明能够巧妙地检测桌子,使机器人避免在高的桌子下徘徊。其余的传感器聚合成传感器集,使得集合中单个变送器处在稍微不同的角度,让反射性最小。最后,紧靠机器人的基部安装二个传感器,以检测低的物体,如地板上的纸杯。

我们已经注意到,比赛组织者所提供的表示方法完全是拓扑的,它标注办公环境中走廊和房间的连接性。因此,这适合于设计 Dervish 的感知系统,以检测匹配的感知事件:即探测和穿过走廊和办公室之间的连接。

这个**抽象**的感知系统,在整个时间内是由观察声纳点击 Dervish 左边和右边的轨迹而实现的。有趣的是,该感知系统单单使用时间,没有触发感知事件的编码器值的概念。例如,当机器人在宽阔走廊,在连续 1s 多时间里,检测到 7～17cm 凹口,触发了关门传感器事件。如果在 1s 多时间里,声纳点击跳跃大大超过 17cm,则开门传感器事件被触发。

为了减少与 Dervish 声纳有关的固有的反射传感器的噪声(见 4.1.9 节),机器人跟踪它相对于走廊中心线的角度,而且当它相对于走廊的角度超过 9 度时,完全抑制传感器事件。有趣的是,这会产生一个常常丢失特征的保守的感知系统,特别是当 Dervish 必须导航的走廊挤满障碍物时。再者,感知系统的保守性质,特别是它引发虚假导航的趋向,对定位问题指出了一个概率的解决方案,以使我们可以考虑感知输入的完整轨迹。

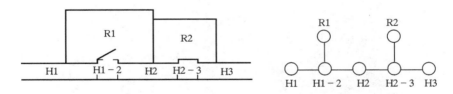

图 5.26　几何的办公室环境(左)和它的拓扑模拟(右)

Dervish 的环境表示是一个离散的拓扑地图,在抽象化和信息方面与比赛组织者所提供的地图相同。图 5.26 刻画了一个典型的办公室环境的几何表示,并列着同一办公室环境的拓扑图。回忆一下,对一个拓扑表示,其关键的决策包括节点的分配和节点间连接性(见 5.5.2 节)。如图 5.26 左边所示,Dervish 用了一个拓扑,在拓扑中,节点边界主要由出入口(以及走廊和大厅)作标记。右边所示的拓扑图,说明了在所示例子中所获得的信息。

注意,在这个特殊的拓扑模型中,弧是零长的,而节点具有空间扩张性,合在一起覆盖了整个空间。这个特殊拓扑表示方法特别适合于 Dervish,它给出了它的导航任务:经过走廊进入指定房间,以及辨识走廊墙壁断续性的感知能力。

为了表示指定的信任度状态,Dervish 将各拓扑节点 n 与概率关联起来。这就是,机器人在 n 边界内处在一个物理位置的概率($p(r_t = n)$)。下面我们会清楚,Dervish 所用的概率更新是近似的。所以,技术上人们应该把最终值称作似然值而不是概率。

表 5.1 Dervish 的确定性矩阵

	墙	门 关	门 开	走廊开放	大 厅
没有检测到东西	0.70	0.40	0.05	0.001	0.30
检测到门关	0.30	0.60	0	0	0.05
检测到门开	0	0	0.90	0.10	0.15
检测到走廊开放	0	0	0.001	0.90	0.50

Dervish 感知更新过程精确地按方程式(5.42)运行。感知事件异步地产生,特征提取器每次能够根据最近的超声值辨认大尺寸的特征(如,出入口、交叉口)。各个感知事件由"感知对"(机器人一侧一个特征或两侧两个特征)组成。

给定一个特定的感知对 z ,公式(5.42),能够使各可能位置 n 的似然值,用下式被更新。

$$p(n \mid z) = \eta p(z \mid n) p(n) \tag{5.50}$$

$p(n)$ 的值从 Dervish 当前信任度状态已经存在,所以问题在于计算 $p(z \mid n)$ 。Dervish 的主要简化是基于现实的。即,因为特征提取系统只提取 4 个总特征,又因为一个节点包含(在单边)5 个总特征之一,所以节点类型和所提取特征的每一个可能的组合,可以表示成 4×5 的表格。

Dervish 的**确定性矩阵**(表示在图 5.1)正是这样的查询表。Dervish 提出了简化的假设,即特征检测器的特性指标(即正确的概率),仅仅是所提取的特征和节点中实际特征的函数。掌握了这个假设,我们对各可能配对的感知和节点类型,可以推广为具有置信度的估计的**确定性矩阵**。对机器人可能碰到的 5 个环境特征的各个特征(墙、门关、门开、开放走廊,以及大厅),该矩阵给传感器系统可以产生的 3 个单侧感知的各个事件分配一个似然值。此外,该矩阵也给传感器系统完全不能产生的感知事件(**检测不到东西**)分配一个似然值。

例如,利用表 5.1 的指定值,如果 Dervish 靠近一个开放走廊,错误地辨认它为开门的似然值是 0.10。这意味,对任何节点 n ,这是**开放走廊**类型,且对传感器的值 $z = open\ door$, $p(z \mid n) = 0.10$ 。连同一个特殊的拓扑图,确定性矩阵能够在感知更新过程中直截了当地计算 $p(z \mid n)$ 。

对 Dervish 的特殊传感器组,以及对它意向导航的任何特定环境,人们产生了特定确定性矩阵。连同在现实环境中,任何给定的门是开还是关概率的全局性测量,确定性矩阵宽松地表示了感知的置信度。

回忆一下,Dervish 没有编码器,感知事件异步地由特征提取过程触发。所以,Dervish 没有像方程式(5.41)那样有预测更新步骤。当机器人确实检测到一个感知事件时,就会需要进行多感知的更新步骤,以便在给定 Dervish 前一个信任度状态的情况下,更新每一个可能的机器人位置的似然值。这是因为,从它的以前感知事件(即,假阴性误差)起,存在机器人已走过多个拓扑节点的机会。形式上,Dervish 的感知更新公式实际是动作更新和感知更新一般形式的组合。给定感知事件 i，位置 n 的似然值，按方程式（5.41）计算：

$$p(n_t \mid z_t) = \sum p(n_t \mid n'_{t-i}, z_t) \, p(n'_{t-i}) \tag{5.51}$$

如同用 Dervish 的前一信任度状态所表示的那样，$p(n'_{t-i})$ 的值标记 Dervish 在位置 n' 的似然值。时间下标 $t-i$ 用在 $t-1$ 场合，因为对各个可能位置 n'，从 n' 到 n 的离散拓扑距离可以按指定的拓扑地图而变化。$p(n_i \mid n'_{t-i}, i_t)$ 利用在位置 n 产生感知事件 z 的概率，乘上 n' 和 n 之间的所有节点，感知事件产生已失败的概率进行计算：

$$p(n_t \mid n'_{t-i}, z_t) = p(z_t, n_t) \cdot p(\varnothing, n_{t-1}) \cdot p(\varnothing, n_{t-2}) \cdot \cdots \cdot p(\varnothing, n_{t-i+1})$$

$$\tag{5.52}$$

例如（图 5.27），假定机器人在信任度状态中，只有 2 个非零节点{1－2, 2－3}，各具有与各可能位置相关的似然值：$p(1-2) = 1.0$ 和 $p(2-3) = 0.2$。为了简单，假定机器人确定性地面向东。注意到，节点 1－2 和 2－3 似然值之和不等于 1。这些值不是正式的概率。所以在 Dervish 中，由于完全避免了归一化，计算工作量最少。现在我们假定，产生了一个感知事件：机器人同时检测到它的左边是开放的走廊，而右边是打开的门。

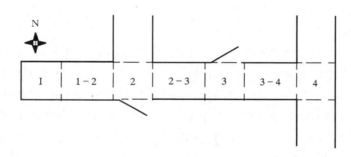

图 5.27　实际室内拓扑环境

状态 2－3 将潜在地进到状态 3、3－4 以及 4。但状态 3 和 3－4 可能被消掉，因为当只有墙时，检测到打开的门的似然值是零。到达状态 4 的似然值是以下两者的乘积，即状态 2－3 的初始似然值，在节点 3 检测不到任何东西的似然值（a），和在节点 4 检测到左边是走廊右边是门的似然值（b）。注意，我们假定在节点 3－4 检测不到任何东西的似然值为 1.0（简化近似）。

（a）只发生在节点 3，Dervish 检测不到它左边有门（关闭或开），$[0.6 \times 0.4 + (1-0.6) \times 0.05]$，和在它的右边正确地检测不到物体的似然值 0.7。

（b）发生在节点 4，Dervish 正确地辨识它的左边是开放的走廊的似然值 0.9，以及把右边的走廊，错误当作门开的似然值 0.1。

最后的公式，$0.2 \times [0.6 \times 0.4 + 0.4 \times 0.05] \times 0.7 \times [0.9 \times 0.1]$，得到状态 4 的似然值 0.003。这是从先验信任度状态节点 2－3 推出来的 $p(4)$ 的部分结果。

转到 Dervish 先验信任度状态中其它节点,状态 1－2 将可能潜在地进到 2、2－3、3、3－4 和 4。再者,状态 2－3、3 和 3－4 可能全被消除,因为当墙出现时,检测到门开的似然值为零。状态 2 的似然值是以下三部分的乘积:状态 1－2 先验似然值(1.0),检测到右边为门开的似然值[0.6×0 ＋ 0.4×0.9],和正确检测到向左是开放走廊的似然值 0.9。因此,处在状态 2 的似然值为 1.0×0.4×0.9×0.9＝0.3。此外,状态 1－2 以 4.3×10^{-6} 的确定性因子进行到状态 4,将此因子加到上述的确定性因子,状态 4 的总的因子为 0.00328。所以 Dervish 跟踪新的信任度状态为{2,4},给位置 2 分配很高的似然值;给位置 4 分配一个低的似然值。

经验上,Dervish 的地图表示和定位系统,已证明足以导航四个室内办公室环境:专门为 1994 年美国全国人工智能会议建立的人工办公环境,以及为斯坦福大学心理学、历史学和计算机科学所建立的办公环境。当不给 Dervish 提供相邻节点之间距离概念时,所有这些实验都是在 Dervish 的拓扑地图中运行。这是概率定位强有力的展示。尽管非常缺少动作和编码器的信息,但机器人仍能够成功地在这几个现实世界的办公大楼里导航。

对于 Dervish 的定位系统,仍有一个未解决的问题。Dervish 不仅仅是定位器,它还是一个导航器。如对所有多假设系统一样,人们必定会问这样问题:在它的表示中,给定机器人多个可能的位置,机器人如何决策? 怎样移动? Dervish 所用的技术是移动机器人学领域普通的技术:通过假定机器人的实际位置是它在信任度状态中最可能的节点,由此来规划机器人的动作。一般而言,最可能位置是机器人实际环境位置的良好度量。然而,当最高和次高的最可能位置具有相同值时,该技术就有缺点。在 Dervish 的情况下,尽管它总是与最高的似然值位置配合在一起,保持在一个关键性的场合。但机器人的目标是进入目标房间并停留在那里。所以,从它的目标观点出发,重要的是只有当机器人具有处在正确的最终位置的强置信度时,Dervish 才完成导航。在这特殊情况下,如果最可能位置和次似然值位置之间的差异低于预定的阈值,Dervish 的执行模块就拒绝进入一个房间。在这种情况下,Dervish 会主动地规划一条路径,使机器人进一步移动退至走廊,力图收集更多的传感器数据,从而在多假设信任度状态中,增加了一个位置的相对似然值。

虽然计算上并不吸引人,但人们可以更进一步想象一下对于像 Dervish 机器人一样的规划系统,它指定**目标信任度状态**而不是目标位置。为了达到目标置信度的水平,机器人可以推理和规划。因而不仅明确地考虑了机器人位置,而且考虑了各位置所量测到的似然值。这种过程的一个例子是 Latombe[306] 的传感器不确定场。在该例子中,机器人必须找到达到目标的轨迹,同时在线地使它定位的置信度最大化。

环境的纯拓扑分解的主要缺点,是由那种粒度表示造成的分辨率限制。机器人的位置常常受限于在那种情况下的单节点的分辨率。对某些应用而言,这也许是不期待的。

5.6.8 卡尔曼滤波器定位

5.6.8.1 引言

马尔可夫定位模型在机器人位置方面可以表示任何概率密度函数。该方法是很一般的,但由于它的通用性而效能很差。让我们对机器人定位的关键需求换一种考虑。人们可以认为,关键的需求不是概率密度曲线的精确复制,而是对鲁棒定位至关重要的传感器融合问题。机器人通常包含大量的异质的传感器,各提供关于机器人定位线索。关键是,各传感器都经受它自己的失误模式。最优定位应该考虑所有这些传感器所提供的信息。本节中,我们描述实现该信息融合的一个高效技术,称之为卡尔曼滤波器。该机制实际上比马尔可夫定位更有效,因为如下所述,在表示机器人信任度状态的概率密度函数,甚至是它的单个传感器读数时,有重要简化。但这个简化的好处是一个**生成的最优回归数据处理算法**。它不管精度,而是整合了全部信息,对感兴趣的变量(即机器人位置)估计当前值。卡尔曼滤波器的一般介绍可参考文献[209],文献[3]提供了更详细的处理方法。

图 5.28 描述了卡尔曼滤波器估计的一般方案。图中,系统有一个控制信号和作为输入的系统误差源。测量装置能够测量带有误差的某些系统状态。卡尔曼滤波器是基于系统的知识和**测量装置**,产生系统状态最优估计的一个数学机制,是对系统噪声、测量误差和动态模型不确定性的描述。因此,卡尔曼滤波器以最优的方式,**融合**了传感器信号和系统知识。其最优性依赖于评估特性指标所选的判据和假设。在卡尔曼滤波器理论中,系统被假定为是**线性**并具有**高斯白噪声**。对绝大多数移动机器人应用,系统是非线性的。在这种情况下,通常在线性化系统之后应用卡尔曼滤波器。卡尔曼滤波器扩充到非线性系统,称之为**扩充卡尔曼滤波器**(KEF)。如同以前

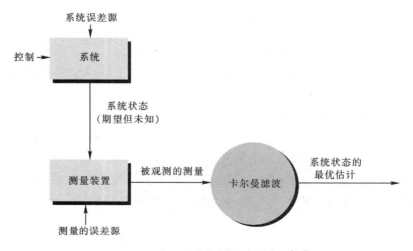

图 5.28 典型的卡尔曼滤波器应用[209]

我们已讨论过那样,对我们的移动机器人应用来说,高斯误差的假定是无效的。尽管如此,其结果是极有用的。在其他工程学科,高斯误差假定在某些场合已被证明是十分正确的[209]。

这一节将以图解说明卡尔曼滤波器理论开始(5.6.8.2节)。然后,我们介绍卡尔曼滤波器理论(5.6.8.3节),提出该理论应用于移动机器人的定位问题(5.6.8.4)。最后,在5.6.8.5这一节,根据卡尔曼滤波器定位,提出一个导航室内空间的移动机器人的一个实例。

5.6.8.2 卡尔曼滤波器定位的图解说明

卡尔曼滤波器定位算法,或称 **KF 定位**,是马尔可夫定位的一个特殊情况。卡尔曼滤波器不使用任何密度函数,而是用高斯代表机器人信任度 $bel(x_t)$、运动模型和测量模型。因为高斯简单地由它的均值 μ_t 和协方差 Σ_t 来定义。在预测和测量阶段这两个参数被更新。于是产生了与马尔可夫定位算法相比,更为有效的算法。然而,卡尔曼滤波器所作的假设限制了初始信任度 $bel(x_0)$ 以及高斯的选择。这意味着,必须以一定的近似知道机器人的初始位置。因此,如果机器人一旦丢失,它不能恢复它的位置。这与马尔可夫定位正好相反。所以卡尔曼滤波器着重于位置跟踪问题,而不是全局定位或绑架机器人问题。

图 5.29 再次利用我们在 1 维环境中一个移动机器人的例子,图解说明卡尔曼滤波器定位算法。如已指出的那样,机器人的初始信任度 $bel(x_0)$ 是由高斯分布表示。如图 5.29(a)所示,我们假定,一开始,机器人紧挨第一个圆柱。当机器人向右运动时(我们在动作阶段),因为与运动模型卷积(即应用全概率定理)的结果,机器人的不确定性增加。所以,生成的信任度是宽度增加的偏移高斯,见图 5.29(b)。假设机器人使用它的外感受式传感器(我们在**感知阶段**),并感受到它邻近第 2 个圆柱。观测的后验概率 $p(z_t \mid x_t, M)$ 展示在图 5.29(c)。这个概率密度又是一个高斯。为了计算机器人当前信任度,我们必须在用贝叶斯定理观测之前,将该测量概率与机器人的信任度融合起来。融合的结果表示在图 5.29(c)的底下,也是一个高斯。注意到,生成的信任度的方差小于测量概率和机器人以前信任度这二者的方差。结果是显然的,因为两个独立估计的融合,应该使机器人比各独立的估计更具确定性。

5.6.8.3 卡尔曼滤波器理论介绍

如在前一节所述,卡尔曼滤波器理论是基于以下假定:系统是线性的,且整个机器人的方位、里程计误差模型以及测量误差模型都受高斯白噪声的影响。

高斯分布仅由它的一次和二次矩表示,即是均值 μ_t 和协方差 σ^2(见方程(5.20))。当机器人的方位是一个向量时(在实际应用即是这种情况),分布是一个多变量向量,由均值向量 μ_t 和协方差矩阵 Σ_t 来表示(见方程(5.22))。

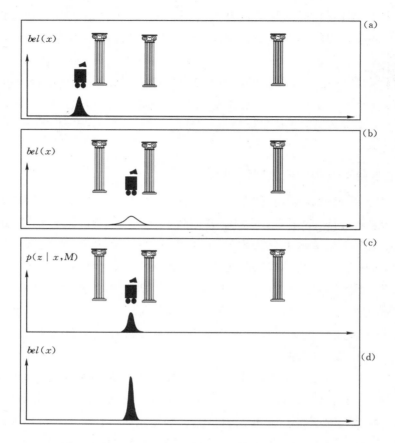

图 5.29　卡尔曼滤波器算法应用于移动机器人定位

在**预测和测量**更新期间,只更新均值 μ_t 和协方差 Σ_t。所以卡尔曼滤波器是基于 4 个方程:2 个在预测更新期间更新 μ_t 和 Σ_t;另外 2 个是在测量更新期间。在卡尔曼滤波时,测量更新通常叫作**校正更新**。

如对马尔可夫定位一样,卡尔曼滤波器的**预测和测量**更新方程也分别基于**全概率定理和贝叶斯定理**。在本节,我们将重温这些性质应用于高斯分布的特殊情况。对这些性质深入研究,我们建议读者参考文献[41]。

应用全概率定理　令 x_1,x_2 为独立、正态分布的两个随机变量:

$$x_1 = N(\mu_1, \sigma_1^2) \tag{5.53}$$

$$x_2 = N(\mu_2, \sigma_2^2) \tag{5.54}$$

也令 y 是 x_1 和 x_2 的函数,即

$$y = f(x_1, x_2) \tag{5.55}$$

y 的分布会是什么呢? 当 f 是输入的线性函数时,回答颇为简单,即,

$$y = Ax_1 + Bx_2 \tag{5.56}$$

在这种情况下,如果输入是独立的,可以证明 y 也是正态分布,具有以下二式表达的

均值和方差：

$$\langle y \rangle = A\mu_1 + B\mu_2 \tag{5.57}$$

$$\sigma_y^2 = A^2\sigma_1^2 + B^2\sigma_2^2 \tag{5.58}$$

如果 x_1 和 x_2 是分别具有协方差 Σ_1 和 Σ_2 的向量，则

$$\langle y \rangle = A\mu_1 + B\mu_2 \tag{5.59}$$

$$\sum\nolimits_y = A\sum\nolimits_1 A^{\mathrm{T}} + B\sum\nolimits_2 B^{\mathrm{T}} \tag{5.60}$$

这个结果直接来自全概率定理的应用。我们也可以根据卷积来看该问题，记得两个独立随机变量的和的概率分布，是它们各密度函数的卷积[41]。也可以证明两个高斯随机变量的卷积是另一个高斯[41]。

在 f 是非线性情况下，y 不是正态分布。然而通过将 f 对 (μ_1, μ_2) 线性化，它惯例地考虑一阶近似：

$$y \cong f(\mu_1, \mu_2) + F_{x_1}(x_1 - \mu_1) + F_{x_2}(x_2 - \mu_2) \tag{5.61}$$

式中，F_{x_1} 和 F_{x_2} 都是 f 的雅可比。这样，我们得：

$$\langle y \rangle = f(\mu_1, \mu_2) \tag{5.62}$$

$$\sum\nolimits_y = F_{x_1} \sum\nolimits_1 F_{x_1}^{\mathrm{T}} + F_{x_2} \sum\nolimits_2 F_{x_2}^{\mathrm{T}} \tag{5.63}$$

方程式(5.62)和(5.63)将在 5.6.8.4 节用来完成扩展卡尔曼滤波器（EKF）[①]定位的**预测更新**。我们将会展示，在卡尔曼定位中，f 被用来表示里程计的位置更新，而它的输入是机器人以前位置 x_{t-1} 和控制 u。在一维环境简单情况下，里程计的位置更新是用一个简单的和予以描述，所以 $f(x_{t-1}, u) = x_{t-1} + u$，而表达在方程(5.63)中的整个时间的不确定性更新，在图 5.30 中由图解说明。在应用方程(5.63)后，观察到机器人的位置不确定性较大。

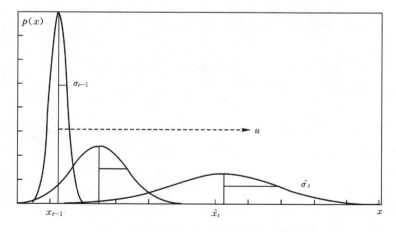

图 5.30 移动机器人概率密度的传播[209]

---

① 扩展卡尔曼滤波器是标准卡尔曼滤波器扩展到非线性系统，考虑了状态转移函数 f 的一阶近似和观测模型 h。

应用贝叶斯定理　令 q 表示机器人位置，$p_1(q)$ 为由预测更新造成的机器人信任度，$p_2(q)$ 为由某外感受式传感器测量（例如，测距仪，在全局参考框架中直接返回机器人的位置）造成的机器人信任度。贝叶斯定理告诉我们，在已经采取测量后，如何计算机器人信任度 $p(q)$ 的最终分布。如正常一样，在卡尔曼滤波中，概率密度被假定为正态分布，所以：

$$p_1(q) = N(\hat{q}_1, \sigma_1^2) \tag{5.64}$$
$$p_2(q) = N(\hat{q}_2, \sigma_1^2) \tag{5.65}$$

按照贝叶斯定理，在测量之后，最终分布 $p(q)$ 正比于乘积 $p_1(q) \cdot p_2(q)$（图 5.31）。由两个密度函数（5.64）和（5.65）的乘积，我们得到：

$$\frac{1}{\sigma_1\sqrt{2\pi}}\exp\left(-\frac{(q-\hat{q}_1)^2}{2\sigma_1^2}\right) \cdot \frac{1}{\sigma_2\sqrt{2\pi}}\exp\left(-\frac{(q-\hat{q}_2)^2}{2\sigma_2^2}\right)$$

$$= \frac{1}{\sigma_1\sigma_2\pi}\exp\left(-\frac{(q-\hat{q}_1)^2}{2\sigma_1^2} - \frac{(q-\hat{q}_2)^2}{2\sigma_2^2}\right) \tag{5.66}$$

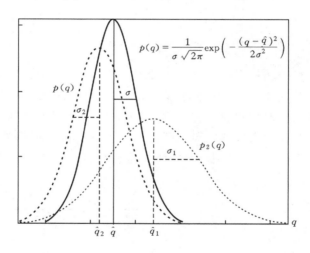

图 5.31　融合两个估计的概率密度[209]：两个高斯函数的乘积是另一个高斯。因此，得到的结果使它的面积等于 1

如我们所见，这个指数的函数变量是 q^2，因此 $p(q)$ 是高斯。现在我们需要确定它的均值 $\hat{q}$ 和方差 σ，允许我们按以下形式重写方程（5.66）：

$$\Omega\exp\left(-\frac{(q-\hat{q})^2}{2\sigma^2}\right) \tag{5.67}$$

经过重新排列方程（5.66）中的指数，我们得：

$$\exp\left(-\frac{(q-\hat{q}_1)^2}{2\sigma_1^2} - \frac{(q-\hat{q}_2)^2}{2\sigma_2^2}\right) =$$

$$= \exp\left(-\frac{1}{2}\left(\frac{q^2(\sigma_1^2+\sigma_2^2) - 2q(\hat{q}_1\sigma_2^2+\hat{q}_2\sigma_1^2) + (\hat{q}_1^2\sigma_2^2+\hat{q}_2^2\sigma_1^2)}{\sigma_1^2\sigma_2^2}\right)\right) =$$

$$= \exp\left[-\frac{1}{2}\left(\frac{q^2 - \dfrac{2q(\hat{q}_1\sigma_2^2 + \hat{q}_2\sigma_1^2)}{\sigma_1^2 + \sigma_2^2} + \dfrac{\hat{q}_1^2\sigma_2^2 + \hat{q}_2^2\sigma_1^2}{\sigma_1^2 + \sigma_2^2}}{\dfrac{\sigma_1^2\sigma_2^2}{\sigma_1^2 + \sigma_2^2}}\right)\right] = \qquad (5.68)$$

$$= \exp\left[-\frac{1}{2}\frac{\left(q - \dfrac{\hat{q}_1\sigma_2^2 + \hat{q}_2\sigma_1^2}{\sigma_1^2 + \sigma_2^2}\right)^2}{\dfrac{\sigma_1^2\sigma_2^2}{\sigma_1^2 + \sigma_2^2}}\right] \cdot \exp\left[-\frac{1}{2}\frac{\dfrac{\hat{q}_1^2\sigma_2^2 + \hat{q}_2^2\sigma_1^2}{\sigma_1^2 + \sigma_2^2} - \left(\dfrac{\hat{q}_1\sigma_2^2 + \hat{q}_2\sigma_1^2}{\sigma_1^2 + \sigma_2^2}\right)^2}{\dfrac{\sigma_1^2\sigma_2^2}{\sigma_1^2 + \sigma_2^2}}\right]$$

我们可以注意到,该乘积只依赖于 $\hat{q}_1$ 和 $\hat{q}_2$,所以是常数。因此我们可以将方程 (5.68)写成:

$$\Omega\exp\left[-\frac{1}{2}\frac{\left(q - \dfrac{\hat{q}_1\sigma_2^2 + \hat{q}_2\sigma_1^2}{\sigma_1^2 + \sigma_2^2}\right)^2}{\dfrac{\sigma_1^2\sigma_2^2}{\sigma_1^2 + \sigma_2^2}}\right] = \Omega\exp\left(-\frac{(q - \hat{q})^2}{2\sigma^2}\right) \qquad (5.69)$$

式中

$$\hat{q} = \frac{\hat{q}_1\sigma_2^2 + \hat{q}_2\sigma_1^2}{\sigma_1^2 + \sigma_2^2}, \text{或换一种写法}\ \hat{q} = \frac{\dfrac{1}{\sigma_1^2}\hat{q}_1 + \dfrac{1}{\sigma_2^2}\hat{q}_2}{\dfrac{1}{\sigma_1^2} + \dfrac{1}{\sigma_2^2}} \qquad (5.70)$$

以及

$$\sigma^2 = \frac{\sigma_1^2 + \sigma_2^2}{\sigma_1^2 + \sigma_2^2}, \text{或换一种写法}\ \frac{1}{\sigma^2} = \frac{1}{\sigma_1^2} + \frac{1}{\sigma_2^2} = \frac{\sigma_1^2 + \sigma_1^2}{\sigma_1^2\sigma_2^2} \qquad (5.71)$$

注意到方程(5.70)和(5.71)也可以写成:

$$\hat{q} = \hat{q}_1 + \frac{\sigma_1^2}{\sigma_1^2 + \sigma_2^2}(\hat{q}_2 - \hat{q}_1) \qquad (5.72)$$

$$\sigma^2 = \sigma_1^2 - \frac{\sigma_1^4}{\sigma_1^2 + \sigma_2^2} \qquad (5.73)$$

这最后两个表达式在卡尔曼滤波器实现中将是有价值的。在卡尔曼滤波中,因子 $\sigma_1^2/(\sigma_1^2 + \sigma_2^2)$ 通常称作卡尔曼增益。

从方程(5.73)我们可以清楚地看到,生成的方差 σ^2 既小于 σ_1^2 又小于 σ_2^2。因此位置估计的不确定性已被两个测量,即以前的机器人信任度和外感受式传感器测量的组合所减少。因此,即使粗劣的测量也只会增加估计的精度。这是基于信息论我们所期待的结果。图5.31中粗的概率密度曲线代表了由卡尔曼滤波器运作的融合结果。

注意到,方程式(5.72)和(5.73)仅对一维情况有效。对 n 维向量,在融合后,最后均值 $\hat{q}$ 和方差 P 可以分别写成:

$$\hat{q} = q_1 + P(P + R)^{-1}(q_2 - q_1) \qquad (5.74)$$

$$\hat{P} = P - P(P + R)^{-1}P \qquad (5.75)$$

式中 P 和 R 分别为 q_1 和 q_2 的协方程。

方程(5.74)和(5.75)会用于 5.6.8.4 节,完成 EKF 定位的**测量更新**。在卡尔曼滤波中,这些方程通常均被写成:

$$\hat{q} = q_1 + K(q_2 - q_1) \tag{5.76}$$

$$\hat{P} = P - K \cdot \sum_{IN} \cdot K^{\mathrm{T}} \tag{5.77}$$

式中 $K = P(P+R)^{-1}$ 是**卡尔曼增益**,$q_2 - q_1$ 是**创新**,$\Sigma_{IN} = (P+R)$ 是**创新的协方差**。

5.6.8.4 应用于移动机器人:卡尔曼滤波器定位

卡尔曼滤波器是一个最优和有效的传感器融合技术。卡尔曼滤波器应用于定位,要求将机器人定位问题陈述为传感器融合问题。回想一下,机器人信任度状态的基本概率的更新,可以被分成两个阶段,**感知更新和测量更新**。

卡尔曼滤波器方法和我们以前的马尔可夫定位方法之间的主要差别,在于测量更新阶段。在马尔可夫定位中,整个感知,即机器人瞬时的传感器测量集合,是单个地用于更新信任度状态中各可能的机器人位置。相反,用卡尔曼滤波器的测量更新是一个多步骤过程。机器人的全部传感器输入不是处理成巨大的整体,而是处理成所提取特征的集合,各特征与环境中物体有关。给定一个可能特征的集合,用卡尔曼滤波器融合各特征的距离估计,以匹配地图中的物体。不像马尔可夫方法那样,它对许多可能的机器人位置,单个地实现这种匹配过程,卡尔曼滤波器立刻处理全部、单模和高斯的信任度状态,完成相同的概率更新。

图 5.32 描述了卡尔曼滤波器定位的特殊架构。第一步是**预测更新**,把高斯误差运动模型,直接地应用于机器人测量编码器的行走。**测量更新**,如刚才指出的那样,是由多步组成,这里总结如下:

1. 在**观测步骤**,机器人选择实际传感器数据,并抽取合适的特征(譬如,直线、门、或者甚至是特殊传感器的值)。

2. 在同一时间,根据在地图中机器人的预测位置,它产生一个**测量预测**,该预测存在于机器人希望看到的特征之中,是从机器人想以为是的位置中观察到的(例如,在预测步骤中估计的位置)。

3. 在**匹配步骤**,机器人在观测期间抽取的特征和在测量预测中所选择的期望特征之间,计算最佳匹配。

4. 最后,卡尔曼滤波器融合由所有这些匹配所提供的信息,更新在**估计步骤**中机器人的信任度状态。

在以下各节里,我们将更详细地描述这些步骤。表示方法是基于 Leonard 和 Durrant-Whyte 的工作(参考文献[35]中,61~65 页),以及 Thrun、Burgard 和 Fox 的工作[51]。

预测更新:应用全概率定理 根据机器人在时间步 $t-1$ 老的位置和由于控制输入 u_t,预测在时间步 t,机器人的位置 $\hat{x}_t$:

$$\hat{x}_t = f(x_{t-1}, u_t) \tag{5.78}$$

对一个差分驱动的机器人,$f(x_{t-1}, u_t)$ 由方程(5.7)给出,它描述了里程计位置的

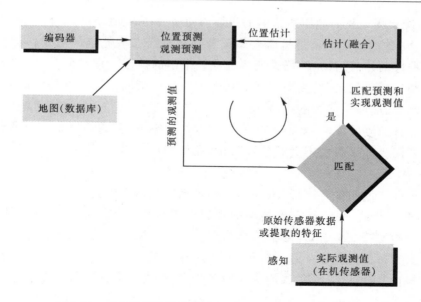

图 5.32 卡尔曼滤波器机器人定位的架构（见参考文献[35]）

估计。

知道了对象和误差模型，利用从全概率定理推导出来用于高斯分布（见方程 (5.63)）的方程：

$$\hat{P}_t = F_x \cdot P_{t-1} \cdot F_x^{\mathrm{T}} + F_u \cdot Q_t \cdot F_u^{\mathrm{T}} \tag{5.79}$$

我们也可以计算与预测有关的方差 P_{t-1}。式中 P_{t-1} 是前一个机器人状态 x_{t-1} 的协方差，Q_t 是与运动模型有关的噪声协方差。这个方程应该不会使读者惊奇。实际上，这没有什么，只是误差传播定律的应用（4.1.3.2 节）。

方程(5.78)和(5.79)是在 EKF 定位中预测更新的两个关键的方程式。在由控制 u_t 指定后，这两公式允许我们预测机器人的位置和它的不确定性。

再者，请注意，因为信任度状态是假定为高斯，我们只更新两个值：分布的均值和协方差。相反，在马尔可夫定位中，我们注意到**所有**的机器人可能状态（即，所有的单元）都被更新！

测量更新 如我们以前说过，这个阶段包含 4 个步骤：

1. 观测 第 1 步是在时间 t，从机器人那里获得传感器的测量 z_t。一般而言，观测 z_t 是由 n 个从传感器抽取的单独观测 $z_t^i (i = 0 \cdots n)$ 的集合组成。形式上，各单独的观测可以代表一个被抽取的特征，如一个点标记、一条直线或甚至是一个单独的未处理的传感器的值。

特征的参数，通常按传感器框架，所以，按机器人的局部参考框架予以指定。然而，为了匹配，我们需要将观测和测量预测表示在同一框架 $\{S\}$ 中。在我们表示方法里，我们会把全局环境坐标框架 $\{W\}$ 变换到传感器框架 $\{S\}$。如在 5.6.5 节讨论过那样，当我们谈到有关**概率测量模型**时，变换是由函数 h 指定。

2. 测量预测   我们利用所预测的机器人位置 $\hat{x}_t$ 和地图 $M(p)$，产生多预测特征的观测 $\hat{z}_t^j$。[①] 预测的观测就是机器人期望看到它是否在该特定的位置。例如，假定，只根据里程计估计的运动，机器人期望处在一个门的前面。现在假定，机器人用它的传感器检验这个假设，并检测到实际上它面对的是一堵墙。那么这种情况下，门是所预测的观测 $\hat{z}_t$，而墙是实际的观测 z_t。

为了计算预测的观测，机器人必须把所有在地图 M 上的特征 m^j，变换到局部传感器坐标框架。如果我们定义通过函数 h^j，变换特征 j，我们可以写：

$$\hat{z}_t^j = h^j(\hat{x}_t, m^j) \tag{5.80}$$

此式显然依赖于地图中各特征（由 m^j 表示）和当前机器人位置 $\hat{x}_t$。

3. 匹配   至此，我们有一个实际的观测的集合位于传感器空间的特征；我们还有一个所预测的特征集合，也处于传感器空间中。匹配步骤具有辨识的作用，它辨识与指定的预测特征匹配非常好，被用于估计过程的所有单个观测。换句话说，对一个观测子集和预测特征的子集，我们会找到多个配对，直觉上说"观测，是基于地图的有关机器人预测特征的测量"。

形式上，匹配过程的目的是产生一个从观测 z_t^i 到预测观测 $\hat{z}_t^j$ 的分配。对各测量预测，为它找到一个相应的观测，我们计算创新 v_t^{ij}。**创新**是预测和所观测的测量之间差别的一种度量：

$$v_t^{ij} = \left[z_t^i - \hat{z}_t^j \right] = \left[z_t^i - h^j(\hat{x}_t, m^j) \right] \tag{5.81}$$

创新的协方差 $\sum_{IN_t}^{ij}$ 可以用误差传播定律[4.1.3.2 节，方程式(4.15)]求得：

$$\sum_{IN_t}^{ij} = H^j \cdot \hat{P}_t \cdot H_t^{j\mathrm{T}} + R_t^i \tag{5.82}$$

式中 H^j 是 h^j 的雅可比，R_t^i 表示实际观测 z_t^i 的协方差（噪声）。

为了确定测量预测和观测之间对应的有效性，必须指定**确认门限** g。确认门限的一个可能选择是马氏距离（Mahalanobis distance）：

$$v_t^{ij\mathrm{T}} \cdot \left(\sum_{IN_t}^{ij} \right)^{-1} \cdot v_t^{ij} \leqslant g^2 \tag{5.83}$$

然而，根据应用、传感器和环境模型，可以使用更复杂的确认门限。

对各预测的测量，确认方程是用来测试观测 z_t^i 在确认门限中的隶属度。当单个观测落入确认门限时，我们得到一个成功的匹配。如果，一个观测落入多个确认门限，则选择最佳的匹配候选解，或跟踪多个假设。没有落入确认门限的观测，定位时就被完全抛弃。这种观测可能是因物体不在地图中引起，诸如新的物体（例如，某人在走廊放了一个大箱子）或瞬时物体（例如，站在机器人旁边的人可形成一个直线特征）。一种办法是利用这种不匹配的观测来填补机器人的地图。

4. 估计：应用贝叶斯定理   在这一步，根据位置预测 $\hat{x}_t$ 和在时刻 t 所有观测，我们计算机器人的位置最佳估计 x_t。为了进行该位置的更新，我们首先把有效的观测

[①]   注意，我们用索引 j，因为所观测和所预测的特征还都没有匹配，也就是说，所观测的特征 i 未必对应于地图中特征 j。

z_t^i 叠加到单个向量上,组成 z_t,并指定复合创新 v_t。然后,对各个有效的测量叠加测量的雅可比 H^j,合在一起组成复合的雅可比 H 和测量误差(噪声)向量 $R_t = \text{diag}[R_t^i]$。然后,根据这些量,我们可以用方程式(5.82)计算复合创新协方差 Σ_{IN}。最后,将贝叶斯定理用于高斯分布,利用这个结果,即方程(5.74)和(5.75),我们可以更新机器人位置估计 x_t 和它的相关协方差,如:

$$x_t = \hat{x}_t + K_t v_t \tag{5.84}$$

$$P_t = \hat{P}_t - K_t \cdot \sum\nolimits_{IN_t} \cdot K_t^T \tag{5.85}$$

式中

$$K_t = \hat{P}_t \cdot H_t^T \cdot (\sum\nolimits_{IN_t})^{-1} \tag{5.86}$$

是卡尔曼增益。

作为一个练习,读者可以验证,当 h 是单位阵时,方程(5.84)和(5.85)正好减缩为方程(5.74)和(5.75)。的确,强使 H 等于单位阵,方程(5.84)简化为

$$x_t = \hat{x}_t + \hat{P}_t(\hat{P}_t + R_t)^{-1}(z_t - \hat{x}_t) \tag{5.87}$$

$$P_t = \hat{P}_t - \hat{P}_t(\hat{P}_t + R_t)^{-1}\hat{P}_t \tag{5.88}$$

它们分别对应于方程(5.74)和(5.75)。

方程(5.84)显示,在时刻 t,机器人状态的最佳估计 x_t 等于:在采取新测量 z_t 之前的最佳预测值 $\hat{x}_t$,加上校正项的最佳加权值 K_t 乘上 z_t 与时刻 t 最佳预测 $\hat{z}_t$ 之差。

机器人位置新的、被融合的估计,再次受高斯概率密度曲线的约束。它的均值和协方差都是两个输入、均值和协方差的简单函数。因此,卡尔曼滤波器为组合异构估计,提供了既紧凑简单的不确定性表示,又提供了极其有效的技术,以获得我们机器人的新的估计。

在下一节,我们将为一个差分驱动的机器人,实现卡尔曼滤波器定位的算法。

5.6.8.5 案例研究:具有特征提取的卡尔曼滤波器定位

EPLE 的 Pygmalion(皮格马利翁)机器人是一个差动驱动的机器人,它使用激光测距仪作为它的主要传感器[59,60]。与 Dervish 相反,Pygmalion 的环境表示是连续和抽象的:地图由无限的描述环境的直线组成。当然,Pygmalion 的信任度状态表示成高斯分布,因为该机器人使用了卡尔曼滤波器定位算法。它的平均位置 x_t 的值被表示成高度精确的。需要时,能使 Pygmalion 以很高的精度定位。下面,我们为 Pygmalion 实现卡尔曼滤波器定位,提出详细的内容。为了简单,我们假定传感器框架 $\{S\}$ 等于机器人框架 $\{R\}$。如无特定情况,全部的向量都在环境坐标系 $\{W\}$ 中表示。

1. 机器人位置预测 假定在时间增量 $t-1$,机器人最佳位置估计是 $x_{t-1} = [x_{t-1}, y_{t-1}, \theta_{t-1}]^T$,控制 u_t 驱动机器人到位置 $\hat{x}_t$(图 5.33)。

在时间 t,机器人的位置预测 $\hat{x}_t$ 可以从以前的估计 x_{t-1} 和运动的里程计积分计算而得。对 Pygmalion 所具备的差动驱动而言,我们可以用 5.2.4 节开发的模型:

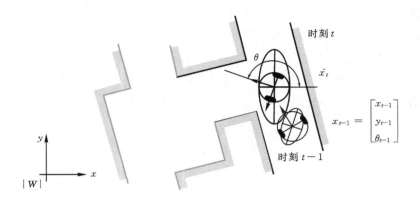

图 5.33   根据它的前一位置(细线)机器人的位置预测(粗线)和所执行的运动。围绕机器人
所画的椭圆代表在 x,y 方向的不确定性(例如，3σ)。方向 θ 不确定性没有在图中
标出

$$
\hat{x}_t = f(x_{t-1}, u_t) = \begin{bmatrix} x_{t-1} \\ y_{t-1} \\ \theta_{t-1} \end{bmatrix} + \begin{bmatrix} \dfrac{\Delta s_r + \Delta s_l}{2}\cos\left(\theta_{t-1} + \dfrac{\Delta s_r - \Delta s_l}{2b}\right) \\ \dfrac{\Delta s_r + \Delta s_l}{2}\sin\left(\theta_{t-1} + \dfrac{\Delta s_r - \Delta s_l}{2b}\right) \\ \dfrac{\Delta s_r - \Delta s_l}{b} \end{bmatrix} \tag{5.89}
$$

式中 $\Delta s_l, \Delta s_r$ 表征左轮和右轮的位移。所以，控制输入准确地为：$u_t = [\Delta s_l, \Delta s_r]^{\mathrm{T}}$。
和更新的协方差矩阵

$$
\hat{P}_t = F_x \cdot P_{t-1} \cdot F_x^{\mathrm{T}} + F_u \cdot Q_t \cdot F_u^{\mathrm{T}} \tag{5.90}
$$

式中 P_{t-1} 是以前机器人状态 x_{t-1} 的协方差，Q_t 是关联到运动模型(见方程(5.8))的噪
声协方差，即，

$$
Q_t = \begin{bmatrix} k_r \mid \Delta s_r \mid & 0 \\ 0 & k_l \mid \Delta s_l \mid \end{bmatrix} \tag{5.91}
$$

2. 观测   对于以直线为基础的定位，各个单独的观测(例如，直线的特征)是从
原始激光测距仪读数中提取的，并分别由两个直线参数 α_t^i 和 r_t^i(图 4.88)组成。因为
对一个旋转的激光测距仪，在极坐标框架内表示更为合适：

$$
z_t^j = \begin{bmatrix} \alpha_t^i \\ r_t^i \end{bmatrix} \tag{5.92}
$$

在时刻 t，在取得原始数据之后，提取直线和不确定性(图 5.34(a)和(b))。这就
产生了具有 $2n$ 个直线参数的 n 条的被观测直线，以及各条直线的协方差矩阵 R_t^i。如
在 4.7.1 节为直线提取所开发的那样，矩阵可以从贡献给各直线的所有测量点的不
确定性计算而得：

$$
R_t^i = \begin{bmatrix} \sigma_{\alpha\alpha} & \sigma_{\alpha r} \\ \sigma_{r\alpha} & \sigma_{rr} \end{bmatrix}^i \tag{5.93}
$$

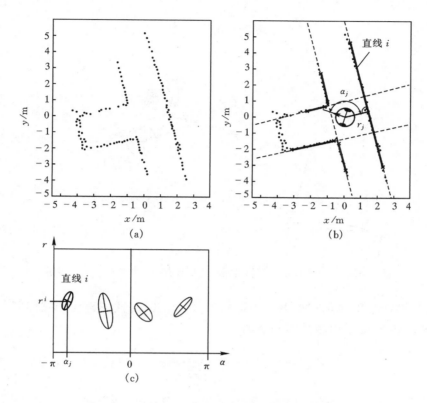

图 5.34 观测：在时刻 t 从原始数据，由激光扫描仪获取，提取的直线（b）。可
以在模型空间中表示直线参数 α^i 和 r^i 和它的不确定性（c）

3. 测量预测 根据存储的地图和预测的机器人位置 $\hat{x}_t$，产生期望特征的测量预
测 $\hat{z}_t^i$（图 5.35）[①]。这些特征都存储在地图 M 中，并在环境坐标系 $\{W\}$ 中被指定。为
了计算预测的观测，机器人必须把在地图 M 中所有直线特征变换到它的机器人坐标
框架 $\{R\}$。依照图 5.35，变换由下式给出：

$$\hat{z}_t^i = \begin{bmatrix} \hat{\alpha}_t^j \\ \hat{r}_t^j \end{bmatrix} = h^j(\hat{x}_t, m^j) = \begin{bmatrix} {}^{\{W\}}\alpha_t^j - \hat{\theta}_t \\ {}^{\{W\}}r_t^j - (\hat{x}\cos({}^{\{W\}}\alpha_t^j) + \hat{y}_t\sin({}^{\{W\}}\alpha_t^j)) \end{bmatrix}$$

$$(5.94)$$

它的雅可比 H^i 为：

$$H^i = \begin{bmatrix} \dfrac{\partial \alpha_t^j}{\partial \hat{x}} & \dfrac{\partial \alpha_t^j}{\partial \hat{y}} & \dfrac{\partial \alpha_t^j}{\partial \hat{\theta}} \\ \dfrac{\partial r_t^j}{\partial \hat{x}} & \dfrac{\partial r_t^j}{\partial \hat{y}} & \dfrac{\partial r_t^j}{\partial \hat{\theta}} \end{bmatrix} = \begin{bmatrix} 0 & 0 & -1 \\ -\cos({}^{\{W\}}\alpha_t^j) & -\sin({}^{\{W\}}\alpha_t^j) & 0 \end{bmatrix}$$

$$(5.95)$$

式中，我们应用

---

① 为了缩减所需的计算能量，常常有一个附加步骤，它首先选择可能的特征，在该情况下，从地图整个特征集合
中选直线。

$$m^j = \{W\} \begin{bmatrix} \alpha_t^j \\ r_t^j \end{bmatrix} \tag{5.96}$$

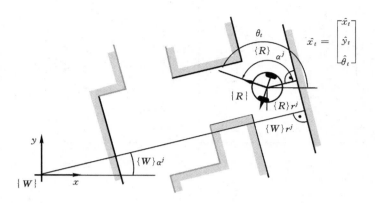

图 5.35 环境坐标系$\{W\}$和机器人坐标框架$\{R\}$中目标位置的表示

测量预测产生了表示在机器人坐标框架（图 5.36）的预测直线。它们都是不确定的，因为机器人的位置预测是不确定的。

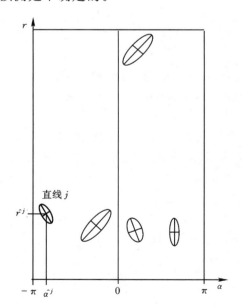

图 5.36 测量预测：根据地图和估计的机器人位置预测目标（可见直线）。与观测一样，它们被表示在模型空间中

4. 匹配 为了匹配，我们必须在被预测和被观测之间的特征（图 5.37）之间，找到对应（或配对）。在我们的情况下，我们采用马式距离：

$$v_t^{ij\,\mathrm{T}} \cdot \left(\sum_{INt}^{ij} \right)^{-1} \cdot v_t^{ij} \leqslant g^2 \tag{5.97}$$

具有

$$v_t^{ij} = \left[z_t^i - \hat{z}_t^j \right] = \left[z_t^i - h^i(\hat{x}_t, m^j) \right]$$

$$= \begin{bmatrix} \alpha_t^i \\ r_t^i \end{bmatrix} - \begin{bmatrix} \{W\}_{\alpha_t^i - \hat{\theta}_t} \\ \{W\}_{r_t^i} - (\hat{x}_t \cos(\{W\}_{\alpha_t^i})) + \hat{y}_t \sin(\{W\}_{\alpha_t^i}) \end{bmatrix} \qquad (5.98)$$

$$\sum_{\mathrm{IN}_t}^{ij} = H^j \cdot \hat{P}_t \cdot H^{jT} + R_t^i \qquad (5.99)$$

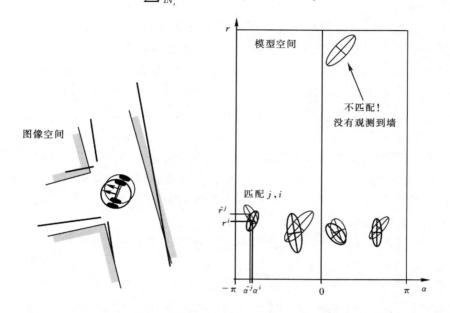

图 5.37 匹配:匹配观测(粗线)和测量(细线),计算修正和它的不确定性以便能够找到最佳匹配,同时消去所有其余被观测和被预测的不匹配的特征

5. 估计 应用卡尔曼滤波器,产生最后的相应于加权和的姿态估计(图 5.38)

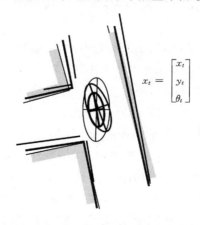

图 5.38 新机器人位置的卡尔曼滤波器估计:将机器人位置预测(细线)与测量(粗线)所得的创新融合,我们得到机器人位置(很粗线)更新估计 x_t

- 被观测和被预测特征的各匹配对的姿态估计；
- 基于里程表和观测位置的机器人位置估计。

5.7　定位系统的其他例子

马尔可夫定位和卡尔曼滤波器定位一直是研究导航室内环境的移动机器人的两个极普遍策略。它们有坚实的正式基础，并因此有良性定义的行为特性。但是，在商用的和研究用的移动机器人平台中，一直应用着许许多多其他定位技术，有着不同的成功率。值得指出的某些技术是：无迹卡尔曼滤波器（UKF）定位、栅格定位以及蒙特卡洛定位。UKF 与 EKF 相同在，它也采用高斯分布，但它依靠一个不同的方法来线性化运动和测量模型，被称为**无迹变换**（unscented transform）。相反，栅格定位和蒙特卡洛定位都不限于单模分布。栅格定位使用所谓直方滤波器来表示机器人信任度，蒙特卡洛定位使用粒子滤波器。后者可能是最普通的定位算法（它已在**减少计算复杂性**这一节作了介绍）。因为对这些技术的描述已超出本书的范畴，对这些信息，我们推荐读者参考文献[51]。

然而，有几个值得提出的定位技术范畴。不必惊奇，在商业机器人学中，这些技术的许多实现方法运用了对机器人环境的改造。马尔可夫定位和卡尔曼滤波器定位团体回避了某些事情。在以下各节，我们具体结合各范畴和参考的实例系统，适当时，包括那些改造环境和那些无环境改造要求的系统，简单地识别这一般性策略。

5.7.1　基于路标的导航

路标一般定义为环境中无源的物体，当它们处在机器人视野之内时，提供了高度的定位准确性。利用路标作定位的机器人，通常使用机器人设计者已安放的人工标记，使定位简易。

基于路标导航器的控制系统由两个分离的阶段组成。当看到一个路标时，机器人频繁地和准确地进行定位，利用动作更新和感知更新，跟踪它的位置而不累加误差。但当机器人处在无路标"区"时，只发生动作更新，且机器人累计了位置的不确定性，直到下一个路标进入机器人的视野。

因此，机器人从一个路标区到另一个路标区，是有效地进行**航位测定**。轮过来，这意味着机器人必须谨慎地咨询它的地图，以保证路标之间的各个移动距离足够得短。给定它的运动模型，它将能够成功地定位到达下一个路标。

图 5.39 表示了基于路标导航的一个实例。路标的特殊式样，能使机器人进行可靠和准确的姿态估计，机器人必须利用路标间的**航位测定**行走。

基于路标的导航方法的一个优点是，对这一般系统的结构[187]，已经开发了坚实的形式理论。在该工作中，作者已经证明了精确的假设和条件。当满足假设和条件时,它保证机器人能够经常地成功定位。这个研究工作也产生了一个基于路标定位的、真实环境的示范系统。在斯坦福大学机器人学实验室的天花板上安放了标准的纸样,每个纸样各有一个独特的棋盘格图案。一个 Nomadics 200 的移动机器人,装了垂直朝向天花板的单色 CCD 摄像机。通过识别放在约 2m 远的纸状路标,机器人能够定位到几个厘米的范围。然后,利用航位测定法移动到另一个路标区。

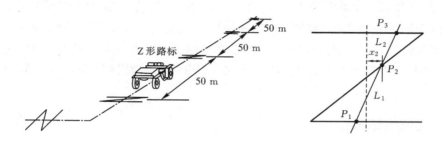

图 5.39 地上的 Z 形路标,日本小松公司[6, pp.179 - 180]

基于路标的导航的主要缺点是,它一般会要求重大的环境改造。路标是局部的,所以常常需要大量的路标,以覆盖一个大的厂区或研究实验室里。例如,在斯坦福的机器人学实验室,使用了约 30 个分离的路标,全部各个地粘贴在天花板上。

5.7.2 全局唯一定位

基于路标的导航方法作了一个强的一般性假定:当路标处在机器人的视野内,定位基本上是理想的。达到移动机器人定位"圣杯"的一个方法是,不管机器人放在何处,要有效地使这种假设有效。如果瞧一下机器人传感器,能马上唯一地和重复地识别它的特殊位置,这将是革命性的。

这种定位策略确实是大胆的,但它是否可以完成,本质上是一个传感器技术和感知软件的问题。显然,这样一个定位系统需要使用一个传感器,它须能收集极其大量的信息。因为视觉确实比以前的传感器收集多得多的信息,所以在迈向全局唯一定位的研究中,视觉已被选作为传感器。如果人类能够察看单张的图片,识别在详知环境中机器人的位置,那么,我们可以认定全局唯一定位的信息确实存在于图片之内,必须将它简单地挑选出来。如在 4.6 节所述,趋向这个方向的一个重要里程碑已经用"特征包"方法予以实现。这里,首先将当前的图像转换为有特色的局部特征"包"(4.5 节),然后,在小于 1s 的时间,用它在百万张图片的数据集中寻找最相象的图像。这个方法在 1 000km 以上的轨迹上,用车载摄像机[108,109]收集的纯图像成功地演示了鲁棒定位。

如果有人愿意用激光扫描而不是摄像机图像,那么,展示在前一章图 4.95 中的角度直方图就是另一个例子。在这例子中,机器人的激光传感器的值被变换成位置标识符。在这情况下,标识符是一个直方图,而不是特征包。然而,由于激光扫描的信息内容有限,有可能在机器人环境中的两个**位置**或许会有太相像的角度直方图,难以成功地被区分开来。所以,基于图像的定位应该优先用于大规模的环境。因为,图像比基于激光的策略提供更佳的全局唯一定位。

全局唯一定位的主要优点是:当这些系统正确运行时,它们大大地简化了机器人的导航。机器人可以移动到任何点上,而且通过收集传感器的扫描,经常地确保定位。

但是,该方法的重要缺点是:该方法可能决不提供定位问题的完全解。常常有这样情况,那里局部传感器的信息确是含糊的。所以,只利用当前的传感器信息,全局唯一定位是不可能成功的(例如,在森林中!)。人类通常有极好的局部定位系统,特别在非重复的和详细知晓的环境中,诸如他们的家居。但是,有许多环境,这种瞬时的定位,即使对人类而言也是困难的。例如,想象一下树篱迷宫和具有许多相同走廊的大型新的办公楼。

5.7.3　定位信标系统

定位问题最可靠解决方案之一是:针对目标环境,设计和安装一个有源的信标系统。这是工业和军事两个应用领域所使用的首选技术,是保证最大可能的定位可靠性的一个途径。可以认为 GPS 系统正是这样一个系统(见 4.1.8.1 节)。

图 5.40 描述了为一群机器人设置的这类信标布局。正如用 GPS 一样,通过设计一个系统,机器人由此无源地定位;而信标是有源的,任意数目的机器人可同时利用单个的信标系统。如同大多数信标系统一样,其所描述的结构首先依赖于影响定位的最重要的几何原理。在该情况下,为了将它们自己定位于全局坐标框架内,机器人必须知道在该框架中两个有源超声信标的位置。

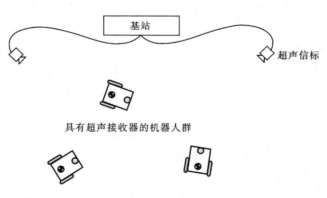

图 5.40　有源超声信标

图 5.41 表示了工业机器人应用中,一个流行类型的信标系统。在此情况下,信标变成为回射的标记,根据它们返回到机器人的反射能量,移动机器人可以容易地检测到该标记。对光学回射器,给定已知的多个位置,只要移动机器人有三个同时被看到的这种信标,它就可辨识它的位置。当然,具有编码器的机器人也可以随时定位,而且在同一时刻,不需要测量对所有三个信标的角度。

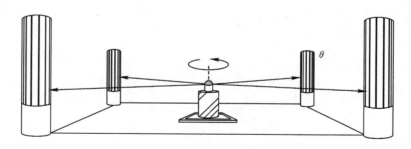

图 5.41 无源光学信标

　　这种基于信标系统的优点通常是极高的工程可靠性。同样地,在特定的商业环境中,重要的工程常常环绕着这种系统的设施。所以,机器人移动到不同的工厂车间,既费时又昂贵。通常,即使改变机器人所用的路由,也会需要重大的再造工程。

5.7.4 基于路由的定位

　　比基于信标系统更为可靠的是基于路由的定位策略。在这种情况下,机器人的路由被明显地标出,所以它能确定它的位置。允许机器人不相对于某全局坐标框架,而相对于指定的路径行走。标记这样的路由和相继的交叉口有许多技术。在所有的情况下,其中之一是有效地建立一个铁路系统,不同的是铁路系统比实际道路在某些方面更灵活,当然更对人友善。例如,高紫外反射、光学上透明的画可以标记路由,使得只有机器人用特殊的传感器才能容易地检测它。另一种办法利用装在机器人盒子里的感应线圈,可以检测到埋在大厅地下的导向线。

　　在所有的这些情况下,机器人的定位问题通过迫使机器人一直跟随一个预先指定的路径而有效地被简化。公正地说,现在有许多工业上的无人导向车,为了避障,暂时地偏离它们的路由。但这种极端可靠性的代价是显而易见的:给定这种定位方法,机器人更加不灵活。所以,机器人行为的任何变化,都需要花费极大的工程和时间。

5.8 自动制图

5.8.1 引言

　　就我们已经讨论过的所有定位策略而言,需要有一个环境的地图。地图通常用手工制作。这意味,为了准确定位,机器人用作自定位的路标的位置(例如,墙、人造的信标等),必须正确地测量并包含在地图里。遗憾的是,当环境规模大或用于人为改造或动态物体,环境变化时,这种方法可能是艰苦、代价高和费时的。譬如,假定一个内务机器人,想象它在室内环境工作情况,机器人应该能够检测由于家具重新布置

（图 5.42）而导致的地图的变化。手工制图的另一个缺点是，根据制图人不同感知，看地图可能是不一样的。

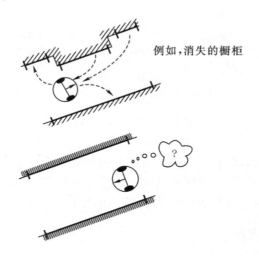
例如，消失的橱柜

图 5.42　为了定位，自主机器人应该能跟踪环境变化

所以，代替手工制图的方法是"自动制图"。的确，成功地定位的机器人要有恰好的传感器检测环境。因而，机器人应该构建它自己的地图。这种企求追根到自主移动机器人学的核心。粗略地，可以把我们的最终目标表述如下：

从一个任意的初始位置开始，一个移动机器人应该能够用它自己机载的传感器探索环境，获得有关环境的知识，解释场景，构建合适的地图，并相对于该地图将自己定位。

近来在机器人学和计算机视觉两方面的进展，已使这个目标获得某些成就。一个重要的子目标是：创造位置认定和环境地图的自主建立和修改的技术。当然，一个移动机器人的传感器，只具有有限的量程，所以机器人必须在物理上探索它的环境以构建这种地图。因此，机器人不仅必须构建地图，与此同时为探索环境，在移动和定位时也必须这样做。在机器人学的团体中，常常把这称为**同时定位和制图**（simultaneous localization and mapping，SLAM）问题。对机器人学团体来说，SLAM 问题的实用性归因于：这个问题的解决会使机器人真正地自主。

在简单介绍同时定位和制图问题（5.8.2 节）后，我们重温三个主要算法，从这三个算法已经推导出大量已发表的方法。首先，我们将重温基于扩展卡尔曼滤波器传统方法（5.8.4 节）。作为这些方法之一的一个重要应用，我们将提出可视－SLAM 算法（5.8.5 节），它用一个单摄像机作为唯一的传感器。第二，我们重温图形－SLAM 算法（5.8.7 节），它是由直观诞生的：SLAM 问题可以被解释为一个稀疏的约束图形。第三，我们将重评粒子－滤波器 SLAM（5.8.8 节）。最后，我们讨论 SLAM 中公开的难题（5.8.9 节）。

须特别指出，这些方法中没有一个是 SLAM 问题特别偏好的解。合适方法的选择将依赖于环境中特征的数目和类型、期望地图的分辨率、计算时间等等。

对 SLAM 算法的深入研究,我们向读者推荐阅读参考文献[51]。最新的参考书和在线软件也可以在这些辅导资料中[62,120,313]获得。在以下各节,我们将保持与定位章节相同的符号,它与参考文献[51]也是相同的。

5.8.2 SLAM：同时定位和制图问题

如我们在 5.6.2 节看到的那样,定位是给定环境的已知地图,估计机器人位置(因而是路径)问题。相反地,制图是知道机器人的真实路径,构建环境的地图。SLAM 的目的是,仅利用由机器人的本体感受和外感受式传感器收集到的数据,既恢复机器人路径,又恢复环境地图。这些数据典型地都是由里程表和取自激光器、超声或摄像机图像的特征(例如,角、直线、平面)所估计的机器人位移。

SLAM 是困难的,因为所估计的路径和所抽取的特征二者都受噪声污染。这个问题图解说明在图 5.43。让我们假定,机器人在它的初始位置不确定性为零。从这个位置,机器人观测到一个特征,它是用一个相对于外感受式传感器误差模型(a)的不确定性而映射的。当机器人移动时,在里程表引起的误差影响下,它的姿态不确定性增加(b)。在这点上,机器人观测到 2 个特征并用由测量误差和机器人姿态不确定性组合造成的不确定性(c)将它们绘制。由此,我们可以注意到,地图变得与机器人位置估计有关。相似地,如果机器人根据地图上一个不精确知道的特征更新其位置,那么产生的位置估计变得与特征位置估计相关。为了减少它的不确定性,机器人必须观测其位置相对清楚知道的特征。譬如,这些特征可以是机器人以前已经看到过的路标。在这种情况下,观测称之为**环路闭合检测**。当检测到一个闭合环路时,机器人的姿态不确定性缩减。同时,地图被更新,且其它被观测特征的不确定性和所有以前的机器人姿态的不确定性也减少(图 5.43(e))。

因此,一般性制图问题是鸡和蛋问题的一个实例。为了定位,机器人必须知道特征在哪里?而为了制图,机器人必须知道它在地图什么地方。

5.8.3 SLAM 的数学定义

如同我们已为基于地图定位所做的那样,我们也按概率术语描述了 SLAM。在本节所用的术语,与 5.6.4 和 5.65 节为基于概率地图的定位所介绍的是一样的。在继续进行之前,读者可以花一点时间复习那些章节。

让我们回忆一下,我们用 x_t 定义在时刻 t 机器人的姿态。机器人的路径给定为

$$X_T = \{x_0, x_1, x_2, \cdots, x_T\} \tag{5.100}$$

式中 T 也可以是无限的。在 SLAM 中,机器人的初始位置 x_0 假定是知道的。其他位置都不知道。

令 u_t 表示时间 $t-1$ 和时间 t 之间机器人的运动。让我们回忆,这些数据可以是本体感受传感器的读数(例如,来自机器人轮子的编码器)或送给电机的控制输入。

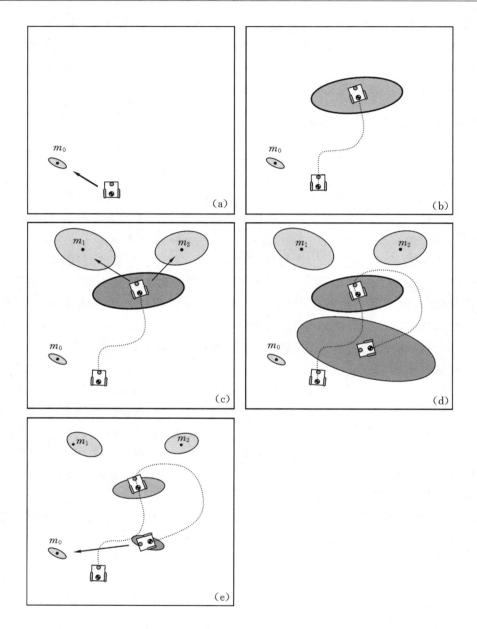

图 5.43 SLAM 问题的图解说明

机器人相对运动的序列可以写成：
$$U_T = \{u_0, u_1, u_2, \cdots, u_T\} \qquad (5.101)$$
令 M 表示环境的真实地图
$$M = \{m_0, m_1, m_2, \cdots, m_{n-1}\} \qquad (5.102)$$

则 $m_i, i = 0 \cdots n-1$，都是向量，代表路标的位置，再者，也许是点、直线、平面或任何种类的高级特征（如，门）。观察到，为了简单，假定地图是静态的。

最后,如果我们假定,在各时刻机器人采取一个测量。我们可以表示为处在属于机器人的传感器参考框架的路标观测序列,

$$Z_T = \{z_0, z_1, z_2, \cdots, z_T\}$$ (5.103)

例如,如果机器人装备有一个机载的摄像机,观测 z_i 可以是一个向量,代表图中一个角,或那些直线的坐标。如果,代之,机器人装备一个激光测距仪,则这一向量可以代表在激光传感器框架内一个角或直线的位置。

按照这种术语,我们现在可以把 SLAM 定义为:一个地图模型和由里程计 U_T 和测量 Z_T 形成的机器人路径 X_T 的恢复问题。

在文献中,我们区分全 SLAM 问题和在线 SLAM 问题之间的差别。全 SLAM 问题在于从数据中对 X_T 和 M 估计联合后验概率,即

$$p(X_T, M \mid Z_T, U_T)$$ (5.104)

相反,在线 SLAM 问题在于从数据中对 x_t 和 M 估计联合后验概率,即

$$p(x_t, M \mid Z_T, U_T)$$ (5.105)

所以,全 SLAM 问题试图恢复整个机器人的路径;而在线 SLAM 问题仅试图估计当前机器人姿态 x_t。

为了解决 SLAM 问题,我们需要知道概率运动模型和概率测量模型。这些模型已经在 5.6.5 节介绍过。特别是,让我们回忆

$$p(x_t \mid x_{t-1}, u_t)$$ (5.106)

代表着:给定机器人以前姿态 x_{t-1} 和本体感知数据(或控制输入 u_t)机器人姿态为 x_t 的概率。同样,让我们回忆

$$p(z_t \mid x_t, M)$$ (5.107)

是给定已知地图 M 和假定机器人在位置 x_t 进行观测,测量 z_t 的概率。

我们鼓励读者花一些时间,重温 5.6.5 节中介绍的概念。

在下一节,我们将描述过去 20 年为求解 SLAM 问题所开发的三个主要范例,即 EKF SLAM、基于图形的 SLAM 和粒子滤波器 SLAM。从这些范例,已经推导出许多其它算法。为深入研究这些算法,我们推荐读者参考文献[51]。

5.8.4　扩展卡尔曼滤波器(EKF)的 SLAM

在本节,我们将会看到 EKF 应用于在线 SLAM 问题。基于 EKF 的 SLAM 问题是历史上第一个被提出公式化的,且在几篇论文里[100,294,295,228,229]介绍过。EKF SLAM 的处理过程,完全像我们已经看见过的为机器人定位的标准 EKF(5.6.8 节),其差别仅在它用了一个扩展的状态向量 y_t,它在地图里既构成了机器人姿态 x_t 又构成了所有特征的位置 m_i。即:

$$y_t = [x_t, m_0, \cdots, m_{n-1}]^T$$ (5.108)

在我们根据直线特征(5.6.8.5 节)的定位例子中,y_t 的维数会是 $3 + 2n$,因为我们需要 3 个变量表示机器人的姿态 (x, y, θ),2n 个变量表示有向量分量 (α^i, r^i) 的 n 个直线

路标变量。所以,状态向量写成

$$y_t = [x_t, y_t, \theta_t, \alpha_0, r_0, \alpha_1, r_1, \cdots, \alpha_{n-1}, r_{n-1}]^{\mathrm{T}} \tag{5.109}$$

当机器人运动并进行测量时,状态向量和协方差矩阵用扩展卡尔曼滤波器的标准方程予以更新。显然,在 EKF SLAM 中比在 EKF 中的状态向量大得多,后者只有机器人的姿态被更新。这使得 EKF SLAM 在计算上昂贵很多。

注意到,由于它的形式化,在 EKF SLAM 的地图被认为是基于特征(即,点、直线、平面)的。当观测到新特征时,就将它们加到状态向量。因此,噪声协方差矩阵二次方地增大,规模为 $(3 + 2n) \times (3 + 2n)$。为了计算的缘故,地图的规模通常限制在小于 1000 个特征。但是已经开发了大量的方法,配合更多数目的特征,它将地图分解为较小的子图,分别更新它们的协方差[63]。

如我们指出的那样,实现 EKF SLAM 没有别的,只是直截了当地把 EKF 方程应用到在线 SLAM 问题,即方程式(5.78)~(5.79)和方程式(5.84)~(5.85)。为此,我们必须指定表征预测和测量函数的函数。如果我们再次举出 5.6.8.5 节基于直线定位的例子,则测量模型与方程式(5.94)相同。相反,预测模型必须依照方程式(5.89),考虑运动将只更新机器人的姿态,而特征保持不变。所以,我们可以写出 EKF SLAM 的预测模型如下:

$$\hat{y}_t = y_t + \begin{bmatrix} \dfrac{\Delta s_r + \Delta s_l}{2} \cos\left(\theta_{t-1} + \dfrac{\Delta s_r - \Delta s_l}{2b}\right) \\ \dfrac{\Delta s_r + \Delta s_l}{2} \sin\left(\theta_{t-1} + \dfrac{\Delta s_r - \Delta s_l}{2b}\right) \\ \dfrac{\Delta s_r - \Delta s_l}{b} \\ 0 \\ 0 \\ \cdots \\ 0 \\ 0 \end{bmatrix} \tag{5.110}$$

在一开始,当机器人进行第一次测量时,通过假定这些(初始的)特征都不相关来填充协方差矩阵,这意味矩阵的非对角元素都被设置为零。然而,当机器人移动并进行新的测量时,机器人的姿态和特征二者变得相关。依次地,协方差矩阵变成**非稀疏**①回忆以下事实就可以说明这个相关性的存在,即地图中特征的不确定性依赖于与机器人姿态有关的不确定性。但它又依赖于已被用来更新机器人姿态的其他特征的不确定性。这意味着,当观测到一个新特征时,它不仅对校正机器人姿态的估计做贡献,也同样对其他特征的校正做贡献。观测越多,特征之间相关性增长越多——所以协矩阵是非稀疏这个事实——在 SLAM[105] 中至关重要:这些相关性越大,SLAM 的解越好。

---

① 在数字分析里,稀疏矩阵是一个基本上充满零的矩阵。

图 5.43 图解说明了在具有 3 个特征的简单环境中,EKF SLAM 的工作原理。机器人的初始位置被假定为是系统参考框架的原点,所以,机器人姿态的初始不确定性是零。从这个位置,机器人观察到一个特征并把它映射成与传感器误差模型有关的不确定性(a)。当机器人移动,它的姿态不确定性,在里程计引入的误差影响下增加(b)。在某一点,机器人观察到 2 个特征,并把它们映射成不确定性(c),这个不确定性是由测量误差和机器人姿态不确定性的组合而造成的。由此我们可以注意到,地图变得与机器人姿态不确定性相关。现在,机器人反向驱动到它的起始位置,且它的姿态不确定性再次增加(d)。在这点,机器人又观察到第 1 个特征,比起其他特征,它的位置知道得比较清楚。这使得机器人更确信它当前的位置,所以它的姿态不确定性缩小(e)。注意,就此而言,我们只考虑了在线 SLAM 问题。所以,只有机器人当前位置被更新。相反地,全 SLAM 问题,更新整个机器人的路径,以及所有它的以前位置。在这种情况下,在再次观察到第 1 个特征后,机器人以前姿态的不确定性也会缩小,且与其它特征相关的不确定性也同样减小。事实上,这些特征的位置与机器人以前姿态是相关的。

EKF SLAM 已被成功地应用到许多不同的领域,包括空中、水下、户外和户内环境。图 5.44 表示了一个使用 3D 激光测距仪 6 自由度的 SLAM 的结果。机器人从中心开始走了 3 圈。图 5.44(a)展示了只用里程表所产生的地图。如你所见,由于累计的里程表漂移,地图是不一致的(扫描没有对准)。在图 5.44(b),利用扫描匹配和对准技术[1]累计的里程表误差大大减少。最后,在应用 EKF SLAM 之后,在图 5.44(c),累计漂移和偏移误差不再出现。注意,在这特殊应用里,水平的和垂直的平面被用作为特征。

EKF SLAM 的基本构想,是假设从一个单独的机器人位置观察,特征位置是完全能测的。这是因为用测距仪(即,激光器、声纳或立体摄像机),它提供关于特征的距离和方位二者的信息,已经实现了绝大多数 SLAM 的应用。然而有些情形不是距离[190]就是方位信息(角度)是可用的。例如,后者发生在用单个摄像机时。如在 4.2.3 节所见,一个校准过的摄像机是一个方位传感器(图 4.31)。在这种情况下,SLAM 问题通常被称为**单目视觉 SLAM 或唯方位 SLAM**[110,227]。在这种情况下,如我们在下节所见,仍旧可用标准的 EKF。

5.8.5　具有单摄像机的视觉 SLAM

术语视觉 SLAM(V‑SLAM)是 在 2003 年,由戴维森(Davison)[110,112]创造的,他提出了第一个实时 EKF SLAM 系统,带有一个单个手持摄像机。不使用里程表、测距仪或 GPS,只有一个单独的外感受式的摄像机。V‑SLAM 可被看作是一个多重检视的从运动恢复结构(SfM)系统(我们在 4.2.6 节做过介绍)。的确,这是双重企

---

① 对准两个不同的激光扫描机最常用的技术之一就是迭代最接近点(ICP)算法[72]。但是,这只在两个扫描仪之间的相对运动是已知并令人满意时(例如,由里程表)才运转好好。否则,就需要使用全局优化技术[97,204]。

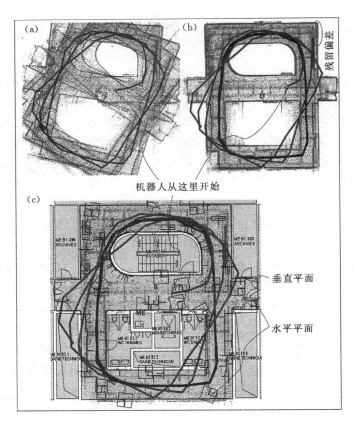

图 5.44 用 3D 激光扫描仪的 EKF SLAM。(a)机器人从中心开始走了 3 圈。(a)用里程表,对准的 3D
扫描只产生不一致的地图。(b)在扫描匹配后,对准的 3D 扫描。累计的里程表误差可被大大
降低,但小的残余误差仍保留(见偏移)。(c)EKF SLAM 的结果。为了视觉比较,被构造的地
图已被覆盖到一个大楼平面图上。注意,偏移不再出现。J. Weingarten 提供图片

图:通过跟踪图像中感兴趣的点,用单一的摄像机同时地既恢复摄像机运动,又恢复
环境结构(特征位置)。V - SLAM 和 SfM 之间的主要区别在于:V - SLAM 用一个
概率框架考虑了特征的不确定性。另一个区别是,V - SLAM 需要按时间顺序地处
理图像,而 SfM 还要为无序的数据集运作。戴维森实现的原 V - SLAM 用了扩展的
卡尔曼滤波器。如我们在 5.8.4 节末尾所指出的那样,V - SLAM 也称作唯方位
SLAM,强调它只用角度观测的这个事实。这再次与基于激光器或基于超声的
SLAM 相反,后者却需要角度和距离二者的信息。由此,唯方位的 SLAM 比距离-方
位 SLAM 更具挑战性。在基于激光器的 SLAM 中,机器人框架内的特征位置可以从
一个单独的机器人位置进行估计;相反,在 V - SLAM 中,如我们从运动恢复结构获
知,我们必须移动摄像机,以恢复特征的位置。

在单目 V - SLAM 中,首要的问题是在系统起始时刻,特征位置的估计。用一个
测距仪来实现,显然不是问题,但对 V - SLAM 来说,这是不可能的。为了解决该问
题,在戴维森原来的实现中,他用了一个已知几何结构的平面模板,这里,至少 4 个边

界角的相对位置是知道的。从已知位置的 4 个角,相对于这些点的 6 自由度摄像机姿态可以唯一地被确定。① 只要摄像机移动到模板面前,摄像机的姿态可以由单个图像予以估计。当摄像机开始从模板移开,必须对新的特征作三角测量并加到地图。至此,EKF V‑SLAM 处理开始。

EKF V‑SLAM 的实现又是普通的 EKF 应用于 SLAM 问题,为了实现这个任务,我们需要知道更新功能的运动和测量。

如我们对 EKF SLAM 所做的那样,状态向量 y 既包含摄像机姿态又包含特征位置,但这次还包含摄像机的速度。同样地,观察戴维森选用**四元代数**将摄像机的方向参数化,以避免奇异,因而摄像机的方向用 4 个变量来表示。所以,在 EKF V‑SLAM 中,状态向量的维数是 $13+3n$;事实上,我们需要位置 r,3 个参数;方向‑四元组 q,4 个参数;平移速度 v,3 个参数;角速度 ω,另外 3 个参数;特征位置 m_i,$3n$ 个参数。又观察到,在戴维森的实现中,所观测到的特征都不是直线,而是图像的点,所以特征位置由 3 个笛卡儿坐标表示。在时刻 t,状态向量可用写为

$$y_t = [x_t, m_0, m_1, \cdots, m_{n-1}]^{\mathrm{T}} \tag{5.111}$$

式中

$$x_t = [r_t, q_t, v_t, \omega_t]^{\mathrm{T}} \tag{5.112}$$

预测步骤   注意到,在 V‑SLAM 我们没有用里程表预测下一个摄像机位置。为了克服这问题,戴维森建议使用恒速的模型。这意味在连贯帧之间,速度假定为恒定。所以,在时刻 t,摄像机的位置是通过时刻 $t-1$ 开始,将运动积分而计算的,假定初始速度是在时刻 $t-1$ 所估计的那个速度。

把这记在心里,实际上我们可以将运动预测函数 f 写成:

$$\hat{x}_t = f(x_{t-1}, u_t) = \begin{bmatrix} r+(v+V)\Delta t \\ q \times q((\omega+\Omega)\Delta t) \\ v+V \\ \omega+\Omega \end{bmatrix} \tag{5.113}$$

式中摄像机载体的未知意向 由 V 和 Ω 已被考虑在恒速模型中,V 和 Ω 计算为

$$V = a\Delta t, \quad \Omega = \alpha\Delta t \tag{5.114}$$

式中 a 和 α 是未知的平移和角度的加速度,加速度建模成均值为零的高斯分布。以此 EKF 的预测更新方程可以写成:

$$\begin{bmatrix} \hat{x}_t \\ \hat{\alpha}_t^0 \\ \hat{r}_t^0 \\ \cdots \\ \hat{\alpha}_t^{n-1} \\ \hat{r}_t^{n-1} \end{bmatrix} = \begin{bmatrix} f(x_{t-1}, u_t) \\ \alpha_{t-1}^0 \\ r_{t-1}^0 \\ \cdots \\ \alpha_{t-1}^{n-1} \\ r_{t-1}^{n-1} \end{bmatrix} \tag{5.115}$$

---

①   从一组 2D‑3D 的相应点确定摄像机的位置和方向称之为摄像机姿态估计[29]。

这里，$(\widehat{\alpha_t^i}, \widehat{r_t^i})$ 和 $(\alpha_{t-1}^i, r_{t-1}^i)$ 分别表示在时刻 t 和 $t-1$，第 i 特征的位置。

测量更新　在测量更新中，摄像机的姿态根据对特征的重新观测被校正。另外，初始化新特征并被加到地图中。在 V - SLAM 中，特征都是用 4.5 节描述的其中一个检测器被抽取的感兴趣的点（图 5.45）。所以，特征表示成图像的像素坐标。

在这个阶段，我们必须定义测量函数 h。这个函数用来计算预测的观测，即，在运动更新后预测特征将在何处出现。为了确定 h，我们必须考虑从环境坐标框架到局部摄像机框架的变换，附加从摄像机的帧到图像平面的透视变换（图 4.32，方程 (4.44)）。所以，函数 h 完全由方程式 (4.44) 给出。最后，在计算各预测观测的不确定性之后（在图 5.45 中画成一个椭圆），我们可以利用标准的 EKF 测量更新方程式，更新状态向量和协方差。戴维森的 V - SLAM 的主要步骤在图 5.46 中由图解说明。

图 5.45　（左图）特征图像补缀物。（右图）利用恒速运动模型从前一帧中搜索预测区域。安德鲁·戴维森（Andrew Davison）提供图像[110]

5.8.6　对 EKF SLAM 的讨论

如我们前面指出的那样，EKF SLAM 没有什么，只不过是普通扩展卡尔曼滤波器的应用，而滤波器带有由机器人姿态和特征位置组成的一个联合状态。在每一次迭代中状态和联合协方差二者都被更新，这意味，计算随特征说明平方地增大。为克服这些限制，在最近几年，配合上千的特征，已经提出了 EKF SLAM 的有效实时实施方法。其主要理念是把地图分解成较小的子图，子图的协方差分别地给予更新。

EKF SLAM 的另一个问题，是在由扩展卡尔曼滤波器所做的线性化，它在运动和测量更新中，受雅可比应用的影响。遗憾的是，运动和测量模型都典型地是非线性的，因此它们的线性化某些时候可能导致解的不一致性或发散。

EKF SLAM 的另一个议题是对特征不正确的数据关联的敏感性，当机器人将特征 m_i 不正确地与特征 z_j 匹配时，就发生这情况。这个问题在回路闭合时，变得更为重要，即，在长途行走之后机器人返回，再观察特征。由于在点群中难辨识不同的特征，用 2D 激光测距仪经常发生不正确的数据关联。然而，由于特征检测器大量存在（4.5 节），这个任务，随摄像机而容易解决了。某些这类检测器，像 SIFT（4.5.5.1 节），近来使用"特征包"方法（见 4.6 节关于位置识别的介绍），对很长的行走

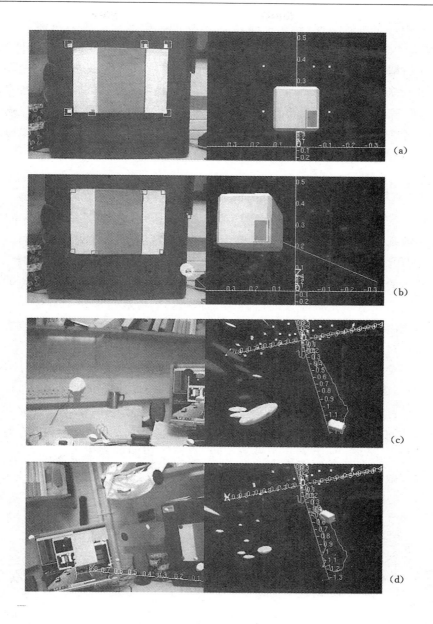

图 5.46 (a)摄像机带有在模板上 6 个已知的特征,开始移动;(b)几乎未知的特征被初始化,并加到地图上;(c)当机器人移动时,地图上估计的特征不确定性增加;(d)当机器人重新访问在一开始见过的特征时,它的不确定性缩减。安德鲁·戴维森(Andrew Davison)提供图像[110,112]

(1000km)[109],在回路闭合检测方面,已经展示了非常成功的结果。

我们也已经看到,特征之间的相关性在 SLAM 中是至关重要的。所作的测量越多,特征间的相关性越增长,SLAM 的解越好。消去或忽略特征间的相关性(像 EKF

SLAM 研究刚开始所做那样)是完全违背 SLAM 问题的实质。因为机器人移动和观测某些特征,这些特征就变得越来越相关。极限时,它们变得全相关。也就是说,给定任何特征的精确位置,任何其它特征的位置都可用绝对精度来确定[①]。

随机器人移动不断作观测,就地图收敛性而言,地图协方差矩阵的行列式以及所有协方差子矩阵都单调地收敛至零。这意味着,特征之间相对位置的误差减低到地图被称为绝对确定的点上。或者换句话说,达到了下限,它取决于第 1 次作观测时所引进的误差。

5.8.7 基于图形的 SLAM

首次介绍基于图形的 SLAM 是在参考文献[200]中,影响了许多其它的实施方法。绝大多数基于图形的 SLAM 力图解决全 SLAM 问题,但在文献中也可以找到几种方法,解决在线 SLAM 问题。

基于图形的 SLAM 是从直觉产生,即 SLAM 可以被理解为节点和节点间约束的稀疏图形。图形的节点是机器人的位置 $x_0, x_1, \cdots, x_T$ 和地图里 n 个特征 $m_0, m_1, \cdots, m_{n-1}$。约束是相继机器人姿态 x_{t-1}, x_t(由里程表输入 u_t 给出)之间的相对位置和机器人位置之间相对位置以及从那些位置观测到的特征。

要记住的关于基于图形的 SLAM 的关键性质是:约束不能想成刚性的约束,而是软约束(图 5.47)。放松这些约束,我们可以计算全 SLAM 问题的解,即机器人路径和环境地图的最好估计。换句话说,基于图形的 SLAM 把机器人的位置和特征表示成一个单性网络的节点。计算这个网络的最小能量状态[139],就可以求得 SLAM 的解。普通求解的优化技术是基于梯度下降,这里也相同。在参考文献[141]中提出了一个非常有效的极小化程序,并附有公开的原码。

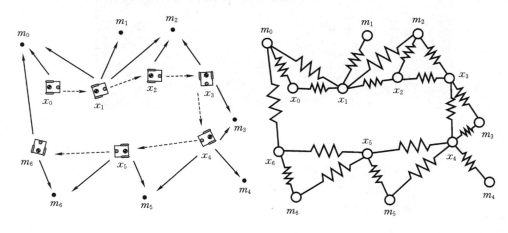

图 5.47 唤起记忆的图形结构的图解说明。图形中,节点之间的约束表示成"软"约束(像弹簧)。SLAM 问题的解可以被计算为具有最小能量的配置

---

① 注意,这只是原则上可能。在实际场景中,总是留下某些不确定性(例如,测量的不稳定性)。

　　基于图形的 SLAM 有胜过 EKF SLAM 的重大优点。如我们所见，在 EKF SLAM 更新和存贮协方差矩阵所需的计算和存储量，随特征数目平方地增长。相反，在基于图形的 SLAM 中，图形更新时间是恒定的，所需的存储器随特征数目直线增长。但是，如果机器人的路径长，最终图形优化计算上变得昂贵。不管怎样，基于图形的 SLAM 算法已经证明是令人印象深刻，甚至对有上亿特征的问题，有非常成功的结果[79,116,117,173,315]。然而，这些算法企求对整个机器人路径进行优化，所以实现离线工作。某些在线的实现则使用子图的方法。

5.8.8　粒子滤波器的 SLAM

　　这个特殊的 SLAM 问题解决方案是基于我们已经介绍过的信任度分布的随机采样。术语粒子滤波器来源于以下事实：它不是以参数形式（如高斯）表示机器人的信任度分布，而是采用一组随机地从分布抽出的样本（即，粒子）。这个概念在图 5.48 中图解说明。这种表示的功能在于：对任何种类的分布（如 非高斯）以及非线性变换都有建模能力。

　　粒子滤波器用蒙特卡洛方法寻求它们的原点[215]，但是使它们实际应用于 SLAM 问题的一个步骤是基于 Rao 和 Blackwell 的研究工作[75,263]，由此，这些滤波器继承了 Rao-Blackwellized 粒子滤波器的名称。最后，Rao-Blackwellized 粒子滤波器首次由 Murphy 和 Russel[239] 用于 SLAM 问题，并且在 Montemerlo 等人研究中发现了一个非常有效的实现方法，被称为 FastSLAM。

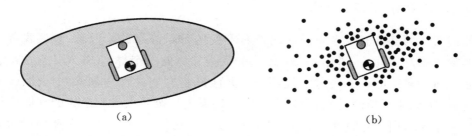

（a）　　　　　　　　　　　　　　　　　　（b）

图 5.48　标准 EKF SLAM 表示机器人位置概率分布是按参数形式，这里是二维高斯（a）。相反，粒子滤波器将概率分布表示成，从参数分布随机抽出的一组粒子（b）。对一个高斯分布的特殊例子，（b）例子密度向着高斯中心较高，随距离而降低

　　现在，我们对粒子滤波器 SLAM 将作一个一般性的评述。至于该问题解的详细阐述，我们推荐读者参考关于 FastSLAM 的原始论文[231]。

　　在每一个时间步，粒子滤波器总是保持相同数目的粒子 K（譬如，$K=1000$）。各粒子包含对机器人路径 $X_t^{\{K\}}$ 的估计和地图中各特征位置的估计，它们表示为具有均值 $\mu_{t,i}^{\{K\}}$ 和协方差矩阵 $\Sigma_{t,i}^{\{K\}}$ 的二维高斯。所以，一个粒子被表征为

$$X_t^{[k]};\ (\mu_{t,0}^{[k]}, \textstyle\sum_{t,0}^{[k]});\ (\mu_{t,1}^{[k]};\ \cdots;\ (\mu_{t,1n-1}^{[k]}, \textstyle\sum[k]_{t,n-1}) \tag{5.116}$$

式中, k 表示为粒子的索引, n 是地图中特征的数目。注意到,在粒子滤波器 SLAM,各特征的均值和协方差用不同的卡尔曼滤波器更新,各滤波器对应地图中各特征。

当机器人移动,由里程表读数 u_t 指定的运动模型用于各粒子 $x_{t-1}^{\{K\}}$,产生新的位置 $x_t^{\{K\}}$ 。

当机器人作一次观测 z_t ,我们对各粒子计算所谓重要因子 $w_t^{\{K\}}$,该因子被确定为:给定粒子 $x_t^{\{K\}}$ 和所有以前观测 $z_{0 \to t-1}$,观测 z_t 的概率,即

$$w_t^{[k]} = p(z_t \mid x_t^{[k]}, z_{0 \to t-1}) \tag{5.117}$$

注意到,对各粒子计算重要因子,就像是对概率分布 $p(z_t | x_t, z_{0 \to t-1})$ 采样。

粒子滤波器 SLAM 的最后一步,称之为重采样。这一步,依照上面确定的重要因子,用另一个集合替换当前的粒子集合。最后,各粒子的均值和协方差按标准的 EKF 更新规则予以更新。

虽然这样描述算法显得颇为复杂,但 FastSLAM 算法可以容易地予以完成,并是最容易实现的 SLAM 算法之一。而且,FastSLAM 有胜过 EKF SLAM 很大优点,它的复杂度随特征的数目对数地增长(不像 EKF SLAM 那样平方地增长)。这主要是因为它不是对机器人姿态和地图二者使用单个的协方差矩阵(像在 EKF SLAM),而是用个别的卡尔曼滤波器,各特征一个。FastSLAM 的一个非常有效的实现方法是FastSLAM2.0,它是由论文[232]的同一作者提议的。最后,胜过 EKF SLAM 的另一个重要优点是,由于采样随机采样,它不需要运动模型线性化,而且它也可以代表非高斯分布。

5.8.9　SLAM 中公开的难题

我们所作的首要假设之一是地图是时不变的,即,静态的。但是,现实世界的环境中的物体都是运动的,诸如,车辆、动物和人类。因此一个好的 SLAM 算法应该面对动态物体是鲁棒的。解决这问题的一个办法是将它们处理为剔除物。然而,辨识这些物体,或者甚至预测它们正移向何处,这种能力会改善效率和最终的地图质量。

另一个近来研究主题是多机器人制图[312],即,如何组合一组探索环境的多机器人的各个读数。

SLAM 中另一个课题是对不正确的数据关联的敏感性。这个问题在回路闭合中特别重要。即,在一个长途行走之后,当机器人返回到以前访问过的位置时,由于在激光器点群中难以辨识独特的特征,2D 激光测距仪比摄像机更容易产生不正确的数据关联。但是,辨识回路闭合的任务用摄像机可以容易完成。摄像机比激光器提供更丰富的信息。而且,具有特色的特征检测器的开发,如 SIFT 和 SURF(详见 4.5.5节,这些检测器在摄像机视点和尺寸有大变化时,也是鲁棒的),已经容许研究工作者对付很具挑战性和大规模的环境(甚至,1000km,无 GPS)。这使得有可能运用我们在 4.6 节描述过的"特征包"方法。

如同我们在 5.8.5 节所见的那样,视觉 SLAM 是近来非常活跃的研究领域,正在强烈地吸引着全世界越来越多的研究工作者。虽然激光扫描器仍然是 SLAM 最

常用的传感器,但摄像机更打动人心,因为它比较便宜,并能提供更丰富的信息。而且,它比激光器更轻,使之能够用在微型轻量级直升飞机上[76]。但是,单目摄像机也有缺点,它们只提供方位信息,不能提供深度。所以 SLAM 的解往往会高一个尺度。但利用某些先验信息,如,情景(一扇窗、一张桌子)中一个元素尺寸的知识,或其它传感器,如 GPS、里程表或 IMU(惯性测量单元),可以恢复绝对尺度。通过发掘轮式车辆[277]的非完整约束,最近一个解决方法还演示了恢复绝对尺度的能力。相反地,立体摄像机以绝对尺度直接地提供测量值,但它们的分辨率随被测距离而降级。

5.8.10　开放源代码 SLAM 的软件和其它资源

这里是在线可获取的具有开放源代码 SLAM 的软件和数据集清单。

1. http://www.openslam.org 包含了近来一个可获取的 SLAM 软件最全面的清单。在这里你可找到 C/C++ 和 Matlab 二者最新的资源。你也可以上传自己的 SLAM 算法。

2. http://www.doc.ic.ac.uk/~ajd/software.html 包含 C/C++ 和 Matlab 二者的戴维森实时单目视觉 SLAM 实现方法。

3. http://www.robots.ox.ac.uk/~gk/PTAM/ 是另一个实时单目视觉 SLAM 算法,称之为 PTAM,由 Klein 和 Murray 完成[167]。

4. http://www.webdiis.unizar.es/~neira/software/slam/slamsim.htm 是一个 Matlab 的 EKF SLAM 仿真器。

5. http://www.rawseeds.org/home 提供了 SLAM 参考标准数据集的大全。用几个传感器获取数据,其中有激光测距仪、多摄像机、IMU 和 GPS。而且这些数据来自地面实况,可以用于评估你的 SLAM 算法的性能指标。

6. 关于 SLAM 其他软件、数据集合和讲义,可以在以前 google SLAM 夏季讲习班的网站中获得。

5.9　习题

1. 考虑一个只使用轮子编码器的差分驱动机器人。轮子相距为 d,各轮半径为 r。假定机器人只使用它的编码器,打算行走一个正方形,边长为 $1000r$,返回到原点。对各量程误差、转弯误差和漂移误差,假定误差率为 10%,在最坏情况下,在位置和方位两方面计算各类误差对最后实际机器人位置和初始位置之间差异的影响。

2. 考虑图 5.6 的环境,你的机器人在左上房间开始,停止的目标在大房间位置 B。设计一个基于行为的机器人,成功地导航到 B。可用的行为是:
   LWF:跟随左墙

RWF：跟随右墙

HF：去走廊中线

Turn X：转 X 度左/右

Move X：移动 X 厘米,向前/向后

Enter D：居中并进入门口

可用的终止条件

Door L：门口左侧

Door R：门口右侧

Hallway I：走廊交叉口

3. 考虑精确的单元分解。当这个方法用作凸多边形数目和各多边形边数目的函数时,可能创建的最坏情况和最好情况节点数目是什么?

4. 考虑图 5.27 和 5.6.7.5 节中的方法。假设初始信任度状态：{1,1-2,1-3},机器人面向东的确定性和不确定性分别为{0.4,0.4,0.2}. 发生两个感知事件：第一：{门在左;门在右}。第二,(左边无东西,大厅在右)。完成最终结果的信任度更新。这里不必要将结果规范化。

5. **难题**

为行走在二维环境中的全向驱动的机器人,实现一个简单 EKF 视觉 SLAM。假定一个恒速模型。为简单起见,你也可以假定机器人被限制为沿直线运动,这意味着视觉 SLAM 在一个一维环境中。

第 6 章 规划和导航

6.1 引言

本书已将精力集中于对鲁棒性、机动性至关重要的移动机器人的重要因素：运动的运动学；确定机器人环境背景的传感器；相对于机器人地图的定位技术。现在，我们把注意力转向机器人的认知。一般来说，认知表示系统利用有目的的决策和执行，实现最高级别的目标。

在移动机器人的情况下，与鲁棒的机动性直接相关的认知特性是**导航能力**。给定有关机器人环境的部分知识和一个目标位置或位置序列，导航包括机器人的动作能力，它根据机器人的知识和传感器值使之尽可能有效和可靠地到达它的目标位置。本章的重点是如何能结合前几章的工具，解决这个导航问题。

在移动机器人学的研究团体内，已经提出了非常多的解决导航问题的方法。当我们从该研究背景取样时，我们会明白，事实上所有这些方法之间存在高度的相似性，尽管它们在表面上显得十分不同。在各种不同的导航体系结构中，关键的差别在于它们将问题分解为较小子单元的方式。在下面的 6.3 到 6.5 节中，我们描述最流行的导航体系结构，并对比它们相对的优缺点。

然而，在 6.2 节中，我们将首先讨论移动机器人导航所要求的两个辅助的关键能力。给定一张地图和一个目标位置，**路径规划**（path planning）涉及辨识轨迹。在执行时，该轨迹促成机器人到达目标位置。因为机器人必须决定为完成长期目标该做什么，所以路径规划是一种战略性的问题求解能力。

第二个能力是同样重要的，但它处在相对的战术的一端。给定实时的传感器读数，**避障**意味着为避免碰撞调整机器人的轨迹。种类繁多的方法已展示了令人满意的避障能力，我们同样会概述其中的几个方法。

6.2 导航能力：规划和反应

在人工智能范畴中，规划与反应常被视为是相对的，甚至是相反的两种方法。事实上,当被应用于实际系统,如移动机器人时,规划与反应有着非常强的互补性,各自对另一方的成功都极其重要。机器人的导航难题涉及到为达到它目标位置,执行一个动作(或规划)的过程。在执行期间,机器人必须对一些不可预见的事件(如障碍)以某种方式做出反应,使之仍然达到目标。如果没有反应,规划的结果将是徒劳的,因为机器人在实际上将永远不会达到目标。如果没有规划,反应的结果不能指导整个机器人的行为去达到它的距离目标——而且,机器人会永远达不到它的目标。

导航问题的信息论公式化描述使这个互补性清晰易懂。假设机器人 R 在 i 时刻有一张地图 M_i 和一个初始的信任度状态 b_i。机器人的目标是到达一个位置 p,同时应满足某些时间约束:$loc_g(R) = p$;$(g \leqslant n)$。因此机器人必须在时间步 n 或之前到达目标位置 p。

尽管机器人要到达的目标清楚的是物理上的,但机器人只能事实上感知其信任度状态而不是它的物理位置。因此我们将到达位置 p 的目标映射成达到一个信任度 b_g,相当于 $loc_g(R) = p$ 的信任度。利用这个方程,规划 q 无非是从 b_i 到 b_g 的一条或多条轨迹。换句话说,如果规划 q 的执行是从与 b_i 和 M_i 两者一致的环境状态开始,则该规划 q 会促使机器人信任度状态从 b_i 转变到 b_g。

当然,问题是后者的条件可能不满足。机器人的位置与 b_i 可能不十分相符,甚至更可能的是 M_i 不完备或者不正确。而且,现实环境是动态的,即使 M_i 作为时间上单个瞬象是正确的,有关 M 如何随时间变化的规划器模型却常常是不理想的。

虽然如此,为实现目标,在规划执行期间机器人必须并入所获得的新的信息。随着时间的推进,环境不断发生变化,机器人传感器聚集新的信息。这正是反应变为关系重大的地方。在最好的情况下,为了校正规划好的轨迹,反应会局部地调整机器人的行为使机器人依然到达目标。有时,一些不可预测的新的信息会要求机器人改变战略规划。所以,当收到新的信息时,理想情况下规划器也要并入这些新的信息。

最好的情况是规划器会实时地并入每一片新的信息,并即时产生新规划,适当地对新信息作出事实上的反应。这是极端情况。至此,规划概念和反应概念合并,并称为**集成的规划与执行**。我们将在6.5.4.3节讨论这个议题。

完备性 贯穿机器人结构的讨论中,有一个有用的概念。这个概念涉及到不论何时当存在一个解时,特殊的设计决策是否牺牲了系统到达期望目标的能力。这个概念被称为**完备性**(completeness)。更正式地说,一个机器人系统是**完备**的,当且仅当对于所有可能的情况(例如,初始信任度状态、地图和目标),若存在一条到达目标信任度状态的轨迹,则系统会到达目标信任度状态(更详细的内容见参考文献[40])。所以,当系统是非完备时,那么至少存在一个实例,对此,尽管存在一个解,但系统无法产生一个解。如大家所期待的,实现系统的完备性是一个富有挑战性的目标。在表示与推理的层次上,常常因计算复杂性而牺牲完备性。从分析上看,重要的是要了解各特定系统如何兼顾完备性。

在下面的各节中,我们描述当规划与反应用于移动机器人路径规划和避障时关键的几个方面,且阐述具有代表性的决策如何影响整个系统潜在的完备性。有关这方面更详细的介绍,请参看[32,44,第 25 章]。

6.3 路径规划

甚至在可供应的移动机器人出现之前,由于它在工业机械手机器人领域中的应用,已经大量地研究了路径规划。令人感兴趣的是,拥有 6 个自由度的机械手的路径规划问题远比在平坦环境中运作的差动机器人复杂。所以,尽管我们可以从机械手所创造的技术中获得启发,但移动机器人所用的路径规划算法,由于大幅度降低了自由度,趋向于较简单的近似。然而,由于工厂生产线上高生产力的经济影响,工业机器人通常以最快可能的速度运行。所以,动力学和它们的运动学都是非常重要的,这进一步使路径规划与执行复杂化。相反,许多移动机器人在很低的速度下运行,以至在路径规划时极少考虑动力学,这进一步简化了移动机器人瞬态问题。

方位空间 确实,机械手机器人,以至对大多数移动机器人的路径规划,形式上是在称之为**方位空间**的表示方法中完成的。假设机器人手臂(如 SCARA 机器人)有 k 个自由度,则机器人的每个状态或方位,可用 k 个实值 $q_q, \cdots, q_k$ 予以描述。这 k 个值可看作是在称为机器人方位空间 C 的 k 维空间中的一个点 p。这种描述是方便的,因为它允许我们用单一的 k 维点,描述复杂的三维机器人形状。

现在考虑一个在环境中运动的机器人手臂。环境中的工作空间(即它的物理空间)包含已知的障碍物。路径规划的目标是在物理空间中找到一条从初始点位置到终点位置的路径,避免与所有障碍物碰撞。这是一个在物理空间中是很难想象和解决的问题,尤其当维数 k 增大时。但在方位空间中,问题是直截了当的。如果将**方位空间障碍物** O 定义为 C 的子集,在那里机器人手臂撞击某物体,我们可计算机器人可安全移动的自由空间为: $F = C - O$。

图 6.1 表示了双杆平面机器人的物理空间和方位空间。机器人的目标是从起始位置到终点位置,移动其末端执行器。图示的方位空间是二维的,因为各关节可以是 $0 \sim \pi$ 的任何位置。容易看出,在 C 空间中的解,是一条始终保持在机器人手臂自由空间内,从起始点到终点的直线。

对于在平地上运行的移动机器人,如第 3 章所述,我们一般用 3 个变量 (x, y, θ) 表示机器人位置。但正如我们所见,大多机器人是非完全的,使用差动驱动或 Ackerman(阿克曼)操纵系统。对这种机器人,非完全约束限制了在各方位 (x, y, θ) 中机器人的速度 $(\dot{x}, \dot{y}, \dot{\theta})$。关于构造合适的**自由空间**以解决这类路径规划问题,详见参考文献[32, p.405]。

在移动机器人学中,为路径规划起见,最常用的方法是假设机器人实际上是完全的,这极大地简化了过程。这对差动驱动机器人,更为普通,因为它们可以在适当位

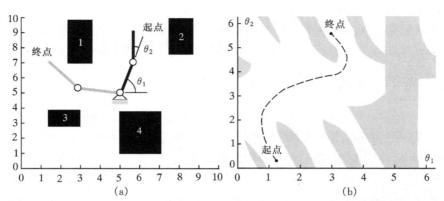

图 6.1   物理空间（a）和方位空间（b）。（a）双杆平面机器人必须从方位的起始点移动到终点，所以运动过程受障碍物 1 到 4 的约束；（b）相应的方位空间以关节坐标（角 θ_1 和 θ_2）和一条到达目标的路径表示了自由空间

置转动。所以，如果机器人的转动位置不是关键的，则可容易地模仿完全的路径。

而且，移动机器人专家通常会在进一步的假设下：即机器人只不过是一个点，进行规划。因此，我们可以进一步将移动机器人路径规划的方位空间约简为只有 x 和 y 轴的 2D 表示。所有这些简化的结果是：方位空间看起来基本上与 2D（即平面）型式的物理空间一样。但有一个重要区别，因为我们已将机器人简化为一个点，所以我们必须将各个障碍物按机器人的半径大小进行膨胀，以作补偿。心中有了这个新的、简化的方位空间，我们现在就可以介绍移动机器人路径规划的公用技术。

路径规划概述   机器人的环境表示可从连续的几何描述变到基于分解的几何图，甚至变到如 5.5 节所述的拓扑结构图。任何路径规划系统的第一步，都是将这个可能的连续的环境模型转换成适合于所选的路径规划算法的离散图。至于路径规划器如何影响离散分解，则各不相同。本书我们描述两种通用策略：

1．图形搜索：首先构造自由空间中的连接图，然后搜索。图形的构造过程通常离线进行。

2．势场规划：在空间中直接加入数学函数。然后跟踪该函数的梯度，达到目标。

6.3.1   图形搜索

图形搜索技术传统上在数学领域一直有很深的根基。尽管如此，近年来在机器人学范畴，已经想出了许多发明创造。这主要归因于需要实时功能的算法，它可以适应演变的地图，并由此改变图形。对绝大多数这些算法，我们区分两个主要步骤：图形构建，节点放在何处以及用边将其连接；图形搜索，这里进行（最优）解的计算。

6.3.1.1   图形构建

从表示自由和被占空间开始，我们知道好几个方法把这种表示分解成图形，然后可以用 6.3.1.2 和 6.3.1.3 节所描述的任何算法，搜索该图。困难在于在构建能使机器人行走到自由空间任何地方的一组节点和边时,同时又限制图形的总尺寸。

首先,我们描述两种道路图方法,这两种方法对极不同的道路类型,获得搜索结果。在**可视性图**的情况下,道路尽可能地靠近障碍物,且最终最优的路径是极小长度解。在**沃罗诺伊**(Voronoi)图情况下,路径尽可能地远离障碍物。

我们现在详细说明单元分解方法,其概念是区分自由和被占几何面积的差别。精确的单元分解是无损失的分解。而近似的单元分解代表对原始地图的一个近似。然后,通过单元间的特殊连接关系,形成了图形。最后,我们描述栅格图形的构建,栅格图是通过对自由空间,移动边的相关基集而形成。栅格图典型地用一个机器人的数学模型构成,所以,它们的边,变得直接可执行。

可视性图 多边形方位空间 C 的可视性图,是由连接彼此可见的成对顶点的边缘组成(包括像顶点一样的初始和目标位置)。显然,连接这些顶点的无阻挡直线(道路),显然是它们之间的最短距离。因此,路径规划器的任务就是沿着由可视性图定义(图 6.2)的道路,寻找从初始位置到目标位置的最短路径。

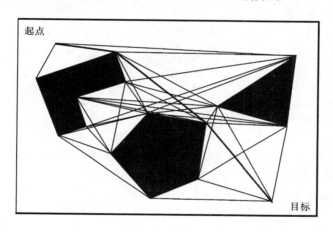

图 6.2 可视性图[32] 图中节点是初始点和目标点及配置空间中障碍物(多边形)的顶点。相互可见的所有节点用直线段连接,从而定义了路线图。这意味着这里也存在沿各多边形直线段的边缘

可视性图在移动机器人学的路径规划中比较普遍,部分是因为实现比较简单。特别在连续的或离散的空间中,当环境的表示把环境中的物体描述成多边形时,可视性图可容易地使用障碍物的多边形描述。

但是,在使用可视性图进行搜索时,有两个重要的警告。第一,表示的规模和节点以及边缘的数目,会随障碍物多边形的数目而增长。所以,该方法在稀疏环境中极其迅速和有效。但是,当用在密集的居住环境时,与其他技术相比,该方法可能既慢又无效。

第二个警告是更为严重的潜在的缺陷:由可图形搜索找到的解答路径倾向于在走向目标的途中,使机器人尽可能地接近障碍物。更正式地说,我们可以证明,在可

视性图上,按解答路径的长度,最短的解答是**最优的**。这个强有力的结果也意味着,相对地与障碍物保持合理的距离,则所有的安全感会因这个最优性而丧失。常用的解决方法是:增大障碍物,使它显著大于机器人半径;或者换一种方法,在路径规划有可能使路径远离障碍之后,修改解答的路径。当然,这样作法牺牲了可视性图路径规划最优长度的结果。

　　沃罗诺伊图　　与可视性图相比,沃罗诺伊图是一种全道路图的方法,它倾向于使图中机器人与障碍物之间的距离最大化。对自由空间中的各点,计算它到最近障碍物的距离。如果你把距离画成走出页面的高度(图 6.3[①])。当你离开障碍物而移动

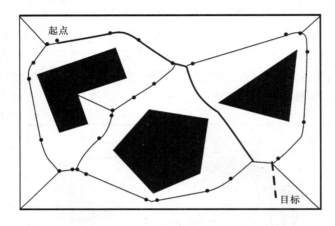

　　图 6.3　沃罗诺伊图[32]。沃罗诺伊图由直线组成,而直线由距两个障碍物或多个障碍物等距离的所有点构成。初始点 q_{init} 和目标点 q_{goal} 的配置被映射到沃罗诺伊图的 q'_{init} 和 q'_{goal},各由画直线得到,沿着该直线到障碍物边界的距离增加最快。在沃罗诺伊图上也可选择运动方向,使之距边界的距离增加最快。沃罗诺伊图上的点表示从直线段(两直线间的最小距离)到抛物线段(直线和点之间的最小距离)的过渡

时,高度值增加。在离两个或多个障碍物等距离的点上,这种距离图就有陡的山脊。沃罗诺伊图就是由这些陡的山脊点所形成的边缘组成。当方位空间障碍物都是多边形时,沃罗诺伊图仅由直线和抛物线段组成。在沃罗诺伊道路图上寻找路径的算法,正像可视性图方法一样,是完备的,因为自由空间中路径的存在意味着在沃罗诺伊图上也存在一条路径(即两种方法都确保完备性)。但是,在总长度的意义上,沃罗诺伊图常常远非最优。

　　在有限距离的定位传感器情况下,沃罗诺伊图有一个重要的弱点。因为它的边缘使到障碍物的距离最大化,机器人上的任何短距传感器会有感觉不到周围环境的危险。如果这种短距传感器用于定位,则从定位的观点看,所选的路径会很差。另一方面,我们可以设计可视性图方法,使机器人尽期望地靠近地图中的物体。

_____

　　① 　图 6.3 是投影图——译者注。

但沃罗诺伊图有一个重要的难得优点,即沃罗诺伊图方法胜过大多数其他图形:**可执行性**。通过沃罗诺伊图规划,给定一个特殊的已规划路径,配备有距离传感器(如激光测距仪或超声波传感器)的机器人可以使用简单的控制规则,跟踪在物理世界中沃罗诺伊的边缘。这些规则与创建沃罗诺伊图的规则相匹配:即机器人使其传感器值的局部极小值最大化。这种控制系统会自然地使机器人保持在沃罗诺伊边缘上,所以基于沃罗诺伊的运动减少了编码器的不准确性。沃罗诺伊图的这种有趣的物理性质,即通过寻找和在未知的沃罗诺伊边缘上移动,已经被用于引导环境的自动作图,然后构建与环境一致的沃罗诺伊图[103]。

精确单元分解 图 6.4 描述了精确的单元分解。这里,单元的边界建立在几何临界性的基础上。最后得到的单元或各是完全自由的,或各被完全占用。所以,在网络中路径规划与上述基于路线图的方法一样是完备的。支持这种分解的基本抽象概念是:在自由空间的各单元内,机器人的特殊位置无关紧要,重要的是机器人从各自由空间单元走向其相邻自由单元的能力。

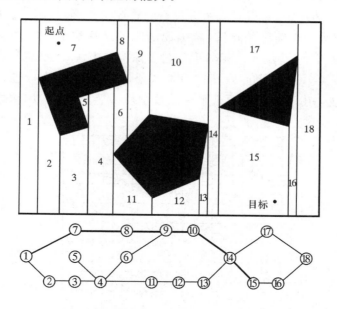

图 6.4 精确单元分解举例。例如,单元按外部障碍点被分割

精确单元分解的主要缺点是单元的数目。正如基于道路图的系统一样,整个路径规划的计算效率取决于环境中物体的密度和复杂性。主要的优点是这个相关性相同的结果。在极稀疏的环境中,即使环境的几何尺寸很大,单元的数目仍然少。因此在大的稀疏环境中,这种表示方法将是有效的。实事求是地说,由于实现的复杂性,精确单元分解技术在移动机器人中应用较少,尽管在非常希望无损表示时它保留有可靠选择的余地。例如,保持充分的完备性。

近似单元分解 相比较而言,近似单元分解是移动机器人学中最普遍的图形构造技术之一。这部分地是由于基于栅格的环境表示的普遍性。这些基于栅格的表示方法本身是固定的栅格尺寸的分解,所以它们与环境的近似单元分解相同。

这种方法中最流行的形式是固定尺寸的单元分解,如图 5.15 所示。单元的尺寸不依赖于环境中的特殊物体。因此,由于棋盘格不精确的性质,狭窄的通路可能被丢失。事实上,由于所用单元尺寸很小(如各边 5 cm),这是个罕见的问题。

图 5.16 图解说明了一种尺寸可变的近似单元分解方法。自由空间外部由矩形限定,内部由 3 个多边形限定。矩形被递归地分解为更小的矩形,每次分解产生 4 个相同的新矩形。在各分辨率的级别上,只有那些内部完全处在自由空间的单元才被用于构建连接图。在这种自适应表示方法下,路径规划可按递阶方式进行。以粗分辨率开始,逐步提高①分辨率,直至路径规划器确认了一个解答,或者获得了一个限定的分辨率(例如 $k\times$ 机器人尺寸)。

近似单元分解的重要优点是引入到路径规划的计算复杂度低。

栅格图   栅格结构只在最近被用于图形搜索。形成栅格,首先构造一个边缘的基集(如图 6.5 所示的一个)然后对整个方位空间将此重复,组成图形。如此,近似单元分解技术被理解为一个简单的点阵:各栅元的毗邻结构组成一个十字,然后,由单个栅元增量倍数的 2D 移动重复。相对于其它图像构造方法,主要优点在于创建可行边缘中设计的自由度,即,边缘可以是被机器人平台固有的可执行性。为此,Bicchi 等人[73]把输入离散化用于他们机器人平台的数学模型上,获得成功,倡导了针对某些

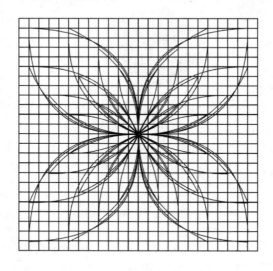

图 6.5   为星际探索漫游者构建的 16 -指向性的状态栅格。状态包括 2D 位置、导向和曲率 (x,y,θ,k)。注意,径直段是栅格集的一部分,但被更长的弯曲段所封闭。栅格是 2D 运动不变,转动部分地不变。所有状态 $(0,0,0,0)$ 的后续边缘用黑色描绘。M. Pivto-raiko 提供图像

---

①   原文为减少,有误——译者注。

简单运动学的车辆模型的一个方位空间的栅格。以后,在方位空间,已直接地设计出更广泛的可用方法:Pivtoraik 等人[260]预先把一个问题固定在特定方位空间的离散化和量纲(例如,2D 位置、方向、曲率;图 6.5)。然后他们也用一个机器人模型,在方位空间中任意两个离散状态之间,求解二点边界问题。在最后一步,通过摒弃相同的边缘,或可以被分解成已是子集部分的其它边缘,把最终大量数目的边缘修剪成可控制的子集(基栅格)。

对给定的机器人平台,栅格图典型地预先计算好,并存贮在存储器里。因此,它们属于近似分解方法这一类。由于它们的固有可执行性,沿着解路径的边缘也可直接用作到控制器的前馈命令。

讨论 任何固定的分解方法的基本耗费是存贮器。对于一个大型环境,即使稀疏,栅格也必须全部表示。实际上,因为 RAM 计算机存贮器价格降低,这个缺点近年来已经减轻。

相对于精确分解方法,近似方法可牺牲完备性,数学上牵及较少,因而易于实现。相对于固定规模分解,可变规模分解适合于环境的复杂性,所以稀疏环境包含适宜的较少节点和边缘,消费很少的存贮器。

6.3.1.2 确定性图形搜索

现在,我们假定,我们的环境用前面提出的一种图形产生办法已经转换成一个连接图形。不管选择什么样图形表示,路径规划的目标是在起始和目标之间,在地图的连接图形中寻找最佳的路径。这里,最佳是指所选择的优化判据(例如,最短路径)。在本节提出几种在移动机器人学十分普通的搜索算法。关于图形搜索技术的深入研究,我们建议读者参考文献[44]。

鉴别器 由于许多图形搜索算法之间的相似性,本章,我们以关于它们有关差别的详细阐述开始。为此,介绍期望总代价 $f(n)$,路径代价 $g(n)$,边缘遍历代价 $c(n, n')$ 和试探代价 $h(n)$ 等概念是有好处的,这些代价全都是节点 n(和相邻节点 n')的函数。特别地,我们将才开始节点开始到任何给定的节点 n 的累计代价表示为 $g(n)$。从节点 n 到一个邻接节点 n' 的代价成为 $c(n, n')$,从节点 n 到目标节点的期望代价(试探代价)用 $c(n, n')$ 描述。因此,从开始到目标经状态 n,可以写成:

$$f(n) = g(n) + \varepsilon \cdot h(n) \qquad (6.1)$$

式中,ε 是一个参数,假定为与算法无关的值。

在特殊情况下,图中每一个单独的边缘假定有相同的遍历代价(诸如在 5.5.2 节介绍过的,在一个占据栅格),与一般情况相比,可以用更简单的形式开发最优的实现方法,并获得更快的执行速度。这种算法的实例包括**深度优先**搜索和**宽度优先**搜索。另一方面,Dijkstra 算法及其变形也考虑了在非均匀代价地图中最优路径的计算。但是,出现了较高的算法复杂性的代价。在所有这些的实现中,$\varepsilon = 0$。

在 $\varepsilon \neq 0$ 情况下,使用一个启发式(试探式)函数,本质上,这并入了有关问题集合的附加信息,因此常常考虑了搜索查询的更快的收敛性。在本书中,我们把注意力限制在既一致的,又低估真实代价的启发式算法上。最实际的启发式算法实现了这些需求。对于 $\varepsilon=0$,产生了最优 A* 算法,而对于 $\varepsilon\neq0$,得到了次优或贪婪 A* 的变形算法。

现在,我们对某些最普遍的图形搜索算法之间的关系,有了一般性概念,我们可以继续下去,对它们作更详细的介绍。

宽度优先搜索   这个图形搜索算法从起始节点开始(在图 6.6 中,标注为 A),而后探索它的所有相邻节点。对各这些节点,它探索它们所有未被探索过的邻居节点,等等。这个过程(即,标记一个节点"激活",探索它各个相邻节点并把它们标记"开放",最后,标记双亲节点"被访问")称之为节点扩展。在宽度优先搜索里,节点按对起始节点的接近度的次序进行扩展,接近度定义为边缘转变的最短数目。算法一直进行到它到达终止的目标节点。解的计算是迅速的,因为等待扩展的节点不必重新排序。它们已经按对起始节点接近度的增加次序排列。对一个给定的图形,图 6.6 图解说明了宽度优先算法的工作原理。

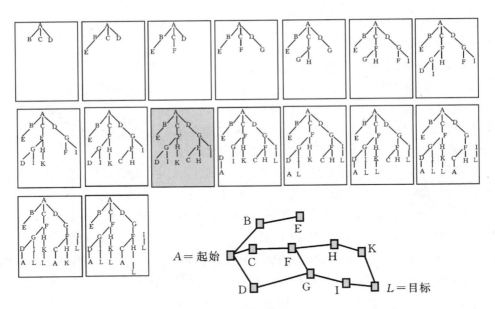

图 6.6   宽度优先搜索的工作原理

可以看到,搜索常常回到起始和目标节点之间边缘数目较少的路径。如果我们假定图中所有单个边缘的代价是常数,那么宽度优先搜索总回到最小代价路径也是最优的。在这种情况下,通过向已访问过的节点分派一个标志,可以方便地避开节点的再扩展(如节点 G 的情况)。这个添加不会影响解的最优性,因为节点扩展是按对起始点接近度次序进行。如果图形中与各边缘相关的代价是非均匀的,那么,宽度优先搜索不保证是代价最优的。的确,具有最小数目边缘不一定与最便宜的路径相一致。因为也许存在另一个具有更多的边缘,但总代价较低的路径。

在机器人学背景中,宽度优先算法的一个实例是**波前扩展算法**,它也叫做 NFI 或野火算法[183]。这个算法是一个在固定规模单元阵列中,寻找路由的有效和易于实现的技术。该算法从目标位置向外,使用波前扩展,对各单元,标注它到目标单元的 L^1(Manhattan)距离[154](图 6.7)。这个过程一直继续到,到达相应于初始机器人位置的单元。由此,路径规划器可以估计机器人到目标位置的距离,并通过简单地将相邻并总是较接近目标的边缘连在一起,恢复特定解的轨迹。

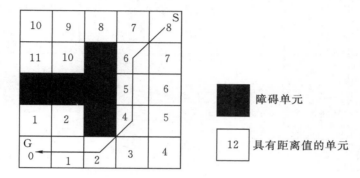

图 6.7 如同 NFI 所产生的距离变换和最终路径的一个实例。S 表示起始,G 表示目标,各单元 i 的邻居定义为共享有 i 边的 4 个相邻的单元(4-邻居)

给定整个阵列,它可能在存贮器里,当寻找从初始位置到目标位置最短离散路径时,各单元只被访问一次。所以,搜索只随单元呈线性的。因而复杂性不依赖于环境的稀疏性和密度,也不依赖于环境中物体形状的复杂性。

深度优先搜索 深度优先搜索算法的工作原理表示在图 6.8。与宽度优先搜索相反,深度优先搜索将个节点扩展到图的最深层(直到节点再无后继者)。当扩展这些节点时,它们的分支从图中移走,并扩展起始点的下一个邻节点,返回搜索,一直到最深层,等待。该算法的一个不便之处在于,它也许会重访以前已访问过的节点,或者进入冗余路径。然而,通过一个有效的实现办法,这些情况可以容易地避免。相比于宽度优先,深度优先的重要优点是空间复杂性。事实上,深度优先连同所有路径上各节点,其留下来的未被扩展的相邻节点,只需存贮从起始节点到目标节点一个单独路径。一旦各节点已被扩展,且所有它的孩子节点已被探索,就可以将它从存贮器中去除。

Dijkstra 算法 以它的创作者 E. D. Dijkstra 命名的算法,除了边缘代价假定为任何正值之外,与宽度优先搜索相似,搜索依然保证解的最优性[114]。这在算法中引入了附加的复杂性。为此,我们需要介绍堆的概念,堆是一个特殊的基于树的数据结构。它的元素(它们构成了要被扩展的图形节点)按一个关键量排序,在我们的情况下,相当于给定节点 n 期望的总路径代价 $f(n)$。然后,Dijkstra 算法从起始开始,与宽度优先搜索相似,扩展节点。除了以下不同之外:被扩展的相邻节点被放在堆中,

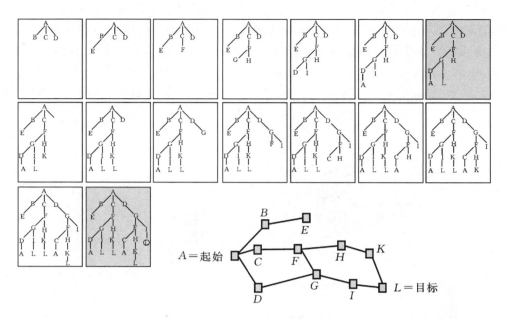

图 6.8 深度优先搜索的工作原理

且因为没有用启发式知识,重新按它们的 $f(n)$ 值排序。接着,抽取堆中最便宜的状态(重新排序后最高元素)并进行扩展。这个过程一直继续到目标节点被扩展,或者在堆中没有留下节点。答案可以是从目标到起始点的回溯。由于对堆的重新排序操作,其时间的复杂性从宽度优先的 $O(n+m)$ 增加到 $O(n\log(n)+m)$,式中 n 是节点数目,m 是边缘数目。

在机器人应用领域,Dijkstra 搜索是典型地从机器人的目标位置进行计算的。所以,不仅计算了从起始节点到目标节点的最佳路径,也计算了从图形中任何起始位置到目标节点所有最低代价的路径。机器人也许可以根据其当前位置,定位并确定走向目标的最佳路由。沿着这路径运动某些距离后,重复该过程,直至达到目标,或者环境改变(此时要求重新计算解答)。该计算容许机器人达到目标而不需重新规划,即使出现定位和执行噪声。

A* 算法 对一致性启发式算法,A* 算法(念作"星")[147] 与 Dijkstra 算法相似。但是,它包含了一个启发式函数 $h(n)$,编入了有关图形的附加知识,使这算法按单节点查询特别有效。为了保证解答的最优性,要求启发式是一个剩余代价的低估函数。在机器人学中,A* 主要用于栅格,因此,试探(启发式)常常选成在无任何障碍物时,任何单元和目标单元之间的距离。如果这些知识是存在的,就可以用它引导向目标节点的搜索。一般而言,与 Dijkstra 算法相比,这能极大减少获得解答所需的节点扩展。

A* 搜索从扩展起始节点开始,并把所有它的相邻节点放到一个堆上。与 Dijkstra 算法相反,堆是按包括启发函数 $h(n)$ 在内的最小 $f(n)$ 值排序的。抽取最低代价状态并扩展,一直继续到探索目标节点。最低代价解答又可以是从目标的回溯。举例见图 6.9。A^* 的时间复杂度主要依赖于所选的启发函数 $h(n)$。但平均地可以期望比 Dijkstra 算法有好得多的性能指标。通常,并不需要获得一个最优解,只要保证在次优水平上。在这种情况下,通过设置 $\varepsilon > 1$,可以得到一个解,其代价至多是(未知的)最优解的 ε 倍。当搜索时间允许,通过重新使用以前查询部分,解也许可以得到改善。这步骤产生了任何时候再规划的 A^* 算法[191]。如果启发式算法是准确的,则可以期望被扩展的状态,远比最优 A^* 少得多。

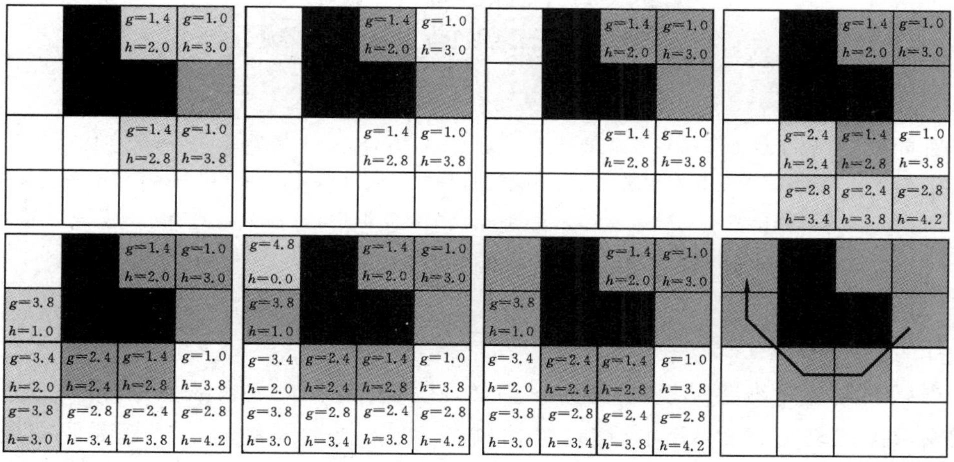

图 6.9 A^* 算法的工作原理。节点按 $f(n) = g(n) + h(n)$ 最低代价次序进行扩展,$g(n)$ 在左上角指明,$h(n)$ 在各单元右下角指明,选择各单元的相邻节点为 8 个(全 8 个相邻单元)。对角移动代价是水平和垂直移动的 $\sqrt{2}$ 倍。障碍单元为黑色,被扩展的单元为深灰色,在该扩展期步骤期间,放在堆上的单元为淡灰色。图像由 M. Rufli 提供

D^* 算法 D^* 算法[304,170]代表 A^* 的一个增量式重规划版本,这里术语增量式指的是,在相继搜索迭代中,以前搜索成果的算法的重用。让我们用一个例子图解予以说明(图 6.10):我们的机器人一开始提供一张粗糙的环境地图(即,来自一张航空图像)。在这地图中,导航模块采用 A^*,规划了一个初始路径。在执行此路径一会儿以后,机器人用它机载的传感器看到了环境的某些变化。随后更新地图,就需要计算新的解答路径。这就是 D^* 起作用的地方。它不从搜索中产生一个新的解(如 A^* 要做的那样),而仅仅重新计算受加入(或去除)障碍单元影响的状态。因为绝大多数常常是局部地观测到地图的变化(由本体感受式传感器),规划问题却经常是相反的,节点扩展从机器人目标状态开始。在这种方式下,以前解的大部分对新的计算保持有效。与 A^* 相比,计算时间减少 1~2 个数量级因子。更详细资料和关于计算受影响状态的描述,请参考文献[170]。

与 A^* 相似,D^* 算法也被扩展到任何时版式,叫作 Anytime D^* [192]。

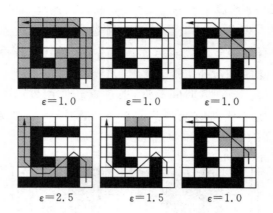

图 6.10   在一个规划和重规划情景下,D*(顶部)和 Anytime D*(底部,从一个次优值 2.5
开始)扩展单元数目的比较。注意到,在机器人已向上运动 2 次后,在第 3 帧检测
到顶墙由开口。障碍单元着黑色,在一个给定时间步,被扩展的单元着灰色。M.
Rufli 提供图像

6.3.1.3   随机图形搜索

当碰到复杂高维路径规划问题时(诸如,在机器人手臂上操纵任务,或分子折叠,
药物安放的船坞查询等等。)要在合理时间限制内,无遗漏地解决问题是不可行的。
由于缺乏合适的启发式函数,转换到启发式搜索常常是不可能的,而且由于加在模型
上的速度和加速度约束(为安全起见,约束不可违反),缩减问题的维数经常是失败
的。在这种情况下,随机搜索变得有用,因为为了较快地计算解,它放弃了解的最优
性。

快速地探索随机树(RRT)   RRT 在搜索过程中,典型地在线产生一个图形,因
而只要求一张障碍图,不要求图形分解。这个算法以一个初始树开始(也许是空的),
然后相继地加入节点,用边缘线连接,直到触发一个终止条件。特别是,在各步期间,
在自由空间中选择一个随机方位 q_{rand}。然后计算最接近 q_{rand} 的节点,表示为 q_{near}。
从 q_{near} 开始,利用一个适当的机器人运动模型,向 q_{rand} 生成一条边(长度固定)。如果
连接的边无碰撞[185],则在边的端点,将方位 q_{new} 加到树上。典型的算法扩展目的在
于加速解的计算:从起始和目标方位两端,以双向方式生长局部的树。除了平行化的
功能之外,可以期望在非凸环境下,较快收敛[186]。另一个常用的修改方法是基于选
择一个随机自由空间的方位 q_{rand}。选择目标节点,而不是具有固定的非零概率的
q_{rand},由此向目标状态引导树的生长。该过程在稀疏的环境下,特别地有效。但是在
出现凸的障碍时,也许会导致减速[33]。

尽管 RRT 算法和它的扩充型式没有最优化和确定的完备性的保证,但可以被证
明,它们是概率上完备的。这标志着,如果解存在,随着加到树的节点数目向无限生
长,算法必然会找到此解(图 6.11)。

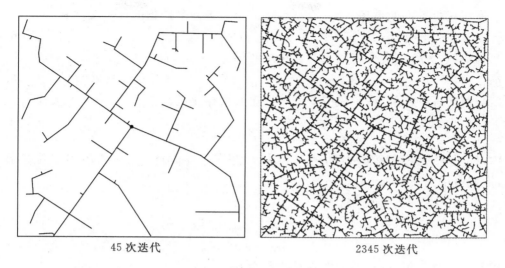

45 次迭代   2345 次迭代

图 6.11 一个 RRT 的演变 。S. M. LaValle[33] 提供图像

6.3.2 势场路径规划

  势场路径规划跨越机器人的地图建立一个场或梯度,它引导机器人从多个先验位置到达目标位置[32]。这种方法最初是为机器人机械手的路径规划而创建的,使用频繁,并在移动机器人学范畴中,从属多个版本。势场法把机器人处理成在人工势场 $U(q)$ 影响下的一个点。像球滚下山一样,机器人跟随着场移动。目标(空间中的极小值)表现为对机器人的引力,障碍物扮演的高峰或斥力。所有这些力的叠加,施加于机器人。在大多数情况下,机器人被假定为方位空间中的一个点(图 6.12)。这样一种人工势场平滑地引导机器人趋向目标,同时避免碰撞已知的障碍物。

  重要的是要注意,这不只是路径规划。最终产生的场也是机器人的控制律。假定机器人能够相对于地图和势场定位自身的位置,那么根据势场,它也可经常地确定其下一个所要求的动作。

  支持所有势场法的基本思想是:机器人被吸引向目标,同时被先前已知的障碍物所排斥。如果在机器人移动中出现新的障碍物,为了集成这个新的信息,人们可以更新势场。在最简单的情况下,我们假设机器人是一个点,因此忽略机器人的方向 θ,最后所得的势场只是二维的 (x,y)。我们假定一个可微的势场函数 $U(q)$,则可得到作用于位置 $q=(x,y)$ 的相关人工力 $F(q)$:

$$F(q) = -\nabla U(q) \tag{6.2}$$

这里 $\nabla U(q)$ 表示在位置点 q 处 U 的梯度向量。

$$\nabla U = \begin{bmatrix} \dfrac{\partial U}{\partial x} \\ \dfrac{\partial U}{\partial y} \end{bmatrix} \tag{6.3}$$

作用在机器人的势场,计算成是目标的引力场和障碍物的斥力场之和:

$$U(q) = U_{att}(q) + U_{rep}(q) \tag{6.4}$$

相似地,力也可被分离成吸引和排斥两部分:

$$F(q) = F_{att}(q) - F_{rep}(q) = -\nabla U_{att}(q) + \nabla U_{rep}(q) \tag{6.5}$$

吸引势位 例如,一个吸引势位可以定义为抛物线函数:

$$U_{att}(q) = \frac{1}{2} k_{att} \cdot \rho_{goal}^2(q) \tag{6.6}$$

式中,k_{att} 是一个正的比例因子,$\rho_{goal}(q)$ 表示欧氏距离 $\parallel q - q_{goal} \parallel$。吸引势位是可微的,形成吸引力 F_{att}:

$$F_{att}(q) = -\nabla U_{att}(q) \tag{6.7}$$

$$= -k_{att} \cdot \rho_{goal}(q) \nabla \rho_{goal}(q) \tag{6.8}$$

$$= -k_{att} \cdot (q - q_{goal}) \tag{6.9}$$

当机器人到达目标点时,该力线性地收敛至 0。

排斥势位 支持排斥势位的思想是,产生一个离开所有已知障碍物的力。当机器人越靠近物体时,排斥势位应该很强;但当机器人远离物体时,它不应影响机器人的运动。这种斥力场的一个例子是:

$$U_{rep}(q) = \begin{cases} \frac{1}{2} k_{rep} \left(\frac{1}{\rho(q)} - \frac{1}{\rho_0} \right)^2 & 如果 \ \rho(q) \leqslant \rho_0 \\ 0 & 如果 \ \rho(q) \geqslant \rho_0 \end{cases} \tag{6.10}$$

式中 k_{rep} 也是一个比例因子,$\rho(q)$ 是从 q 点到物体的最小距离,ρ_0 是物体的影响距离。排斥势位函数 $U_{rep}(q)$ 是正的或零,当 q 更接近物体时,它趋于无穷大。

如果物体的边界是凸的,且分段可微,$\rho(q)$ 在自由配置空间中处处可微,则产生斥力 F_{rep}:

$$F_{rep}(q) = -\nabla U_{rep}(q) \tag{6.11}$$

$$= \begin{cases} k_{rep} \left(\frac{1}{\rho(q)} - \frac{1}{\rho_0} \right) \frac{1}{\rho^2(q)} \frac{q - q_{obstacle}}{\rho(q)} & 如果 \ \rho(q) \leqslant \rho_0 \\ 0 & 如果 \ \rho(q) \geqslant \rho_0 \end{cases}$$

作用在一个承受引力和斥力的点机器人,其合力为 $F(q) = F_{att}(q) + F_{rep}(q)$,它使机器人离开障碍物趋向目标(图 6.12)。在理想条件下,通过设置一个正比于场力向量的机器人速度向量,与球绕过障碍物并向山下滚动一样,可平滑地引导机器人趋向目标。

但这种方法有很多局限性。一是局部极小,似乎与障碍物形状和大小有关;如果物体是凹的,就会出现另一个问题,它可能导致存在几个最小距离值 $\rho(q)$ 的情况,产生距物体最近的两个点之间的震荡,明显地牺牲了完备性。势场特性更详细的分析,可参阅文献[32]。

扩展的势场法 Khatib 和 Chatila 提出了扩展的势场法[164]。与所有的势场法相似,这个方法利用了来源于人工势场的引力和斥力。但在基本势场上附加了两个场:**转动势场**和**任务势场**。

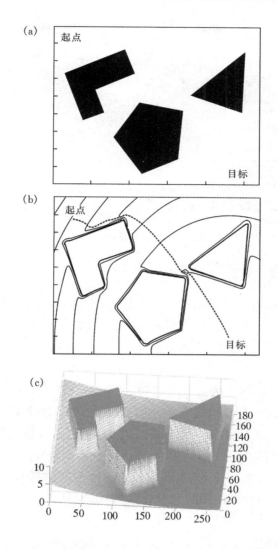

图 6.12 由吸引目标和三个障碍物产生的典型势场[32]。(a)障碍物的配置,起始点(左上)
和目标点(右下);(b)等势位图和由势产生的路径;(c)由目标吸引器和障碍物产生
的最终势场

　　转动势场假定,斥力是距障碍物距离和机器人相对于障碍物的方向的函数,这是
通过一个增益系数实现的。当障碍物与机器人行走方向平行时,该系数减小斥力,因
为这样一个物体不会对机器人的轨迹造成一个即时的威胁。结果是增强了沿墙跟踪
能力。这对早期势场法的实施,曾是个问题。

　　任务势场考虑了当前的机器人速度,并由此排除了那些根据机器人速度,不影响
近期势能的障碍物。当机器人前方扇形区(称做 Z)无障碍物时,再次作比例调整,将
所有的障碍物势能加倍。扇形区 Z 可被定义为下一次移动时,机器人会快速通过的
区域。结果可能是穿过空间更平滑的轨迹。图 6.13 描述了经典势场与扩展势场对

比的实例。

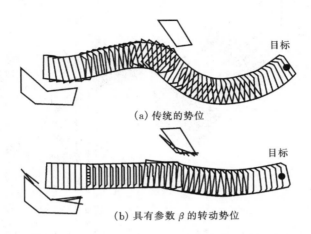

（a）传统的势位

（b）具有参数 β 的转动势位

图 6.13　经典势场法与扩展势场法之间的比较。图片由 Raja Chatila[164] 提供

其它扩展　　自从 Khatib 的原始扩展的势场法在 1986 年[163] 提出以来，人们已提出和实现了人工势场法的许许多多的改进。这些方法中，最有希望的似乎是有关的谐波势场，它是拉普拉斯方程的一个解[126,230]

$$\nabla^2 U(q) \equiv 0,\ q \in \Omega \tag{6.12}$$

式中 U 再次表示势场是机器人方位 q 的函数，Ω 代表机器人运作的工作空间。

相对于以前实现方法，谐波势场法的主要优点是，工作空间内完全不存在局部最小。通过方程式（6.12），指定起始与目标位置的边界条件，并沿着障碍物和工作空间边界，可以产生唯一的解。特别地，起始位置被提升到高势位，而目标位置被下拉到地势位。对障碍物和工作空间边界，我们区分二种类型的边界条件之间的差别，各产生一个特征势场。Ririchlet 条件要求势位是沿物体边界（用 Γ 表示）的一个已知函数

$$U(q) = f(q),\ q \in \Gamma \tag{6.13}$$

对 $f(q) = \mathrm{const}$，障碍物的边界变成等势位线。机器人跟踪一条垂直于它们紧密接近物体的路径——出现趋于过长但安全的路径。

另一方面，冯·诺伊曼边界条件要求：

$$\frac{\partial U(q)}{\partial q} = g(q),\ q \in \Gamma \tag{6.14}$$

式中 q 是垂直于障碍物边界 Γ 的向量。对 $g(q) = 0$，出现机器人运动平行于物体边界。除了障碍物几何学的最基本以外，所有拉普拉斯方程需要经过把工作空间离散化成单元，数值求解。因此可以应用一个迭代更新规则（譬如，Gauss-Seidel 方法）直至收敛。在几个扩展算法中，考虑到不平的地面，已经把区域的和方向的约束加到谐波势场法：非完备的和运动学的载体约束[195]，单行道[206] 和作用到机器人的外力[207]。

势场实现极其容易，很像宽度优先搜索法。因此，尽管有理论上的局限性，它在移动机器人应用中已成为普通的工具。

这样,我们完成了移动机器人学中最普通的路径规划技术的简短的概述。当然,随着机器人复杂性的增高(例如大自由度的非完备性),而且,特别是当环境动力学变得更重要时,上述的路径规划技术就不再适合于解决全方位问题。但对于在大的平坦地形中移动的机器人,机器人学家所用的机动性决策技术,常属于上述范畴之一。

但是,路径规划器可以只考虑环境中机器人已提前知道的障碍物。在路径执行期间,由于地图不精确或动态环境,机器人的实际传感器值可能与期望的值不符。所以,根据实际的传感器值,机器人实时地修改它的路径是非常关键的。这就是我们下面将要讨论的机器人避障能力。

6.4　避障

局部的避障着重于在机器人移动期间,当接到传感器通知时改变机器人的轨迹。最终的机器人运动既是机器人当前的或最近传感器读数的函数,又是机器人目标位置及距目标的相对位置的函数。下面提出的避障算法,不同程度上依赖于全局地图的存在性和相对于地图机器人定位的精确知识。尽管这些算法各不相同,由于机器人局部传感器读数在机器人未来的轨迹中起着重要的作用,下面的所有算法都可以称为避障算法。我们首先提出成功地用于移动机器人学的最简单的避障系统。Bug算法代表了只用最近机器人传感器数值的这样一种技术,除了当前传感器数值之外,机器人只需要关于目标方向的近似信息。此后,我们提出更复杂的算法,把当前传感器的历史数据、机器人的运动学和动力学都考虑在内。

6.4.1　Bug算法

Bug算法[198,199]大概是人们能想象到的最简单的避障算法。其基本思想是在机器人路途中,跟踪各障碍物的轮廓,从而绕开它。

用Bug1算法时,机器人首先完全地围绕物体,然后从距目标最短距离的点离开(图6.14)。当然这种方法效率很低,但可保证机器人会到达任何可达的目标。

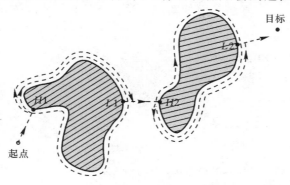

图6.14　Bug1算法,H1、H2为到达点,L1、L2为分离点[199]

用 Bug2 算法时,机器人开始跟踪物体的轮廓,但当它能直接移动至目标时,就立即分离。一般而言,这个改进的 Bug 算法,如图6.15所示,具有非常短的机器人行走总路径。但人们仍可构造出使 Bug2 算法为无效的情况(即非最优)。

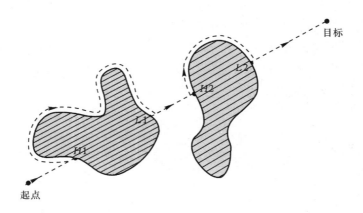

图 6.15 Bug2 算法,H1、H2 为到达点,L1、L2 为分离点[199]

Bug 算法存在许多变种和扩展。我们再提出一个正切 Bug 算法[161],该方法增加了距离感知和称作局部正切图(local tangent graph,LTG)的局部环境表示。使用 LTG,机器人不仅能更有效地移向目标点,而且当勾画物体轮廓并返回到以前目标搜索时,机器人也可以沿捷径行走。在很多简单的环境中,正切 Bug 算法可得到全局最优的路径。

实际应用:Bug2 算法举例 由于 Bug2 算法的普遍性和简单性,我们利用该技术变型,给出避障的一个特殊例子。考虑图 6.15 中机器人所采取的路径,我们可以根据两个状态来表征机器人的运动:一个涉及朝向目标点的移动;另一个是围绕障碍物轮廓的运动。我们称前一种状态为 GOALSEEK(目标寻找),后一种状态为 WALLFOLLOW(跟踪墙)。对这两种状态的各个状态,如果我们可以把机器人的运动描述为是传感器值和目标相对方向的函数,并且我们能够描述机器人何时应该在两个状态之间进行切换,那么我们就有 Bug2 算法实用的实现方法。下面的伪代码提供了这种分解的最高水平的控制程序:

```
public void bug2(position goalPos){
  boolean atGoal = false;

  while( ! atGoal){
    position robotPos = robot.GetPos(&sonars);
    distance goalDist = getDistance(robotPos,goalPos);
    angle goalAngle = Math.atan2(goalPos,robotPos)−robot.GetAngle();
```

```
velocity forwardVel,rotationVel;

if(goalDist < atGoalThreshold){
  System.out.println("At Goal");
  forwardVel = 0;
  rotationVel = 0;
  robot.SetState(DONE);
  atGoal = true;
}
else {
  forwardVel = ComputeTranslation(&sonars);
  if(robot.GetState() == GOALSEEK){
    rotationVel = ComputeGoalSeekRot(goalAngle);
    if(ObstaclesInWay(goalAngle,&sonars))
      robot.SetState(WALLFOLLOW);
  }
  if(robot.aetState() == WALLFOLLOW)){
    rotationVel = ComputeRWFRot(&sonars);
    if( ! ObstaclesInWay(goalAngle,&sonars))
      robot.SetState(GOALSEEK);
  }
}
robot.SetVelocity(forwardVel,rotationVel);
}
}
```

在理想情况下,当遇到一个障碍物时,根据哪个方向更有希望成功就会在左壁跟踪和右壁跟踪之间作选择。在这个简单的例子中,我们只有右壁跟踪,这是为教学起见的简化,它在实际的移动机器人程序中应该找不到。

现在我们详细考虑各个余下来的功能。为了我们的目的,考虑一个径向环绕声纳的机器人。这个想象的机器人将是差动驱动的,所以声纳环有一个清晰的"前端"(与机器人前进方向一致)。而且,机器人接受前面所示形式的运动命令,带有转动速度参数和平移速度参数。对两个差动驱动底盘的各个驱动轮,将这两个参数映射成各单独轮子的速度是一件简单的事情。

根据机器人声纳的读数,有一个条件我们必须定义,ObstaclesInWay()。不论何时,当任何声纳传感器的距离数据在目标方向(目标方向的45°范围内)是短时,我们定义该函数为真：

```
private boolean ObstaclesInWay(angle goalAngle, sensorvals sonars){
    int minSonarValue;
    minSonarValue = MinRange(sonars, goalAngle－(pi/4), goalAngle＋(pi/
                               4));
    return (minSonarValue ＜ 200);
} // end ObstaclesInWay() //
```

注意，不论机器人是跟踪墙还是朝向目标，函数 ComputeTranslation() 计算平移的速度。在这个简化的例子中我们定义在机器人近似向前方向中平移速度正比于最大的距离读数。

```
private int ComputeTranslation(sensorvals sonars){
    int minSonarFront;
    minSonarFront = MinRange(sonars, －pi/4.0, pi/4.0);
    if (minSonarFront ＜ 200) return 0;
    else return (Math.min(500, minSonarFront － 200));
} // end ComputeTranslation() //
```

这种方法与在 6.3.2 节中描述的势场法具有明显的相似性。的确，通过把机器人当前的距离值处理成力向量，一些移动机器人实现了避障，简单地完成向量加法以确定行走的方向和速度。另一种方法是，许多人把短距离读数考虑为斥力，再参与向量加法以确定机器人总的运动命令。

当面对距离声纳数据时，确定转向和速度的常用方法就是简单地将机器人的左边和右边的距离读数相减。差值越大，则机器人向较长距离读数的方向转弯越快。下面两个旋转函数可用于 Bug2 算法的实现：

```
private int ComputeGoalSeekRot(angle goalAngle){
    if (Math.abs(goalAngle) ＜ pi/10) return 0;
    else return (goalAngle * 100);
} // end ComputeGoalSeekRot() //
private int ComputeRWFRot(sensorvals sonars){
    int minLeft,minRight,desiredTurn;
    minRight = MinRange(sonars, －pi/2, 0);
    minLeft = MinRange(sonars, 0, pi/2);
    if (Math.max(minRight,minLeft) ＜ 200) return (400);
        // hard left turn
    else {
        desiredTurn = (400 － minRight)* 2;
```

```
desiredTurn = Math.inttorange(-400, desiredTurn, 400);

    return desiredTurn;

  } // end else

} // end ComputeRWFRot() //
```

注意,对右壁跟踪的情况,当右侧存在开阔的空间时,旋转函数将一般的避障与右转偏移量(bias)结合起来,以此停留在与障碍物轮廓接近的地方。这个解决方案,肯定不是实现 Bug2 算法的最好方案。例如,在右壁跟踪行动期间,通过局部地绘制障碍物轮廓图,并使用 PID 控制回路以达到和保持与轮廓的特定距离,墙壁跟踪器可以履行好得多的任务。

尽管这些避障算法经常用在简单的移动机器人中,但它们仍有许多缺点。例如,Bug2 算法方法中没有考虑机器人的动力学,而这一点对于非完备的机器人来说特别重要。而且,因为只使用最近的传感器数据,传感器噪声可对实际环境的性能指标产生严重的影响。下面我们设计其他的避障技术,以消除这些限制中的一个或多个。

6.4.2　向量场直方图

Borenstein 和 Koren 一起创造了向量场直方图(vector field histogram,VFH)[77]。他们的早期工作主要集中于势场[176],由于方法不稳定且没有能力通过狭窄的通道,所以放弃了该方法。后来,Borenstein 和 Ulrich 一起,拓展了 VFH 算法,得到了 VFH＋算法[323]和 VFH*算法[322]。

对 Bug 类型算法的主要批评之一是:机器人在每一时刻的行为一般只是它最近的传感器读数的函数。当机器人的瞬时传感器读数对机器人避障没有提供足够信息的情况下,它可以导致不希望但可避免的问题。VFH 技术通过创建围绕机器人环境的局部地图,克服了这些限制。这个局部地图是一个小的占有栅格,如 5.7 节所述,只被较新近的传感器距离数据所填充。为了避障,VFH 产生一个极坐标直方图,如图 6.16 所示。x 轴表示发现障碍物角度 α,y 轴表示根据占有栅格的单元值,在那个方向确实存在障碍物的概率 P。

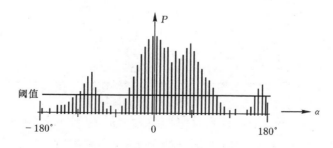

图 6.16　极坐标直方图[177]

由这个直方图,我们可以计算操纵方向。首先辨识大得足以使车辆通过的所有开放通路,然后将一个代价函数加到每一个候选的开放通路,选择具有最低价价的通路。代价函数 G 有三项:

$$G = a \cdot 目标方向 + b \cdot 轮子方向 + c \cdot 以前方向 \qquad (6.15)$$

目标方向=与目标一致的机器人路径;

轮子方向=新方向和当前轮子方向之差;

以前方向=以前所选方向和新方向之差。

计算这些项使得离目标方向大的偏离,导致在"目标方向"项产生大的花费。代价函数 G 中的参数 a、b、c 调整机器人的行为。例如,大的目标偏移由大的 a 值来表达。代价函数的完整定义可参阅参考文献[176]。

在 VFH+改进中,基于机器人运动学的限制(例如,调整 Ackerman 车辆的转弯半径),简化进程之一就是考虑了移动机器人可能轨迹的简化模型。将机器人建模成以圆弧或直线方式运动。因此,障碍物阻挡了穿过该障碍物的所有机器人许可的轨迹(图 6.17(a))。于是形成了被屏蔽的极坐标直方图,在该图中,障碍物被放大,使得所有运动学上受阻的轨迹(图 6.17(c))都被适当地予以考虑。

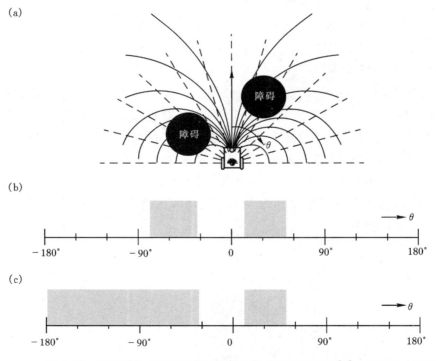

图 6.17 被阻塞的方向和最终得到的极坐标直方图举例[54];(a)机器人与障碍物;(b)极坐标直方图;(c)被屏蔽的极坐标直方图

6.4.3 气泡带技术

这种思想是对 Khatib 和 Quinlan 提出的弹性带概念[166]中非完备车辆的一种扩展。最初的弹性带概念只用于完备车辆,所以我们把重点放在由 Khatib、Jaouni、Chatila 和 Laumod 提出的气泡带扩展技术上[165]。

气泡被定义为围绕一个给定的机器人方位,其自由空间的最大局部子集,允许以任意方向行走于此区域而无碰撞。利用机器人的简化模型连同机器人地图中的可用信息可以产生气泡。当计算气泡大小时,即使用简化的机器人几何特性模型,也有可能考虑到机器人的实际形状(图 6.18)。给定这样的气泡,可以用气泡带或条,沿着从

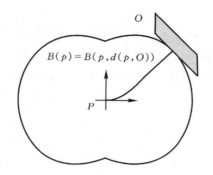

$$B(p) = B(p, d(p, O))$$

图 6.18 围绕车辆的气泡形状(图片由 Raja Chatila[165]提供)

机器人的初始位置到目标位置的轨迹,展示机器人贯穿其路径的期望自由空间(图 6.19)。

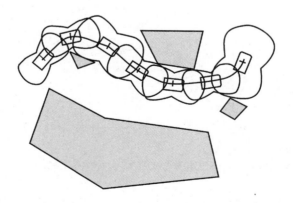

图 6.19 典型的气泡带(图片由 Raja Chatila[165]提供)

显然,计算气泡带需要全局地图和全局路径规划器。一旦计算了路径规划器的初始轨迹并计算了气泡带,接着就对已规划的轨迹作修改。气泡带考虑了已建模物

体和内部的力,这些内部力力图使相邻气泡之间的"缓冲"(能量)最小。在路径执行期间,在使机器人自由空间尽可能地平滑变化这个意义上,上述过程加上最后的平滑操作使得轨迹变得平滑。

当然,到目前为止,这更类似于路径优化而不是避障。在机器人运动期间,气泡带策略的避障方面功能起到作用。当机器人得知非预见的传感器值时,利用气泡串模型以一种使气泡带**张力**最小的方法,偏转机器人原先的意向路径。

气泡带技术的一个优点是,人们可以考虑机器人的实际尺寸。但正如用离线路径规划技术一样,这种方法只当环境方位事先已很好知道的情况下才最适合于应用。

6.4.4   曲率速度技术

基本的曲率速度方法   由 Simmons[291] 提出的曲率速度方法(CVM)能在避障期间考虑到机器人的运动学约束,甚至考虑到某些动力学约束,这是胜过基本方法的一个优点。CVM 一开始将机器人和环境中的物理约束加到速度空间。速度空间由转动速度 ω 和平移速度 v 组成。因此假定,机器人只沿着曲率为 $c=\omega/v$ 的圆弧行走。

我们确认两种类型的约束:由机器人速度和加速度限制造成的约束,具体地说有 $-v_{max}<v<v_{max}$,$-\omega_{max}<\omega<\omega_{max}$;其次是障碍物造成的约束。由于障碍物的位置,不允许有某些 v 和 ω 的值。障碍物开始作为笛卡尔栅格中的物体,但随后跟随某恒定曲率的机器人轨迹,计算机器人位置到障碍物的距离,如图 6.20 所示,变换到速度空间。我们只考虑处于 c_{min} 和 c_{max} 以内的曲率,因为那个曲率空间包含了所有合法的轨迹。

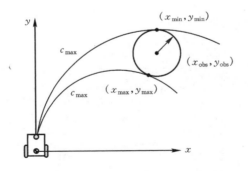

图 6.20   障碍物的切线曲率(引自参考文献[291])

为达到实时控制的特性指标,障碍物可以由圆形物体近似,并将物体的轮廓划分成几个区段。计算区段端点到机器人的距离,且假定端点之间以内的距离函数是恒定的。

目标函数做出新速度(v 和 ω)的决策。该目标函数只对履行运动和动力学约束以及障碍约束的速度空间部分进行评估。如果机器人装有多种类型的距离传感器,用笛卡尔栅格表示初始障碍,就能直接进行传感器融合。

CVM 以实用的方式,考虑了车辆的动力学。但这个方法的局限性是障碍物的形状简化成圆形。在某些环境下这是可以接受的。然而,在其他环境中,这种简化可能会导致一系列问题。CVM 方法还可能遭受局部极小,因为系统没有使用**先验**知识。

道路曲率法 根据 Ko 和 Simmons 对 CVM 缺点的体验,即 CVM 引导机器人通过走廊交叉口有困难,他们提出了 CVM 的改进方法,称之为道路曲率法(lane curvature method,LCM)[168]。问题来源于机器人只沿着固定的弧线运动的近似性,而在实际中,机器人碰到障碍前可多次改变方向。

LCM 计算一组期望的道路,将到达最近障碍物的道路长度与宽度进行折衷。利用目标函数选择最佳特性的道路。局部的朝向以下述方式进行选择:若机器人还不在最佳道路上,则机器人会转向那个道路。

实验结果已经展示,它比 CVM 有更好的性能。要提醒的是:必须仔细选择目标函数的参数以优化系统的行为。

6.4.5 动态窗口方法

考虑机器人运动学约束的另一种技术是动态窗口避障法。一个简单但有效的动态模型给这个方法起了名。在文献中描述两个这样的方法,即 Fox,Burgard 与 Thrun 的动态窗口法[130]和 Brock 与 Khatib 的全局动态窗口法[81]。

局部动态窗口法 在局部动态窗口法中,通过搜索一个细心选择的速度空间,考虑了机器人的运动学。速度空间是所有可能元组(v, ω)的集合,其中 v 是速度,ω 是角速度。该方法假定,至少在一个时间戳内,机器人只在代表这种元组的圆弧中运动。

给定机器人当前速度,考虑到机器人的加速能力和时间周期,算法首先选择能在下一采样周期内到达的所有元组(v, ω)的**动态窗口**。下一步是缩小**动态窗口**,只保留那些保证机器人在碰到障碍之前能够停住的元组。保留的速度被称为容许速度。图6.21 中描述了一个典型的动态窗口。注意到,动态窗口的形状是矩形的,它遵守近似性,即平移和转动的动态能力是独立的。

将目标函数施加于动态窗口中所有的可容许速度元组,就可选择新的运动方向。目标函数偏爱快速向前运动,与障碍物保持大的距离,且目标朝向一致。目标函数 O 有以下形式:

$$O = a \cdot \text{heading}(v, \omega) + b \cdot \text{velocity}(v, \omega) + c \cdot \text{dist}(v, \omega) \qquad (6.16)$$

heading=向目标位置前进的测量;

velocity=机器人向前的速度→鼓励快速运动;

dist=轨迹中距最近障碍物的距离。

全局动态窗口法 如名称所示,全局动态窗口方法是在上面提出方法上加上了全局思考。这可以由目标函数 O 加上 NF1 算法或野火算法来实现(见 6.7 节和所在

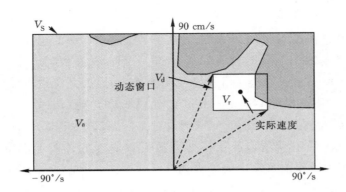

图 6.21　动态窗口方法。矩形窗口表示了可能的速度(v,ω),而且与配置空间
　　　　　　中的障碍物重叠

章节)。回想一下,NF1 方法在占用栅格中,单元是用距目标的总距离 L 进行标记。
为了使运算更快,全局动态窗口法只在所选的矩形区进行计算,该区域指引机器人朝
向目标。如果在这个所选区域的约束内不能达到目标,则扩大区域的宽度并重新
计算。

　　这就允许全局动态窗口法能获得全局路径规划的某些优点,而不需完整的先验
知识。当机器人在环境中移动时,占用的栅格用距离测量值进行更新,且对每一个更
新版本计算 NF1。如果由于机器人被障碍物包围不能计算 NF1,则该方法将退化为
动态窗口法。由此保持机器人运动,使之找到一条可能的出路,且可恢复 NF1。

　　全局动态窗口法以高速保证实时、动态约束、全局思考和最小无避障。用 450
MHz 机载 PC 的全向机器人已展示了算法的实现。当占用栅格为 30 m×30 m,具有
5 cm 分辨率时,系统产生大约15 Hz的周期频率。在测试中,机器人的平均运动速度
大于 1 m/s。

6.4.6　Schlegel 避障方法

　　Schlegel[280] 提出了一个考虑动力学以及机器人的实际形状的方法。利用笛卡尔
栅格表示环境中的障碍物,为原始的激光数据测量和传感器融合采样了这个方法。
利用预先计算的查询表,获得实时性能指标。

　　如我们前面已描述的许多方法一样,基本假设是:机器人在由圆弧构成的轨迹中
移动,圆弧定义为曲率 i_c。给定某一曲率 i_c,Schlegel 计算机器人与在笛卡尔栅格中
单个障碍点$[x,y]$之间碰撞的距离 l_i,如图 6.22 所示。因为允许机器人具有任何式
样,计算是耗时的,所以预先计算结果,并存储在查询表中。

　　例如,对一个差动机器人,搜索空间窗口 V_s 定义为左、右轮所有可能的速度 v_r
和 v_l。给定当前机器人的运动,把 V_s 细化成只在下一时间步内能达到的那些值,就
可考虑机器人的动态约束。最后,通过将目标方向、速度、碰撞前的距离进行折衷,目
标函数选择最佳的速度和方向。

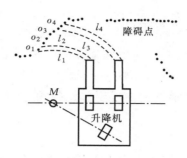

图 6.22 当机器人围绕 M 旋转时,由曲率 i_c 得到的距离值 l_i [280]

在测试期间,Schlegel 使用了波前路径规划器。用了两个机器人底盘,一个具有同步驱动运动特性;一个具有三轮运动特性。三轮驱动的机器人令人特别感兴趣,因为它是一个复杂形状的升降机构,对避障有很大影响。因此,用升降机构的可靠避障示范给人留下了深刻的印象。当然,这个方法的一个缺点是查询表所需的潜在存储器需求。在它们的实验中,作者使用高达 2.5 Mb 的查询表,用 6 m×6 m 笛卡儿栅格,具有 10 cm 分辨率和 323 个不同的曲率。

6.4.7 接近图

在避障算法中,力图填充模型逼真度的空隙。可以认为接近图(nearness diagram,ND)[222]与 VFH 具有某些相似性,但化解了它的几个缺点,特别是在非常杂乱的空间中。它同样被用在文献[223]中,以考虑更精密的几何特性、运动学和动力学约束。实现 ND 的办法是:把问题分解,使之产生具有单一约束最有希望的行走方向的一个圆形机器人。然后,使该机器人与它的运动学和动力学约束相适应。如果机器人不是圆形,接着就修正机器人式样(在最初发表的论文里,只支持矩形式样)。在文献[225]中,该方法加入了全局推理,称之为全局接近图(global nearness diagram,GND),这与 DWA 扩展成 GDWA 有些类似,但它基于工作空间的表示,而不是方位空间;且除了障碍物信息外,还更新自由空间。

6.4.8 梯度法

认识到当前的计算机技术能对波前传播方法进行快速重复计算,于是梯度法[171]将基于栅格的全局路径规划公式化。它考虑了与障碍物的接近度,并允许在栅格任何给定点上产生梯度方向的连续插补。NF1 方法是所提出算法的一个特殊情况,它在每一时间步计算导航函数,并用得到的梯度信息驱动机器人在平滑路径上走向目标。并且,除非需要,不会擦碰障碍物。

6.4.9 加上动态约束

在上述讨论的大多数避障方法中,试图解决缺乏动态模型问题。在文献[224]中

Minguez、Montano 和 Khatib 提出了一种新的空间表示法。自 - 动态空间(ego-dynamic space)同样可应用于工作空间和方位空间方法中,它将障碍物变换成距离,而该距离依赖于基本避障方法的制动约束和采样时间。与已提出的空间窗口法(PF)相结合以表示加速能力,连同 ND 和 PF 法一起测试了 Minguez 等方法,对圆形的完备机器人给出满意的结果,有计划把它扩展到非完备、非圆形的体系结构中。

6.4.10 其他方法

上面描述的方法是一些最普通的参考避障系统。然而,在移动机器人学范畴,还有众多其他的避障技术。例如,由 Tzafestas 和 Tzafestas[321] 对模糊和神经模糊避障的方法提出了综述。受自然界的启发,Chen 和 Quinn[98] 提出了一种生物学方法。在该方法中,它们复制了蟑螂的神经网络。然后该网络被用于四轮车辆模型中。

李雅普诺夫函数(Liapunov functions)形成了一个著名的理论,它可以用于证明非线性系统的稳定性。在 Vanualailai、Nakagiri 和 Ha[153] 的论文中,李雅普诺夫函数被用于在已知环境中移动的两点质量的控制策略。所有的障碍物均被定义为具有精确位置和圆形式样的抗靶标。然后,使用抗靶标建立系统的控制律。

6.4.11 综述

表 6.1 给出了避障不同的方法的综述。

表 6.1 最常用的避障算法综述(a)

方法		Bug		
		正切 Bug[161]	Bug2[198,199]	Bug1[198,199]
模型 保真度	式样	点	点	点
	运动学			
	动力学			
视图		局部	局部	局部
其他要求	局部地图	局部正切图		
	全局地图			
	路径规划器			
传感器		距离	触觉	触觉
受试机器人				
特性 指标	周期时间			
	体系结构			
评注		很多情况下有效, 鲁棒	低效率 鲁棒	很低效率 鲁棒

表 6.1 最常用的避障算法综述(b)

方法		气泡带		向量场直方图(VFH)		
		气泡带[165]	弹性带[166]	VFH*[322]	VFH+[176,323]	VFH[77]
模型保真度	式样	C 空间	C 空间	圆	圆	过分简单化
	运动学	精确		基本	基本	
	动力学			过分简单化	过分简单化	
视图		局部	全局	基本上局部	局部	局部
其他要求	局部地图			直方图栅格	直方图栅格	直方图栅格
	全局地图	多角形	多角形			
	路径规划器	必需的	必需的			
传感器				声纳	声纳	距离
受试机器人		各种	各种	非完全(GuideCane)	非完全(GuideCane)	同步驱动(六角形)
特性指标	周期时间			6...242 ms	6 ms	27 ms
	体系结构			66 MHz, 486PC	66 MHz, 486 PC	20 MHz, 386AT
评注				较少局部最小	局部最小	局部最小, 震荡轨迹

表 6.1 最常用的避障算法综述(c)

方法		动态窗口		曲率速度	
		全局动态窗口[81]	动态窗口法[130]	道路曲率法[168]	曲率速度法[291]
模型保真度	式样	圆	圆	圆	圆
	运动学	(完备)	精确	精确	精确
	动力学	基本	基本	基本	基本
视图		全局	局部	局部	局部
其他要求	局部地图		障碍线场	直方图栅格	直方图栅格
	全局地图	C 空间栅格			
	路径规划器	NF1			
传感器		180°FOV SCK 激光扫描器	24 个声纳环, 56 个红外环, 立体摄像机	24 个声纳环, 30°FOV 激光器	24 个声纳环, 30°FOV 激光器
受试机器人		完备(圆形)	同步驱动(圆形)	同步驱动(圆形)	同步驱动(圆形)
特性指标	周期时间	6.7 ms	250 ms	125 ms	125 ms
	体系结构	450 MHz,PC	486PC	200 MHz,奔腾	66 MHz,486PC
评注		转入走廊	局部最小	局部最小	局部最小转入走廊

表 6.1 最常用的避障算法综述(d)

方法		其他			
		梯度法[171]	全局接近图[225]	接近图[222,223]	Schlegel[280]
模型保真度	式样	圆周	圆周(但通用公式)	圆周(但通用公式)	多边形
	运动学	(完备)	(完备)		精确
	动力学				基本
视图		全局	局部	局部	局部
其他要求	局部地图				
	全局地图	局部感知空间	NF1		栅格
	路径规划器	融合			前波
传感器		180°FOV离传感器	180°FOV SCK激光扫描器	180°FOV SCK激光扫描器	360° FOV激光扫描器
受试机器人		非完备(近似圆弧)	完备(圆)	完全(圆)	同步驱动(圆),三轮(升降叉车)
特性指标	周期时间				
	体系结构	266 MHz,奔腾			
评注				局部最小	允许改变式样

6.5 导航的体系结构

给出了路径规划、避障、定位和感知解释技术,我们如何将所有这些组合成能为现实环境应用的完整的机器人系统呢?一种着手进行的方法是为用户定制和设计一个特殊应用的完整的软件系统,它为专门的用途完成每一件事情。在几乎没有什么特征,甚至更少按计划示范的平凡移动机器人的应用情况下,这可能是有效的。但是对于复杂的和长期的移动机器人,必须按有原则的方式,强调移动性的结构问题。**导航体系结构**的研究,就是针对构成移动机器人导航系统的软件模块进行原理性设计的研究。使用设计良好的导航结构有很多具体的优点:

6.5.1 代码重用与共享的模块性

基本的软件工程原理包含软件的模块性,而且相同的通用设计方式同样用于移动机器人的应用上。但模块性在移动机器人学中更加重要,因为在单个项目的进程中,移动机器人的硬件或其他实际的环境特征可以剧烈地变化,这是大多数传统计算机所没有碰到的难题。例如,原先只使用超声波测距仪的机器人,有人会引入一个Sick(德国施克)激光测距仪;或者在一个新的环境里测试现有导航机器人,而该环境中存在机器人传感器探测不到的障碍物,因此需要一个新的路径规划表示方法。

我们希望改变机器人的部分能力,而不引起一连串副作用,这迫使我们再回顾机器人的其他机能。例如,我们愿意保持避障模块完整,即使在特殊的距离传感器套件发生改变时也是如此。在更极端的例子中,甚至当机器人的动力学结构从三轮底盘变为差动驱动底盘时,如果非完备的避障模块能保持不变,这将是理想的。

6.5.2 控制定位

在移动机器人的导航中,机器人控制定位是一个更为关键的问题。基本原因是机器人的体系结构包括多种类型的控制机能,例如避障、路径规划和路径的执行等。在体系结构中,把各机能定位到特定单元,我们就能够使单个的测试和组成控制的原理性策略能够实现。例如,让我们考虑避免碰撞。为了面对机器人软件变化的稳定性,以及为了着重确认避障系统已被正确地实现,将所有有关机器人避障过程的软件进行定位是有价值的。在另一极端,为了使机器人在它们的环境中起有用的作用,就需要高级的规划和基于任务的决策。因此,将这些高级决策软件定位也同样有价值,它使软件在仿真中无遗漏地予以测试,因而,即使与实际的机器人无直接连接,也能予以验证。定位的最后一个优点与学习相关。控制定位可以使一种特定的学习算法只被应用于移动机器人整个控制系统中的一个方面。这种有目标的学习可能是首要的策略,其结果使学习和传统移动机器人学圆满地集成。

定位与模块化的优点,为使用原理性导航系统体系结构提供了令人信服的实例。

表征特定体系结构的一种方法,是由机器人软件的分解性完成。现在有许多令人喜爱的机器人体系结构,特别是当人们考虑人工智能级别上的决策和低级机器人控制之间的关系时。对这种高级的体系结构的描述,可参阅文献[2,39]。这里,我们着重于机器人的导航能力。为此,有两种分解方法特别有意义:时间分解和控制分解。在 6.5.3 节,我们定义了这两种类型的分解方法,然后对**行为**作了介绍,这是实行控制分解的一般性工具。然后,在 6.5.4 节中,我们提出了三种类型的导航体系结构,针对各种体系结构描述了一个已实现的移动机器人实例研究。

6.5.3 分解技术

分解就是识别坐标轴,沿着坐标轴我们可以在各异的模块里,判断机器人软件的差别。分解也用作一种方法,将各种不同的移动机器人分类成更定量的类别。**时间分解**对移动机器人操作的要求区分为实时与非实时。**控制分解**是在移动机器人体系结构内,辨识不同的控制输出,联合起来获得移动机器人实际动作的方法。下面我们来详细描述这两种类型的分解。

6.5.3.1　时间分解

机器人软件的时间分解,区分过程之间具有可变的实时和非实时要求的差别。图 6.23 描述了导航的一般时间分解。图中,最实时的过程表示在**堆栈**的底部,非实时要求的过程占据最高层。

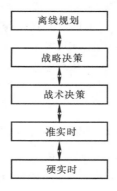

图 6.23　导航体系结构中一般的时间分解

在这个例子中,最底层必须用有保证的快周期时间进行,如40Hz带宽。相反,准实时层可捕获要求响应时间为 0.1 秒的过程,具有大的、可容许的最坏情况的单个周期时间。战术层可以表示决策,它影响机器人的即时动作。因此,它承受着某些时间约束。而策略层或离线层代表影响机器人长期行为的决策,对模块的响应时间很少有时间限制。

四个重要的互相关联的趋势与时间分解相关。这些并不是固定的,也存在例外。但是,这些时间分解一般性质是有启发作用的。

传感器响应时间　一个特殊模块的传感器的响应时间,可以被定义为基于传感器事件的获取和模块输出相应变化之间的时间总量。随着图 6.23 层次向上移动,传感器的响应时间趋向增加。对于最底层的模块,传感器响应时间通常只受到原处理器和传感器速度的限制。而对于最高层的模块,传感器响应时间可能受慢的和谨慎决策过程的限制。

时间深度　时间深度是一个应用于时间窗口的有用概念,它影响模块输出,既有向前也有向后时间。**时间范围**描述了在选择输出期间,模块所用的预见量。**时间记忆**描述了传感器输入的历史时间跨度,它被模块用来确定下一个输出。最底层模块倾向于在两个方向上都有很小的时间深度,而最高层模块的慎思过程使用大的时间记忆,并根据它们长期的后果考虑动作,注重大的时间范围。

空间局域性　与时间跨度密切相关,层次的空间影响随模块从底层向高层移动剧烈增加。实时模块倾向于控制轮子的速度和方位,控制空间上的局部行为。高层的策略决策很少或不干涉局部位置,但告知未来长远的全局位置。

背景特异性 模块决策作为一个函数,它不仅是它即时输入的函数,而且当它被其他变量据有时,也是机器人背景的函数,诸如环境的机器人表示。最底层模块倾向于直接产生输出作为即时传感器输入的结果,很少使用背景,因此对背景比较不敏感。最高层模块倾向于展示很高的背景特异性。在策略决策时,尽管给定相同的传感器数值,但根据其他背景参数,输出可能是完全不同的。

图 6.24 是展示这些趋向的一个例子,它表示了一个极其简单的导航体系结构,

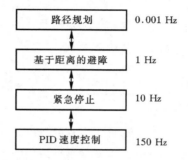

路径规划	0.001 Hz
基于距离的避障	1 Hz
紧急停止	10 Hz
PID 速度控制	150 Hz

图 6.24 简单导航机器人采样的四级时间分解。右边的列表示出各模块的实际带宽值

其时间分解为 4 个模块。在最低层,PID 控制环路提供反馈,控制电机的速度。紧急停止模块使用短距离的光学传感器和缓冲器,当它预测到快要发生碰撞时,切断电机电流。机器人动力学知识意味该模块比 PID 模块有更大的时间范围。接下来的模块使用更长距离的激光测距传感器,辨识机器人正前方的障碍物,并纠正较小的路线偏差。最后,路径规划模块接受机器人的起始位置和目标位置,产生执行的初始轨迹。根据机器人沿着路径所搜集到的障碍物,其轨迹发生变化。

注意到,模块的周期或者带宽在相邻模块间按数量级变化。在实际导航体系结构中,这种巨大的差别是很常见的。因此在移动机器人导航体系结构中,时间分解倾向于获取有重要意义的变化轴。

6.5.3.2 控制分解

时间分解是基于软件模块的时间行为进行区分,而控制分解则是识别各模块输出对整体机器人控制输出所做贡献的方式。控制分解的提出,要求评估者了解离散系统的表示和分析的基本原则。离散系统理论和数学描述的明晰介绍,可参考文献[25,136]。

我们认为机器人算法和物理机器人的实例(即机器人的形状和它的环境)是整个系统组成的一部分,我们希望检验系统的连接性。这个系统 S 由一个模块集合 M 组成,各个模块 m 经过输入和输出与其他模块相连。如系统是**闭合**的,则意味每一个模块 m 的输入是 M 中一个或多个模块的输出。各模块精确地有一个输出和一个或多个输入,一个输出可以连到任何数目的其他模块的输入。

我们再命名 M 中一个特殊的模块 r,以表示实际机器人及其环境。通常,我们用

r表示实际物体,机器人算法力图对此对象产生影响,并由此使机器人算法获得感知输入。模块r含有一个输入和一个输出线。r的输入代表实际机器人的完整动作指标;r的输出表示机器人的完整的感知输出。当然,实际机器人可以有多个自由度,等效地,有多个分立的传感器。但对这个分析,我们只设想完整的输入/输出向量,因此r简化为仅一个输入和一个输出。为了简单起见,我们把r的输入当作O,把机器人的传感器数据当作I。从控制系统的其余部分的观点来看,机器人传感器数据值I是输入,机器人的动作O是输出,表明了我们对I和O的选择。

通过构成机器人算法的系统部分,控制分解区分不同类型的控制通路。在图6.25所示的一个极端例子中,我们可以认为它是一个理想的直线或顺序控制通路。

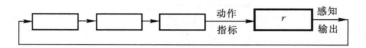

图 6.25　纯串行分解例子

这种串行系统,以顺序方式利用所有相关模块的内部状态以及机器人的感知I,计算下一个机器人的动作O。一个纯串行的结构具有可预测性和可证实性的优点。由于各模块的状态和输出完全依赖于它从上游模块所接收的输入,所以整个系统,包含机器人,是一个单独的、组织良好的回路。因此,整个系统的行为可以用熟知的离散前向仿真方法给予评价。

图6.26描述了与纯串行控制极其相反的并行控制结构。因为我们选择将r定

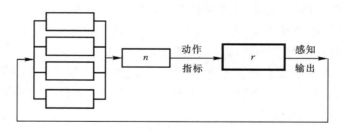

图 6.26　纯并行分解的例子

义为只有一个输入的模块,这个并行系统包括了一个特殊模块n,它向r的消费者提供单一的输出。直观上来说,全并行系统向多个模块同时分布系统控制输出O的责任职责。在纯顺序系统中,控制流是通过一串模块的线性序列。这里,控制流包含**组合步骤**,在这个步骤中,多模块的结果可以以任何方式影响O。

因此,控制的并行化产生了一个重要问题:各组成模块的输出如何通知有关O值的总的决策?一个简单的组合技术是时间切换。在这种情况下,它被称作**并行切换**,即系统具有并行分解。但在任何特殊的时刻,输出O可以从属于一个不同的模块。当然,在各相继的时刻,值O依赖于不同的模块,但是O的瞬时值总是根据一个单个模块的功能予以决定。举例来说,假定机器人有一个避障模块和路径跟踪模块,一个

切换控制的实现可能包括：只要机器人距所有可感知障碍的距离超过 50 cm，就执行路径跟踪的建议；当任意一个传感器报告距离接近 50 cm 时，就执行避障的建议。

如果切换比较少，这种切换控制的优点就特别明显。如果能很好地理解各模块的行为，那就容易表征切换控制机器人的行为：它有时避障，有时路径跟踪。如果已独立地测试了各模块，那么就存在切换控制系统也能很好完成任务的可能性。但必须注意两个重要的缺点。第一，如果切换本身是一个高度频发事件，那么机器人的整个行为可能变得很差。在这种情况下，机器人可能不稳定，即切换运动的模态变化太快，以至剧烈地导致机器人的行为，既不是路径跟踪又不是避障。切换控制的另一个缺点是当机器人避障时它没有路径跟踪的偏置（反之亦然）。因此，在控制**应该**由多个模块混合进行推荐的场合，切换控制方法会失败。

相反，更复杂的**混合式并行**模型容许控制在任何给定时刻在多模块之间共享。例如，在所有时刻，相同的机器人可获得避障模块的输出，把它转换成速度向量，并用向量加法将它和路径跟踪模块的输出组合。因此机器人的输出决不会来源于单一模块的输出，而会由两个模块输出的数学组合产生。混合式并行控制比切换控制更通用，因此，它也是一个更具挑战性的技术，要使用得当。尽管使用切换控制，最差的行为却由不合适的切换行为而引起。但在混合控制中，机器人的行为也可以十分差，甚至更容易如此。正像在决定突然旋转以避障时，组合的多个向量可以产生笔直朝前很坏决策一样，在数学上，组合的多个推荐行为不保证有全局优越的结果。因此，在混合并行控制的实施中，必须非常小心地构造混合的公式和各个模块的指标，以产生有效的混合效果。

切换和混合式并行结构二者在基于行为的机器人领域中是普通的。Arkin[2] 提出了**电机-模式**结构，在这个结构中，**行为**（即上面讨论的模块）把传感器值向量映射成电机值向量。如在混合式并行系统一样，利用各自单个行为输出的线性组合，产生机器人算法的输出。相反，Maes[201,202] 通过建立一个**行为网络**产生切换的并行结构。在行为网络中，通过比较和更新各行为的激励水平，可离散地选择行为。Brooks[45] 的包容结构是切换并行结构的另一个例子，虽然它通过抑制机制，而不是激励水平选择有源模型。更详细的讨论见参考文献[2]。

并行控制的总体不足是机器人特性指标的验证可能是极其困难的。因为这种系统常常包括真正并行和多线程实现，错综复杂的机器人-环境交互和所需的传感器定时，以便合适地表示所有可能的模块-模块交互，是困难或不可能仿真的。因此，在并行控制领域中，很多测试都是用实际机器人凭经验进行的。

并行控制一个重要优点是它的仿生方面。复杂的有机组织受益于大规模的真正并行化（比如，人的眼睛），并行控制领域的一个目标就是理解生物学上这种一般性策略，并使它能起杠杆作用以有利于机器人学。

6.5.4 实例研究：分层机器人结构

我们已经描述了机器人结构的时间和控制分解，按这个公共主题。机器人专家常常把多个模块组合在一起构成机器人结构体系。把这种理解记在心里,让我们再回到总体的移动机器人导航任务上。显然,机器人的行为在机器人实时层次上(比如,在路径跟踪和避障)起重要作用。在较高的时间层,为了沿着意向路径实现机器人运动,更多的战术任务需要调整行为或模块的激励。更高层也是如此,全局规划器产生路径,它向战术任务提供全局性的预见。

在第 1 章,我们介绍了功能分解,该分解从信息流的观点出发,展示了移动机器人导航器的这些模块。这里,我们将相关的图形重新表示于图 6.27。

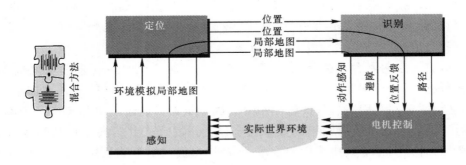

图 6.27　全书应用的基本体系结构举例

在这种表示中,弧线表示实时和非实时能力诸方面。例如,避障要求定位模块的少量输入,并且在认知层形成快速的决策,随后在运动控制层执行。相反,PID 位置反馈回路越过所有的高层处理,把编码器感知的值直接连到运动控制最低层的 PID 控制回路。在这种表示中,通过四个软件模块的弧线轨迹提供了时间信息。

利用本章的工具,我们现在可从机能的时间分解角度出发,提出这个相同的体系结构。因为我们希望在导航系统中讨论策略、战术和实时处理之间的交互,所以这是特别有用的。

图 6.28 描述了基于 Pell 和其同事所提出的通用分层结构[256],在设计自主飞行

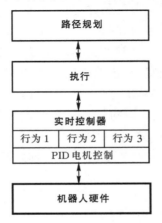

图 6.28　基于时间分解通用的多层移动机器人的导航体系结构

器"外层空间 I"中采用了该方法。这个图在表示机器人能力的时间分解方面与图 6.24是相似的。可是,将各模块与相邻模块分离的边界对机器人导航来说是特定的。

路径规划将移动机器人策略层的决策具体化。路径规划使用非实时的所有可用的全局信息,来识别机器人局部行动的正确顺序。在另一种极端,**实时控制**表示了机器人的能力,它需要高带宽和紧耦合的传感器-操作器控制回路。在它的最低层,它包括电机速度的 PID 回路。此外,实时控制也包括可形成切换或混合并行结构的低层行为。

路径规划和实时控制层之间有**执行**层,负责调节规划层和执行层之间的接口。执行层根据从规划器收到的信息,管理行为的各种激励。执行程序也负责识别错误、保存(将机器人置于稳定状态)、甚至当需要时重启规划器。这就是在这个结构中的执行。如同定位和绘图情况一样,该结构包含了所有战术的决策和机器人短期记忆的频繁更新。

令人感兴趣的注意到,这个一般结构和 Shakey 实现的结构有相似性,前者以许多特殊的形式用于当今移动机器人中;后者是最早的移动机器人之一(1969 年[242])。Shakey 具有构成最低结构层的 LLA(低层动作)。各 LLA 的实现,如同现在的行为层一样,包括了在紧耦合回路中使用的传感器值。在它上面,中间结构层包括了 ILA (中间层动作),它在执行期间,根据感知反馈的要求激励和解除对 LLA 激励。最后,Shakey 的最高层是 STRIPS(斯坦福研究所规划系统),它提供了全局预测和规划,把一系列任务分发到中间层去执行。

虽然,作为机器人导航的模型,图 6.28 所示的一般性结构是很有用的,但在机器人范畴中,不同的实现方法可以差别很大。下面,我们给出一般分层结构的三种特别型式,对各种型式至少描述一个现实环境的移动机器人的实施方法。各种机器人结构更广泛的讨论,见参考文献[39]。

6.5.4.1 离线规划

的确,规划和执行的最简单的可能集成就是根本无集成。考虑图 6.29,图中只有两个软件层。在这种导航结构中,执行层在它的配置中没有一个规划器。但它必须预先包含行走到期望目的地的所有相关方案。

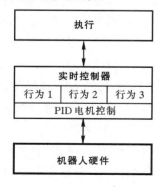

图 6.29 离线规划的两层结构

完全省略规划器的策略当然是极其有限的。把这样的一个机器人移动到一个新的环境中,要求导航系统有一个新的示例。因此这种方法作为导航问题的一般解决方案是无用的。可是,这种机器人系统确实存在,此方法在以下两种情况下可能是有用的:

基于静态路径的应用　在移动机器人的应用中,有一种场合,那里利用基于路径的导航系统,机器人运行在一个完全静态的环境中。这种情况是可以想象得到的,即离散的目标位置数目是如此之少,以至环境的表示可以直接包含机器人到所有期望目标点的路径。例如,在工厂或者仓库的环境里,机器人跟随埋在地下的导向线可以行走一个单独的环路。在这种工业应用中,当预先编译的一套基于路径解决方案可以由机器人编程员方便地产生时,路径规划方案有时就完全不需要。Chips 移动机器人是博物馆机器人的一个例子,它也使用这种结构[251]。Chips 运行在由有色路标确定的单向环形轨导上。而且,它只有 12 个容许停顿的分散位置。由于这种环境模型的简单性,Chips 只含有一个执行层,它直接缓存要求到达各目标位置的路径,而不必用一般性地图(用它的路径规划器可以搜索求解路径)。

极端可靠性的要求　不必惊奇,避免在线规划的另一个原因是使系统的可靠性最大。因为规划软件可能是移动机器人软件系统最复杂部分,又因为至少在理论上规划可能占用与问题复杂性成指数关系的时间,所以在成功的规划上加入硬性的时间约束是困难的,如果不是不可能的话。通过离线计算所有可能的解决方案,工业移动机器人可以用多样性换取有效的定时规划(当然,与此同时牺牲了大量的内存)。在为航天飞行器飞行设计的应急规划中,我们可以看到为此理由而建立离线规划的实际例子。为了不让宇航员在线解决问题,成千上万能想到的问题都在地球上作了假设,并在航天飞行器飞行之前设计了完整的有条件的规划。基本目标就是在宇航员开始解决问题之前,提供所经历时间总量的绝对上限,以大量的地面时间和文件工作为代价,实现特性指标的保障。

6.5.4.2　片断规划

离线规划基础信息论的缺点是没有考虑以后可能会有的附加信息。在运行时刻,机器人肯定会碰到提供信息的感知输入,在随后的执行中考虑该附加信息是合理的。在当前移动机器人的导航中,片断规划是最流行的方法。因为它以计算上容易处理的方式解决这个问题。

如图 6.30 所示,与图 6.28 的一般结构相仿,结构是三层的。支持规划器作用的直觉如下:规划是计算上密集的,因此规划太频繁将是严重的缺陷。但执行层处在极好的地位,它辨识何时遇到足够的信息(例如,通过特征提取),可保证策略方向的重大改变。在这样的时候执行层会调用规划器,比如,产生一条新的到目标的路径。

也许触发重新规划最明显的条件是在意向的行走路径上检测到阻塞。例如,在参考文献[281]中,如果几秒钟没前进,则路径跟踪行为返回失败(信息)。执行层收到这个失败的通知,修改机器人环境的短期占有栅格的表示,并考虑到局部环境地图

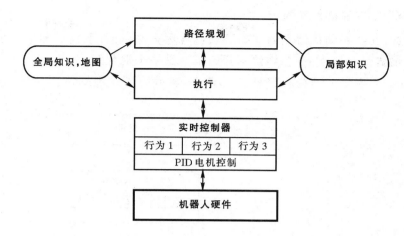

图 6.30 三层的片断规划结构

的改变,就启动路径规划器。

推迟规划直到获得更多信息,这个普通技术被称为**延期规划**。这个技术在具有动态地图的移动机器人中特别有用,它使机器人移动时更为准确。例如,可以给商用Cye机器人一组目标位置。利用它的野火(广度优先)规划算法,该机器人会只给最靠近目标的位置绘制出详尽路径,并会执行这个规划。一旦到达这个目标位置,根据运动期间所提取的感知信息,它的地图将会改变。只在这时Cye执行层触发路径规划器,产生一条从它的新的位置到下一个目标位置的路径。

当在途中遇到未预见的障碍时,伴随更复杂的策略,机器人 Pygmalion(希腊神名)实现了一个片断规划的结构[58,259]。当最低层的行为未能做出进展时,把机器人旋转 90°,再次试探,执行器力图找到一条绕过障碍的路径。这是值得的,因为机器人在运动学上是不对称的,要伺服经过一条特殊障碍的路线进行修正,也许在一个方向比另外方向更容易。

为了路径规划,Pygmalion 的环境表示由连续的几何模型和抽象的拓扑组成。如果重复地尝试避障清理失败,机器人的执行层将临时切断两个可能阶段之间的拓扑连接,并重新启动规划器,产生一组到目标的新路径点。接下来,利用最新的激光测距仪的数据作为一类局部地图(图 6.30),几何路径规划器将产生一条从当前机器人位置到下一路点的路径。

总之,在移动机器人研究领域中,片断规划结构极为普遍。它们把响应环境变化与新目标的多样性和战术执行层快速响应与控制实时机器人运动的行为结合起来。如图 6.30 所示,在这种系统中,既有短期的局部地图,又有更为策略的全局地图,这是通用的。在这种双重表示中,执行层的作业部分决定新信息何时集成到局部地图,以及它是否有足够长时间被复制到全局知识库中。

6.5.4.3 集成的规划和执行

当然,商业移动机器人的结构必须包含更多的机能,不仅是导航。但是把讨论限制在**导航**结构的问题上,会导致一开始也许是一个退化解。

图 6.31 表示的结构看起来与图 6.29 表示的离线规划结构相似,但实际上它远

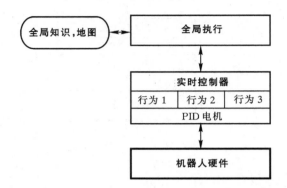

图 6.31 一个集成的规划与执行体系结构,在该结构中规划只不过是一个实时的执行步骤(行为)

比后者更为先进。在这种情况下,因为在执行和规划器之间不再有时间分解,所以规划层已不存在。规划只是执行层正常活动周期的一小部分。这里局部和全局表示是相同的。这个方法的优点是,在每一周期,机器人的动作都由全局路径规划器指引,由于机器人已收集了所有信息,所以是最优的。

6.6 习题

1. 为以下各项考虑完备性和最优性:

   可视性图

   沃罗诺伊图

   精确单元分解

   近似单元分解

   在路径规划的框架下,将各项分类,它是否是完备/不完备,以及对路径规划是否最优/不保证最优。

2. 考虑一个 Ackerman 操纵的 4 轮火星漫游者机器人,考虑 6.2 节所述的所有避障技术。对每一种选择,为该特定的应用,各用一句话阐明它的优点或缺点。特别地,要针对 Schlegel、局部动态窗口、LCM、CVM、VFH、气泡带和 Bug 作说明。

3. 考虑一个高速公路驾驶的自主驱动的机器人,如图 6.24 一样,提出一个至少 5 级的时间分解,描述各级的控制频率和在那一级所适合的特殊驱动技巧/行为。

4. 难题

考虑一个具有距离传感器的导航机器人，传感器具有有限的有用距离 r。根据 6.3 节所述，提出一个路径规划的方法，它是完备的，并与物体保持一个安全的距离。同时，无论何时，只要可能，都须停留在距物体的距离小于 r 处。

参考文献

书籍

[1] Adams, M.D., *Sensor Modelling: Design and Data Processing for Autonomous Navigation*. World Scientific Series in Robotics and Intelligent Systems. Singapore, World Scientific Publishing, 1999.

[2] Arkin, R.C., *Behavioral Robotics*. Cambridge MA, MIT Press, 1998.

[3] Bar-Shalom, Y., Li, X.-R., *Estimation and Tracking: Principles, Techniques, and Software*. Norwood, MA, Artech House, 1993.

[4] Benosman, R., Kang, S. B., *Panoramic Vision: Sensors, Theory, and Applications*, New York, Springer-Verlag, 2001.

[5] Borenstein, J., Everett, H.R., Feng, L., *Navigating Mobile Robots: Systems and Techniques*. Natick, MA, A.K. Peters, Ltd., 1996.

[6] Borenstein, J., Everett, H.R., Feng, L., *Where Am I? Sensors and Methods for Mobile Robot Positioning*. Technical report, Ann Arbor, University of Michigan, 1996. Available at http://www-personal.engin.umich.edu/~johannb/position.htm.

[7] Bradski, G., Kaehler, A., *Learning OpenCV: Computer Vision with the OpenCV Library*, Sebastopol, CA, O'Reilly Media, Inc., 1st edition, 2008.

[8] Breipohl, A.M., *Probabilistic Systems Analysis: An Introduction to Probabilistic Models, Decisions, and Applications of Random Processes*. New York, John Wiley & Sons, 1970.

[9] Bundy, A. (editor), *Artificial Intelligence Techniques: A Comprehensive Catalogue*. New York, Springer-Verlag, 1997.

[10] Canudas de Wit, C., Siciliano, B., and Bastin G. (editors), *Theory of Robot Control*. New York, Spinger, 1996.

[11] Carroll, R.J., Ruppert, D., *Transformation and Weighting in Regression*. New York, Chapman and Hall, 1988.

[12] Cox, I.J., Wilfong, G.T. (editors), *Autonomous Robot Vehicles*. New York, Springer-Verlag, 1990.

[13] Craig, J.J., *Introduction to Robotics: Mechanics and Control*. 2nd edition. Boston, Addison-Wesley, 1989.

[14] De Silva, C.W., *Control Sensors and Actuators*. Upper Saddle River, NJ, Prentice-Hall, 1989.

[15] Daniilidis, K., Klette, R., *Imaging Beyond the Pinhole Camera*. New York, Springer, 2006.

[16] Dietrich, C.F., *Uncertainty, Calibration and Probability*. Bristol, UK, Adam Hilger, 1991.

[17] Draper, N.R., Smith, H., *Applied Regression Analysis*. 3rd edition. New York, John Wiley & Sons, 1988.

[18] Duda, R.O., Hart, P.E., Stork, D.G., *Pattern Classification*. New York, Wiley, 2001.

[19] Duda, R. O., Hart, P.E. *Pattern Classification and Scene Analysis*. New York, John Wiley & Sons, 1973.

[20] Everett, H.R., *Sensors for Mobile Robots: Theory and Applications*. New York, Natick, MA, A.K. Peters, Ltd., 1995.

[21] Faugeras, O., *Three-Dimensional Computer Vision: A Geometric Viewpoint*. Cambridge, MA, MIT Press, 1993.

[22] Faugeras, O., Luong, Q.T., *The Geometry of Multiple Images*. Cambridge, MA, MIT Press, 2001.

[23] Floreano, D., Zufferey, J.C., Srinivasan, M.V., Ellington, C., *Flying Insects and Robots*, Springer, 2009.

[24] Forsyth, D. A., Ponce, J., *Computer Vision: A Modern Approach*. Upper Saddle River, NJ, Prentice Hall, 2003.

[25] Genesereth, M.R., Nilsson, N.J., *Logical Foundations of Artificial Intelligence*. Palo Alto, CA, Morgan Kaufmann, 1987.

[26] Gonzalez, R., Woods, R., *Digital Image Processing*. 3rd edition. New York, Pearson Prentice Hall, 2008.

[27] Hammond, J. H., *The Camera Obscura: A Chronicle*. Bristol, UK, Adam Hilger, 1981.

[28] Haralick, R.M., Shapiro, L.G., *Computer and Robot Vision, 1+2*. Boston, Addison-Wesley, 1993.

[29] Hartley, R.I., Zisserman, A. *Multiple View Geometry*. Cambridge, UK, Cambridge University Press, 2004.

[30] Jones, J., Flynn, A., *Mobile Robots, Inspiration to Implementation*. Natick, MA, A.K. Peters, Ltd., 1993.

[31] Kortenkamp, D., Bonasso, R.P., Murphy, R.R. (editors), *Artificial Intelligence and Mobile Robots; Case Studies of Successful Robot Systems*. Cambridge, MA, AAAI Press / MIT Press, 1998.

[32] Latombe, J.C., *Robot Motion Planning*. Norwood, MA, Kluwer Academic, 1991.

[33] LaValle, S.M. *Planning Algorithms*, Cambridge, UK, Cambridge University Press, 2006.

[34] Lee, D., *The Map-Building and Exploration Strategies of a Simple Sonar-Equipped Mobile Robot*. Cambridge, UK, Cambridge University Press, 1996.

[35] Leonard, J.E., Durrant-Whyte, H.F., *Directed Sonar Sensing for Mobile Robot Navigation*. Norwood, MA, Kluwer Academic, 1992.

[36] Ma, Y., S. Soatto, S., Kosecka, J., Sastry, S., *An Invitation to 3-D Vision: From Images to Geometric Models*. New York, Springer-Verlag, 2003.

[37] Manyika, J., Durrant-Whyte, H.F., *Data Fusion and Sensor Management: A Decentralized Information-Theoretic Approach*. Palo Alto, CA, Ellis Horwood, 1994.

[38] Mason, M., *Mechanics of Robotics Manipulation*. Cambridge, MA, MIT Press, 2001.

[39] Murphy, R.R., *Introduction to AI Robotics*. Cambridge, MA, MIT Press, 2000.

[40] Nourbakhsh, I., *Interleaving Planning and Execution for Autonomous Robots*. Norwood, MA, Kluwer Academic, 1997.

[41] Papoulis, A. *Probability, Random Variables, and Stochastic Processes*, 4th edition. New York, McGraw-Hill, 2001.

[42] Raibert, M.H., *Legged Robots That Balance*. Cambridge, MA, MIT Press, 1986.

[43] Ritter, G.X., Wilson, J.N., *Handbook of Computer Vision Algorithms in Image Algebra*. Boca Raton, FL, CRC Press, 1996.

[44] Russell, S., Norvig, P., *Artificial Intelligence: A Modern Approach*. 3rd edition. New York, Prentice Hall International, 2010.

[45] Schraft, R.D., Schmierer, G., *Service Roboter*. Natick, MA, A.K. Peters, Ltd, 2000.

[46] Sciavicco, L., Siciliano, B., *Modeling and Control of Robot Manipulators*. New York, McGraw-Hill, 1996.

[47] Siciliano, B., Khatib, O., *Springer Handbook of Robotics*, Springer, 2008.

[48] Slama, C.C., *Manual of Photogrammetry*. 4th edition. Falls Church VA, American Society of Photogrammetry,1980.

[49] Szeliski, R., *Computer Vision: Algorithms and Applications*, New York, Springer, 2010.

[50] Tennekes, H., *The Simple Science of Flight: From Insects to Jumbo Jets*. Cambridge, MA, MIT Press, 1996.

[51] Thrun, S., Burgard, W., Fox, D., *Probabilistic Robotics*. Cambridge, MA, MIT Press, 2005.

[52] Todd, D.J, *Walking Machines: An Introduction to Legged Robots*. London, Kogan Page Ltd, 1985.

[53] Trucco, E., Verri, A., *Introductory Techniques for 3-D Computer Vision*. New York, Prentice Hall, 1998.

[54] Zufferey, J.C., *Bio-inspired Flying Robots: Experimental Synthesis of Autonomous Indoor Flyers*, EPFL Press, 2008.

论文

[55] Aho, A.V., "Algorithms for finding patterns in strings," in J. van Leeuwen (editor), *Handbook of Theoretical Computer Science*, Cambridge, MA, MIT Press, 1990, Volume A, chapter 5, 255–300.

[56] Angeli, A., Filliat, D., Doncieux, S., Meyer, J.A., "Fast and incremental method for loop-closure detection using bags of visual words," *IEEE Transactions on Robotics*, 24(5): 1027–1037, October, 2008.

[57] Arras, K.O., Castellanos, J.A., Siegwart, R., "Feature multi-hypothesis localization and tracking for mobile robots using geometric constraints," in *Proceedings of the IEEE International Conference on Robotics and Automation (ICRA'2002)*, Washington, DC, May , 2002.

[58] Arras, K.O., Persson, J., Tomatis, N., Siegwart, R., "Real-time obstacle avoidance for polygonal robots with a réduced dynamic window," in *Proceedings of the IEEE International Conference on Robotics and Automation (ICRA 2002)*, Washington, DC, May, 2002.

[59] Arras, K.O., Siegwart, R.Y., "Feature extraction and scene interpretation for map navigation and map building," in *Proceedings of SPIE, Mobile Robotics XII*, 1997.

[60] Arras, K.O., Tomatis, N., "Improving robustness and precision in mobile robot localization by using laser range finding and monocular vision," in *Proceedings of the Third European Workshop on Advanced Mobile Robots (Eurobot 99)*, Zurich, September, 1999.

[61] Astolfi, A., "Exponential stabilization of a mobile robot," *in Proceedings of 3rd European Control Conference,* Rome, September, 1995.

[62] Bailey, T., Durrant-Whyte, H., "Simultaneous localization and mapping: Part II," *IEEE Robotics and Automation Magazine*, 108–117, 2006.

[63] Bailey, T., "Mobile robot localisation and mapping in extensive outdoor environments," Ph.D. thesis, University of Sydney, 2002.

[64] Baker, S., Nayar, S., "A theory of single-viewpoint catadioptric image formation," *International Journal of Computer Vision* 35, no. 2: 175–196, 1999.

[65] Barnard, K., Cardei V., Funt, B., "A comparison of computational color constancy algorithms," *IEEE Transactions on Image Processing* 11: 972–984, 2002.

[66] Barreto, J. P., Araujo, H., "Issues on the geometry of central catadioptric image formation. *International Conference on Computer Vision and Pattern Recognition* (CVPR), 2001.

[67] Barreto, J. P., Araujo, H., "Fitting conics to paracatadioptric projection of lines," *Computer Vision and Image Understanding* 101(3): 151–165. March, 2006.

[68] Barreto, J. P., Araujo, H., "Geometric properties of central catadioptric line images and their application in calibration," *IEEE Transactions on Pattern Analysis and Machine Intelligence*, 27(8): 1237–1333, August 2005.

[69] Barron, J.L., Fleet, D.J., Beauchemin, S.S., "Performance of optical flow techniques," *International Journal of Computer Vision*, 12: 43–77, 1994.

[70] Batavia, P., Nourbakhsh, I., "Path planning for the cye robot," *in Proceedings of the IEEE/RSJ International Conference on Intelligent Robots and Systems (IROS'00)*, Takamatsu, Japan, November 2000.

[71] Bay, H., Ess, A., Tuytelaars, T., Van Gool, L., "Speeded-up robust features (SURF)," *International Journal on Computer Vision and Image Understanding* 110, no. 3: 346–359, 2008.

[72] Besl, P., McKay, N., "A method for registration of 3-D shapes," *IEEE Transactions on Pattern Analysis and Machine Intelligence* (PAMI) 14, no. 2: 239–256, February 1992.

[73] Bicchi, A., Marigo, A., Piccoli, B., "On the reachability of quantized control systems," *IEEE Transactions on Automatic Control,*. 4, no. 47: 546–563, 2002.

[74] Biederman, I., "Recognition-by-components: A theory of human image understanding," *Psychological Review*, 2, no. 94: 115–147, 1987.

[75] Blackwell, D., "Conditional expectation and unbiased sequential estimation," *Annals of Mathematical Statistics* 18: 105–110, 1947.

[76] Blösch, M., Weiss, S., Scaramuzza, D., Siegwart, R., "Vision based MAV navigation in unknown and unstructured environments," *IEEE International Conference on Robotics and Automation* (ICRA 2010), Anchorage, Alaska, May 2010.

[77] Borenstein, J., Koren, Y., "The vector field histogram – fast obstacle avoidance for mobile robots." *IEEE Journal of Robotics and Automation* 7: 278–288, 1991.

[78] Borges, G. A., Aldon, M.-J., "Line Extraction in 2D Range Images for Mobile Robotics," *Journal of Intelligent and Robotic Systems* 40: 267–297, 2004.

[79] Bosse, M., Newman, P., Leonard, J., Teller, S., "Simultaneous localization and map building in large-scale cyclic environments using the Atlas framework," *International Journal of Robotics Research* 23, no. 12: 1113–1139, 2004.

[80] Bosse, M., Rikoski, R., Leonard, J., Teller, S., "Vanishing points and 3d lines from omnidirectional video," *International Conference on Image Processing*, 2002.

[81] Brock, O., Khatib, O., "High-speed navigation using the global dynamic window approach," *in Proceeding of the IEEE International Conference on Robotics and Automation*, Detroit, May 1999.

[82] Brooks, R., "A robust layered control system for a mobile robot," *IEEE Transactions of Robotics and Automation*, RA-2:14–23, March 1986.

[83] Brown, H.B., Zeglin, G.Z., "The bow leg hopping robot", *in Proceedings of the IEEE International Conference on Robotics and Automation*, Leuwen, Belgium, May 1998.

[84] Bruce, J., Balch,T., and Veloso, M., "Fast and inexpensive color image segmentation for interactive robots," *in Proceedings of the IEEE/RSJ International Conference on Intelligent Robots and Systems (IROS'00)*, Takamatsu, Japan, 2000.

[85] Burgard,W., Cremers, A., Fox, D., Hahnel, D., Lakemeyer, G., Schulz, D., Steiner, W., Thrun, S., "Experiences with an interactive museum tour-guide robot," *Artificial Intelligence* 114: 1–53, 2000.

[86] Burgard, W., Derr, A., Fox, D., Cremers, A., "Integrating Global Position Estimation and Position Tracking for Mobile Robots: The Dynamic Markov Localization Approach," *in Proceedings of the 1998 IEEE/RSJ International Conference of Intelligent Robots and Systems (IROS'98)*, Victoria, Canada, October 1998.

[87] Burgard, W., Fox, D., Henning, D., "Fast grid-based position tracking for mobile robots," *in Proceedings of the 21th German Conference on Artificial Intelligence (KI97)*, Freiburg, Germany, Springer-Verlag, 1997.

[88] Burgard, W., Fox, D., Jans, H., Matenar, C., Thrun, S., "sonar mapping of large-scale mobile robot environments using EM," *in Proceedings of the International Conference on Machine Learning*, Bled, Slovenia, 1999.

[89] Cabani, C., Mac Lean, W. J., "Implementation of an affine-covariant feature detector in field-programmable gate arrays," in *Proceedings of the International Conference on Computer Vision Systems*, 2007.

[90] Campion, G., Bastin, G., D'Andréa-Novel, B., "Structural properties and classification of kinematic and dynamic models of wheeled mobile robots." *IEEE Transactions on Robotics and Automation* 12, no. 1: 47–62, 1996.

[91] Canny, J. F., "A computational approach to edge detection," *IEEE Transactions on Pattern Analysis and Machine Intelligence*, 679–698, 1986.

[92] Canudas de Wit, C., Sordalen, O.J., "Exponential stabilization of mobile robots with nonholonomic constraints." *IEEE Transactions on Robotics and Automation* 37: 1791–1797, 1993.

[93] Caprari, G., Estier, T., Siegwart, R., "Fascination of down scaling–alice the sugar cube robot." *Journal of Micro-Mechatronics* 1: 177–189, 2002.

[94] Caprile, B., Torre, V., "Using vanishing points for camera calibration." *International Journal of Computer Vision*. 4: 127–140, 1990.

[95] Castellanos, J.A., Tardos, J.D., Schmidt, G., "Building a global map of the environment of a mobile robot: The importance of correlations," in *Proceedings of the 1997 IEEE Conference on Robotics and Automation*, Albuquerque, NM, April 1997.

[96] Castellanos, J.A., Tardos, J.D., "Laser-based segmentation and localization for a mobile robot," in *Robotics and Manufacturing: Recent Trends in Research and Applications*, volume 6. ASME Press, 1996.

[97] Censi, A., Carpin, S., "HSM3D: Feature-less global 6DOF scan-matching in the hough/radon domain," *IEEE International Conference on Robotics and Automation (ICRA)*, 2009.

[98] Chen, C.T., Quinn, R.D., "A crash avoidance system based upon the cockroach escape response circuit," in *Proceedings of the IEEE International Conference on Robotics and Automation*, Albuquerque, NM, April 1997.

[99] Chenavier, F., Crowley, J.L., "Position estimation for a mobile robot using vision and odometry," in *Proceedings of the IEEE International Conference on Robotics and Automation*, Nice, France, May 1992.

[100] Cheeseman, P., Smith, P. "On the representation and estimation of spatial uncertainty," *International Journal of Robotics* 5: 56–68, 1986.

[101] Chomat, O., Colin deVerdiere, V., Hall, D., Crowley, J., "Local scale selection for gaussian based description techniques," in *Proceedings of the European Conference on Computer Vision*, Dublin, Ireland, 117–133, 2000.

[102] Chong, K.S., Kleeman, L., "Accurate odometry and error modelling for a mobile robot," *in Proceedings of the IEEE International Conference on Robotics and Automation*, Albuquerque, NM, April 1997.

[103] Choset, H., Walker, S., Eiamsa-Ard, K., Burdick, J., "Sensor exploration: Incremental construction of the hierarchical generalized voronoi graph." *The International Journal of Robotics Research* 19: 126–148, 2000.

[104] Collins, A. Ruina, R. Tedrake, M. Wisse, "Efficient bipedal robots based on passive-dynamic walkers," *Science* 307, no. 5712: 1082 - 1085, 2005.

[105] Csorba, M. "Simultaneous localisation and map building," *Ph.D. thesis*, University of Oxford, Oxford, 1997.

[106] Cox, I.J., Leonard, J.J., "Modeling a dynamic environment using a bayesian multiple hypothesis approach," *Artificial Intelligence* 66: 311–44, 1994.

[107] Corke, P.I., Strelow, D., Singh, S., "Omnidirectional visual odometry for a planetary rover," *IEEE/RSJ International Conference on Intelligent Robots and Systems*, 2004.

[108] Cummins, M., Newman, P., "FAB-MAP: Probabilistic localization and mapping in the space of appearance," *The International Journal of Robotics Research* 27(6): 647–665, 2008.

[109] Cummins, M., Newman, P., "Highly scalable appearance-only SLAM – FAB-MAP 2.0," *In Robotics Science and Systems (RSS)*, Seattle, USA, June 2009.

[110] Davison, A.J., "Real-time simultaneous localisation and mapping with a single camera," *International Conference on Computer Vision*, 2003.

[111] Davison, A.J. "Active search for real-time vision," *In International Conference on Computer Vision*, 2005.

[112] Davison, A. J., Reid, I., Molton, N., Stasse, O., "MonoSLAM: Real-time single camera SLAM," *IEEE Transactions on Pattern Analysis and Machine Intelligence* 29, no. 6, June, 2007.

[113] Dellaert, F. "Square root SAM," *Proceedings of the Robotics Science and Systems Conference*, 2005.

[114] Dijkstra, E.W. "A note on two problems in connexion with graphs," *Numerische Mathematik* 1: 269–271, 1959.

[115] Dowlingn, K., Guzikowski, R., Ladd, J., Pangels, H., Singh, S., Whittaker, W.L., "NAVLAB: An autonomous navigation testbed," *Technical report CMU-RI-TR-87-24, Robotics Institute*, Pittsburgh, Carnegie Mellon University, November 1987.

[116] Duckett, T., Marsland, S.,Shapiro, J. "Learning globally consistent maps by relaxation," *IEEE International Conference on Robotics and Automation*, 2000.

[117] Duckett, T., Marsland, S.,Shapiro, J. "Fast, on-line learning of globally consistent maps," *Autonomous Robots* 12, no. 3: 287–300, 2002.

[118] Dudek, G., Jenkin, M., "Inertial sensors, GPS, and odometry," *Springer Handbook of Robotics*, Springer, 2008.

[119] Dugan, B., "Vagabond: A demonstration of autonomous, robust outdoor navigation," *in Video Proceedings of the IEEE International Conference on Robotics and Automation*, Atlanta, GA, May 1993.

[120] Durrant-Whyte, H., Bailey, T., "Simultaneous localization and mapping: Part I," *IEEE Robotics and Automation Magazine*, 99–108, 2006.

[121] Einsele, T., "Real-time self-localization in unknown indoor environments using a panorama laser range finder," in *Proceedings of the IEEE/RSJ International Conference on Intelligent Robots and Systems*, 697–702, 1997.

[122] Elfes, A., "Sonar real world mapping and navigation," in [12].

[123] Ens, J., Lawrence, P., "An investigation of methods for determining depth from focus." *IEEE Transactions on Pattern Analysis and Machine Intelligence* 15: 97–108, 1993.

[124] Espenschied, K.S., Quinn, R.D., "Biologically-inspired hexapod robot design and simulation," *in AIAA Conference on Intelligent Robots in Field, Factory, Service and Space*, Houston, Texas, March, 1994.

[125] Falcone, E., Gockley, R., Porter, E., Nourbakhsh, I., "The personal rover project: the comprehensive design of a domestic personal robot," *Robotics and Autonomous Systems, Special Issue on Socially Interactive Robots* 42: 245–258, 2003.

[126] Feder, H.J.S., Slotine, J-J.E., "Real-time path planning using harmonic potentials in dynamic environments," in *Proceedings of the IEEE International Conference on Robotics and Automation*, Albuquerque, NM, April 1997.

[127] Ferguson, D., Howard, T., Likhachev, M., "Motion planning in urban environments: Part II," *Proceedings of the IEEE/RSJ International Conference on Intelligent Robots and Systems* (IROS), 2008.

[128] Fischler, M. A., Bolles, R. C. "RANSAC random sampling concensus: A paradigm for model fitting with applications to Image analysis and automated cartography,". *Communications of ACM* 26: 381–395, 1981.

[129] Fox, D., "KLD-sampling: Adaptive particle filters and mobile robot localization," *Advances in Neural Information Processing Systems 14.* MIT Press, 2001.

[130] Fox, D., Burgard,W., Thrun, S., "The dynamic window approach to collision avoidance," *IEEE Robotics and Automation Magazine* 4: 23–33, 1997.

[131] Fraundorfer, F., Engels, C., Nister, D., "Topological mapping, localization and navigation using image collections," *IEEE/RSJ Conference on Intelligent Robots and Systems* 1, 2007.

[132] Freedman, B., Shpunt, A., Machline, M., Arieli, Y., "Depth mapping using projected patterns," *US Patent no. US20100118123A1*, May 13, 2010. http://www.freepatentsonline.com/20100118123.pdf

[133] Fusiello, A., Trucco, E., Verri, A., "A compact algorithm for rectification of stereo pairs," *Machine Vision and Applications*, 12(1): 16–22, 2000.

[134] Gächter, S., Harati, A., Siegwart, R., "Incremental object part detection toward object classification in a sequence of noisy range images," *Proceedings of the IEEE International Conference on Robotics and Automation (ICRA 2008)*, Pasadena, USA, May 2008.

[135] Gander,W., Golub, G.H., Strebel, R., "Least-squares fitting of circles and ellipses," *BIT Numerical Mathematics* 34, no. 4: 558–578, December 1994.

[136] Genesereth, M.R. "Deliberate agents," *Technical Report Logic-87-2.* Stanford, CA, Stanford University, Logic Group, 1987.

[137] Geyer, C., Daniilidis, K., "A unifying theory for central panoramic systems and practical applications," *European Conference on Computer Vision* (ECCV), 2000.

[138] Goedeme, T., Nuttin, M., Tuytelaars, T., Van Gool, L., "Markerless computer vision based localization using automatically generated topological maps," *European Navigation Conference* GNSS, Rotterdam, 2004.

[139] Golfarelli, M., Maio, D., Rizzi, S. "Elastic correction of dead-reckoning errors in map building," *IEEE/RSJ International Conference on Intelligent Robots and Systems*, 1998.

[140] Golub, G., Kahan,W., "Calculating the singular values and pseudo-inverse of a matrix." *Journal SIAM Numerical Analysis* 2: 205–223, 1965.

[141] Grisetti, G., Stachniss, C., Grzonka, S., Burgard, W., "A tree parameterization for efficiently computing maximum likelihood maps using gradient descent," *Robotics Science and Systems* (RSS), 2007.

[142] Grzonka, S., Grisetti, G., Burgard, W. "Towards a navigation system for autonomous indoor flying," *IEEE International Conference on Robotics and Automation*, 2009.

[143] Gutmann, J.S., Burgard, W., Fox, D., Konolige, K., "An experimental comparison of localization methods," in *Proceedings of the 1998 IEEE/RSJ International. Conference of Intelligent Robots and Systems* (IROS'98), Victoria, Canada, October 1998.

[144] Guttman, J.S., Konolige, K., "Incremental mapping of large cyclic environments," in *Proceedings of the IEEE International Symposium on Computational Intelligence in Robotics and Automation (CIRA)*, Monterey, November 1999.

[145] Hähnel, D., Fox, D., Burgard, W., Thrun, S. "A highly efficient FastSLAM algorithm for generating cyclic maps of large-scale environments from raw laser range measurements," *Proceedings of the Conference on Intelligent Robots and Systems*, 2003.

[146] Harris, C., Stephens, M., "A combined corner and edge detector," *Proceedings of the 4th Alvey Vision Conference*, 1988.

[147] Hart, P. E., Nilsson, N. J., Raphael, B. "A formal basis for the heuristic determination of minimum cost paths," *IEEE Transactions on Systems Science and Cybernetics* 4, no. 2: 100–107, 1968.

[148] Hashimoto, S., "Humanoid robots in Waseda University—Hadaly-2 and WABIAN," *in IARP First International Workshop on Humanoid and Human*

Friendly Robotics, Tsukuba, Japan, October 1998.

[149] Heale, A., Kleeman, L.: "A real time DSP sonar echo processor," in *Proceedings of the IEEE/RSJ International Conference on Intelligent Robots and Systems (IROS'00)*, Takamatsu, Japan, 2000.

[150] Heymann, S., Maller, K., Smolic, A., Froehlich, B., Wiegand, T., "SIFT implementation and optimization for general-purpose GPU," *in Proceedings of the International Conference in Central Europe on Computer Graphics, Visualization and Computer Vision*, 2007.

[151] Horn, B.K.P., Schunck, B.G., "Determining optical flow," *Artificial Intelligence*, 17: 185–203, 1981.

[152] Horswill, I., "Visual collision avoidance by segmentation," in *Proceedings of IEEE International Conference on Robotics and Automation*, 902–909, 1995, IEEE Press, Munich, November 1994.

[153] Hoyt, D.F., Taylor, C.R, "Gait and the energetics of locomotion in horses," *Nature* 292: 239–240, 1981.

[154] Jacobs, R. and Canny, J., "Planning smooth paths for mobile robots," in *Proceeding. of the IEEE Conference on Robotics and Automation*, IEEE Press, 2–7, 1989.

[155] Jeffreys, H. and Jeffreys, B. S. "Methods of mathematical physics," *Cambridge, Cambridge University Press*, 305-306, 1988.

[156] Jennings, J., Kirkwood-Watts, C., Tanis, C., "Distributed map-making and navigation in dynamic environments," in *Proceedings of the 1998 IEEE/RSJ International Conference on Intelligent Robots and Systems (IROS'98)*, Victoria, Canada, October 1998.

[157] Jensfelt, P., Austin, D., Wijk, O., Andersson, M., "Feature based condensation for mobile robot localization," in *Proceedings of the IEEE International Conference on Robotics and Automation*, San Francisco, May 24–28, 2000.

[158] Jensfelt, P., Christensen, H., "Laser based position acquisition and tracking in an indoor environment," in *Proceedings of the IEEE International Symposium on Robotics and Automation* 1, 1998.

[159] Jogan, M., Leonardis, A. "Robust localization using panoramic viewbased recognition," in *Proceedings of ICPR00* 4: 136–139, 2000.

[160] Jung, I., Lacroix, S., "Simultaneous localization and mapping with stereovision," in *Proceedings of the 11th International Symposium Robotics Research*, Siena, Italy, 2005.

[161] Kamon, I., Rivlin, E., Rimon, E., "A new range-sensor based globally convergent navigation algorithm for mobile robots," in *Proceedings of the IEEE International Conference on Robotics and Automation*, Minneapolis, April 1996.

[162] Kelly, A., "Pose determination and tracking in image mosaic based vehicle position estimation," in *Proceeding of the IEEE/RSJ International Conference on Intelligent Robots and Systems (IROS'00)*, Takamatsu, Japan, 2000.

[163] Khatib, O., Real-time obstacle avoidance for manipulators and mobile robots, *International Journal of Robotics Research* 5, no. 1, 1986.

[164] Khatib, M., Chatila, R., "An extended potential field approach for mobile robot sensor motions," in *Proceedings of the Intelligent Autonomous Systems IAS-4*, IOS Press, Karlsruhe, Germany, March 1995, 490–496.

[165] Khatib, M., Jaouni, H., Chatila, R., Laumod, J.P., "Dynamic path modification for car-like nonholonomic mobile robots," in *Proceedings of IEEE International Conference on Robotics and Automation*, Albuquerque, NM, April 1997.

[166] Khatib, O., Quinlan, S., "Elastic bands: connecting, path planning and control," in *Proceedings of IEEE International Conference on Robotics and Automation*, Atlanta, GA, May 1993.

[167] Klein, G., Murray, D., "Parallel Tracking and Mapping for Small AR Workspaces," *Proceedings of the International Symposium on Mixed and Augmented Reality (ISMAR'07)*, Nara, Japan, 2007.

[168] Ko, N.Y., Simmons, R., "The lane-curvature method for local obstacle avoidance," in *Proceedings of the 1998 IEEE/RSJ International Conference on Intelligent Robots and Systems (IROS'98)*, Victoria, Canada, October 1998.

[169] Koenig, S., Simmons, R., "Xavier: A robot navigation architecture based on partially observable markov decision process models," in [31].

[170] Koenig, S., Likhachev, M., "Fast replanning for navigation in unknown terrain," *IEEE Transactions on Robotics* 21(3): 354–363, 2005.

[171] Konolige, K.,. "A gradient method for realtime robot control," in *Proceedings of the IEEE/RSJ Conference on Intelligent Robots and Systems*, Takamatsu, Japan, 2000.

[172] Konolige, K., "Small vision systems: Hardware and implementation," in *Proceedings of Eighth International Symposium on Robotics Research*, Hayama, Japan, October 1997.

[173] Konolige, K., "Large-scale map-making," *AAAI National Conference on Artificial Intelligence*, 2004.

[174] Konolige, K., Agrawal, M., Solà, J., "Large scale visual odometry for rough terrain," *International Symposium on Research in Robotics* (ISRR), November, 2007.

[175] Koperski, K., Adhikary, J., Han, J., "Spatial data mining: Progress and challenges survey paper," in *Proceedings of the ACM SIGMOD Workshop on Research Issues on Data Mining and Knowledge Discovery*, Montreal, June 1996.

[176] Koren, Y., Borenstein, J., "High-speed obstacle avoidance for mobile robotics," in *Proceedings of the IEEE Symposium on Intelligent Control* 382–384, Arlington, VA, August 1988.

[177] Koren, Y., Borenstein, J., "Real-time obstacle avoidance for fast mobile robots in cluttered environments," in *Proceedings of the IEEE International Conference on Robotics and Automation*, Los Alamitos, CA, May 1990.

[178] Kruppa, E., "Zur ermittlung eines objektes aus zwei perspektiven mit innerer orientierung," *Sitzungsberichte Österreichische Akademie der Wissenschaften, Mathematisch-naturwissenschaftliche Klasse, Abteilung II* a, volume 122: 1939-1948, 1913.

[179] Kuipers, B., Byun, Y.T., "A robot exploration and mapping strategy based on a semantic hierarchy of spatial representations," *Journal of Robotics and Autonomous Systems*, 8: 47–63, 1991.

[180] Kuo, A., "Choosing your steps carfully," *Robotics & Automation Magazine*, 2007.

[181] Lacroix, S., Mallet, A., Chatila, R., Gallo, L., "Rover self localization in planetary-like environments," *in Proc. Int. Symp. Artic. Intell., Robot., Autom. Space* (i-SAIRAS), Noordwijk, The Netherlands, 1999.

[182] Lamon, P., Nourbakhsh, I., Jensen, B., Siegwar,t R., "Deriving and matching image fingerprint sequences for mobile robot localization," in *Proceedings of the 2001 IEEE International Conference on Robotics and Automation*, Seoul, Korea, May 2001.

[183] Latombe, J.C., Barraquand, J., "Robot motion planning: A distributed presentation approach." *International Journal of Robotics Research*, 10: 628–649, 1991.

[184] Lauria, M., Estier, T., Siegwart, R.: "An innovative space rover with extended climbing abilities," in *Video Proceedings of the 2000 IEEE International Conference on Robotics and Automation*, San Francisco, May 2000.

[185] LaValle, S. M., "Rapidly-exploring random trees: A new tool for path planning," *Technical Report, Computer Science Dept.*, Iowa State University, October 1998.

[186] Lavalle, S. M.: "Rapidly-exploring random trees: Progress and prospects," In *Algorithmic and Computational Robotics: New Directions*, pp. 293-308, 2000.

[187] Lazanas, A., Latombe, J.C., "Landmark robot navigation," in *Proceedings of the Tenth National Conference on AI*. San Jose, CA, July 1992.

[188] Lazanas, A. Latombe, J.C., "Motion planning with uncertainty: A landmark approach." *Artificial Intelligence*, 76: 285–317, 1995.

[189] Lee, S.-O., Cho, Y.-J., Hwang-Bo, M., You, B.-J., Oh, S.-R.: "A stabile target-tracking control for unicycle mobile robots," in *Proceedings of the 2000 IEEE/RSJ International Conference on Intelligent Robots and Systems*, Takamatsu, Japan, 2000.

[190] Leonard, J.J., Rikoski, R.J., Newman, P.M., Bosse, M., "Mapping partially observable features from multiple uncertain vantage points," *International Journal of Robotics Research* 21, no. 10: 943–975, 2002.

[191] Likhachev, M., Gordon, G., Thrun, S. "ARA*: Anytime A* with provable bounds on sub-optimality," *Advances in Neural Information Processing Systems* (NIPS), 2003.

[192] Likhachev, M., Ferguson, D., Gordon, G., Stentz, A., Thrun, S., "Anytime dynamic A*: An anytime, replanning algorithm," *Proceedings of the International Conference on Automated Planning and Scheduling* (ICAPS), 2005.

[193] Lindeberg, T., "Feature detection with automatic scale selection," *International Journal of Computer Vision* 30, no. 2: 79-116, 1998.

[194] Longuet-Higgins, H.C., "A computer algorithm for reconstructing a scene from two projections," *Nature* 293: 133–135, September, 1981.

[195] Louste, C. and Liegois, A., Path planning for non-holonomic vehicles: a potential viscous fluid method, Robotica 20: 291–298, 2002.

[196] Lowe, David G., "Object recognition from local scale-invariant features," *Proceedings of the International Conference on Computer Vision,* 1999.

[197] Lowe, D. G., "Distinctive image features from scale-invariant keypoints," *International Journal of Computer Vision* 60 (2): 91-110, 2004.

[198] Lumelsky, V., Skewis, T., "Incorporating range sensing in the robot navigation function," *IEEE Transactions on Systems, Man, and Cybernetics* 20: 1058–1068, 1990.

[199] Lumelsky, V., Stepanov, A., "Path-planning strategies for a point mobile automaton moving amidst unknown obstacles of arbitrary shape," in [12].

[200] Lu, F., Milios, E. "Globally consistent range scan alignment for environment mapping," *Autonomous Robots* 4: 333–349,1997.

[201] Maes, P., "The dynamics of action selection," in *Proceedings of the Eleventh International Joint Conference on Artificial Intelligence*, Detroit, 1989.

[202] Maes, P., "Situated Agents Can Have Goals," *Robotics and Autonomous Systems*, 6: 49–70. 1990.

[203] Maimone, M., Cheng, Y., Matthies, L., "Two years of visual odometry on the mars exploration rovers," *Journal on Field Robotics* 24, no. 3: 169–186, 2007.

[204] Makadia, A., Patterson, A., Daniilidis, K., "Fully automatic registration of 3D point clouds," *IEEE Conference on Computer Vision and Pattern Recognition*, New York, June 2006.

[205] Martinelli, A., Siegwart, R., "Estimating the odometry error of a mobile robot during navigation," in *Proceedings of the European Conference on Mobile Robots (ECMR 2003)*, Warsaw, September 4–6, 2003.

[206] Masoud, S.A., Masoud, A.A., "Motion planning in the presence of directional and regional avoidance constraints unsing nonlinear, anisotropic, harmonic potential fields: a physical metaphor," *IEEE Transactions on Systems, Man and Cybernetics* 32, no. 6: 705–723, 2002.

[207] Masoud, S.A., Masoud, A.A., "Kinodynamic motion planning: a novel type of nonlinear, passive damping forces and advantages," *IEEE Robotics Automation Magazine* 17, no. 1: 85–99, 2010.

[208] Matsumoto, Y., Inaba, M., Inoue, H., "Visual navigation using viewsequenced route representation," *IEEE International Conference on Robotics and Automation*, 1996.

[209] Maybeck,P.S., "The Kalman filter: An introduction to concepts," in [12].

[210] Matas, J., Chum, O., Urban, M., Pajdla, T., "Robust wide-baseline stereo from maximally stable extremal regions," in *Proceedings of the British Machine Vision Conference*, 384–393, 2002.

[211] McGeer, T., "Passive dynamic walking," *International Journal of Robotics Research* 9, no. 2: 62–82, 1990.

[212] Mei, C., Rives, P., "Single view point omnidirectional camera calibration from planar grids," *IEEE International Conference on Robotics and Automation* (ICRA), 2007.

[213] Menegatti, E., Maedab, T., Ishiguro, H., "Image-based memory for robot navigation using properties of omnidirectional images," *Robotics and Autonomous System* 47, no. 4: 251–267, July, 2004.

[214] Meng, M., Kak, A.C.. "Mobile robot navigation using neural networks and nonmetrical environmental models," *IEEE Control Systems Magazine*, 13(5): 30–39, October 1993.

[215] Metropolis, N., Ulam, S. "The Monte Carlo method," *Journal of the American Stattistical Association* 44, no. 247: 335–341, 1949.

[216] Mikolajczyk, K., C. Schmid, "Indexing based on scale-invariant interest points," *in Proceedings of the International Conference on Computer Vision*, 525–531, Vancouver, Canada, 2001.

[217] Mikolajczyk, K., Schmid, C., "Scale and affine invariant interest point detectors," *International Journal of Computer Vision* 1, no. 60: 63–86, 2004.

[218] Mikolajcyk, K. and Schmid, C., "An affine invariant interest point detector," *in Proceedings of the 7th European Conference on Computer Vision*, Denmark, 2002.

[219] Mikolajczyk, K., "Scale and Affine Invariant Interest Point Detectors," PhD thesis, INRIA Grenoble, 2002.

[220] Mikolajczyk, K., Tuytelaars, T., Schmid, C., Zisserman, A., Matas, J., Schaffalitzky, F., Kadir, T.,Van Gool, L. "A comparison of affine region detectors," *International Journal of Computer Vision*, 65(1-2): 43–72, 2005.

[221] Minetti, A.E. ,Ardigò, L.P., Reinach, E., Saibene, F., "The relationship between mechanical work and energy expenditure of locomotion in horses," *Journal of Experimental Biology* 202, no. 17, 1999.

[222] Minguez, J., Montano, L., "Nearness diagram navigation (ND): A new real time collision avoidance approach," in *Proceedings of the IEEE/RSJ International Conference on Intelligent Robots and Systems*, Takamatsu, Japan, October 2000.

[223] Minguez, J., Montano, L., "Robot navigation in very complex, dense, and cluttered indoor / outdoor environments," in *Proceeding of International Federation of Automatic Control (IFAC2002)*, Barcelona, April 2002.

[224] Minguez, J., Montano, L., Khatib, O., "Reactive collision avoidance for navigation with dynamic constraints," in *Proceedings of the 2002 IEEE/RSJ International Conference on Intelligent Robots and Systems*, 2002.

[225] Minguez, J., Montano, L., Simeon, T., Alami, R., "Global nearness diagram navigation (GND)," in *Proceedings of the 2001 IEEE International Conference on Robotics and Automation*, 2001.

[226] Mondada, F., Bonani, M., Raemy, X., Pugh, J., Cianci, C., Klaptocz, A., Magnenat, S., Zufferey, J.-C., Floreano, D. and Martinoli, A. "The e-puck, a robot designed for education in engineering," *The 9th Conference on Autonomous Robot Systems and Competitions*, 2009.

[227] Montiel, J.M.M. , Civera, J., Davison, A.J., "Unified inverse depth parametrization for monocular SLAM," *Proc. of the Robotics Science and Systems Conference*, 2006.

[228] Moutarlier, P., Chatila, R., "An experimental system for incremental environment modeling by an autonomous mobile robot," *1st International Symposium on Experimental Robotics*, 1989.

[229] Moutarlier, P., Chatila, R. "Stochastic multisensory data fusion for mobile robot location and environment modeling," *5th Int. Symposium on Robotics Research*, 1989.

[230] Montano, L., Asensio, J.R., "Real-time robot navigation in unstructured environments using a 3D laser range finder," in *Proceedings of the IEEE/RSJ International Conference on Intelligent Robot and Systems*, IROS 97, September 1997.

[231] Montemerlo, M., Thrun, S., Koller, D., Wegbreit, B. "FastSLAM: A factored solution to the simultaneous localization and mapping problem," *Proceedings of the AAAI National Conference on Artificial Intelligence*, 2002.

[232] Montemerlo, M., Thrun, S., Koller, D., Wegbreit, B. "Fast-SLAM 2.0: An improved particle filtering algorithm for simultaneous localization and mapping that provably converges," *International Joint Conference on Artificial Intelligence*, 2003.

[233] Moravec, H. and Elfes, A.E., "High Resolution Maps from Wide Angle Sonar," in *Proceedings of the 1985 IEEE International Conference on Robotics and Automation*, March 1985.

[234] Moravec, H. P., "Towards automatic visual obstacle avoidance," *Proceedings of the 5th International Joint Conference on Artificial Intelligence*, 1977.

[235] Moravec, H. P., "Visual mapping by a robot rover," *International Joint Conference on Artificial Intelligence*, 1979.

[236] Moravec, H., "Obstacle avoidance and navigation in the real world by a seeing robot rover," *PhD thesis*, Stanford University, 1980.

[237] Moutarlier, P., Chatila, R., "Stochastic multisensory data fusion for mobile robot location and environment modelling," in *Proceedings of the 5th International Symposium of Robotics Research*, Tokyo, 1989.

[238] Murillo, A.C., Kosecka, J., "Experiments in Place Recognition using Gist Panoramas," *Proceedings of the International Workshop on Omnidirectional Vision* (OMNIVIS'09), 2009.

[239] Murphy, K., Russell, S. "Rao-Blackwellized particle filtering for dynamic Bayesian networks," *In Sequential Monte Carlo Methods in Practice*, ed. by A. Doucet, N. de Freitas, N. Gordon, 499–516, Springer, 2001.

[240] Nayar, S.K., "Catadioptric omnidirectional camera." *IEEE CVPR*, 482–488, 1997.

[241] Nayar, S., Watanabe, M., and Noguchi, M., "Real-time focus range sensor." *In Fifth International Conference on Computer Vision*, 995–1001, Cambridge, Massachusetts, 1995.

[242] Nilsson, N.J., "Shakey the robot." *SRI, International, Technical Note*, Menlo Park, CA, 1984, No. 325.

[243] Nistér, D. Stewénius, H., "Scalable recognition with a vocabulary tree," *IEEE International Conference on Computer Vision and Pattern Recognition*, 2006.

[244] Nistér, D., Naroditsky, O., Bergen, J., "Visual odometry for ground vehicle applications," *Journal of Field Robotics* 23, no. 1: 3–20, 2006.

[245] Nistér, D., Naroditsky, O., Bergen, J., "Visual odometry," *IEEE International Conference on Computer Vision and Pattern Recognition*, 2004.

[246] Nistér, D., "An efficient solution to the five-point relative pose problem," *IEEE Transactions on Pattern Analysis and Machine Intelligence* (PAMI), 26(6): 756-770, June 2004.

[247] Nguyen, V., Martinelli, A., Tomatis, N., Siegwart, R. "A comparison of line extraction algorithms using 2D laser rangefinder for indoor mobile robotics," *IEEE/RSJ Intenational Conference on Intelligent Robots and Systems*, IROS, 2005.

[248] Noth, André, "Design of solar powered airplanes for continuous flight," *Ph.D. thesis, Autonomous Systems Lab, ETH Zurich*, Switzerland, December 2008.

[249] Nourbakhsh, I.R., "Dervish: An office-navigation robot," in [31].

[250] Nourbakhsh, I.R., Andre. D., Tomasi, C., Genesereth, M.R., "Mobile robot obstacle avoidance via depth from focus," *Robotics and Autonomous Systems*, 22: 151–158,

1997.

[251] Nourbakhsh, I.R., Bobenage, J., Grange, S., Lutz, R., Meyer, R, Soto, A., "An affective mobile educator with a full-time job," *Artificial Intelligence*, 114: 95–124, 1999.

[252] Nourbakhsh, I.R., Powers, R., Birchfield, S., "DERVISH, an office-navigation robot." *AI Magazine*, 16: 39–51, summer 1995.

[253] Oliva, A., Torralba, A., "Modeling the shape of the scene: A holistic representation of the spatial envelope," International Journal of Computer Vision, 42(3):145–175, 2001.

[254] Oliva, A., Torralba, A., "Building the gist of a scene: The role of global image features in recognition," in *Visual Perception, Progress in Brain Research*, 155:23–36, Elsevier, 2006.

[255] Omer, A.M.M., Ghorbani, R., Hun-ok Lim, Takanishi, A., "Semi-passive dynamic walking for biped walking robot using controllable joint stiffness based on dynamic simulation," *IEEE/ASME International Conference on Advanced Intelligent Mechatronics*, Singapore, 2009.

[256] Pell, B., Bernard, D., Chien, S., Gat, E., Muscettola, N., Nayak, P., Wagner, M., Williams, B., "An autonomous spacecraft agent prototype," *Autonomous Robots* 5: 1–27, 1998.

[257] Pavlidis, T., Horowitz, S. L. "Segmentation of plane curves," *IEEE Transactions on Computers* C-23(8): 860–870, 1974.

[258] Pentland, A.P., "A new sense for depth of field," *IEEE Transactions on Pattern Analysis and Machine Intelligence (PAMI)*, 9: 523–531, 1987.

[259] Philippsen, R., Siegwart, R., "Smooth and efficient obstacle avoidance for a tour guide robot," in *Proceedings of the IEEE International Conference on Robotics and Automation (ICRA 2003)*, Taipei, Taiwan, 2003.

[260] Pivtoraiko, M., Knepper, R., A., Kelly, A. "Differentially constrained mobile robot motion planning in state lattices," *Journal of Field Robotics* 26, no. 1: 308–333, 2009.

[261] Pfister, S. T., Roumeliotis, S. I., Burdick, J. W. "Weighted line fitting algorithms for mobile robot map building and efficient data representation," in *Proceedings of the IEEE International Conference on Robotics and Automation*, 2003.

[262] Pratt, J., Pratt, G., "Intuitive control of a planar bipedal walking robot," in *Proceedings of the IEEE International Conference on Robotics and Automation (ICRA '98)*, Leuven, Belgium, May 1998.

[263] Rao, C.R."Information and accuracy obtainable in estimation of statistical parameters," *Bulletin of the Calcutta Mathematical Society* 37: 81–91, 1945.

[264] Raibert, M. H., Brown, H. B., Jr., Chepponis, M., "Experiments in balance with a 3D one-legged hopping machine," *International Journal of Robotics Research*, 3: 75–92, 1984.

[265] Remy, C., Buffinton, K., Siegwart, R., "Stability analysis of passive dynamic walking of quadrupeds," *International Journal of Robotics Research*, 2009.

[266] Ringrose, R., "Self-stabilizing running," in *Proceedings of the IEEE International Conference on Robotics and Automation (ICRA '97)*, Albuquerque, NM, April 1997.

[267] Rosten, E., Drummond, T., "Fusing points and lines for high performance tracking," in *Proceedings of the International Conference on Computer Vision*, 1508–1511, 2005.

[268] Rosten, E., Drummond, T., "Machine learning for high-speed corner detection," in *Proceedings of the European Conference on Computer Vision*, 430-443, 2006.

[269] Rowe, A., Rosenberg, C., Nourbakhsh, I., "A simple low cost color vision system," in *Proceedings of Tech Sketches for CVPR 2001*, Kuaii, Hawaii, December 2001.

[270] Rubner, Y., Tomasi, C., Guibas, L., "The earth mover's distance as a metric for image retrieval," *STAN-CS-TN-98-86, Stanford University*, 1998.

[271] Rufli, M., Ferguson, D., Siegwart, R., "Smooth path planning in constrained environments," *Proceedings of the IEEE International Conference on Robotics and Automation* (ICRA), 2009.

[272] Rufli, M., Siegwart, R., "On the application of the D* search algorithm to time based planning on lattice graphs," *Proceedings of the European Conference on Mobile Robots* (ECMR), 2009.

[273] Scaramuzza, D., "Omnidirectional vision: from calibration to robot motion estimation.", *PhD thesis n. 17635, ETH Zurich*, February 2008.

[274] Scaramuzza, D., Martinelli, A., Siegwart, R., "A flexible technique for accurate omnidirectional camera calibration and structure from motion," *IEEE International Conference on Computer Vision Systems (ICVS 2006)*, New York, January 2006.

[275] Scaramuzza, D., Martinelli, A. Siegwart, R., "A toolbox for easily calibrating omnidirectional cameras," *IEEE/RSJ International Conference on Intelligent Robots and Systems* (IROS 2006), Beijing, China, October 2006.

[276] Scaramuzza, D., Fraundorfer, F., Pollefeys, M., "Closing the loop in appearance-guided omnidirectional visual odometry by using vocabulary trees," *Robotics and Autonomous System Journal (Elsevier)*, 2010.

[277] Scaramuzza, D., Fraundorfer, F., Pollefeys, M., and Siegwart, R., "Absolute scale in structure from motion from a single vehicle mounted camera by exploiting nonholonomic constraints," *IEEE International Conference on Computer Vision* (ICCV 2009), Kyoto, October, 2009.

[278] Scaramuzza, D., Fraundorfer, F., and Siegwart, R., Real-time monocular visual odometry for on-road vehicles with 1-point RANSAC, *IEEE International Conference on Robotics and Automation* (ICRA 2009), Kobe, Japan, May 2009.

[279] Scaramuzza, D., Siegwart, R., "Appearance guided monocular omnidirectional visual odometry for outdoor ground vehicles," *IEEE Transactions on Robotics* 24, no. 5, October 2008.

[280] Schlegel, C., "Fast local obstacle under kinematic and dynamic constraints," in *Proceedings of the IEEE International Conference on Intelligent Robot and Systems (IROS 98)*, Victoria, Canada 1998.

[281] Schultz, A., Adams, W., "Continuous localization using evidence grids," in *Proceedings of the IEEE International Conference on Robotics and Automation (ICRA '98)*, May 1998.

[282] Schweitzer, G., Werder, M., "ROBOTRAC – a mobile manipulator platform for rough terrain," in *Proceedings of the International Symposium on Advanced Robot Technology (ISART)*, Tokyo, Japan, March, 1991.

[283] Shi, J., Malik, J., "Normalized cuts and image segmentation," *IEEE Transactions on Pattern Analysis and Machine Intelligence (PAMI)* 82: 888–905, 2000.

[284] Shi, J., Tomasi, C., "Good features to track," *IEEE Conference on Computer Vision and Pattern Recognition*, 1994.

[285] Schmid, C., Mohr, R., Bauckhage, C., "Evaluation of interest point detectors," *International Journal of Computer Vision* 37, no. 2: 151–172, 2000.

[286] Se, S., Barfoot, T., Jasiobedzki, P., "Visual motion estimation and terrain modeling for planetary rovers," *Proceedings of the International Symposium on Artificial Intelligence for Robotics and Automation in Space*, 2005.

[287] Siadat, A., Kaske, A., Klausmann, S., Dufaut, M., Husson, R. "An optimized segmentation method for a 2D laser-scanner applied to mobile robot navigation," *Proceedings of the 3rd IFAC Symposium on Intelligent Components and Instruments for Control Applications*, 1997.

[288] Siegwart R., Arras, K., Bouabdallah, S., Burnier, D., Froidevaux, G., Greppin, X., Jensen, B., Lorotte, A., Mayor, L., Meisser, M., Philippsen, R., Piguet, R., Ramel, G., Terrien, G., Tomatis, N., "Robox at Expo.02: A large scale installation of personal robots," *Journal of Robotics and Autonomous Systems* 42: 203–222, 2003.

[289] Siegwart, R., Lamon, P., Estier, T., Lauria, M, Piguet, R., "Innovative design for wheeled locomotion in rough terrain," *Journal of Robotics and Autonomous Systems* 40: 151–162, 2002.

[290] Simhon, S., Dudek, G., "A global topological map formed by local metric maps," *Proceedings of the 1998 IEEE/RSJ International Conference on Intelligent Robots and Systems (IROS'98)*, Victoria, Canada, October 1998.

[291] Simmons, R., "The curvature velocity method for local obstacle avoidance," *Proceedings of the IEEE International Conference on Robotics and Automation*, Minneapolis, April 1996.

[292] Sinha, S. N., Frahm, J. M., Pollefeys, M., Genc, Y., "GPU video feature tracking and matching," *in EDGE, Workshop on Edge Computing Using New Commodity Architectures*, 2006.

[293] Sivic, J. and Zisserman, A., "Video Google: A text retrieval approach to object matching in videos," *Proceedings of the International Conference on Computer Vision*, 2003.

[294] Smith, R., Self, M., Cheeseman, P., "Estimating uncertain spatial relationships in robotics," *Autonomous Robot Vehicles*, I. J. Cox and G. T. Wilfong (editors), Springer-Verlag, 167–193, 1990.

[295] Smith, R.C. , Cheeseman, P., "On the representation and estimation of spatial uncertainty, *International Journal of Robotics Research* 5, no. 4: 56–68, 1986.

[296] Smith, S. M., Brady, J. M., "SUSAN - A new approach to low level image processing," *International Journal of Computer Vision* 23, no. 34: 45–78, 1997.

[297] Snavely, N., Seitz, S.M., Szeliski, R., "Photo Tourism: Exploring photo collections in 3D," *ACM Transactions on Graphics*, 25(3), August 2006.

[298] Snavely, N., Seitz, S.M., Szeliski, R., "Modeling the World from Internet Photo Collections," *International Journal of Computer Vision*, 2007

[299] Soatto, S., Brockett, R., "Optimal structure from motion: Local ambiguities and global estimates,", *International Conference on Computer Vision and Pattern Recognition*, 1998.

[300] Sordalen, O.J., Canudas de Wi,t C., "Exponential control law for a mobile robot: extension to path following," *IEEE Transactions on Robotics and Automation*, 9: 837–842, 1993.

[301] Sorg, H.W., "From serson to draper – two centuries of gyroscopic development," *Navigation* 23: 313–324, 1976.

[302] Steinmetz, B.M., Arbter, K., Brunner, B., Landzettel, K., "Autonomous vision navigation of the nanokhod rover," *Proceedings of i-SAIRAS 6th International Symposium on Artificial Intelligence, Robotics and Automation in Space*, 2001.

[303] Stentz, A., "The focussed D* algorithm for real-time replanning," in *Proceedings of IJCAI-95*, August 1995.

[304] Stentz, A., "Optimal and efficient path planning for partially-known environments," *Proceedings of the International Conference on Robotics and Automation*, 1994.

[305] Stevens, B.S., Clavel, R., Rey, L., "The DELTA parallel structured robot, yet more performant through direct drive," *Proceedings of the 23rd International Symposium on Industrial Robots*, 1992.

[306] Takeda, H., Facchinetti, C., Latombe, J.C., "Planning the motions of a mobile robot in a sensory uncertainty field," *IEEE Transactions on Pattern Analysis and Machine Intelligence*, 16: 1002–1017, 1994.

[307] Tardif, J., Pavlidis, Y., Daniilidis, K., "Monocular visual odometry in urban environments using an omnidirectional camera," *IEEE/RSJ International Confrence on Intelligent Robots and Systems*, 2008.

[308] Taylor, R., Probert, P., "Range finding and feature extraction by segmentation of images for mobile robot navigation," *Proceedings of the IEEE International Conference on Robotics and Automation*, ICRA, 1996.

[309] Thrun, S., Burgard, W., Fox, D., "A probabilistic approach to concurrent mapping and localization for mobile robots." *Autonomous Robots* 31: 1–25. 1998.

[310] Thrun, S., et al., "Minerva: A second generation museum tour-guide robot," *Proceedings of the IEEE International Conference on Robotics and Automation (ICRA'99)*, Detroit, May 1999.

[311] Thrun, S., Fox, D., Burgard, W., Dellaert, F., "Robust Monte Carlo localization for mobile robots," *Artificial Intelligence*, 128: 99–141, 2001.

[312] Thrun, S. "A probabilistic online mapping algorithm for teams of mobile robots," *International Journal of Robotics Research* 20, no. 5: 335–363, 2001.

[313] Thrun, S. "Simultaneous localization and mapping," *Springer Tracts in Advanced Robotics* 38, no. 5: 13–41, 2008.

[314] Thrun, S., Gutmann, J.-S., Fox, D., Burgard, W., Kuipers, B., "Integrating topological and metric maps for mobile robot navigation: A statistical approach," *Proceedings of the National Conference on Artificial Intelligence (AAAI)*,1998.

[315] Thrun, S., Thayer, S., Whittaker, W., Baker, C., Burgard, W., Ferguson, D., Hähnel, D., Montemerlo, M., Morris, A., Omohundro, Z., Reverte, C., Whittaker, W. "Autonomous exploration and mapping of abandoned mines," *IEEE Robotics and Automation Magazine* 11, no. 4: 79–91, 2004.

[316] Tomasi, C., Shi, J., "Image deformations are better than optical flow," *Mathematical and Computer Modelling* 24: 165–175, 1996.

[317] Tomatis, N., Nourbakhsh, I., Siegwart, R., "Hybrid simultaneous localization and map building: A natural integration of topological and metric," *Robotics and Autonomous Systems* 44, 3–14, 2003.

[318] Triggs, B., McLauchlan, P., Hartley, R., Fitzgibbon, A., "Bundle adjustment — a modern synthesis," *International Conference on Computer Vision*, 1999.

[319] Tsai, R. "A versatile camera calibration technique for high-accuracy 3D machine vision metrology using off-the-shelf TV cameras and lenses," *IEEE Journal of Robotics and Automation* 3, no. 4: 323–344, August 1987.

[320] Tuytelaars, T., Mikolajczyk, K., "Local invariant feature detectors: a survey," *Source, Foundations and Trends in Computer Graphics and Vision* 3 , no. 3, 2007.

[321] Tzafestas, C.S., Tzafestas, S.G., "Recent algorithms for fuzzy and neurofuzzy path planning and navigation of autonomous mobile robots," *Systems-Science* 25: 25–39, 1999.

[322] Ulrich, I., Borenstein, J., "VFH*: Local obstacle avoidance with look-ahead verification," *Proceedings of the IEEE International Conference on Robotics and Automation*, San Francisco, May 2000.

[323] Ulrich, I., Borenstein, J., "VFH+: Reliable obstacle avoidance for fast mobile robots," *Proceedings of the International Conference on Robotics and Automation (ICRA'98)*, Leuven, Belgium, May 1998.

[324] Ulrich, I., Nourbakhsh, I., "Appearance obstacle detection with monocular color vision," *the Proceedings of the AAAI National Conference on Artificial Intelligence*. Austin, TX. August 2000.

[325] Ulrich, I., Nourbakhsh, I., "Appearance-based place recognition for topological localization," *Proceedings of t he IEEE International Conference on Robotics and Automation*, San Francisco, 1023–1029, April 2000.

[326] Vanualailai, J., Nakagiri, S., Ha, J.-H., "Collision avoidance in a two-point system via Liapunov's second method," *Mathematics and Simulation* 39: 125–141, 1995.

[327] Van Winnendael, M., Visenti G., Bertrand, R., Rieder, R., "Nanokhod microrover heading towards Mars," *Proceedings of the Fifth International Symposium on Artificial Intelligence, Robotics and Automation in Space* (ESA SP-440), Noordwijk, Netherlands, 1999.

[328] Vandorpe, J., Brussel, H. V., Xu, H. "Exact dynamic map building for a mobile robot using geometrical primitives produced by a 2D range finder," *Proceedings of the IEEE International Conference on Robotics and Automation*, ICRA, 901–908, 1996.

[329] Weiss, G., Wetzler, C., Puttkamer, E., "Keeping track of position and orientation of moving indoor systems by correlation of range-finder scans," *Proceedings of the IEEE/RSJ International Conference on Intelligent Robots and Systems (IROS'94)*, Munich, September 1994.

[330] Weingarten, J., Gruener, G. and Siegwart, R., "A state-of-the-art 3D sensor for robot navigation," *Proceedings of IROS*, Sendai, September 2004.

[331] Weingarten, J. and Siegwart, R., "3D SLAM using planar segments," Proceedings of IROS, Beijing, October 2006.

[332] Wullschleger, F.H., Arra,s K.O., Vestli, S.J., "A flexible exploration framework for map building," *Proceedings of the Third European Workshop on Advanced Mobile Robots (Eurobot 99)*, Zurich, September 1999.

[333] Yagi, Y., Kawato, S.,"Panorama scene analysis with conic projection," *Proceedings of the IEEE International Conference on Intelligent Robots and Systems (IROS), Workshop on Towards a New Frontier of Applications*, 1990.

[334] Yamauchi, B., Schultz, A., Adams, W., "Mobile robot exploration and map-building with continuous localization," *Proceedings of the IEEE International Conference on Robotics and Automation (ICRA'98)*, Leuven, Belgium, May 1998.

[335] Ying, X., Hu, Z., "Can we consider central catadioptric cameras and fisheye cameras within a unified imaging model?," *European Conference on Computer Vision* (ECCV), Lecture Notes in Computer Science, Springer Verlag, May 2004.

[336] Zhang, L., Ghosh, B. K., "Line segment based map building and localization using 2D laser rangefinder," *Proceedings of the IEEE International Conference on Robotics and Automation*, 2000.

[337] Zhang, Z., "A flexible new technique for camera calibration," *Microsoft Research Technical Report 98-71*, December 1998
see also http://research.microsoft.com/~zhang.

参考网页

[338] Fisher, R.B. (editor), "CVonline: On-line Compendium of Computer Vision," Available at www.dai.ed.ac.uk/CVonline.

[339] The Intel Image Processing Library/Integrated Performance Primitives (Intel IPP): http://software.intel.com/en-us/intel-ipp.

[340] Source code release site: www.cs.cmu.edu/~jbruce/cmvision.

[341] Newton Labs website: www.newtonlabs.com.

[342] For probotics: http://www.personalrobots.com.

[343] OpenCV, the Open Source Computer Vision library: http://opencv.willowgarage.com/wiki.

[344] Passive walking: www-personal.umich.edu/~artkuo/Passive_Walk/passive_walking.html.

[345] Passive walking, the Cornell Ranger: http://ruina.tam.cornell.edu/research/topics/locomotion_and_robotics/ranger/ranger2008.php.

[346] Computer Vision industry: http://www.cs.ubc.ca/spider/lowe/vision.html.

[347] Camera Calibration Toolbox for Matlab: http://www.vision.caltech.edu/bouguetj/calib_doc.

[348] List of camera calibration softwares: http://www.vision.caltech.edu/bouguetj/calib_doc/htmls/links.html.

[349] Omnidirectional camera calibration toolbox from Christopher Mei http://www.robots.ox.ac.uk/~cmei/Toolbox.html.

[350] Omnidirectional camera calibration toolbox from Joao Barreto http://www.isr.uc.pt/~jpbar/CatPack/pag1.htm.

[351] Omnidirectional camera calibration toolbox from Davide Scaramuzza: google "ocamcalib" or go to http://robotics.ethz.ch/~scaramuzza/Davide_Scaramuzza_files/Research/OcamCalib_Tutorial.htm.

[352] Open source software for SLAM and loop-closing: http://openslam.org.

[353] Open source software for multi-view structure from motion: http://photo-tour.cs.washington.edu/bundler

[354] Microsoft Photosynth: http://photosynth.net

[355] Photo Tourism: http://phototour.cs.washington.edu/

[356] Voodoo Camera Tracker: A tool for the integration of virtual and real scenes http://www.digilab.uni-hannover.de/docs/manual.html

[357] Augmented-reality toolkit (ARToolkit): http://www.hitl.washington.edu/artoolkit

[358] Parallel Tracking and Mapping (PTAM): http://www.robots.ox.ac.uk/~gk/PTAM